Investition und Finanzierung

Hans Paul Becker

Investition und Finanzierung

Grundlagen der betrieblichen Finanzwirtschaft

6., aktualisierte Auflage

Springer Gabler

Prof. Dr. Hans Paul Becker
Fachhochschule Mainz

ISBN 978-3-658-00377-7 ISBN 978-3-658-00378-4 (eBook)
DOI 10.1007/978-3-658-00378-4

Die Deutsche Nationalbibliothek verzeichnet diese Publikation in der Deutschen Nationalbibliografie; detaillierte bibliografische Daten sind im Internet über http://dnb.d-nb.de abrufbar.

Springer Gabler

Lektorat: Anna Pietras, Walburga Himmel

Gedruckt auf säurefreiem und chlorfrei gebleichtem Papier

Springer Gabler ist eine Marke von Springer DE. Springer DE ist Teil der Fachverlagsgruppe Springer Science+Business Media.
www.springer-gabler.de

Vorwort zur sechsten Auflage

Für die sechste Auflage waren einige Änderungen und Aktualisierungen erforderlich. So wurden vor allem die Ausführungen zur Beteiligungsfinanzierung, zum Rating und zu Basel III überarbeitet. Darüber hinaus sind zahlreiche neue Aufgaben mit Lösungen, die sich speziell auf die Hauptkapitel „Finanzierung" und „Derivate" beziehen, eingefügt worden.

Unterstützt haben mich bei dieser Auflage Frau Vanessa Looser und Diplom-Kauffrau Rose Burkhardt, denen mein herzlicher Dank gilt.

Mainz, im Juli 2013 Hans Paul Becker

Vorwort zur ersten Auflage

„Investition und Finanzierung – Grundlagen der betrieblichen Finanzwirtschaft" gibt einen aktuellen, systematischen und praxisbezogenen Überblick über die betriebliche Finanzwirtschaft. Einfach und verständlich werden die grundlegenden Instrumente und Zusammenhänge des Investitions- und Finanzierungsbereichs aufgezeigt, analysiert und erklärt.

Schwerpunkte sind die finanzwirtschaftlichen Ziele, Methoden der Investitionsrechnung, Instrumente der Kapitalbeschaffung und Finanzderivate. Zusätzliche Aufgaben mit Lösungen runden die Themen ab und helfen, gelerntes Wissen prüfen und vertiefen zu können.

Das Lehrbuch ist hervorragend zum Selbststudium und zur Prüfungsvorbereitung geeignet und wendet sich an Studierende in wirtschaftswissenschaftlichen Bachelor-, Master- und Diplomstudiengängen sowie an interessierte Fach- und Führungskräfte in Unternehmen.

Ich danke allen, die mir bei der Erstellung des Buches geholfen haben. Ein besonderer Dank gilt meinem Kollegen, Herrn Professor Dr. Arno Peppmeier, der große Teile erarbeitet und für diese Veröffentlichung zur Verfügung gestellt hat.

Mainz, im September 2007 Hans Paul Becker

Inhaltsverzeichnis

Vorwort V

Teil A: Finanzwirtschaft des Unternehmens 1

1 Finanzwirtschaftliche Aufgaben 3
1.1 Hauptaufgabe und Funktionen 3
1.2 Interessengruppen 4
1.2.1 Arten von Interessengruppen 4
1.2.2 Bedeutung von Informationsasymmetrien 5
1.2.3 Corporate Governance und Investor Relations 6

2 Finanzwirtschaftliche Ziele 9
2.1 Rentabilität 9
2.1.1 Rentabilitätskennzahlen 9
2.1.2 Leverage-Effekt 10
2.2 Liquidität 12
2.2.1 Liquidität als Zahlungsfähigkeit 12
2.2.2 Kennzahlen der statischen Liquiditätsanalyse 13
2.2.3 Kennzahlen der dynamischen Liquiditätsanalyse 16
2.3 Sicherheit 19
2.3.1 Risiken und Risikomanagement 20
2.3.2 Gegenparteirisiken 21
2.3.3 Marktpreisrisiken 22
2.3.4 Liquiditäts- und operationelle Risiken 24
2.4 Unabhängigkeit 25
2.5 Wertorientierte Ziele 26

3 Investitions- und Finanzplanung 29
3.1 Investitionsplanung 29
3.2 Wesen der Finanzplanung 30
3.3 Kurzfristige Finanzplanung 31
3.4 Langfristige Finanzplanung 33

Teil B: Investition **35**

1 Investition und Investitionsrechnung **37**

1.1 Begriff und Arten der Investition 37

1.2 Zweck und Arten der Investitionsrechnung 38

2 Investitionsrechnung zur Beurteilung von Sachinvestitionen **41**

2.1 Statische Verfahren der Investitionsrechnung 41

2.1.1 Kostenvergleichsrechnung 41

2.1.1.1 Kostenkomponenten und Kostenermittlung 42

2.1.1.2 Auswahl von Investitionsobjekten 45

2.1.1.3 Ersatz von Investitionsobjekten 47

2.1.1.4 Beurteilung der Kostenvergleichsrechnung 51

2.1.2 Gewinnvergleichsrechnung 51

2.1.3 Rentabilitätsvergleichsrechnung 54

2.1.4 Amortisationsrechnung 54

2.1.5 Abschließende Würdigung der statischen Verfahren 57

2.2 Dynamische Verfahren der Investitionsrechnung 58

2.2.1 Grundbegriffe der dynamischen Verfahren 58

2.2.2 Kapitalwertmethode 60

2.2.3 Methode des internen Zinssatzes 63

2.2.4 Annuitätenmethode 65

2.2.5 Auswahlproblem 66

2.2.6 Problem des optimalen Ersatzzeitpunktes 69

2.2.7 Endwertverfahren 71

2.2.7.1 Vermögensendwertmethode 71

2.2.7.2 Sollzinssatzmethode 73

2.2.7.3 Vollständiger Finanzplan 75

2.3 Investitionsprogrammentscheidungen 78

2.3.1 Überblick über die Lösungsansätze 78

2.3.2 Kapitalwertrate 79

2.3.3 Dean-Modell 80

2.3.4 Lineare Programmierung 83

3 Investitionsrechnung zur Beurteilung von Finanzinvestitionen **85**

3.1 Bewertung von Unternehmen 85

3.1.1 Einzelbewertungsverfahren 85

3.1.1.1 Liquidationswertverfahren 85

3.1.1.2 Substanzwertverfahren 86

3.1.2 Gesamtbewertungsverfahren 87

3.1.2.1 Ertragswertverfahren 88

3.1.2.2 Discounted-Cashflow-Verfahren 91

3.1.3 Multiplikatorverfahren 95

3.2 Bewertung von Schuldverschreibungen ... 97
3.2.1 Zinsstrukturkurve, Forward Rates und Zerobondrenditen ... 97
3.2.2 Preis einer Schuldverschreibung ... 99
3.2.3 Duration ... 101
3.2.4 Price Value of a Basis Point ... 106

4 Weitere Einflussgrößen für Investitionsentscheidungen ... 109
4.1 Unsicherheit ... 109
4.1.1 Bayes-Regel ... 110
4.1.2 Rendite-Risiko-Prinzip (μσ-Prinzip) ... 111
4.1.3 Portfoliotheorie ... 113
4.2 Ertragsteuern ... 118
4.2.1 Standardmodell ... 118
4.2.2 Steuerparadoxon ... 121

Teil C: Finanzierung ... 123

1 Begriff, Märkte und Arten der Finanzierung ... 125
1.1 Finanzierungsbegriff ... 125
1.2 Finanzmärkte ... 126
1.3 Überblick über die Finanzierungsarten ... 129

2 Beteiligungsfinanzierung ... 131
2.1 Wesen und Funktionen der Beteiligungsfinanzierung ... 131
2.2 Anlässe der Beteiligungsfinanzierung ... 133
2.2.1 Gründung und Kapitalerhöhung ... 134
2.2.2 Umwandlung ... 135
2.2.3 Kapitalherabsetzung und Liquidation ... 136
2.3 Beteiligungsfinanzierung nicht emissionsfähiger Unternehmen ... 138
2.3.1 Einzelfirma und Personenhandelsgesellschaften ... 138
2.3.1.1 Einzelfirma ... 139
2.3.1.2 Offene Handelsgesellschaft (OHG) ... 140
2.3.1.3 Kommanditgesellschaft (KG) ... 141
2.3.2 Gesellschaft mit beschränkter Haftung (GmbH) ... 142
2.3.2.1 Gründung ... 143
2.3.2.2 Kapitalveränderungen ... 144
2.3.3 Genossenschaft ... 146
2.3.3.1 Geschäftsguthaben und Geschäftsanteil ... 147
2.3.3.2 Ergebnisrücklagen ... 148
2.3.3.3 Nachschusspflichten ... 149

2.4 Beteiligungsfinanzierung emissionsfähiger Unternehmen 149
2.4.1 Aktienemissionsfähige Unternehmensformen 149
2.4.1.1 Aktiengesellschaft (AG) 150
2.4.1.2 Kommanditgesellschaft auf Aktien (KGaA) 153
2.4.1.3 Societas Europaea (SE) 154
2.4.2 Aktiengattungen 155
2.4.2.1 Nennwert- und Stückaktien 156
2.4.2.2 Stamm- und Vorzugsaktien 157
2.4.2.3 Inhaber- und Namensaktien 159
2.4.3 Kapitalmaßnahmen 161
2.4.3.1 Kapitalerhöhung 162
2.4.3.2 Aktienrückkauf 166
2.4.3.3 Kapitalherabsetzung 171
2.4.4 Going Public 173
2.4.4.1 Motive und Prozess des Going Public 174
2.4.4.2 Emissionsverfahren 179
2.4.4.3 Going Private und Delisting 181

3 Kreditfinanzierung und Mezzanine-Finanzierung 183
3.1 Wesen und Voraussetzungen 183
3.1.1 Begriffsabgrenzung und Merkmale 183
3.1.2 Voraussetzungen 184
3.1.3 Rating 186
3.1.4 Basel II und Basel III 188
3.1.5 Kreditsicherheiten 191
3.1.5.1 Personensicherheiten 191
3.1.5.2 Sachsicherheiten 194
3.2 Kurzfristige Kredite 197
3.2.1 Handelskredite 198
3.2.1.1 Lieferantenkredit 198
3.2.1.2 Kundenanzahlung 200
3.2.2 Kurzfristige Bankkredite 200
3.2.2.1 Kontokorrentkredit 200
3.2.2.2 Lombardkredit 202
3.2.2.3 Wechseldiskontkredit 203
3.2.2.4 Kreditleihe 203
3.2.2.5 Außenhandelskredite 204
3.2.3 Commercial Paper 205
3.3 Mittel- und langfristige Kredite 207
3.3.1 Mittel- und langfristige Bankkredite 207
3.3.1.1 Investitionsdarlehen 207
3.3.1.2 Öffentliche Kreditprogramme 209

3.3.2 Schuldverschreibungen 209
3.3.2.1 Merkmale 209
3.3.2.2 Arten von Schuldverschreibungen 210
3.3.3 Sonstige mittel- und langfristige Kreditfinanzierung 214
3.3.3.1 Schuldscheindarlehen 214
3.3.3.2 Projektfinanzierung 215
3.3.3.3 Leasing 217
3.4 Mezzanine-Finanzierung 220
3.4.1 Begriff, Arten und Einsatzmöglichkeiten 220
3.4.2 Instrumente der Mezzanine-Finanzierung 223
3.4.2.1 Stille Gesellschaft 223
3.4.2.2 Nachrangiges Darlehen 225
3.4.2.3 Genussrechtskapital 226
3.4.2.4 Optionsanleihe 228
3.4.2.5 Wandelanleihe 230
3.4.3 Private Equity und Venture Capital 233
3.4.3.1 Begriffsabgrenzung 233
3.4.3.2 Kapitalgeber 234
3.4.3.3 Finanzierungsphasen 236

4 Innenfinanzierung 241
4.1 Wesen der Innenfinanzierung 241
4.2 Überschussfinanzierung 242
4.2.1 Selbstfinanzierung 242
4.2.1.1 Offene Selbstfinanzierung 243
4.2.1.2 Stille Selbstfinanzierung 243
4.2.1.3 Beurteilung der Selbstfinanzierung 245
4.2.2 Finanzierung aus Abschreibungen 247
4.2.2.1 Kapitalfreisetzungseffekt 247
4.2.2.2 Kapazitätserweiterungseffekt 248
4.2.3 Finanzierung aus Rückstellungen 250
4.2.3.1 Merkmale und Arten von Rückstellungen 251
4.2.3.2 Pensionsrückstellungen 252
4.3 Umschichtungsfinanzierung 254
4.3.1 Factoring und Forfaitierung 255
4.3.1.1 Factoring 255
4.3.1.2 Forfaitierung 260
4.3.2 Asset Backed Securities (True-Sale-ABS) 261
4.3.2.1 Wesen und Struktur 261
4.3.2.2 Vorteile für den ABS-Originator 266
4.3.2.3 ABS im Vergleich zu Factoring 268

4.3.3 Sonstige Kapitalfreisetzungen 268
4.3.3.1 Verkauf von Gütern und Finanztiteln 269
4.3.3.2 Finanzierungseffekt durch Rationalisierung 270

Teil D: Derivate 273

1 Wesen von Finanzderivaten 275
1.1 Merkmale und Arten 275
1.2 Derivatehandel 278

2 Finanzswaps 281
2.1 Zinsswap 281
2.1.1 Charakteristika 281
2.1.2 Einsatzmöglichkeiten von Zinsswaps 283
2.1.2.1 Aktivmanagement 284
2.1.2.2 Passivmanagement 286
2.1.3 Ermittlung des Marktwertes von Zinsswaps 288
2.2 Weitere Swapformen 289
2.2.1 Währungsswap 289
2.2.2 Zins-/Währungsswap 292

3 Unbedingte Termingeschäfte 295
3.1 Forwards 295
3.1.1 Devisentermingeschäft 296
3.1.2 Forward Rate Agreement 297
3.1.2.1 Wesen von Forward Rate Agreements 297
3.1.2.2 Anwendung von Forward Rate Agreements 298
3.1.2.3 FRA-Satz 300
3.2 Futures 301
3.2.1 Bund-Future 302
3.2.1.1 Basiswert und Preisbildung 302
3.2.1.2 Anwendung des Bund-Futures 304
3.2.2 DAX-Future 306
3.2.2.1 Basiswert und Preisbildung 307
3.2.2.2 Anwendung des DAX-Futures 307

4 Optionen 311
4.1 Wesen von Optionen 311
4.1.1 Begriff und Grundpositionen 311
4.1.2 Optionspreis 315
4.1.2.1 Komponenten 315

4.1.2.2 Bestimmungsfaktoren des theoretischen Optionspreises .. 317
4.1.2.3 Sensitivitätskennzahlen ... 318
4.2 Aktien- und Aktienindexoptionen ... 319
4.2.1 Aktienoptionen ... 319
4.2.1.1 Merkmale der Eurex-Aktienoptionen ... 319
4.2.1.2 Anwendung der Eurex-Aktienoptionen ... 321
4.2.2 DAX-Option ... 322
4.2.2.1 Merkmale der Eurex-DAX-Option ... 323
4.2.2.2 Anwendung der Eurex-DAX-Option ... 324
4.3 Zinsoptionen ... 325
4.3.1 Cap, Floor und Collar ... 325
4.3.1.1 Cap ... 325
4.3.1.2 Floor ... 328
4.3.1.3 Collar ... 328
4.3.2 Swaption ... 329

5 Kreditderivate ... 331
5.1 Total Return Swap ... 331
5.2 Credit Default Swap ... 332
5.3 Credit Linked Note ... 333
5.4 Synthetische Asset Backed Securities ... 334
5.5 Ursachen der Finanzkrise ... 335

Teil E: Aufgaben und Lösungen ... 339

1 Aufgaben ... 341
1.1 Übersicht über die Aufgaben ... 341
1.2 Aufgabenstellungen ... 342

2 Lösungen ... 353
2.1 Übersicht über die Lösungen ... 353
2.2 Lösungshinweise ... 354

Literaturverzeichnis ... 373

Stichwortverzeichnis ... 377

Teil A:

Finanzwirtschaft

des Unternehmens

1 Finanzwirtschaftliche Aufgaben

Zunächst stehen die zentralen Aufgaben und Funktionen der betrieblichen Finanzwirtschaft im Mittelpunkt dieses einführenden Kapitels. Anschließend werden die relevanten Interessengruppen und die sich daraus ergebenden Auswirkungen und Anforderungen vorgestellt.

1.1 Hauptaufgabe und Funktionen

Unternehmen sind dadurch gekennzeichnet, dass sie Leistungen in Form von Sachgütern und Dienstleistungen erstellen und verwerten. Diese Unternehmensprozesse führen zu Ein- und Auszahlungen. **Einzahlungen** stellen eine Zunahme der liquiden Mittel dar. Die liquiden Mittel setzen sich aus dem Kassenbestand und Bankguthaben des Unternehmens zusammen. **Auszahlungen** führen zu einer Abnahme der liquiden Mittel.

Hauptaufgabe der betrieblichen Finanzwirtschaft ist es, die Zahlungsströme zu planen, zu steuern und zu kontrollieren. Diese Hauptaufgabe lässt sich in drei **Funktionen** untergliedern: Investition, Finanzierung und Finanzdisposition.

Investition heißt, Kapital in Vermögenswerte umzuwandeln. Im Allgemeinen zählen nur längerfristige Kapitalbindungen als Investitionen, so beispielsweise der Kauf von Maschinen und die Durchführung von Ausbildungsmaßnahmen. Laufend anfallende Auszahlungen wie Gehälter und Mieten sind grundsätzlich nicht als Investitionen einzuordnen.

Im Folgenden soll ein weit gefasster Finanzierungsbegriff zugrunde gelegt werden. Danach beinhaltet die **Finanzierung** alle Maßnahmen, die zur Aufrechterhaltung des finanziellen Gleichgewichts erforderlich sind. Ein Unternehmen befindet sich im finanziellen Gleichgewicht, wenn eine ausreichende Liquidität (jederzeitige Zahlungsfähigkeit) unter Beachtung des Hauptziels (z.B. der Rentabilität) gewährleistet ist. In diesem Sinne ist Finanzierung die Beschaffung von Geld und geldwerten Gütern sowie die Umschichtung, Sicherung und Reduzierung von Kapital.

Aufgabe der **Finanzdisposition** ist es, unter Beachtung der optimalen Liquidität den Zahlungsverkehr abzuwickeln und über die Zahlungsmittelbestände zu disponieren. Der Zahlungsverkehr umfasst alle Zahlungen, die das Unternehmen ausführt, und zwar von der Barzahlung bis zum bargeldlosen Zahlungsverkehr. Die Disposition der Zahlungsmittel sorgt dafür, dass das Unternehmen seine fälligen Zahlungsverpflichtungen jederzeit erfüllt und alle Einzahlungen zielgerecht verwaltet, wofür eine detaillierte Finanzplanung Voraussetzung ist.

1.2 Interessengruppen

An den Unternehmensprozessen und -ergebnissen sind mehrere Gruppen interessiert, die ihre eigenen Ziele verfolgen und Ansprüche an das Unternehmen stellen. Gleichzeitig ist der Informationsstand der Interessengruppen unterschiedlich, woraus insbesondere dann Konflikte resultieren, wenn sich das Management abweichend von den Zielvorstellungen der Kapitalgeber verhält. Die Darstellung der Interessengruppen und die Analyse der Auswirkungen des unterschiedlichen Informationsstandes sind Inhalt der folgenden Ausführungen.

1.2.1 Arten von Interessengruppen

Die Interessengruppen sind je nach Unternehmen differenziert zu betrachten. In **personenbezogenen Unternehmen** befinden sich Leitung und Kapitalmehrheit in der Hand eines oder mehrerer Inhaber. Diese Strukturen sind für mittelständische Unternehmen charakteristisch. Demgegenüber treten **firmenbezogene Unternehmen** als eigenständige Wirtschaftseinheit auf. Die Personen im Management sind nicht identisch mit den Personen, die die Kapitalmehrheit halten. Die meisten der großen Kapitalgesellschaften sind als firmenbezogener Unternehmenstyp zu bezeichnen.

Es lassen sich mehrere Interessengruppen unterscheiden, die auf ein Unternehmen Einfluss nehmen können. Am weitesten geht der Stakeholder-Ansatz:

- **Stakeholder**: Unter diesem Begriff werden alle am Unternehmen interessierten Gruppen zusammengefasst. Dazu zählen hauptsächlich die Inhaber und Gesellschafter, Gläubiger, Arbeitnehmer, Unternehmensleitung, Kunden, Lieferanten, Standortgemeinden, Finanzanalysten, Ratingagenturen und der Staat.

- **Shareholder**: Shareholder (auch als Stockholder bezeichnet) sind die Eigenkapitalgeber wie z.B. Aktionäre. Sie sind die Inhaber und Gesellschafter des Unternehmens.

- **Bondholder**: Als Bondholder bezeichnet man die Gläubiger von Schuldverschreibungen, die das Unternehmen ausgegeben hat, um sich Fremdkapital zu beschaffen.

- **Management**: Aufgabe der Unternehmensführung ist es, einen Ausgleich zwischen den divergierenden Interessen zu schaffen. Zu beachten ist, dass das Management oft eigene Ziele verfolgt, wobei es im Vergleich zu den übrigen Interessengruppen einen Informationsvorsprung hat.

1.2.2 Bedeutung von Informationsasymmetrien

Die Risiken, die sich aus Investitionsentscheidungen ergeben, lassen sich mithilfe von Finanzinstrumenten auf die Kapitalgeber übertragen. Außerdem vergrößert sich die Ungewissheit der Kapitalgeber aufgrund ihres niedrigeren Informationsstands. Denn im Allgemeinen dürften die Kapitalnehmer mehr über die Chancen und Risiken eines Investitionsobjektes wissen als die Kapitalgeber. Es liegt eine **asymmetrische Informationsverteilung** vor.

Die Informationsasymmetrie ist oft mit einem **opportunistischen Verhalten** der Transaktionspartner verbunden, was bedeutet, dass jeder Partner auf seinen eigenen Vorteil achtet. Dies wird im Folgenden anhand der Beziehung zwischen Unternehmen und Kapitalgebern erläutert. Untersuchungsgegenstand ist ein Unternehmen, in dem die Geschäftsleitung aus anderen Personen besteht als die Anteilseigner.

Die Beziehungen zwischen dem Management einerseits sowie den Eigen- und Fremdkapitalgebern andererseits lassen sich in zwei Phasen einordnen:

- **Vorkontraktphase**: Die Informationsasymmetrie besteht bereits vor Vertragsabschluss.
- **Nachkontraktphase**: Die Informationsasymmetrie bezieht sich auf das Verhalten des Kontraktpartners nach Vertragsabschluss.

So kann sich ein Unternehmen bereits **vor Abschluss** eines Kreditvertrags in wirtschaftlichen Schwierigkeiten befinden, was zwar dem Management, aber nicht der Kredit gewährenden Bank bekannt ist. Der ungleiche Informationsstand resultiert aus

- **versteckten Eigenschaften** (Hidden Characteristics) des Kapitalnehmers oder
- **versteckten Informationen** (Hidden Information) in Form eines Informationsvorsprungs des Managements.

Informationsasymmetrien vor Vertragsabschluss bergen die Gefahr in sich, dass die Kapitalgeber eine **Negativauslese** (Adverse Selection) fördern. Dieses Phänomen ist beispielsweise dann gegeben, wenn die Banken ihre Kreditzinsen einheitlich mit einer marktdurchschnittlichen Risikoprämie kalkulieren. Unternehmen, die sich durch eine hohe Bonität auszeichnen, werden die Nachfrage nach solchen Bankkrediten einschränken und stattdessen Anleihen emittieren, deren Verzinsung dank der hohen Qualität geringer ist. Als Folge wird die durchschnittliche Bonität der Unternehmen, die Bankkredite nachfragen, sinken.

Nach Vertragsabschluss können die Beziehungen zwischen Kapitalgeber und Kapitalnehmer als die zwischen einem Prinzipal und Agenten betrachtet werden (**Principal-Agent-Theorie**). Die Kapitalgeber als Prinzipal delegieren Entscheidungsbefugnisse an das Management als Agent. In diesem Beziehungsgeflecht hat das Management dank seiner Marktnähe meistens einen Informationsvorsprung gegenüber den Kapitalgebern.

Gleichzeitig kann das Management andere Ziele als die Kapitalgeber verfolgen. Als Beispiel sei genannt, dass das Management durch **verstecktes Handeln** wie von außen nicht oder nur schwer beobachtbare Maßnahmen (Hidden Action) die Kapitalbasis gefährdet. Die Unsicherheit über das Verhalten der Vertragspartner wird **moralisches Risiko** (Moral Hazard) genannt.

Um das Problem des opportunistischen Verhaltens handhaben zu können, muss eine Partei die Initiative für **vertragliche Regelungen** ergreifen. Im Idealfall wird ein Vertrag abgeschlossen, der so effizient gestaltet ist, dass es keinen anderen Vertrag gibt, der mindestens einen Kontraktpartner besser stellt, ohne den anderen Partner schlechter zu stellen (pareto-optimale Vertragsgestaltung).

1.2.3 Corporate Governance und Investor Relations

Bei der Analyse der unterschiedlichen Interessen und Informationen steht das Verhältnis zwischen Unternehmensleitung und Anteilseignern im Vordergrund. Außerdem ist zu berücksichtigen, dass eine unzureichende Einbeziehung der Belange der anderen Stakeholder negativen Einfluss auf die Unternehmensentwicklung haben kann. Als Ansätze, die eine Lösung dieser Probleme unterstützen könnten, werden vor allem Corporate Governance und Investor Relations diskutiert. Diese Konzepte haben die folgenden gemeinsamen **Zielsetzungen**:

1. Abbau von Informationsasymmetrien
2. Erhöhung der Informationseffizienz
3. Stärkung des Vertrauens der Kapitalgeber und der anderen Stakeholder

a) Corporate Governance

Der Begriff Corporate Governance bedeutet wörtlich **Unternehmensaufsicht**. Als Konzept versteht sich Corporate Governance als eine auf langfristige Wertschöpfung ausgerichtete gute **Unternehmensleitung und -überwachung**. Ein Corporate-Governance-System kann durch einen einstufigen oder zweistufigen Aufbau charakterisiert sein.

- **Einstufiges (monistisches) System**: Dieses Führungssystem entstammt dem anglo-amerikanischen Raum und ist heute das international am weitesten verbreitete System. Sowohl die Leitung als auch die Überwachung des Unternehmens obliegt einem einzigen Organ, dem **Board-of-Directors** bzw. **Verwaltungsrat.** Die Aufteilung in Leitungs- und Kontrollfunktionen erfolgt innerhalb dieses Organs.
- **Zweistufiges (dualistisches, duales) System**: Diese Form ist für deutsche Aktiengesellschaften typisch. Die Funktionen Leitung und Überwachung werden von getrennten Organen wahrgenommen, und zwar vom **Vorstand** und vom **Aufsichtsrat**. Die Hauptversammlung bildet das dritte Organ einer Aktiengesellschaft. Eine

weitere Besonderheit des deutschen Systems ist die Mitbestimmung der Arbeitnehmer, die sich in der Zusammensetzung des Aufsichtsrats manifestiert.

Eine gute Corporate Governance ist unabhängig davon, ob es sich um die einstufige oder duale Form handelt. Entscheidend ist vielmehr, dass allgemein akzeptierte Grundsätze existieren, mit denen die Kapitalgeber und andere Interessengruppen die Qualität der Corporate Governance eines Unternehmens systematisch bewerten können. Inhalte eines solchen **Regelungsrahmens** sind folgende drei Säulen:

- **Interne Corporate Governance**: Bezieht sich auf die Instrumente und Verfahren, mit denen die Kapitalgeber die Unternehmensleitung kontrollieren können. Dazu zählt die Trennung von Leitung und Aufsicht, der angemessene Zugang der Kapitalgeber zu allen relevanten Informationen und Entscheidungsrechten sowie eine funktionierende Innenrevision.
- **Externe Corporate Governance**: Bezieht sich auf die Kontrolle durch die Finanzmärkte. Gefordert werden aussagekräftige Informationen, die die Kapitalgeber und andere Finanzmarktteilnehmer (vor allem Finanzanalysten, Investmentbanken und Ratingagenturen) von den Unternehmen bei der Ausgabe neuer Aktien und Anleihen sowie für den Börsenhandel erhalten.
- **Transparenz und Offenlegung**: Die dritte Säule bezieht sich auf die Veröffentlichung der Rechnungslegung und die Kontrolle durch die Abschlussprüfer.

In Deutschland ist der **Deutsche Corporate Governance Kodex** von Bedeutung. Der Kodex will das Vertrauen der Anleger, Kunden, Mitarbeiter und Öffentlichkeit in die Leitung und Überwachung deutscher börsennotierter Gesellschaften fördern. Er enthält Wiederholungen von gesetzlichen Vorschriften sowie eine Vielzahl von Empfehlungen und Anregungen. Vorstand und Aufsichtsrat börsennotierter Unternehmen haben jährlich zu erklären, ob und inwieweit den **Empfehlungen** entsprochen wurde; diese Erklärung ist den Aktionären dauerhaft zugängig zu machen (§ 161 AktG). Von den **Anregungen** kann ohne Offenlegung abgewichen werden.

Dass sich eine gute Corporate Governance positiv auswirkt, belegen mehrere Untersuchungen. Aktien von Unternehmen mit günstig beurteilter Aufsicht erzielen tendenziell einen höheren Börsenkurs als die übrigen Aktien. Und der überwiegende Teil der institutionellen Investoren ist bereit, für Aktien eines gut geführten Unternehmens einen höheren Preis zu zahlen als für Aktien eines Unternehmens mit gleicher Performance, aber schlechterer Kontrolle.

b) Investor Relations

Investor Relations beinhalten die Planung, Organisation, Durchführung und Kontrolle aller **Kommunikationsmaßnahmen**, die bei den aktuellen und potenziellen Kapitalgebern Informationsdefizite verringern und das Vertrauen stärken können.

Hauptzweck ist die Vermittlung eines gewünschten Bildes über das Unternehmen als Gesamtheit. Daher dienen Investor-Relations-Maßnahmen nicht der Erreichung kurzfristiger Verkaufsziele, sondern dem Aufbau eines langfristig wirkenden positiven Unternehmensimages.

Insbesondere **börsennotierten Gesellschaften** helfen die Investor-Relations-Maßnahmen, am Kapitalmarkt wettbewerbsfähig zu werden und zu bleiben. Denn angesichts des großen Angebots an neuen und bereits platzierten Wertpapieren – speziell Aktien – auf den nationalen und internationalen Märkten gehen die Investoren kritisch und selektiv vor.

Hauptadressaten der Investor-Relations-Aktivitäten sind institutionelle und private Kapitalanleger, Finanzanalysten, Investmentbanken, Ratingagenturen und Fachjournalisten. Ob die Aktivitäten eines Unternehmens bei den Adressaten erfolgreich sind, hängt entscheidend von der Glaubwürdigkeit und Nachhaltigkeit der Maßnahmen vor und nach der Aktienemission ab:

- **Vor der Emission**: Unabhängig davon, ob ein Unternehmen zum ersten oder wiederholten Mal Aktien emittiert, ist ein umfangreiches Maßnahmenbündel für einen Erfolg des Börsengangs nötig. Dazu zählen in erster Linie die Equity Story, die die potenziellen Investoren überzeugen muss, gerade diese Aktie zu kaufen, und die Roadshows, auf denen sich das Unternehmen in speziellen Veranstaltungen vor den wichtigsten Adressaten präsentiert.

- **Nach der Emission**: Auch nach der Emission der Aktien muss das Unternehmen intensive Investor-Relations-Maßnahmen durchführen. Dies resultiert nicht nur aus rechtlichen Gründen, sondern auch aus dem Postulat der Nachhaltigkeit: Je dauerhafter die Beziehungen zu den Investoren gepflegt werden, umso stärker wirken sich die Maßnahmen im Sinn der Ziele der Unternehmenskommunikation aus.

Hinsichtlich der **Kommunikationsformen** lassen sich persönliche und unpersönliche unterscheiden. Teils sind sie rechtlich vorgeschrieben, teils freiwillig. Bei der persönlichen Kommunikation besteht ein direkter Kontakt zwischen Unternehmen und Adressat. Dies ist z.B. in Hauptversammlungen, Pressekonferenzen, Roadshows und Einzelgesprächen oder über Hotlines und E-Mails möglich. Ein breit gefächertes Instrumentarium steht auch für die unpersönliche Kommunikation zur Verfügung, beispielsweise Börsenprospekte, Geschäfts- und Zwischenberichte, Ad-hoc-Publizität, Anzeigen und TV-Spots, Aktionärsbriefe, Pressemitteilungen und Web-Sites.

2 Finanzwirtschaftliche Ziele

In der Mehrzahl der Unternehmen haben die finanzwirtschaftlichen Ziele der Inhaber (synonyme Begriffe sind Gesellschafter, Anteilseigner und Eigentümer) den ausschlaggebenden Einfluss auf die gesamte Unternehmenspolitik. Bei den meisten Unternehmen stehen die traditionellen Ziele Rentabilität, Liquidität und Sicherheit im Vordergrund, oft ergänzt um das Streben nach Unabhängigkeit. Speziell in börsennotierten Unternehmen kommt den wertorientierten Zielen (Shareholder Value und Economic Value Added) eine große Bedeutung zu.

2.1 Rentabilität

Das Erreichen einer möglichst hohen Rentabilität ist meistens das Hauptziel erwerbswirtschaftlich geführter Unternehmen.

2.1.1 Rentabilitätskennzahlen

Allgemein errechnet sich die Rentabilität als Prozentsatz aus dem Verhältnis zwischen einer Ergebnisgröße und einer Bezugsgröße. Als Ergebnisgrößen kommen vor allem in Betracht:

- **Gewinn**: Jahresüberschuss (vor oder nach Steuern) gemäß Gewinn- und Verlustrechnung, EBIT, Betriebsergebnis gemäß Kosten- und Leistungsrechnung oder zurechenbarer Gewinn eines Projekts
- **Cashflow**: Überschuss der zahlungswirksamen Erträge über die zahlungswirksamen Aufwendungen
- **Zinsen**: Zinsen für das Eigenkapital oder Fremdkapital

Dem stehen z.B. folgende Bezugsgrößen (bei Kapital als Jahresdurchschnittswerte) gegenüber:

- **Eigenkapital**: bilanzielles Eigenkapital (bei einer Kapitalgesellschaft: gezeichnetes Kapital, Rücklagen, Gewinnvortrag und Jahresüberschuss) und stille Reserven
- **Fremdkapital**: Verbindlichkeiten und Rückstellungen
- **Gesamtkapital**: Summe aus Eigen- und Fremdkapital

- **Projektkapital**: zurechenbarer Kapitaleinsatz
- **Umsatz:** Erlöse aus der Verwertung von Erzeugnissen, Waren oder Dienstleistungen, die für das Unternehmen zur typischen Geschäftstätigkeit zählen

Aus der Kombination der genannten Ergebnis- und Bezugsgrößen lassen sich Kennzahlen ableiten, die die Rentabilität jeweils als einen Prozentsatz darstellen. Die wichtigsten Rentabilitätskennzahlen sind:

***Abbildung 2-1:** Rentabilitätskennzahlen*

$$\text{Eigenkapitalrentabilität} = \frac{\text{Gewinn}}{\text{Eigenkapital}}$$

$$\text{Gesamtkapitalrentabilität (Return-on-Investment)} = \frac{\text{Gewinn} + \text{Fremdkapitalzinsen}}{\text{Gesamtkapital}}$$

$$\text{Umsatzrentabilität} = \frac{\text{Gewinn}}{\text{Umsatz}}$$

$$\text{Cashflow-Rate} = \frac{\text{Cashflow}}{\text{Umsatz}}$$

$$\text{Projektrentabilität} = \frac{\text{Projektgewinn}}{\text{Kapitaleinsatz}}$$

Die Aussagekraft der Rentabilitätskennzahlen ist dann eingeschränkt, wenn die Daten aus der Bilanz und Gewinn- und Verlustrechnung stammen. Die Zahlen sind in der Regel aus bilanzpolitischen Gründen gefärbt und geben nicht immer die tatsächliche Ertragskraft des Unternehmens wieder. Dies gilt bei Kapitalgesellschaften namentlich für die zentrale Kennzahl **Eigenkapitalrentabilität**. Eine hohe Eigenkapitalrentabilität bedeutet, dass die Eigenkapitalgeber eine hohe Verzinsung für das von ihnen zur Verfügung gestellte Kapital erhalten. Hierbei ist jedoch zu beachten, dass sowohl der Zähler (Gewinn) als auch der Nenner (Eigenkapital) durch Ansatz- und Bewertungsspielräume erheblich beeinflusst werden können.

Aufgabe 1: Rentabilitätskennzahlen

2.1.2 Leverage-Effekt

Besonders wichtig für finanzwirtschaftliche Entscheidungen ist der Zusammenhang zwischen Eigenkapitalrentabilität, Gesamtkapitalrentabilität und Verschuldungsgrad

(Fremdkapital durch Eigenkapital), der sich im so genannten **Financial-Leverage-Effekt** äußert.

Abbildung 2-2: Financial-Leverage-Effekt

Die Eigenkapitalrentabilität steigt mit zunehmendem Verschuldungsgrad, solange die Gesamtkapitalrentabilität über dem Fremdkapitalzinssatz liegt.

$$r = i + \frac{FK}{EK}(i - k)$$

r = Eigenkapitalrentabilität, i = Gesamtkapitalrentabilität, FK = Fremdkapital, EK = Eigenkapital, k = Fremdkapitalzinssatz

Die in der obigen Abbildung wiedergegebene Formel lässt erkennen, dass ein steigender Verschuldungsgrad hinsichtlich der Eigenkapitalrentabilität sowohl Chancen als auch Risiken mit sich bringt. So besteht die **Leverage-Chance** darin, einen positiven Klammerwert (i – k) zu nutzen. Das **Leverage-Risiko** ist dann gegeben, wenn der Klammerwert negativ wird, wodurch die Eigenkapitalrentabilität mit zunehmendem Verschuldungsgrad sinkt.

Beispiel: Financial-Leverage-Effekt

Ein Unternehmen investiert 10 Mio. € in eine Anlage, die pro Jahr eine Gesamtkapitalverzinsung von 1 Mio. € und folglich eine Gesamtkapitalrentabilität von 10 % erwirtschaftet. Wie hoch ist jeweils die Eigenkapitalrentabilität, wenn das Unternehmen die Investition

a) jeweils zur Hälfte mit Eigenkapital und Fremdkapital finanziert, wobei der Fremdkapitalzinssatz 8 % beträgt;
b) zu 20 % mit Eigenkapital und zu 80 % mit Fremdkapital finanziert, wobei der Fremdkapitalzinssatz wieder 8 % beträgt;
c) zu 20 % mit Eigenkapital und zu 80 % mit Fremdkapital finanziert, wobei der Fremdkapitalzinssatz diesmal 13 % beträgt?

a) $r = 10\,\% + \frac{5.000.000}{5.000.000}(10\,\% - 8\,\%) = 12\,\%$

b) $r = 10\,\% + \frac{8.000.000}{2.000.000}(10\,\% - 8\,\%) = 18\,\%$

c) $r = 10\,\% + \frac{8.000.000}{2.000.000}(10\,\% - 13\,\%) = -2\,\%$

Die Lösungen zeigen, dass im Fall b) die Leverage-Chance genutzt werden kann, weil sich die Eigenkapitalrentabilität gegenüber a) um 6 Prozentpunkte erhöht. Da im Fall c) der Fremdkapitalzins über der Gesamtkapitalrentabilität liegt, kommt hier das Leverage-Risiko zum Tragen: Die Eigenkapitalrentabilität verschlechtert sich auf –2 %, d.h. das Unternehmen erleidet sogar einen Verlust.

Der beschriebene Financial Leverage lässt sich noch verstärken, wenn man den Operating Leverage mit einbezieht. Der **Operating-Leverage-Effekt** ist umso stärker, je größer der Fixkostenanteil ist. In Unternehmen mit hohen Fixkosten führen einerseits Umsatzsteigerungen zu einer überproportionalen Erhöhung der Eigenkapitalrentabilität und andererseits Umsatzrückgänge zu einer überproportionalen Verringerung der Eigenkapitalrentabilität. In Kombination mit dem Financial Leverage kann das Chancen- und Risikopotenzial erheblich sein.

Beispiel: Kombinierter Leverage-Effekt

	Unternehmen A Geringe Fixkosten		Unternehmen B Hohe Fixkosten	
Eigenkapital	20.000		20.000	
Fremdkapital	80.000		80.000	
Kreditzinsen	6.000		6.000	
Verkaufte Menge	1.000	1.100	1.000	1.100
Umsatzerlöse	200.000	220.000	200.000	220.000
Variable Kosten	150.000	165.000	30.000	33.000
Fixkosten	40.000	40.000	160.000	160.000
Gewinn	4.000	9.000	4.000	21.000
Eigenkapitalrentabilität	20 %	45 %	20 %	105 %

Das Zahlenbeispiel zeigt, wie stark sich die Eigenkapitalrentabilität aufgrund der gleichzeitigen Nutzung des Financial und Operating Leverage erhöhen kann. Die Unternehmen A und B haben beide einen Verschuldungsgrad (Fremdkapital zu Eigenkapital) von 4. Als Kosten entstehen Kreditzinsen sowie andere variable und fixe Kosten. In der Summe sind die Kosten anfangs gleich hoch: Bei einem Umsatz von 200.000 € betragen die Kosten jeweils 196.000 €, sodass ein Gewinn von 4.000 € und eine Eigenkapitalrentabilität von 20 % verbleiben. Die Kostenstruktur jedoch ist unterschiedlich. Während A relativ hohe variable Kosten aufweist, dominieren bei B die Fixkosten. Mit dieser ausgeprägten Fixkostenausstattung kann B bei der Umsatzerhöhung auf 220.000 € seine Eigenkapitalrentabilität deutlich stärker steigern als A.

2.2 Liquidität

Zahlungsunfähigkeit und drohende Zahlungsunfähigkeit stellen Insolvenzgründe dar. Die Existenz eines Unternehmens ist gefährdet, sofern es seinen Zahlungspflichten nicht mehr zu jedem Zeitpunkt und in vollem Umfang nachzukommen vermag. Daher ist die Liquidität als eine **strenge Nebenbedingung** des Rentabilitätsstrebens anzusehen.

2.2.1 Liquidität als Zahlungsfähigkeit

Liquidität ist die Fähigkeit eines Unternehmens, jederzeit seine fälligen Zahlungsverpflichtungen zu erfüllen. In diesem Sinne kann Liquidität mit **Zahlungsfähigkeit** gleichgesetzt werden. Es gilt folgende **Liquiditätsbedingung**:

Zahlungsmittelbestand + Einzahlungen ≥ Auszahlungen

Ein wichtiges Kriterium für die Liquidität eines Unternehmens ist die **Liquidierbarkeit** seiner Aktiva. Darunter versteht man die Eigenschaft von Aktiva, sich wieder in Geld zu verwandeln. Die Liquidierbarkeit eines Vermögensgegenstandes ist umso höher,

- je niedriger die Transaktionskosten sind (z.B. Gebühren, Steuern oder Strafzinsen), die bei der Umwandlung in Geld anfallen, und
- je geringer die Preisschwankungen des Vermögensgegenstandes im Zeitablauf sind.

Einfach liquidierbar sind z.B. Bundesanleihen, die das Unternehmen jederzeit an einer Börse verkaufen kann. Danach folgen andere an der Börse gehandelte Wertpapiere wie etwa Aktien. Am Ende der Kette dürften Immobilien und Produktionsanlagen stehen.

Eine hohe Rentabilität führt nicht zwangsläufig zu einer hohen Liquidität. Im Gegenteil: Oft sind Rentabilität und Liquidität **konkurrierende Ziele**. So ist es offensichtlich, dass Gelder auf einem Bankkonto, über das jederzeit verfügt werden kann (z.B. Girokonto), keine oder eine nur niedrige Verzinsung erbringen; der Anleger kann einen höheren Zinssatz erzielen, wenn er sein Kapital für einen längeren Zeitraum festlegt und in dieser Zeit auf liquide Mittel verzichtet.

Jedoch kann zwischen Rentabilität und Liquidität auch eine **komplementäre** Zielbeziehung bestehen, bei der die Erreichung des einen Ziels gleichzeitig der Erreichung des anderen Ziels dient. Ist beispielsweise ein Unternehmen sehr rentabel, so dürfte es weniger Probleme haben, Liquiditätshilfen von Banken zu erhalten, als ein unrentables Unternehmen („Liquidität folgt der Rentabilität").

Um die Liquidität eines Unternehmens beurteilen zu können, stehen mehrere Kennzahlen bzw. Instrumente zur Verfügung, von denen im Folgenden die Kennzahlen der statischen und dynamischen Liquiditätsanalyse betrachtet werden.

2.2.2 Kennzahlen der statischen Liquiditätsanalyse

Die statische Liquiditätsanalyse basiert auf **bilanziellen Bestandsgrößen**, d.h. auf Aktiva und Passiva zu einem bestimmten Stichtag. Grundgedanke ist, dass aus den gegebenen Aktiv- und Passivbeständen auf die zukünftigen Zahlungsströme geschlossen werden kann:

- **Aktiva**: Je längerfristig (kürzerfristig) ein Vermögensgegenstand gebunden ist, umso später (früher) folgen die entsprechenden Einzahlungen.
- **Passiva**: Je längerfristig (kürzerfristig) das Kapital zur Verfügung steht, umso später (früher) sind die damit verbundenen Auszahlungen fällig.

Unter dieser Betrachtungsweise ist für die Beurteilung der Liquidität von Bedeutung, ob das Unternehmen den **Grundsatz der Fristenkongruenz**, d.h. die so genannte **goldene Finanzierungsregel** einhält.

Abbildung 2-3: *Grundsatz der Fristenkongruenz*

Die goldene Finanzierungsregel (im Bankensektor auch goldene Bankregel genannt) besagt: Die Fristigkeit des Kapitals soll der Fristigkeit des damit finanzierten Vermögens entsprechen. Auf keinen Fall sollte kurzfristiges Kapital zur Finanzierung von Vermögensgegenständen verwendet werden, die mittel- oder langfristig gebunden sind. Daraus lässt sich ableiten:

$$\frac{\text{Langfristiges Vermögen}}{\text{Langfristiges Kapital}} \leq 1 \qquad \frac{\text{Kurzfristiges Vermögen}}{\text{Kurzfristiges Kapital}} \geq 1$$

Die Kennzahlen der statischen Liquiditätsanalyse (z.B. Liquiditäts- und Deckungsgrade) sind nur begrenzt aussagefähig. Die Ursachen dafür sind:

- **Stichtagsbezug:** Die Daten geben die Verhältnisse am Bilanzstichtag wieder und sind mehr oder weniger zufällig. Durch die Wahl des Bilanzstichtags oder die Wahl von Beschaffungs-, Lieferungs- und Zahlungsterminen lässt sich die Höhe der Bilanzposten beeinflussen.

- **Bilanzbewertung:** Bei der Bewertung von Vermögensgegenständen ist das Niederstwertprinzip zu beachten, während für die Verbindlichkeiten das Höchstwertprinzip gilt. Diese Imparität (Ungleichbehandlung) führt tendenziell zu Kennzahlen, die ungünstiger als die tatsächlichen Verhältnisse sind.

- **Grobe Unterteilung:** Die Einteilung in Anlage- und Umlaufvermögen bzw. in lang-, mittel- und kurzfristiges Fremdkapital lässt keinen Rückschluss auf die genauen Termine zu, wann die Ein- und Auszahlungen fällig sind; z.B. kann der Tilgungstermin für eine kurzfristige Verbindlichkeit schon morgen oder erst in zwölf Monaten sein.

- **Unvollständigkeit:** Aus der Bilanz sind wesentliche Zahlungsströme nicht ersichtlich, z.B. laufende Auszahlungen für Gehälter und Zinsen sowie zukünftige Auszahlungen für Ersatzbeschaffungen.

- **Geldanschlussproblem:** Es ist nicht ersichtlich, welche Möglichkeiten das Unternehmen hat, Verbindlichkeiten zu verlängern (prolongieren) oder zu ersetzen (substituieren).

a) Liquiditätsgrade

Liquiditätsgrade sind einfache Bilanzkennzahlen, die der **kurzfristigen Liquiditätsanalyse** dienen. Sie resultieren aus der Gegenüberstellung von kurzfristigen Vermögensteilen und kurzfristigem Fremdkapital. Dabei bedeutet „kurzfristig" eine Zeitspanne von ca. einem Jahr.

Das **kurzfristige Fremdkapital** umfasst die kurzfristigen Verbindlichkeiten (Restlaufzeit von bis zu einem Jahr), die kurzfristigen Rückstellungen (sonstige und Steuerrückstellungen), den auszuschüttenden Gewinn und die passiven Rechnungsabgrenzungsposten. Je nachdem welche Vermögensteile einbezogen werden, erhält man **verschiedene Liquiditätsgrade**:

Abbildung 2-4: *Liquiditätsgrade*

$$\text{Liquidität 1. Grades} = \frac{\text{Liquide Mittel}}{\text{Kurzfristiges Fremdkapital}}$$

$$= \frac{\text{Kasse} + \text{Bank} + \text{Schecks} + \text{Wertpapiere des Umlaufvermögens}}{\text{Kurzfristiges Fremdkapital}}$$

$$\text{Liquidität 2. Grades} = \frac{\text{Monetäres Umlaufvermögen}}{\text{Kurzfristiges Fremdkapital}} = \frac{\text{Liquide Mittel} + \text{Kurzfristige Forderungen}}{\text{Kurzfristiges Fremdkapital}}$$

$$\text{Liquidität 3. Grades} = \frac{\text{Kurzfristiges Umlaufvermögen}}{\text{Kurzfristiges Fremdkapital}} = \frac{\text{Monetäres Umlaufvermögen} + \text{Vorräte}}{\text{Kurzfristiges Fremdkapital}}$$

Je höher die Liquiditätsgrade sind, desto günstiger fällt die Beurteilung der kurzfristigen statischen Liquidität aus. Daumenregeln lauten beispielsweise wie folgt: Die Liquidität 1. Grades sollte 10 bis 30 % betragen, die Liquidität 2. Grades ca. 100 % und die Liquidität 3. Grades ca. 200 %. Diese Zahlen sind jedoch nur grobe Richtgrößen. Je nach Unternehmen, Branche oder Zeit können andere Werte angemessen sein.

Die Liquiditätsgrade geben keine zuverlässige Auskunft über die heutige Liquidität, geschweige denn über die künftige Liquiditätskraft des Unternehmens. Im Rahmen der Liquiditätsbeurteilung sind sie dennoch eine Kennzahlenart, die Analysten neben anderen Indikatoren verwenden.

b) Deckungsgrade

Die Deckungsgrade dienen als **mittel- und langfristige Kennzahlen** der statischen Liquiditätsanalyse. Häufig wird zwischen drei Deckungsgraden unterschieden:

Abbildung 2-5: Deckungsgrade

$$\text{Deckungsgrad A} = \frac{\text{Eigenkapital}}{\text{Anlagevermögen}}$$

$$\text{Deckungsgrad B} = \frac{\text{Eigenkapital} + \text{Langfristiges Fremdkapital}}{\text{Anlagevermögen}}$$

$$\text{Deckungsgrad C} = \frac{\text{Eigenkapital} + \text{Langfristiges Fremdkapital}}{\text{Anlagevermögen} + \text{Langfristiges Umlaufvermögen}}$$

Den Deckungsgraden liegt – wie den Liquiditätsgraden – der Gedanke zugrunde, dass Vermögensgegenstände durch **fristenkongruentes** Kapital zu finanzieren sind. Beispielsweise besagt der Deckungsgrad B (Anlagendeckungsgrad), das Anlagevermögen solle durch Eigenkapital und langfristiges Fremdkapital gedeckt sein. Auch für die Deckungsgrade gilt, dass sie zwar nur begrenzt Auskunft über die Liquidität eines Unternehmens geben können, aber von praktischer Relevanz sind.

2.2.3 Kennzahlen der dynamischen Liquiditätsanalyse

Instrumente der dynamischen Liquiditätsanalyse sind in erster Linie **Cashflow-Kennzahlen.** Während die statische Liquiditätsanalyse von Bestandsgrößen ausgeht, beruht die dynamische auf **Stromgrößen.** Sie prognostiziert künftige Zahlungsströme aus den Zahlungsströmen der Vergangenheit.

Unter **Cashflow** ist im weiteren Sinne der Überschuss der Einzahlungen über die Auszahlungen einer Periode zu verstehen. Ein positiver Cashflow bewirkt eine Erhöhung des Zahlungsmittelbestandes, also des Bargelds und Bankguthabens. Das Volumen der Ein- und Auszahlungen lässt sich ausschließlich unternehmensintern bestimmen.

Im engeren Sinne wird der Begriff Cashflow mit dem operativen Cashflow gleichgesetzt. Der **operative Cashflow** einer Periode ist zu definieren als Überschuss der zahlungswirksamen Erträge über die zahlungswirksamen Aufwendungen aus der laufenden Geschäftstätigkeit. Auch diese Größen lassen sich für externe Bilanzleser nicht ohne weiteres aus den Daten des Jahresabschlusses ablesen. So ist insbesondere nicht zu erkennen, welche Vorgänge, die in der Gewinn- und Verlustrechnung unter den sonstigen betrieblichen Erträgen und Aufwendungen erfasst sind, zu Ein- und Auszahlungen in der Periode geführt haben und welche zum operativen Geschäft gehören. Aus diesem Grund sind externe Analysten auf eine **indirekte Ermittlung** des Cashflows angewiesen. In ihrer **einfachsten Form** sieht die indirekte Ermittlung folgendermaßen aus:

	Jahresüberschuss/Jahresfehlbetrag
+/–	Abschreibungen/Zuschreibungen auf Anlagevermögen
+/–	Erhöhung/Auflösung langfristiger Rückstellungen
=	Cashflow

Bei vollständiger Information über die Zahlungswirksamkeit aller Einzelpositionen führen der direkte und der indirekte Ermittlungsweg zum selben Ergebnis. Dies soll das nachstehende Beispiel verdeutlichen:

Beispiel: Vereinfachte Ermittlung des Cashflow

Ein Unternehmen weist in einem Jahr folgende zahlungswirksamen Erträge und Aufwendungen aus: Umsatzerlöse 280, Gehälter 80, Materialverbrauch 85, Zinsaufwendungen 10, Steuern 15. Zahlungsunwirksame Aufwendungen sind: Abschreibungen 30 und Rückstellungserhöhung 20. Der Jahresüberschuss ist somit 40.

Direkte Ermittlung:

	Zahlungswirksame Erträge	280
–	Zahlungswirksame Aufwendungen	190
=	Cashflow	90

Indirekte Ermittlung:

	Jahresüberschuss	40
+	Abschreibungen	30
+	Rückstellungserhöhung	20
=	Cashflow	90

Wie man aus der Gewinn- und Verlustrechnung mit einer **verfeinerten Vorgehensweise** den Brutto-Cashflow, den freien Cashflow und weitere wichtige Kennzahlen (z.B. EBIT) indirekt ableiten kann, zeigt die folgende Tabelle.

Der operative Cashflow kann unter zwei Aspekten interpretiert werden: als erfolgswirtschaftlicher oder finanzwirtschaftlicher Überschuss. In **erfolgswirtschaftlicher** Hinsicht dient der Cashflow als Indikator für die Ertragskraft des Unternehmens. Für diesen Zweck ist der Cashflow geeigneter als der Jahresüberschuss. Denn die Höhe des Jahresüberschusses hängt stärker von bilanzpolitischen Maßnahmen ab, was seine Eignung als Erfolgsmaßstab beeinträchtigt.

Tabelle 2-1: Indirekte Ermittlung des Cashflow (nach Umsatzkostenverfahren)

	Umsatzerlöse
–	Herstellungskosten des Umsatzes
=	**Bruttoergebnis vom Umsatz**
–	Vertriebskosten
–	Allgemeine Verwaltungskosten
–	Sonstige betriebliche Aufwendungen (sonstige Rückstellungen, Prüfungskosten etc.)
+	Sonstige betriebliche Erträge (Mieterträge, Auflösung von Rückstellungen etc.)
+/–	Ergebnis aus Beteiligungen, Wertpapieren etc. (ohne Zinsaufwendungen)
=	**EBITDA (Earnings Before Interest, Tax, Depreciation and Amortization = operatives Ergebnis vor Zinsen, Steuern und Abschreibungen)**
–	Depreciation und Amortization (Abschreibungen auf Sachanlagen, Finanzanlagen und immaterielles Anlagevermögen, wenn nicht in obigen Kosten enthalten)
–	Amortization auf Goodwill (Abschreibungen auf Geschäfts- oder Firmenwert)
=	**EBIT (Earnings Before Interest and Tax = operatives Ergebnis vor Zinsen und Steuern)**
–	Ertragsteuern auf EBIT
=	**NOPAT (Net Operating Profit After Tax = operatives Ergebnis vor Zinsen und nach Steuern)**
+/–	Abschreibungen bzw. Zuschreibungen
+/–	Erhöhung bzw. Minderung langfristiger Rückstellungen
=	**(Operativer) Brutto-Cashflow**
–	Investitionen in das Anlagevermögen
+/–	Verminderung bzw. Erhöhung des Nettoumlaufvermögens (Net Working Capital = Umlaufvermögen abzüglich kurzfristigem Fremdkapital)
=	**(Operativer) freier Cashflow**

Im Zusammenhang mit der Liquidität steht die Interpretation des Cashflows als **finanzwirtschaftlicher** Überschuss im Vordergrund. So gibt der **Brutto-Cashflow** an, welcher Zahlungsüberschuss zur Verfügung steht für

- Investitionen,
- Erhöhung des Nettoumlaufvermögens,
- Schuldentilgungen,

- Zinszahlungen und
- Gewinnausschüttungen.

Der **freie Cashflow** – als Teilmenge des Brutto-Cashflow – zeigt, welcher Zahlungsmittelüberschuss allen Kapitalgebern (Fremd- und Eigenkapitalgebern) zur Verfügung steht aus

- Schuldentilgungen,
- Zinszahlungen und
- Gewinnausschüttungen.

Die Betrachtung der einzelnen Komponenten des Brutto-Cashflow verdeutlicht, dass eine starke Konkurrenz zwischen den Komponenten besteht. Beispielsweise könnte ein Unternehmen einen gegebenen Brutto-Cashflow von 10 Mio. € zum Großteil für Investitionen verwenden. Dies würde bedeuten, dass die übrigen Komponenten wie namentlich die Gewinnausschüttung zurückstehen müssten.

Der Cashflow kann auch in relativen Kennzahlen auftreten. Eine derartige Kennzahl ist der **dynamische Verschuldungsgrad**:

$$\text{Dynamischer Verschuldungsgrad} = \frac{\text{Effektivverschuldung}}{\text{Cashflow}}$$

Die Effektivverschuldung eines Unternehmens errechnet sich aus dem Fremdkapital abzüglich des monetären Umlaufvermögens. Das monetäre Umlaufvermögen besteht aus den liquiden Mitteln (einschließlich Wertpapiere des Umlaufvermögens) und den kurzfristigen Forderungen. Somit gibt der dynamische Verschuldungsgrad darüber Auskunft, in welcher Zeit die Schulden durch den Cashflow getilgt werden könnten.

Aufgabe 2: Cashflow-Ermittlung

2.3 Sicherheit

Das Ziel **Sicherheit** bezieht sich auf die Begrenzung finanzieller Risiken. **Risiko** kann definiert werden als Gefahr eines möglichen Verlustes, der sich aus der Abweichung zwischen der tatsächlichen und gewünschten Entwicklung ergibt. Unternehmen gehen bewusst Risiken ein, wenn sie damit einen entsprechenden Mehrwert schaffen können. Gleichzeitig dürfen die Risiken nicht unbegrenzt sein; vielmehr sind sie unter Beachtung des Rentabilitätsziels und der Liquiditätsbedingung zu optimieren.

2.3.1 Risiken und Risikomanagement

Zwischen den Zielen Rentabilität, Liquidität und Sicherheit besteht ein Spannungsfeld mit gegenseitigen Abhängigkeiten. Hohe Rentabilität bedeutet in der Regel geringere Liquidität und höheres Risiko. Gleichzeitig gibt es Risiken,

- die sich primär auf die Rentabilität auswirken (z.B. Leverage-Risiko oder Buchverluste durch gefallene Aktienkurse),
- die spezifische Liquiditätsrisiken darstellen (z.B. verspäteter Zahlungseingang) oder
- die sowohl unter Rentabilitäts- als auch unter Liquiditätsaspekten relevant sind (z.B. Insolvenz eines Schuldners).

Darüber hinaus sind Sicherheitsziele für Kapitalbeschaffungs- und Kapitalverwendungsentscheidungen relevant. Im Rahmen der **Kapitalbeschaffung** ist in erster Linie von Bedeutung, wie stark sich das Leverage-Risiko durch zunehmende Verschuldung erhöht. Bei der **Kapitalverwendung** ist zu beachten, dass die Zahlungsüberschüsse aus Investitionen unsicher und schwankend sind.

Nicht zuletzt ist zu beachten, dass Sicherheitsziele sowohl kurzfristiger als auch langfristiger Natur sein können. **Kurzfristige Risiken** treten insbesondere im Zusammenhang mit unterjährigen Geldanlageentscheidungen auf. **Langfristig relevante Risiken** umfassen einen Zeitraum von mehreren Jahren und folgen aus strategischen Investitions- und Finanzierungsentscheidungen.

Gleichgültig ob kurz- oder langfristig, Risiken sind als Kriterien, die die Rentabilitäts- und Liquiditätsziele ergänzen, immer mit einzubeziehen, weil sie den Fortbestand des gesamten Unternehmens gefährden können. Um diese komplexen Probleme handhaben zu können, ist ein **Risikomanagementsystem** erforderlich. Darunter versteht man ein System zur systematischen Identifizierung, Bewertung, Steuerung und Kontrolle von Risiken.

Die finanzwirtschaftlichen Risiken **im weiteren Sinne** lassen sich in Gegenpartei-, Marktpreis-, Liquiditäts- und operationelle Risiken gliedern. **Im engeren Sinne** zählen die operationellen nicht als finanzielle Risiken. Da sie jedoch gerade für Kreditinstitute von erheblicher Bedeutung sind, werden auch diese Risiken im Folgenden vorgestellt.

Abbildung 2-6: Finanzwirtschaftliche Risiken i.w.S.

2.3.2 Gegenparteirisiken

Gegenparteirisiken werden auch **Adressrisiken** genannt. Sie sind abhängig von einem möglichen Ausfall oder einer Bonitätsverschlechterung von Adressaten, mit denen eine wirtschaftliche Beziehung besteht, wie z.B. Kunden, Lieferanten und Kapitalnehmer. Solche Risiken resultieren aus individuellen Verhältnissen oder aus Länderrisiken. Das **Länderrisiko** ist im Rahmen von grenzüberschreitenden Geschäften von Bedeutung. Es macht Aussagen darüber, inwieweit ein Staat aus wirtschaftlichen oder politischen Gründen Transferzahlungen und -leistungen behindert, sodass ein Geschäftspartner – obwohl er individuell dazu in der Lage wäre – seinen Verpflichtungen nicht nachkommen kann.

Die erste Form der Gegenparteirisiken sind die **Ausfall- und Bonitätsrisiken**. Sie lassen sich wie folgt untergliedern:

- **Kreditrisiken**: Hier handelt es sich zunächst um das **Ausfallrisiko**. Dies resultiert aus der mangelnden Fähigkeit oder Bereitschaft von Schuldnern, die vereinbarten Tilgungen, Zinsen und sonstigen Kosten zu begleichen. Ausfallrisiken sind beispielsweise relevant, wenn ein Kunde, dem das Unternehmen Waren auf Ziel verkauft hat, nicht zahlt, wenn ein Unternehmen, das einen Bankkredit aufgenommen hat, zahlungsunfähig wird oder wenn der Emittent einer Anleihe die Tilgung nicht mehr leisten kann. Das Kreditrisiko wird außerdem durch das **Bonitätsrisiko** beeinflusst, d.h. durch die Gefahr, dass sich die Kreditwürdigkeit des Schuldners im Zeitablauf verschlechtert.

- **Vorleistungsrisiken**: Obwohl das Unternehmen seinerseits bereits einen Teil des Vertrags erfüllt hat, kommt der Geschäftspartner seinen Verpflichtungen nicht nach. Solche Vorleistungsrisiken entstehen z.B., wenn das Unternehmen gekaufte Waren schon bezahlt, aber bisher noch nicht erhalten hat.

- **Eindeckungsrisiken**: Wenn der Kontrahent nach Vertragsabschluss ausfällt und somit das Unternehmen ein entsprechendes Geschäft neu abschließen muss, besteht die Gefahr, dass die neuen Bedingungen ungünstiger als die ursprünglichen sind. Das Unternehmen benötigt z.B. in 3 Monaten 1 Mio. US-Dollar. Es tätigt ein Devisentermingeschäft, wodurch es in 3 Monaten 1 Mio. Dollar für 800.000 € beziehen kann. Wenn der Dollarkurs steigt, erleidet das Unternehmen bei Ausfall des Kontrahenten einen Verlust. Kommt das Ersatzgeschäft beispielsweise für 820.000 € zustande, beträgt der Eindeckungsverlust 20.000 €.

Die **Aktienkursrisiken** bilden die zweite Form der Gegenparteirisiken. Sie resultieren aus Kursschwankungen, die auf die Bonitätsverschlechterung oder sogar den Ausfall des Emittenten der Aktien zurückzuführen sind. Die Risiken können Bilanzpositionen (z.B. Aktienbestände) und Derivate (z.B. Aktienoptionen) umfassen. Da diese Aktienkursrisiken durch die individuelle Bonität der jeweiligen Aktiengesellschaft bedingt sind, bezeichnet man sie auch als **spezifische (unsystematische) Risiken**.

Das Gleiche gilt für die **Zinsänderungsrisiken** als dritte Form der Gegenparteirisiken. Ändert sich die Bonität des Emittenten festverzinslicher Anleihen, wirkt sich dies auf die geforderte Anleiherendite aus. Eine Bonitätsverschlechterung führt zu einer Erhöhung der Rendite und damit zu einer Verringerung des Anleihenkurses. Ein Unternehmen, das Anleihen dieses Emittenten im Bestand hat, erleidet einen Kursverlust infolge eines spezifischen Zinsänderungsrisikos.

2.3.3 Marktpreisrisiken

Marktpreisrisiken beinhalten die Gefahr, dass sich der Finanzmarkt insgesamt ungünstig entwickelt. Sie werden auch als **allgemeine (systematische) Risiken** bezeichnet. Wie aus der Abbildung zu erkennen ist, treten Aktienkurs- und Zinsänderungsrisiken sowohl als Gegenpartei- als auch als Marktpreisrisiken auf, d.h. als spezifische und allgemeine Risiken. Währungs- und Rohstoffrisiken hingegen entstehen grundsätzlich nicht durch Bonitätsveränderungen oder Ausfallrisiken einzelner Geschäftspartner, sondern nur durch allgemeine Marktpreisschwankungen:

- **Aktienkursrisiken**: Infolge allgemeiner Marktschwankungen ändern sich die Aktienkurse, wodurch Verluste für die Anleger entstehen können. Die Risiken umfassen nicht nur die Aktien selbst, sondern auch Derivate wie Aktienoptionen und Aktienindexoptionen.

- **Zinsänderungsrisiken**: Schwankende Marktzinsen wirken sich auf fest- und variabel verzinsliche Positionen einschließlich deren Derivate aus. Der Marktwert eines festverzinslichen Finanztitels sinkt bei steigenden Marktzinsen und umgekehrt. Für Anleger, die variabel verzinsliche Anleihen gekauft haben, sind fallende Markzinsen ungünstig, während für Schuldner, die variabel verzinsliche Kredite aufgenommen haben, steigende Marktzinsen ungünstig sind. Die allgemeinen Zinsänderungsrisiken bestehen auch dann, wenn wie im Fall von Bundesanleihen kein spezifisches Zinsänderungsrisiko zu befürchten ist.

- **Währungs- und Rohstoffrisiken**: Auch diese Risiken beziehen sich auf Kassa- und derivative Positionen. Liegt beispielsweise eine offene Fremdwährungs-Kassaposition vor, dann besteht entweder ein Überhang an Fremdwährungsaktiva oder an Fremdwährungspassiva. Aufwertungen der inländischen Währung führen zu Verlusten bei einem Aktivüberhang und Abwertungen zu Verlusten bei einem Passivüberhang. Unter Rohstoffrisiken ist die Gefahr einer Ergebnisverminderung aufgrund von Rohstoffpreisänderungen zu verstehen.

Die Marktrisiken werden – wie Gegenparteirisiken auch – mit dem Value-at-Risk-Konzept gemessen. Es ist ein Verfahren zur Berechnung des Verlustpotenzials. Der **Value-at-Risk** gibt den Verlust an, der unter Annahme einer bestimmten Wahrscheinlichkeit für eine vorgegebene Zeitspanne nicht überschritten wird.

Beispiel: Value-at-Risk

Ein Value-at-Risk von 5 Mio. € mit einem Konfidenzintervall von 99 % und einer Haltedauer von einem Tag bedeutet: Der Verlust aus den gegebenen Marktrisikopositionen (z.B. Aktien) wird mit einer Wahrscheinlichkeit von 99 % innerhalb von einem Tag 5 Mio. € nicht übersteigen.

Für die Höhe des Value-at-Risk sind die Volatilität der Risikopositionen und deren Korrelationen verantwortlich. Die **Volatilität** ist definiert als die durchschnittliche, auf einen bestimmten Zeitraum bezogene Schwankungsbreite der Preise bzw. Renditen von Finanztiteln um ihren Mittelwert.

Die **historische** Volatilität zeigt, wie groß die Schwankungen in der Vergangenheit waren. Die **implizite** Volatilität gibt die erwartete Schwankungsbreite wieder. Je höher die Volatilität ist, umso größer ist das Verlustrisiko (aber auch die Chance, Gewinne zu erzielen). So bedeutet eine 30-tägige implizite Volatilität von 25 %, dass die Aktie (mit einer Wahrscheinlichkeit von 68 %) innerhalb der nächsten 30 Tage mit +/- 25 % um den Mittelwert schwanken wird.

Abbildung 2-7: Volatilität von Aktien

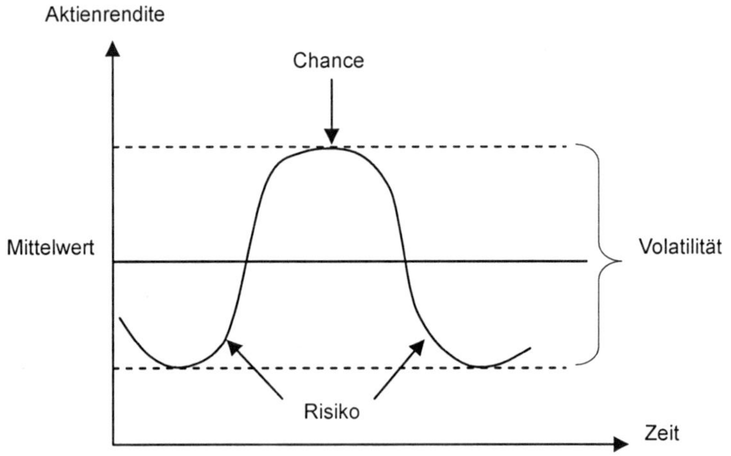

2.3.4 Liquiditäts- und operationelle Risiken

Unter **Liquiditätsrisiken** versteht man die Gefahr, dass die Ein- und Auszahlungsströme nach Volumen und Zeit nicht in der Weise verlaufen, wie es für die optimale Liquiditätssicherung des Unternehmens notwendig wäre. Diese Risiken können in drei Gruppen aufgespalten werden:

- **Liquiditätsanspannungsrisiko**: Dieses Risiko tritt vor allem dann auf, wenn der Grundsatz der Fristenkongruenz nicht eingehalten wird. Hat ein Unternehmen z.B. eine längerfristige Investition mit einem kürzerfristigen Kredit finanziert, so läuft es Gefahr, dass bei Kreditende die Anschlussfinanzierung nicht sichergestellt oder nur zu einem höheren Zinssatz möglich ist.
- **Abrufrisiko**: Die Liquidität des Unternehmens verringert sich unerwartet. Zum einen können Geldleistungen, die das Unternehmen zugesagt hat (z.B. aus Kreditlinien oder Bürgschaften), wider Erwarten abgerufen werden. Zum anderen können Kapitalgeber Einlagen wider Erwarten zurückfordern.
- **Terminrisiko**: Diese Art des Liquiditätsrisikos beschreibt die Gefahr, dass Zahlungen nicht fristgerecht eingehen.

Das **operationelle Risiko** bezieht sich auf den potenziellen Verlust, der entstehen kann aus unzureichenden oder falschen internen Prozessen, Personen und Systemen sowie externen Einflüssen. Die Quellen für operationelle Risiken sind vielfältig. Sie lassen sich in externe und interne Faktoren aufspalten:

- **Interne operationelle Risikofaktoren**: Beispiele sind der Ausfall von Datenverarbeitungssystemen, fehlerhafte Arbeitsabläufe, lückenhafte Verträge, inadäquate Kontrollen und menschliches Versagen.
- **Externe operationelle Risikofaktoren**: Hierzu zählen in erster Linie rechtliche Änderungen, Bußgelder, Undurchsetzbarkeit von Verträgen, kriminelle Handlungen und Naturkatastrophen.

2.4 Unabhängigkeit

Unabhängigkeit im Sinne der **Erhaltung der unternehmerischen Dispositionsfreiheit** stellt eine Ergänzung der Rentabilitäts-, Liquiditäts- und Sicherheitsziele dar. Das Streben nach Unabhängigkeit ist je nach Unternehmen und Interessengruppe verschieden stark ausgeprägt.

Empirische Untersuchungen belegen, dass das Unabhängigkeitsziel umso mehr Bedeutung hat, je größer der bisherige Einfluss auf die Unternehmenspolitik ist. So ist insbesondere für mittelständische Unternehmen, bei denen Inhaber- und Leitungsfunktionen in einer oder wenigen Personen gebündelt sind, charakteristisch, dass sie ihre Unabhängigkeit erhalten wollen – nicht selten sogar zuungunsten der Rentabilität.

Unternehmen berücksichtigen Unabhängigkeitsziele sowohl bei Investitions- als auch bei Finanzierungsentscheidungen. Durch eine aktive Gestaltung der Investitions- und Finanzpolitik kann ein Unternehmen versuchen, Unabhängigkeit und die übrigen finanzwirtschaftlichen Ziele in Einklang zu bringen. Das heißt, Unabhängigkeit ist nicht das Hauptziel, sondern Mittel zum Zweck oder Nebenbedingung.

Im **Investitionsbereich** dienen zahlreiche Maßnahmen auch einer Stärkung der Unabhängigkeit. Beispiele sind:

- **Innovation**: Die Entwicklung neuer Produkte und Verfahren soll dem Unternehmen die zukünftige Flexibilität sichern.
- **Diversifikation**: Bei einer vertikalen Diversifikation beteiligt sich ein Unternehmen an vor- oder nachgelagerten Stufen. So kann durch die Beteiligung an einer Zulieferfirma die Beschaffung notwendiger Materialien sichergestellt werden. Bei einer horizontalen Diversifikation stehen die neuen Produkte in einem sachlichen Zusammenhang mit den bisherigen. Beispiele dafür sind Firmenkäufe, um durch das zusätzliche Know-how, z.B. auf den Gebieten Produktionstechnik oder Vertriebssystem, die eigene Unabhängigkeit zu sichern.
- **Marktdurchdringung**: Das Unternehmen erhöht durch die Übernahme von Konkurrenten seine Marktanteile und damit seine Dispositionsfreiheit.

In Bezug auf den **Finanzierungsbereich** können Unabhängigkeitsziele auf den folgenden Gebieten eine Rolle spielen:

- **Beteiligungsfinanzierung**: Die Inhaber oder Anteilseigner erhöhen das Eigenkapital des Unternehmens von außen durch Zuführung zusätzlicher Finanzmittel. Wenn mit dem neuen Eigenkapital Stimmrechte verbunden sind, kann es zu einer Verschiebung der bisherigen Machtverhältnisse kommen.
- **Kreditfinanzierung**: Den Kreditgebern stehen keine unternehmenspolitischen Entscheidungsbefugnisse im Sinne von Stimmrechten zu. Dennoch können sie – speziell bei hohen Volumina – einen faktischen Einfluss auf die Unternehmensführung ausüben. Darüber hinaus schränken erforderliche Kreditsicherheiten wie z.B. Grundschulden die Dispositionsfreiheit des Kreditnehmers ein.
- **Innenfinanzierung**: Diese Finanzierungsform ist unter dem Aspekt der Unabhängigkeit besonders geeignet. Denn über die Beträge, die auf dem Weg der Innenfinanzierung selbst erwirtschaftet wurden, kann das Unternehmen verfügen, ohne dass sich Stimmrechtsverhältnisse ändern oder Kreditgeber an Einfluss gewinnen.

2.5 Wertorientierte Ziele

Die wertorientierten Ziele beziehen sich auf den Unternehmenswert. Da dieser Wert als Marktwert des Eigenkapitals zu verstehen ist und da das Eigenkapital von den Anteilseignern (Shareholder) zur Verfügung gestellt wird, steht der **Shareholder Value** im Mittelpunkt der wertorientierten Ziele. Das Shareholder-Value-Konzept fordert, dass die Unternehmensstrategien danach zu beurteilen sind, ob sie den Unternehmenswert und somit das Vermögen der Anteilseigner steigern. Zur Messung der Wertsteigerung gibt es mehrere Kennzahlen, von denen der Discounted Cashflow und der Economic Value Added die größte Bedeutung haben.

Der **Discounted-Cashflow-Grundgedanke** ist, dass sich der Unternehmenswert aus der Abzinsung (Diskontierung) der zukünftigen Cashflows ergibt (vgl. hierzu Kapitel B.3.1.2.2). Folglich misst sich eine Wertsteigerung anhand der Erhöhung der Cashflows.

Der **Economic Value Added (EVA)** entspricht dem Residualgewinn, der sich aus der Differenz zwischen Betriebsergebnis und Kapitalkosten errechnet. Das Betriebsergebnis ist das operative Ergebnis vor Zinsen und nach Steuern (NOPAT, vgl. Kapitel A.2.2.3). Nach dem EVA-Ansatz ist nur die Strategie wertsteigernd, deren Rendite den Kapitalkostensatz übersteigt.

Im Zusammenhang mit dem Shareholder-Value-Konzept wird auf methodische Probleme und Mängel der Grundkonzeption verwiesen. Die **Hauptkritikpunkte** lassen sich wie folgt zusammenfassen:

- **Methodik**: Die Instrumente und Methoden basieren auf restriktiven Annahmen, sind äußerst komplex und hinsichtlich ihrer Ergebnisse manipulierbar (z.B. durch Prognose der Cashflows und Wahl des Kapitalkostensatzes).
- **Unternehmensbewertung**: Die rein monetäre Ausrichtung des Ansatzes vereinfacht den Komplex der Unternehmensbewertung und -beurteilung. Häufig ist ein umfangreiches Kriterienbündel entscheidend, wobei gerade nicht monetären Aspekten wie Markteintritt und Image eine zentrale Rolle zukommt.
- **Interessenorientierung**: Das Konzept orientiert sich einseitig an den Interessen der Eigenkapitalgeber. Die Interessen der übrigen Anspruchsgruppen (Gläubiger, Arbeitnehmer, Kunden, Lieferanten etc.) werden vernachlässigt.
- **Kurzfristigkeit**: Das Konzept zwingt das Management zu eher kurzfristig orientierten Handlungsweisen, mit denen die Zahlungsüberschüsse bzw. Gewinne maximiert werden sollen. Dazu zählt unter anderem die Veräußerung von Vermögenswerten, um möglichst hohe Gewinnausschüttungen zahlen zu können. Investitionen, die erst in einigen Jahren Überschüsse erzielen, werden vernachlässigt.

Infolge der berechtigten Kritik entwickelt sich das Shareholder-Value-Konzept im Sinne einer **Wertgenerierung** und **Wertsteigerung** weiter. Danach besteht das Ziel der Unternehmensführung in der Steigerung des Unternehmenswertes unter Beachtung der Interessen der Anteilseigner, Mitarbeiter und übrigen Gruppen.

Aufgabe 3: Economic Value Added

3 Investitions- und Finanzplanung

Die folgenden Ausführungen erläutern zunächst den Prozess der Investitionsplanung. Anschließend werden die Merkmale und Arten der Finanzplanung vorgestellt.

3.1 Investitionsplanung

Planung bedeutet die gedankliche Vorwegnahme und aktive Gestaltung zukünftiger Ereignisse und Zustände. Die betriebliche Investitionsplanung ist ein Prozess, der sich auf die Beschaffung/Herstellung und Kontrolle von Investitionsobjekten bezieht. Der Prozess kann je nach Vorhaben unterschiedlich gestaltet sein. Idealtypisch läuft er in folgenden Phasen ab:

Abbildung 3-1: Prozess der Investitionsplanung

Investitionsziele

⇩

Investitionsanregung und Informationssammlung

⇩

Investitionsbewertung

⇩

Investitionsentscheidung und Investitionsrealisierung

⇩

Investitionskontrolle

Ausgangspunkt für den Investitionsplanungsprozess sind die **Ziele** Rentabilität, Liquidität, Sicherheit und Unabhängigkeit bzw. die wertorientierten Ziele (Shareholder Value). Die Ziele dienen als Maßstab dafür, welches von mehreren Investitionsobjekten, die zur Verfügung stehen, geeigneter ist.

Anregungen für eine Investition liefern in der Praxis verschiedenen Stellen, die unternehmensintern oder unternehmensextern sein können. Häufig ist es der Fertigungsbereich, insbesondere wenn Anhaltspunkte für eine notwendige Verbesserung oder Ausweitung der Produktionskapazitäten vorliegen. Auch die Forschungs- und Entwicklungsabteilung, die Beschaffung, das Marketing und der Verkauf können Hinweise geben. Nicht zuletzt ist das Controlling eine Quelle für Investitionsanregungen, z.B. wenn es verbesserungsbedürftige Kennzahlen ermittelt. Als externe Stellen sind zu nennen: Lieferanten, Kunden, Staat und sogar Konkurrenten. Unter **Informationssammlung** versteht man die systematische Erfassung und Bewertung der Verbesserungsvorschläge.

Die **Investitionsbewertung** hat die Aufgabe, die betreffenden Investitionsmöglichkeiten unter technischen, rechtlichen, wirtschaftlichen und sonstigen Kriterien zu beurteilen. Die wirtschaftliche Vorteilhaftigkeit eines Investitionsobjekts wird mit Investitionsrechnungen anhand der zuvor genannten Ziele bestimmt. Während Rentabilität, Liquidität, Sicherheit und Shareholder Value quantitative Ziele sind, handelt es sich bei der Unabhängigkeit um ein qualitatives Ziel. Investitionsrechnungen können sich ausschließlich auf quantitative Ziele beziehen.

Die Unternehmensleitung ist zuständig für die **Investitionsentscheidung**, wenn es sich um größere Projekte handelt. Bei kleineren Investitionsvolumina werden im Allgemeinen nachgeordnete Stellen zuständig sein. Auch kann vorkommen, dass keine Entscheidung getroffen wird und die zuständigen Unternehmensbereiche gebeten werden, zusätzliche Daten zu beschaffen oder tiefer gehende Entscheidungsinformationen vorzulegen.

Investitionskontrollen treten bereits in den ersten Planungsphasen auf. So ist schon bei der Investitionsanregung zu prüfen, welche Vorschläge genauer untersucht werden sollen und welche nicht. Besonders wichtig ist die Investitionskontrolle, nachdem das Projekt realisiert worden ist. In dieser Phase kommen wiederum Investitionsrechnungen zum Einsatz. Im Rahmen der Kontrolle sind Soll-Ist-Vergleiche vorzunehmen. Diese beantworten die Frage, ob die Investition die finanzwirtschaftlichen Ziele erreicht hat oder nicht. Zeigen sich größere Abweichungen zwischen Soll und Ist, so muss das Unternehmen Abweichungsanalysen durchführen. Aufgrund dieser Analysen lassen sich Hinweise für mögliche Gegensteuerungsmaßnahmen gewinnen, sodass der Investitionsplanungsprozess als lernendes System gestaltet werden kann.

3.2 Wesen der Finanzplanung

Primäres Ziel der Finanzplanung ist es, die **Zahlungsfähigkeit** des Unternehmens jederzeit zu sichern. Da alle mit Zahlungen verbundenen Prozesse direkt oder indirekt in die Finanzplanung eingehen, bezieht sich die Finanzplanung auf das gesamte Unternehmen und nicht nur auf den Finanzbereich. Gleichzeitig ist der Finanzplan mit den übrigen betrieblichen Teilplänen abzustimmen. Der Finanzplanungsprozess durchläuft idealtypisch folgende Phasen:

Tabelle 3-1: Finanzplanungsprozess

Phase	Inhalt
Informationsbeschaffung	Beschaffung der relevanten Informationen und Transformation der Daten in Finanzgrößen
Finanzprognose	Ermittlung der zukünftigen Finanzströme und -bestände und somit des zukünftigen Mittelüberschusses bzw. -defizits
Alternativenplanung	Aufzeigen der Möglichkeiten der Mittelbeschaffung
Alternativenauswahl	Entscheidung über die bestmögliche Alternative und Verabschiedung des Finanzplans
Finanzkontrolle	Soll-Ist-Vergleich, Analyse der Abweichungsursachen und eventuelle Gegensteuerungsmaßnahmen

Um die Liquidität im Sinne der jederzeitigen Zahlungsfähigkeit zu gewährleisten, müsste ein Unternehmen alle Ein- und Auszahlungen für einen beliebig langen Planungszeitraum taggenau erfassen. Dies ist jedoch weder möglich noch nötig. Dementsprechend ist zwischen kurzfristiger und langfristiger Finanzplanung zu unterscheiden.

3.3 Kurzfristige Finanzplanung

Mithilfe der kurzfristigen Finanzplanung soll die **Liquiditätsbedingung** jederzeit eingehalten werden (Zahlungsmittelbestand + Einzahlungen ≥ Auszahlungen). Daher wird sie auch als **Liquiditätsplanung** bezeichnet. Charakteristisch für die Liquiditätsplanung ist, dass sie

- einen Planungshorizont von maximal bis zu einem Jahr umfasst,
- in erster Linie auf den Zahlungsmittelbestand abzielt und
- von den Daten der anderen betrieblichen Teilpläne ausgeht.

Die Liquiditätsplanung ist also eine kurzfristige Detailplanung der Zahlungsströme und von eher passiver Natur. Die übrigen Unternehmenspläne geben die Zahlungsströme vor, sodass es im Rahmen der Liquiditätsplanung primär darum geht, wie ein Finanzmittelbedarf zu decken bzw. ein Finanzmittelüberschuss anzulegen ist.

Der **Zahlungsmittelbestand zu einem Zeitpunkt** resultiert aus dem Zahlungsmittelbestand zum Anfang des Prognosezeitraums zuzüglich der bis zu diesem Zeitpunkt anfallenden Einzahlungen und abzüglich der bis zu diesem Zeitpunkt anfallenden Auszahlungen. Die Ein- und Auszahlungen, die bis zu einem bestimmten Zeitpunkt entstehen, stellen kumulierte Beträge dar. Sind zu einem bestimmten Zeitpunkt die kumulierten Auszahlungen größer als die kumulierten Einzahlungen einschließlich Anfangsbestand, liegt ein Zahlungsmittelbedarf vor, umgekehrt ein Zahlungsmittelüberschuss.

Die Liquiditätsbedingung muss in jeder Planperiode eingehalten werden. Als **Planperioden** können Tage, Wochen, Monate oder Quartale zugrunde gelegt werden.

Eine **Finanzprognose**, die sich auf die tägliche Liquiditätsdisposition bezieht, kann einen Prognosezeitraum von einer Woche bis zu einem Monat beinhalten. Streng genommen kann nur mit der täglichen Liquiditätsdisposition festgestellt werden, ob die vorgesehenen Auszahlungen durch Einzahlungen und Zahlungsmittelbestände jederzeit gedeckt sind. Darüber hinaus gehende Prognosen können nur mehr oder weniger grobe Periodenendwerte ermitteln.

Tabelle 3-2: Kurzfristige Finanzprognose

	29. Mai	30. Mai	31. Mai
Zahlungsmittelbestand (Kasse/Bank)	0	–26.600	2.700
Einzahlungen:			
Absatz (Barverkauf, Forderungseingang, Anzahlungen etc.)	541.800	522.000	595.600
Produktion (Anlagenverkauf)		6.000	
Finanzbereich (Kreditaufnahme, Zinsen, Dividenden etc.)	20.000	60.500	9.300
Summe Einzahlungen	561.800	588.500	604.900
Auszahlungen:			
Absatz (Geschäftsausstattung, Löhne/Gehälter, Werbung etc.)	–129.700	–111.700	–83.400
Beschaffung (Betriebsausstattung, Material, Löhne/Gehälter)	–16.100	–98.900	–87.200
Produktion (Betriebsausstattung, Löhne/Gehälter etc.)	–349.700	–176.200	–80.900
Verwaltung (Geschäftsausstattung, Löhne/Gehälter etc.)	–16.000	–150.300	–133.800
Finanzbereich (Tilgungen, Zinsen, Steuern, Löhne/Gehälter)	–76.900	–22.100	–206.900
Summe Auszahlungen	–588.400	–559.200	–592.200
Zahlungsmittelbedarf/Zahlungsmittelüberschuss	–26.600	2.700	15.400

Das Ergebnis einer Finanzprognose ist die kumulierte Saldenentwicklung des Zahlungsmittelbestandskontos (vgl. Tabelle). Der jeweilige Saldo gibt darüber Auskunft, ob Gelder von diesem Konto abgezogen und verzinslich angelegt werden können oder ob das Konto ausgeglichen werden muss.

3.4 Langfristige Finanzplanung

Während die kurzfristige Finanzplanung zahlungsbezogen ist, geht es in der langfristigen Finanzplanung um die Ermittlung des zukünftigen **Kapitalbedarfs** und der zukünftigen **Kapitaldeckung**. Der Aufgabenbereich verlagert sich somit von der situativen Liquiditätssteuerung zur **Planung der Finanzstruktur**. Es lassen sich folgende Teilaufgaben ableiten:

- Ermittlung des **Kapitalbedarfs** für Investitionen, Schuldentilgungen und Gewinnausschüttungen
- Bewertung der **Finanzierungsalternativen** und deren Auswirkungen auf die Finanzstruktur
- Abstimmung zwischen **Kapitalbedarf und Kapitaldeckung** zur Sicherung der langfristigen Liquidität
- Abstimmung der **Finanzpolitik** im Rahmen der Unternehmensziele
- Überprüfung der **Unternehmenspolitik** unter dem Kriterium der finanziellen Realisierbarkeit

Im Mittelpunkt der langfristigen Finanzplanung stehen nicht Ein- und Auszahlungen, sondern Bestandsveränderungen bei Vermögen und Kapital; es handelt sich um eine bilanzbezogene Betrachtungsweise. Die zahlungs- und bilanzbezogene Vorgehensweisen widersprechen sich nicht, sondern ergänzen sich. Die Liquiditätsbedingung soll in der langfristigen Finanzplanung dadurch Berücksichtigung finden, dass bestimmte **Bilanzstrukturnormen** einzuhalten sind. Ziel ist es, mit der Einhaltung dieser Normen die Voraussetzung dafür zu schaffen, dass in kurzfristiger Hinsicht die Zahlungsströme ausgeglichen werden können.

Die Bilanzstruktur eines Unternehmens lässt sich mit Kennzahlen abbilden, wobei die enge Verknüpfung zwischen Investitionsplanung und Finanzplanung besonders deutlich wird. Für die langfristige Finanzplanung sind die vier folgenden **Kennzahlengruppen** relevant:

1. **Vermögensstruktur**: Kennzahlen über die Art und Zusammensetzung des Vermögens sowie über die Dauer der Vermögensbindung (Investitionsanalyse)
2. **Kapitalstruktur**: Kennzahlen über die Zusammensetzung des Kapitals nach Art, Fristigkeit und Sicherheit (Finanzierungsanalyse)
3. **Liquiditätsstruktur**: Horizontale Kennzahlen über Zusammenhänge zwischen Kapitalherkunft (Finanzierung) und Kapitalverwendung (Investition)
4. **Ergebnisstruktur**: Kennzahlen zur Beurteilung der Ertragskraft eines Unternehmens (Ergänzung der Bilanzzahlen durch Daten aus der Gewinn- und Verlustrechnung)

Teil B:

Investition

1 Investition und Investitionsrechnung

Dieses Kapitel erläutert zunächst den Investitionsbegriff und die Investitionsarten. Anschließend werden kurz der Zweck und die Arten der Investitionsrechnung vorgestellt.

1.1 Begriff und Arten der Investition

Unter **Investition** versteht man die Verwendung von Kapital, d.h. die längerfristige Bindung finanzieller Mittel in Vermögenswerten. Längerfristig heißt Gebrauch über mehrere Jahre. Daher sind beispielsweise Materialvorräte in der Regel nicht als Investitionen einzustufen (Ausnahme: der eiserne Bestand).

Wenn man die Bilanz als Erklärungsinstrument heranzieht, zeigen sich die Investitionen vor allem auf der Aktivseite – und zwar im **Anlagevermögen**. Zum Anlagevermögen zählen Grundstücke, Maschinen, Beteiligungen und vieles mehr. Das Investitionsvolumen eines Unternehmens ist insgesamt jedoch höher als das Anlagevermögen, weil zahlreiche Investitionen nach den rechtlichen Vorschriften nicht bilanziert werden dürfen, sondern sofort als Aufwand zu buchen sind. Solche **nicht bilanzierungsfähigen Aufwendungen** sind gemäß HGB z.B. Gründungs- und Eigenkapitalkosten, Kosten für die Forschung, Aus- und Weiterbildungskosten sowie Marktforschungskosten.

Die **Investitionsarten** lassen sich wie folgt gliedern:

- **Sachinvestitionen**: Sie beziehen sich auf die Herstellung und Anschaffung von Sachvermögen. Das sind z.B. Grundstücke und Gebäude, Anlagen und Maschinen sowie der oben erwähnte eiserne Bestand.
- **Finanzinvestitionen**: Hierzu zählen längerfristige Kredite und Aktien, die längerfristig im Bestand bleiben sollen, Beteiligungen an anderen Unternehmen usw.
- **Immaterielle Investitionen**: Zu nennen sind in erster Linie Patente, Lizenzen und die zuvor erwähnten nicht bilanzierungsfähigen Investitionen wie Marktforschung.

1.2 Zweck und Arten der Investitionsrechnung

Investitionen haben für jedes Unternehmen eine **hohe strategische Bedeutung**. Dies resultiert aus den beiden folgenden Gründen:

- Investitionen sind langfristig und verursachen hohe Zahlungsströme.
- Da die Auswirkungen von Investitionen weit in die Zukunft reichen, sind die damit verbundenen Zahlungsströme unsicher.

Infolgedessen ist eine sorgfältige **Investitionsplanung** notwendig (vgl. Kapitel A.3.1). Die Investitionsrechnung ist ein Teil der Investitionsplanung. **Zweck** der Investitionsrechnung ist es, die wirtschaftliche Vorteilhaftigkeit eines Investitionsobjekts zu bestimmen.

Um eine Investitionsentscheidung zu treffen, muss das Unternehmen über Informationen verfügen, die geeignet sind, Investitionsmöglichkeiten in Bezug auf ihre Vorteilhaftigkeit zu analysieren und miteinander zu vergleichen. Dies erfolgt durch die Investitionsrechnung, die quantifizierbare Bestimmungsgrößen des Erfolgs einer Investition auf unterschiedliche Weise miteinander verknüpft und verdichtet.

Hinsichtlich der **Arten** der Investitionsrechnung lassen sich zwei Gruppen unterscheiden – die statischen und die dynamischen Verfahren:

Abbildung 1-1: *Verfahren der Investitionsrechnung*

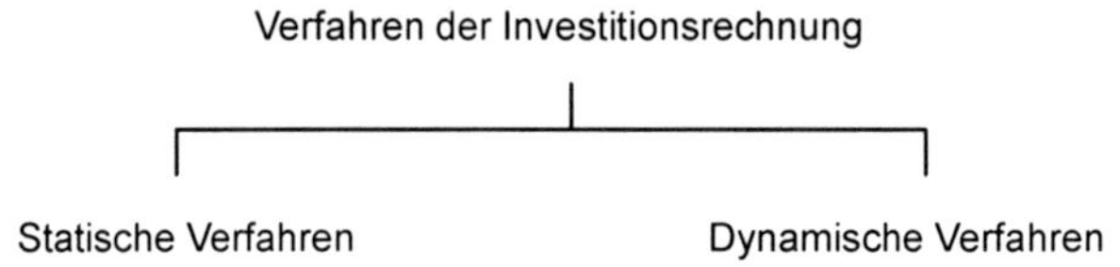

Charakteristisch für die **statischen Verfahren** ist die einperiodige Betrachtung: Als Rechengrößen dienen vor allem Jahresdurchschnittswerte, z.B. die durchschnittlichen Kosten einer Maschine pro Jahr. Den **dynamischen Verfahren** hingegen liegt eine mehrperiodige Vorgehensweise zugrunde. Diese Verfahren erfassen und bewerten die Ein- und Auszahlungsströme der Investitionsobjekte differenziert für jede einzelne Periode bis zum Ende der Nutzungsdauer.

Sowohl bei den statischen als auch bei den dynamischen Investitionsrechnungsverfahren ist darüber hinaus zu unterscheiden, ob es sich um Erweiterungs- oder Ersatzinvestitionen handelt:

Abbildung 1-2: *Entscheidungsprobleme der Investitionsrechnung*

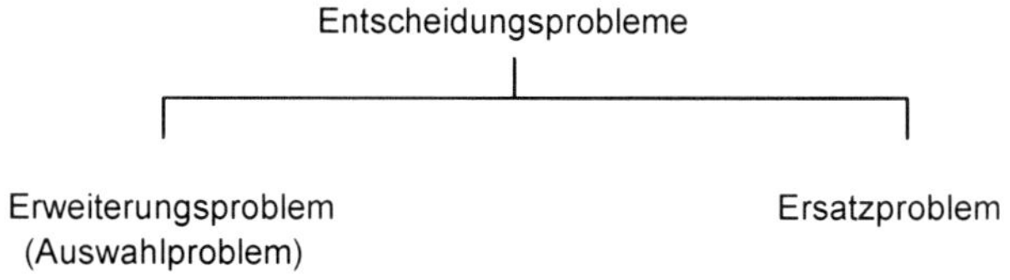

Bei einem **Erweiterungsproblem** (auch Auswahlproblem genannt) geht es darum, aus zwei oder mehr neuen Investitionsmöglichkeiten die günstigste zu wählen. Demgegenüber stellt das **Ersatzproblem** die Frage, zu welchem Zeitpunkt ein altes Investitionsobjekt durch ein neues zu ersetzen ist.

Die Verfahren der Investitionsrechnung werden im Folgenden in die Investitionsrechnung zur Beurteilung von Sachinvestitionen und in die Investitionsrechnung zur Beurteilung von Finanzinvestitionen gegliedert. Diese Differenzierung basiert auf der Art der Informationen, die für eine Bewertung erforderlich sind.

Ist das Ziel die **Beurteilung von Sachinvestitionen**, z. B. der Kauf von technischen Anlagen, ist die Kenntnis der Kosten und Erlöse einer Wirtschaftsperiode (statische Investitionsrechnungsverfahren) oder die Kenntnis der Höhe und der Zahlungszeitpunkte der Ein- und Auszahlungsströme über die gesamte Investitionsdauer (dynamische Investitionsrechnungsverfahren) zusammen mit einem für die Betrachtung geeigneten Zinssatz notwendig. Der **Beurteilung von Finanzinvestitionen**, z. B. Investitionen in Beteiligungen, liegt in der Regel eine wesentlich komplexere Informationsstruktur zugrunde. Deren Basis sind zwar auch Einzahlungs- und Auszahlungsströme, die dann aber in verschiedenen Verfahren zur weiteren Informationsgewinnung eingebracht werden.

2 Investitionsrechnung zur Beurteilung von Sachinvestitionen

Die Verfahren zur Beurteilung der Vorteilhaftigkeit von Sachinvestitionen untergliedern sich in die **statischen** und in die **dynamischen Verfahren**. Der Gliederung liegt der Aspekt zugrunde, dass der Zahlungszeitpunkt zu berücksichtigen ist und dass der Wert einer in der Zukunft gegebenen Zahlung geringer ist als der Wert einer gleich großen Zahlung in der Gegenwart. Methoden, die den angeführten Aspekt nicht berücksichtigen, werden den statischen Verfahren zugeordnet, die anderen Methoden den dynamischen Verfahren.

2.1 Statische Verfahren der Investitionsrechnung

Die statischen Verfahren der Investitionsrechnung sind aufgrund ihrer Einfachheit und Kostengünstigkeit in manchen Unternehmen noch im Einsatz. Es lassen sich vier Verfahren unterscheiden:

- Kostenvergleichsrechnung
- Gewinnvergleichsrechnung
- Rentabilitätsvergleichsrechnung
- Amortisationsrechnung

Die Verfahren werden als statisch bezeichnet, weil sie die Bestimmungsgrößen (Kosten, Gewinne usw.) nur als Durchschnittswerte einer Periode (z.B. eines Jahres) betrachten. Zeitliche Unterschiede im Auftreten der Zahlungsströme können sie nicht oder nur unvollkommen berücksichtigen.

2.1.1 Kostenvergleichsrechnung

Dieses Verfahren versucht durch einen Vergleich der Kosten mehrerer Investitionsmöglichkeiten diejenige zu bestimmen, die die geringsten Kosten verursacht.

2.1.1.1 Kostenkomponenten und Kostenermittlung

In den Vergleich sind grundsätzlich alle durch die geplante Investition verursachten Kosten einzubeziehen. Die Erlöse bleiben unberücksichtigt, da unterstellt wird, dass die Höhe des Erlöses – unabhängig von der gewählten Investition – gleich bleibend ist.

Für eine Kostenvergleichsrechnung können die folgenden **Kostenarten**, die gegebenenfalls in variable (leistungsabhängige) und fixe (leistungsunabhängige) Kosten zu trennen sind, wesentlich sein:

- Kalkulatorische Abschreibungen
- Kalkulatorische Zinsen
- Löhne und Gehälter sowie Lohnnebenkosten
- Material- und Energiekosten
- Werkzeugkosten
- Raumkosten
- Instandhaltungs- und Reparaturkosten

a) Kalkulatorische Abschreibungen

Die kalkulatorischen Abschreibungen sollen den **periodischen Verbrauch** von Investitionsgütern wiedergeben. Beispielsweise hat eine Maschine, die ein Unternehmen für 40.000 € erwirbt und die eine Nutzungsdauer von 4 Jahren aufweist, eine jährliche lineare Abschreibung in Höhe von 10.000 €. Hierbei und nachfolgend sei immer vorausgesetzt, dass die Anschaffungskosten A_0 den Wiederbeschaffungskosten entsprechen. Unter der Annahme, dass die Maschine am Ende der Nutzungsdauer einen Liquidationserlös (Resterlöswert) aufweist, gilt für die kalkulatorische Abschreibung:

$$\text{Kalkulatorische Abschreibung} = \frac{A_0 - L_n}{n}$$

A_0 = Anschaffungs- bzw. Wiederbeschaffungskosten
L_n = Liquidationserlös (Liquidationswert) am Ende der Nutzungsdauer
n = Nutzungsdauer

Beispiel: Kalkulatorische Abschreibung

Ein Unternehmen kauft eine Maschine zu Anschaffungskosten von 40.000 €. Nach 4 Jahren soll die Maschine für 6.000 € verkauft werden. Die kalkulatorische Abschreibung pro Jahr ist dann 8.500 €:

$$\text{Kalkulatorische Abschreibung} = \frac{40.000 - 6.000}{4} = 8.500$$

b) Kalkulatorische Zinsen

Die kalkulatorischen Zinsen sind das Ergebnis der Multiplikation aus kalkulatorischem Zinssatz und durchschnittlich gebundenem Kapital:

Kalkulatorische Zinsen = Zinssatz · Gebundenes Kapital

Der **kalkulatorische Zinssatz** (auch Kalkulationszinssatz oder Vergleichszinssatz genannt) hängt davon ab, ob die Investition nur mit Eigenkapital oder mit Eigen- und Fremdkapital finanziert ist. Bei reiner Eigenkapitalfinanzierung ergibt sich der Zinssatz (i_{EK}) beispielsweise aus dem Zins für risikofreie Anlagen (Basiszinssatz, z.B. Verzinsung einer Bundesanleihe) und einem Risikozuschlag:

i_{EK} = Basiszinssatz + Risikozuschlag

Bei Eigen- und Fremdkapitalfinanzierung errechnet sich der kalkulatorische Zinssatz i als gewichteter durchschnittlicher Kapitalkostensatz aus der Verzinsung des Eigenkapitals und des Fremdkapitals. Dabei wird die steuerliche Abzugsfähigkeit der Fremdkapitalzinsen durch den Faktor (1 – s) berücksichtigt:

$$i = i_{EK} \cdot \frac{EK}{GK} + i_{FK} \cdot (1 - s) \cdot \frac{FK}{GK}$$

i = Kalkulatorischer Zinssatz
i_{EK} = Eigenkapitalzinssatz
i_{FK} = Fremdkapitalzinssatz
EK = Eigenkapital
FK = Fremdkapital
GK = Gesamtkapital (EK + FK)
s = Ertragsteuersatz des Unternehmens

Beispiel: Kalkulatorischer Zinssatz

Eine Investition über 40.000 € soll jeweils zur Hälfte mit Eigen- und Fremdkapital finanziert werden. Der Zins für Bundesanleihen beträgt 5,4 %. Die Eigenkapitalgeber rechnen mit einem Risikozuschlag von 5 %. Der Fremdkapitalzinssatz beläuft sich auf 8 % und der Ertragsteuersatz auf 30 %. Der kalkulatorische Zinssatz ist dann 8 %:

$$i = 0{,}104 \cdot \frac{20.000}{40.000} + 0{,}08 \cdot (1 - 0{,}3) \cdot \frac{20.000}{40.000} = 0{,}08 = 8\,\%$$

Die kalkulatorischen Zinsen hängen – neben dem Zinssatz – vom gebundenen Kapital ab. Unter dem **durchschnittlich gebundenen Kapital** versteht man den Betrag, den das betrachtete Investitionsobjekt im Durchschnitt der einzelnen Jahre bindet. Die Höhe des durchschnittlich gebundenen Kapitals richtet sich danach, ob das Investitionsobjekt planmäßig abgeschrieben wird oder nicht. Bei Investitionsobjekten ohne planmäßige Abschreibung (z.B. Grundstücke) sind während der Investitionsdauer die gesamten Anschaffungskosten A_0 gebunden. Bei Investitionsobjekten mit planmäßiger Abschreibung (z.B. Maschinen) ergibt sich ein durchschnittlich gebundenes Kapital in Höhe der Hälfte der Anschaffungskosten.

Beispiel: Kalkulatorische Zinsen ohne Liquidationserlös

Die Anschaffungskosten einer Maschine seien 40.000 €. Die Maschine hat eine Nutzungsdauer von 4 Jahren, sodass die jährlichen linearen Abschreibungen 10.000 € betragen. Das im Jahr durchschnittlich gebundene Kapital beträgt 20.000 €. Der Kalkulationszinssatz sei 8 %. Die kalkulatorischen Zinsen pro Jahr belaufen sich auf 1.600 € und errechnen sich wie folgt:

$$\text{Kalkulatorische Zinsen} = 0{,}08 \cdot \frac{40.000}{2} = 1.600$$

Viele Vermögensgegenstände weisen am Ende ihrer Nutzungsdauer noch einen Restwert auf. Beispielsweise könnte die oben erwähnte Maschine nach 4 Jahren einen Restwert von 6.000 € haben. Gelingt es dem betreffenden Unternehmen, die Maschine zu diesem Restwert zu verkaufen, erwirtschaftet das Unternehmen einen Liquidationserlös. Durch die planmäßige Berücksichtigung eines **Liquidationserlöses** (L_n) am Ende der Nutzungsdauer errechnet sich das durchschnittlich gebundene Kapital wie folgt:

$$\text{Gebundenes Kapital} = \frac{A_0 - L_n}{2} + L_n = \frac{A_0 + L_n}{2}$$

Beispiel: Kalkulatorische Zinsen mit Liquidationserlös

Die Anschaffungskosten einer Maschine seien 40.000 €. Die Maschine hat eine Nutzungsdauer von 4 Jahren. Das Unternehmen plant, die Maschine nach der Nutzungsdauer für 6.000 € zu verkaufen. Der Kalkulationszinssatz sei 8 %. Die kalkulatorischen Zinsen pro Jahr belaufen sich jetzt auf 1.840 € und errechnen sich wie folgt:

$$\text{Kalkulatorische Zinsen} = 0{,}08 \cdot \frac{40.000 + 6.000}{2} = 1.840$$

Geht man davon aus, dass die Zahlungen jeweils erst **am Ende der Periode** in über alle Perioden gleich bleibender Höhe zufließen, nimmt das durchschnittlich gebundene Kapital einen höheren Wert an, nämlich:

$$\text{Gebundenes Kapital} = A_0 \cdot \frac{n+1}{2} \cdot \frac{1}{n} = A_0 \cdot \frac{n+1}{2n} = A_0 \cdot \left(\frac{n}{2n} + \frac{1}{2n}\right) = \frac{A_0}{2} + \frac{A_0}{2n}$$

Wird auch hier ein Liquidationserlös am Ende der Nutzungsdauer berücksichtigt, ergibt sich:

$$\text{Gebundenes Kapital} = (A_0 - L_n) \cdot \frac{n+1}{2} \cdot \frac{1}{n} = (A_0 - L_n) \cdot \left(\frac{n}{2n} + \frac{1}{2n}\right) = \frac{A_0 - L_n}{2} + \frac{A_0 - L_n}{2n} + L_n$$

c) Periodenkosten und Stückkosten

Neben den kalkulatorischen Abschreibungen und Zinsen fallen weitere fixe Kosten (z.B. Gehälter) und variable Kosten (z.B. Rohstoffkosten) an. Die durchschnittlichen **Periodenkosten** eines Investitionsobjekts (Gesamtkosten pro Jahr) ergeben sich – bei Objekten mit planmäßiger Abschreibung – durch folgende Gleichung:

$$K = \frac{A_0 - L_n}{n} + i \cdot \frac{A_0 + L_n}{2} + K^{fix} + K^{var}$$

K = Durchschnittliche Periodenkosten
A_0 = Anschaffungskosten
L_n = Liquidationserlös
N = Nutzungsdauer
K^{fix} = Sonstige fixe Kosten
K^{var} = Variable Kosten

Weisen die zur Auswahl stehenden Investitionsobjekte nicht dieselbe mengenmäßige Leistung auf (sind z.B. die Produktionsmengen pro Jahr unterschiedlich hoch), so müssen als Vergleichsmaßstab die Kosten je Leistungseinheit, d.h. die **Stückkosten** (k), herangezogen werden. Die Stückkosten errechnen sich durch Division der Periodenkosten K durch die Menge x:

$$k = \frac{K}{x}$$

2.1.1.2 Auswahl von Investitionsobjekten

Das Ziel des Kostenvergleichsverfahrens ist es, aus einer Vielzahl möglicher, miteinander konkurrierender Investitionsobjekte die kostengünstigste Alternative zu bestimmen. Dabei sind die oben beschriebenen Periodenkosten oder Stückkosten Gegenstand des Vergleichs. Ist die mengenmäßige Leistung der zu vergleichenden Objekte identisch, führen beide Methoden zur selben Lösung. Sind unterschiedliche mengenmäßige Leistungen gegeben, führt nur der Vergleich der Stückkosten zu einem aussagefähigen Ergebnis.

Bei den Durchschnittswerten differenziert man zwischen echten und unechten Durchschnittskosten. **Echte Durchschnittskosten** sind Durchschnitte der während der gesamten geplanten Nutzungsdauer voraussichtlich entstehenden Kosten. Von **unechten Durchschnittskosten** wird gesprochen, wenn die erwarteten Kosten der 1. Periode als repräsentativ für die gesamte Nutzungsdauer angenommen werden. Dies hat in der Regel eine Verminderung der Aussagefähigkeit des Ergebnisses zur Folge, wenn die Entwicklungen der Kosten der zu beurteilenden Investitionsobjekte nach Ablauf der 1. Periode unterschiedlich verlaufen.

Beispiel: Echte und unechte Durchschnittskosten

Die geschätzten Energiekosten einer Maschine sehen für den Planungszeitraum von 4 Jahren folgendermaßen aus: 1. Jahr 3.000 €, 2. Jahr 3.200 €, 3. Jahr 3.400 € und 4. Jahr 4.000 €.

Als echte Durchschnittskosten ergeben sich 3.400 € pro Jahr. Würde man die Kosten des 1. Jahres als unechte Durchschnittskosten als Basis nehmen, nämlich 3.000 €, würde dies dem erwarteten Kostenverlauf nicht gerecht werden.

Die folgenden Beispiele zeigen Kostenvergleiche, aus denen ersichtlich ist, dass zum einen die Investition A und zum anderen die Investition B kostengünstiger ist – je nachdem, ob man die Periodenkosten oder die Stückkosten zugrunde legt.

Beispiel: Auswahlproblem mit Vergleich der Periodenkosten

Kosten	Investition A	Investition B
Anschaffungskosten in €	100.000	140.000
Nutzungsdauer in Jahren	8	10
Auslastung in Leistungseinheiten je Jahr	20.000	20.000
Kalkulatorische Abschreibung	12.500	14.000
Kalkulatorische Zinsen, i = 10 %	5.000	7.000
Sonstige fixe Kosten	7.000	20.000
Summe fixer Kosten	24.500	41.000
Löhne	95.000	90.000
Fertigungsmaterial	70.000	65.000
Energiekosten	10.000	8.000
Sonstige variable Kosten	1.000	1.200
Summe variabler Kosten	176.000	164.200
Gesamtkosten je Jahr	200.500	205.200

Nach dieser Rechnung ist die Investition A vorteilhafter. A weist durchschnittliche Periodenkosten von 200.500 € auf, während sich die Periodenkosten für B auf 205.200 € belaufen.

Dem Vergleich liegt die Annahme gleicher Auslastung der Investitionen zugrunde, nämlich 20.000 Leistungseinheiten je Jahr. Diese Annahme wird nun fallen gelassen: Die Investition A stellt weiterhin 20.000 Leistungseinheiten je Jahr her, Investition B aber 24.000 Leistungseinheiten je Jahr. Dadurch verliert der Kostenvergleich je Periode eine Aussagefähigkeit und die Durchführung eines Kostenvergleichs je Leistungseinheit wird notwendig. Dies zeigt das folgende Beispiel:

Beispiel: Auswahlproblem mit Vergleich der Stückkosten

Kosten	Investition A	Investition B
Anschaffungskosten in €	100.000	140.000
Nutzungsdauer in Jahren	8	10
Auslastung in Leistungseinheiten je Jahr	20.000	24.000
Kalkulatorische Abschreibung	12.500	14.000
Kalkulatorische Zinsen, i = 10 %	5.000	7.000
Sonstige fixe Kosten	7.000	20.000
Summe fixer Kosten	24.500	41.000
Löhne	95.000	108.000
Fertigungsmaterial	70.000	78.000
Energiekosten	10.000	9.600
Sonstige variable Kosten	1.000	1.440
Summe variabler Kosten	176.000	197.040
Gesamtkosten je Jahr	200.500	238.040
Gesamtkosten je Leistungseinheit	10,025	9,918

Die Stückkosten sind bei Realisierung der Investition B geringer (9,918 € pro Stück) als bei Realisierung der Investition A (10,025 € pro Stück). Demnach ist B vorteilhafter als A. Bei diesem Beispiel hat sich im Vergleich zu dem vorangegangenen lediglich die Leistung der Investition B auf 24.000 Einheiten erhöht, und die variablen Kosten dieser Investition wurden proportional zur Leistungserhöhung heraufgesetzt.

2.1.1.3 Ersatz von Investitionsobjekten

Bei **begrenzter Nutzungsdauer** einer Investition oder eines oder mehrerer ihrer Teile tritt das Problem des rechtzeitigen und kostengünstigen Ersatzes auf. Hierbei kann, wie bei der Auswahl von Investitionsobjekten, die Entscheidung auf Basis von Periodenkosten oder Stückkosten getroffen werden.

In Bezug auf die Berechnung des Ersatzproblems gibt es unterschiedliche Auffassungen. Sie unterscheiden sich insbesondere darin, inwieweit die **Kapitalkosten** der bisher genutzten Investition einzubeziehen sind. Unter Kapitalkosten sind die kalkulatorischen Abschreibungen und Zinsen zu verstehen.

Da im Rahmen des Ersatzproblems eine Entscheidung über **zukünftig** anfallende Kosten zu treffen ist, ist es sinnvoll, ausschließlich die **Betriebskosten** (z.B. Löhne und Materialkosten) der alten Investition zu berücksichtigen und dann den **Betriebs- und**

Kapitalkosten der neuen Investition gegenüberzustellen. Denn die Abschreibungen und Zinsen der alten Investition sind nicht mehr zu beeinflussen. Vorteilhaft ist der Ersatz der alten Investition dann, wenn die Betriebskosten des alten Objekts höher als die Betriebs- und Kapitalkosten der Neuinvestition sind.

Für die Verdeutlichung des Ersatzproblems sollen zwei Fälle unterschieden werden:

1. Das zur Disposition stehende Investitionsobjekt weist keinen Liquidationswert auf.
2. Das zur Disposition stehende Investitionsobjekt weist einen Liquidationswert auf.

Wenn das alte Investitionsobjekt **keinen Liquidationswert (Liquidationserlös)** aufweist, kann die Vorteilhaftigkeit des Ersatzes oder Nichtersatzes nach Maßgabe des folgenden Beispiels bestimmt werden:

Beispiel: Ersatzproblem mit Vergleich der Periodenkosten ohne Liquidationswert

Kosten	Alte Investition	Neue Investition
Anschaffungskosten in €	100.000	140.000
Nutzungsdauer in Jahren	8	10
Auslastung in Leistungseinheiten je Jahr	20.000	20.000
Kalkulatorische Abschreibung	0	14.000
Kalkulatorische Zinsen, i = 10 %	0	7.000
Fixe Betriebskosten	7.000	20.000
Variable Betriebskosten	176.000	164.000
Summe relevanter Kosten	183.000	205.200

Das Ergebnis zeigt, dass im Rahmen des Vergleichs der Periodenkosten ohne Vorliegen eines Liquidationswertes ein sofortiger Ersatz der alten Investition nicht vorteilhaft ist. Denn die relevanten Kosten pro Jahr sind für das alte Investitionsobjekt niedriger als für das neue Objekt.

Wird für die neue Investition eine höhere Auslastung, nämlich 24.000 Leistungseinheiten je Jahr, angenommen, führt das gezeigte Vorgehen zu keinem aussagefähigen Ergebnis. Um ein aussagefähiges Ergebnis errechnen zu können, muss der Kostenvergleich wiederum auf Basis von Stückkosten durchgeführt werden.

Beispiel: Ersatzproblem mit Vergleich der Stückkosten ohne Liquidationswert

Kosten	Alte Investition	Neue Investition
Anschaffungskosten in €	100.000	140.000
Nutzungsdauer in Jahren	8	10
Auslastung in Leistungseinheiten je Jahr	20.000	24.000
Kalkulatorische Abschreibung	0	14.000
Kalkulatorische Zinsen, i = 10 %	0	7.000
Fixe Betriebskosten	7.000	20.000
Variable Betriebskosten	176.000	197.040
Summe relevanter Kosten	183.000	238.040
Summe relevanter Kosten je Leistungseinheit	9,150	9,918

Auch der Kostenvergleich je Leistungseinheit ohne Vorliegen eines Liquidationswertes zeigt, dass ein sofortiger Ersatz der alten Investition nicht vorteilhaft ist.

Häufig ist der Fall gegeben, dass die alte Investition einen Liquidationswert aufweist. Da bei weiterer Nutzung der Investition der Liquidationswert abnehmen wird und im Rahmen des Ersatzproblems künftige Kosten betrachtet werden, ist die Verminderung des Liquidationswertes als **kalkulatorische Abschreibung** der alten Investition zuzurechnen. Es sind auch die **kalkulatorischen Zinsen** zu berücksichtigen, da durch den Weiterbetrieb der Investition eine Bindung der mit Zeitablauf abnehmenden Liquidationswerte gegeben sein wird.

Bei der Berechnung der potenziellen Ersatzinvestition ist zu berücksichtigen, dass deren Realisierung die Liquidation der alten Investition, also die Realisierung des Liquidationswertes, zur Folge hat. Der Liquidationswert kann zur Verminderung der Anschaffungsauszahlung der Ersatzinvestition eingesetzt werden und verringert dadurch die kalkulatorischen Abschreibungen und Zinsen. Diese beiden Größen sind dann nicht mehr mit den kalkulatorischen Abschreibungen und Zinsen der Kosten- und Leistungsrechnung identisch.

In dem folgenden Beispiel wird ein Liquidationswert in Höhe von 30.000 € am Ende des 6. Jahres angenommen. Die Restnutzungsdauer der zur Disposition stehenden Investition beträgt demnach 2 Jahre:

Beispiel: Ersatzproblem mit Vergleich der Periodenkosten mit Liquidationswert

Kosten	Alte Investition	Neue Investition
Anschaffungskosten in €	100.000	140.000
Liquidationswert alter Investition in € Ende des 6. Jahres	30.000	30.000
Angepasste Anschaffungskosten der neuen Investition in €		110.000
Nutzungsdauer in Jahren	8	10
Auslastung in Leistungseinheiten je Jahr	20.000	20.000
Kalkulatorische Abschreibung	15.000	11.000
Kalkulatorische Zinsen, i = 10 %	1.500	5.500
Fixe Betriebskosten	7.000	20.000
Variable Betriebkosten	176.000	164.200
Summe relevanter Kosten	199.500	200.700

Das Ergebnis des Vergleichs der Periodenkosten zeigt, dass auch bei Vorliegen eines Liquidationswertes am Ende des 6. Jahres der Weiterbetrieb des alten Investitionsobjekts vorteilhaft ist.

Wird auch hier für die neue Investition eine höhere Auslastung, nämlich 24.000 Leistungseinheiten je Jahr, angenommen und im Übrigen Identität mit voranstehendem Beispiel vorausgesetzt, muss wieder der Vergleich auf Basis von Stückkosten durchgeführt werden:

Beispiel: Ersatzproblem mit Vergleich der Stückkosten mit Liquidationswert

Kosten	Alte Investition	Neue Investition
Anschaffungskosten in €	100.000	140.000
Liquidationswert alter Investition in € Ende des 6. Jahres	30.000	30.000
Angepasste Anschaffungskosten der neuen Investition in €		110.000
Nutzungsdauer in Jahren	8	10
Auslastung in Leistungseinheiten je Jahr	20.000	24.000
Kalkulatorische Abschreibung	15.000	11.000
Kalkulatorische Zinsen, i = 10 %	1.500	5.500
Fixe Betriebskosten	7.000	20.000
Variable Betriebskosten	176.000	197.040
Summe relevanter Kosten	199.500	233.540
Summe relevanter Kosten je Leistungseinheit	9,975	9,731

Bei dieser Betrachtung ist ein Ersatz des alten Investitionsobjekts durch das neue Objekt vorzuziehen.

2.1.1.4 Beurteilung der Kostenvergleichsrechnung

Der **Vorteil** der Kostenvergleichsrechnung liegt in ihrer Einfachheit. In der Praxis wird dieses Verfahren in der Regel nur angewendet, um einen ersten, groben Eindruck von die Vorteilhaftigkeit vergleichbarer Investitionsobjekte zu erhalten.

Die **Nachteile** der Kostenvergleichsrechnung überwiegen deutlich:

- Die betrachteten Kosten beziehen sich auf eine Durchschnittsperiode. Dadurch kann der unterschiedliche zeitliche Anfall von Kostengrößen nicht berücksichtigt werden. Dieser Mangel kommt in besonderem Maße zum Tragen, wenn dem Vergleich unechte Durchschnittskosten zugrunde liegen.
- Qualitätsunterschiede der Leistungseinheiten (z.B. der hergestellten Produkte) finden keine Berücksichtigung. Ebenso wenig fließen künftige Veränderungen der Kapazitäten in die Rechnung ein.
- Es wird nur die relative Wirtschaftlichkeit mehrerer Investitionsobjekte im Vergleich ermittelt, da keine Erlöse und Rentabilitäten berücksichtigt werden.

Aufgabe 4: Kostenvergleichsrechnung

2.1.2 Gewinnvergleichsrechnung

In der Regel ist ein bloßer Kostenvergleich zur Durchführung einer Vorteilhaftigkeitsanalyse nicht aussagefähig. Dies ist insbesondere dann gegeben, wenn die Investitionsobjekte jeweils **unterschiedliche Erlöse** bewirken. Die Gewinnvergleichsrechnung berücksichtigt diesen Aspekt. Sie stellt eine Erweiterung der Kostenvergleichsrechnung dar, da sie nicht mehr von gleichen Absatzpreisen ausgeht. Sie berücksichtigt dadurch auch eine Auswirkung gegebener Qualitätsunterschiede bei den Leistungseinheiten (z.B. Produkte), die die einzelnen Investitionsobjekte herstellen.

a) Isolierter Vergleich

Der Gewinn einer Periode (z.B. eines Jahres) errechnet sich aus der Differenz zwischen Erlösen und Kosten. Als Erlöse kommen insbesondere die mit dem Investitionsobjekt erzielten Umsatzerlöse in Betracht. Die Gewinne werden für die geplante Investitionsdauer geschätzt und dann als Durchschnittsgewinn pro Periode ermittelt.

Beispiel: Ermittlung des durchschnittlichen Periodengewinns

Ein Unternehmen muss eine neue Maschine anschaffen. Für eine zur Auswahl stehende Maschine werden die Erlöse und Kosten für die Nutzungsdauer wie folgt geschätzt:

Jahr	Erlöse	Kosten
1	350.000	280.000
2	400.000	300.000
3	450.000	340.000
4	400.000	480.000
Durchschnitt pro Jahr	400.000	350.000

Für die Maschine ergibt sich ein durchschnittlicher Jahresgewinn von 50.000 €.

Als durchschnittlicher Gewinn pro Jahr kann der geschätzte Gewinn des 1. Jahres zugrunde gelegt werden oder der Gewinn, der sich als Jahresdurchschnitt aus den einzelnen Gewinnen des gesamten Nutzungsdauer ermittelt. Der durchschnittliche Gewinn eines Investitionsobjekts errechnet sich somit aus der Differenz zwischen der Summe der Erlöse während der Nutzungsdauer und der Summe der Kosten während der Nutzungsdauer. Dieses Ergebnis wird dann durch die Nutzungsdauer dividiert:

$$G = \frac{\sum_{t=1}^{n}(E_t - K_t)}{n}$$

G = Jahresgewinn
E_t = Erlöse im Jahr t
K_t = Kosten im Jahr t
n = Nutzungsdauer

Danach geht aus dem Vergleich verschiedener Investitionsobjekte dasjenige als vorteilhaft hervor, das den im Durchschnitt höchsten Jahresgewinn erwirtschaftet.

b) Differenzbetrachtung

Ist eine Zurechnung der Erlöse und Kosten auf einzelne Investitionsvorhaben problematisch, kann der Gewinnvergleich auch durch Gegenüberstellung von Gesamterlösen und Gesamtkosten, die **bei Verzicht und bei Realisierung der Investition** auftreten, vorgenommen werden. Tritt bei angenommener Realisierung der Investition eine Erhöhung des Periodengewinns ein, ist die Investition vorteilhaft.

Beispiel: Gewinnvergleichsrechnung als Differenzbetrachtung

Kosten/Erlös	Gewinn vor Erweiterung	Gewinn nach Erweiterung
Kalkulatorische Abschreibung	125.000	137.500
Kalkulatorische Zinsen, i = 10 %	50.000	55.000
Sonstige fixe Kosten	200.000	207.000
Summe fixer Kosten	375.000	399.500
Löhne	950.000	1.045.000
Fertigungsmaterial	700.000	770.000
Energiekosten	100.000	110.000
Sonstige variable Kosten	10.000	11.000
Summe variabler Kosten	1.760.000	1.936.000
Gesamtkosten je Jahr	2.135.000	2.335.500
Erlöse je Jahr	2.335.000	2.548.000
Gewinn je Jahr	200.000	212.500

Das obige Beispiel soll die Differenzbetrachtung verdeutlichen. Hierbei ist die Frage zu beantworten, ob es für einen Betrieb vorteilhaft ist, die Kapazität um 5.000 Leistungseinheiten zu erhöhen. In diesem Beispiel ist die Realisierung der Erweiterungsinvestition sinnvoll, da sie eine Steigerung des jährlichen Unternehmensgewinns in Höhe von 12.500 € bewirkt.

c) Beurteilung der Gewinnvergleichsrechnung

Der **Vorteil** der Gewinnvergleichsrechnung liegt in der Einfachheit der Betrachtung. Darüber hinaus ermöglicht dieses Verfahren durch Einbeziehen der Erlöse die Berücksichtigung von Qualitätsunterschieden der Leistungseinheiten und der absoluten Wirtschaftlichkeit.

Als wesentlicher **Nachteil** der Gewinnvergleichsrechnung gilt – wie für alle statischen Verfahren –, dass nur eine Durchschnittsperiode betrachtet wird und der unterschiedliche zeitliche Anfall der Überschüsse nicht berücksichtigt wird. Außerdem erfolgt keine Relativierung des Überschusses derart, dass dieser auf den Kapitaleinsatz bezogen und dadurch eine Aussage über die Verzinsung des eingesetzten Kapitals ermöglicht wird. Daher kann auch keine Aussage darüber erfolgen, ob der Verzicht auf eine alternative Verzinsung des eingesetzten Kapitals, z.B. einer Anlage in Anleihen, gerechtfertigt ist.

Aufgabe 5: Gewinnvergleichsrechnung

2.1.3 Rentabilitätsvergleichsrechnung

Eine gegenüber den Kosten- und Gewinnvergleichsrechnungen aussagefähigere Form der statischen Methoden stellt die Rentabilitätsvergleichsrechnung dar. Sie setzt zur Ermittlung der Rentabilität einer Investition den Jahresgewinn in das Verhältnis zu dem gebundenen Kapital. Das Ergebnis zeigt die **Verzinsung des gebundenen Kapitals in Prozent.** Vorteilhaft ist die Investition, die die höchste Rentabilität aufweist.

Im Rahmen der Rentabilitätsvergleichsrechnung kann man entweder die Nettorendite oder die Bruttorendite errechnen. Die **Nettorendite** (R_N) ergibt sich, indem man den jährlichen Durchschnittsgewinn ins Verhältnis zum durchschnittlich gebundenen Kapital setzt:

$$R_N = \frac{\text{Gewinn}}{\text{Gebundenes Kapital}}$$

Um die **Bruttorendite** (R_B) zu ermitteln, ergänzt man im Zähler den Gewinn um die kalkulatorischen Zinsen. Folglich ist die Bruttorendite um genau den kalkulatorischen Zinssatz höher als die Nettorendite:

$$R_B = \frac{\text{Gewinn} + \text{Kalkulatorische Zinsen}}{\text{Gebundenes Kapital}}$$

Beispiel: Rentabilitätsvergleichsrechnung

Die Anschaffungskosten einer Maschine seien 500.000 €. Die Maschine hat eine Nutzungsdauer von 5 Jahren, sodass die jährlichen linearen Abschreibungen 100.000 € und das im Jahr durchschnittlich gebundene Kapital 250.000 € betragen. Der Kalkulationszinssatz sei 8 %, sodass sich die kalkulatorischen Zinsen pro Jahr auf 20.000 € belaufen. Neben Abschreibungen und Zinsen fallen sonstige Kosten von 230.000 € pro Jahr an. Folglich ergeben sich jährliche Gesamtkosten in Höhe von 350.000 €. Die jährliche Erlöse seien 400.000 €. daraus errechnet sich ein jährlicher Gewinn von 50.000 €. Wie hoch sind die Netto- und Bruttorendite?

$$R_N = \frac{50.000}{250.000} = 20\,\%$$

$$R_B = \frac{50.000 + 20.000}{250.000} = 28\,\%$$

Die Bruttorendite ist um 8 Prozentpunkte – das entspricht dem Kalkulationszinssatz – höher als die Nettorendite.

Aufgabe 6: Rentabilitätsvergleichsrechnung

2.1.4 Amortisationsrechnung

Die Amortisationsrechnung (Kapitalrückfluss-, Pay-Off- oder Pay-Back-Methode) ermittelt den **Zeitraum**, in dem der ursprüngliche Kapitaleinsatz für eine Investition aus den künftigen Einzahlungsüberschüssen wieder in das Unternehmen zurückfließt. Der Kapitaleinsatz entspricht den Anschaffungsauszahlungen, eventuell vermindert um einen Liquidationserlös. Die Einzahlungsüberschüsse ergeben sich aus der Differenz zwischen Einzahlungen und Auszahlungen, die der betrachteten Investition zuzurechnen sind.

Die **Entscheidungsregel** dieses Verfahrens lautet: Am vorteilhaftesten ist das Objekt mit der kürzesten Amortisationsdauer. Bei Beurteilung einer Einzelinvestition ist ein Objekt vorteilhaft, wenn die Amortisationsdauer kleiner als die vom Entscheidungsträger als maximal zulässig angenommene Amortisationsdauer ist.

Die Ermittlung der Amortisationsdauer dient in erster Linie dazu, das Risiko des Kapitalverlustes und die Liquiditätsauswirkungen einer Investition zu beurteilen. Die Rechnung kann auf zwei Arten durchgeführt werden, nämlich als Durchschnittrechnung und als Totalrechnung.

a) Durchschnittsrechnung

Der Kapitaleinsatz wird durch die durchschnittlichen Rückflüsse pro Zeiteinheit dividiert. Als Zeiteinheit gilt meistens ein Jahr. Die Rückflüsse pro Jahr bestehen aus den Einzahlungen abzüglich Auszahlungen. Da die statischen Investitionsrechnungsmethoden nicht von Zahlungsgrößen, sondern Periodengrößen wie Erlöse, Kosten und Gewinne ausgehen, errechnet sich hier der durchschnittliche jährliche Rückfluss näherungsweise aus dem Gewinn und den Abschreibungen des Investitionsobjekts.

Die Amortisationsrechnung beantwortet somit die Frage, in wie viel Jahren der ursprüngliche Kapitaleinsatz (A_0) über die durchschnittlichen jährlichen Gewinne und Abschreibungen zurückfließt. Bei einem gegebenen Liquidationserlös (L_n) bestimmt sich die Amortisationsdauer (AD) wie folgt:

$$AD = \frac{A_0 - L_n}{\text{Gewinn} + \text{Abschreibungen}}$$

Beispiel*:* Amortisationsrechnung als Durchschnittsrechnung

	Investition A	Investition B
Anschaffungskosten in €	100.000	140.000
Nutzungsdauer in Jahren	8	10
Kalkulatorische Abschreibung in € pro Jahr	12.500	14.000
Durchschnittlicher Gewinn in € pro Jahr	7.500	21.000
Durchschnittlicher Rückfluss in € pro Jahr	20.000	35.000
Amortisationsdauer in Jahren	5	4

Unter dem Kriterium der Amortisationsdauer ist die Investition B gegenüber der Investition A vorteilhaft, weil B eine Investitionsdauer von nur 4 Jahren aufweist.

b) Totalrechnung

Im Rahmen der Amortisationsrechnung unter Berücksichtigung der Totalperiode werden die Rückflüsse pro Jahr solange addiert, bis sie die Höhe des Kapitaleinsatzes erreicht haben. Betrachtet werden also nicht mehr Jahresdurchschnittswerte. Aufgrund des kumulativen Vorgehens bezeichnet man diese Art der Rechnung auch als **Kumulationsrechnung**. Das folgende Beispiel geht von einem ursprünglichen Kapitaleinsatz in Höhe von 100.000 € aus:

Beispiel: Amortisationsrechnung als Totalrechnung

Jahr	Gewinn	Abschreibung	Rückfluss	Rückfluss kumulativ
1	4.000	12.500	16.500	16.500
2	5.000	12.500	17.500	34.000
3	6.500	12.500	19.000	53.000
4	8.500	12.500	21.000	74.000
5	8.500	12.500	21.000	95.000
6	9.500	12.500	22.000	117.000
7	9.500	12.500	22.000	139.000
8	8.500	12.500	21.000	160.000

Bei Zugrundelegung der Anschaffungskosten von 100.000 € amortisiert sich die Investition im 6. Jahr der Nutzung. Das Objekt ist vorteilhaft, wenn die Amortisationsdauer der Investition kleiner ist als die vom Entscheidungsträger als maximal zulässig angenommene Amortisationsdauer.

c) Beurteilung des Verfahrens

Als **Vorteile** können die folgenden Argumente angeführt werden:

- In der Regel ist das Risiko einer Investition positiv mit der Dauer der Kapitalbindung korreliert. D.h., das Risiko wächst, je länger die Nutzungsdauer eines Investitionsobjekts ist. Deswegen stellt die Amortisationsrechnung ein einfaches Verfahren zur Gewinnung eines ersten Eindrucks des Investitionsrisikos dar.
- Die für die Amortisationsrechnung notwendigen Informationen sind zugleich wichtige Daten für die Finanzplanung des Unternehmens. Durch sie kann das Unternehmen z.B. prüfen, ob die eventuell zur Finanzierung der Investition aufgenommenen Kredite durch die erwarteten Rückflüsse getilgt werden können, und welche Mittel darüber hinaus für andere Verwendungszwecke zur Verfügung stehen.

Den genannten Vorteilen sind einige **Nachteile** gegenüberzustellen:

- Es wird lediglich der Zeitpunkt ermittelt, zu dem die Summe der voraussichtlichen Rückflüsse die Anschaffungskosten der Investition amortisiert. Eine Wirtschaftlichkeitsbetrachtung erfolgt nicht.
- Die Zeit nach der Amortisation wird bei diesem Verfahren nicht analysiert. Daher bleiben Wertänderungen der Investition nach dem Amortisationszeitpunkt bei einem Vorteilhaftigkeitsurteil unberücksichtigt. Dadurch besteht die Gefahr, grundsätzlich kurzfristige Investitionen gegenüber langfristigen zu bevorzugen.
- Die Amortisationszeit ist nur ein Teilaspekt einer Investitionsbeurteilung. Deswegen sollte sie nur in Verbindung mit weiteren Verfahren der Investitionsrechnung eingesetzt werden.

2.1.5 Abschließende Würdigung der statischen Verfahren

Charakteristisch für die statischen Verfahren der Investitionsrechnung ist die **einperiodige Betrachtungsweise.** Dabei werden häufig nur die Werte der 1. Periode der Investitionen betrachtet und als repräsentativ für die gesamte Nutzungsdauer angesehen. Das führt in der Regel zu ungenauen Ergebnissen, da sowohl die Kosten als auch die Erlöse in der Regel im Zeitablauf schwanken.

Auch wenn man Jahresdurchschnitte für die gesamte Nutzungsdauer heranzieht, ist dies wenig aussagefähig, weil die Zeitpunkte der Ein- und Auszahlungen keine Berücksichtigung finden. Der unterschiedliche zeitliche Anfall der Zahlungsströme bleibt außerhalb der Betrachtung. Nicht beachtet wird die **Zeitpräferenz**: 100 Euro heute sind mehr wert als 100 Euro in 10 Jahren, weil die heutigen 100 Euro sofort angelegt und verzinst werden können. Das folgende Beispiel verdeutlicht diesen Nachteil:

Beispiel: Nachteil statischer Methoden

Einem Unternehmen stehen 2 Investitionsobjekte zur Auswahl. Die Nutzungsdauer beträgt jeweils 4 Jahre. Die geschätzten jährlichen Überschüsse (z.B. Gewinne in €) sehen folgendermaßen aus:

Überschuss	Investition A	Investition B
1. Jahr	200.000	600.000
2. Jahr	200.000	200.000
3. Jahr	300.000	100.000
4. Jahr	300.000	100.000
Durchschnitt	250.000	250.000

Da beide Investitionsobjekte einen durchschnittlichen jährlichen Überschuss von 250.000 € erzielen, kommt die statische Betrachtungsweise zum Ergebnis, dass die Investitionsobjekte gleich gut seien.

Es ist jedoch ersichtlich, dass das Investitionsobjekt B vorteilhaft ist, weil es im 1. Jahr einen um 400.000 € höheren Überschuss erwirtschaftet, den das Unternehmen sofort wieder anlegen und damit zusätzliche Überschüsse erzielen könnte.

Als **Fazit** lässt sich festhalten, dass die statischen Methoden zwar einfach anzuwenden sind, aber den unterschiedlichen zeitlichen Anfall der Zahlungen nicht berücksichtigen. Aufgrund ihrer sehr begrenzten Aussagekraft sind die statischen Methoden nur dann einsetzbar, wenn:

- Der Investitionswert relativ gering ist,
- eine schnelle, vorläufige Schätzung nötig ist,
- die Daten so unsicher sind, dass die Verwendung genauerer Verfahren nicht angemessen wäre,
- qualitative Kriterien (z.B. Zuverlässigkeit des Lieferanten) ausschlaggebend sind und die Investitionsrechnung nur der Abrundung dient.

2.2 Dynamische Verfahren der Investitionsrechnung

Die dynamischen Verfahren der Investitionsrechnung zeichnen sich durch die folgenden Charakteristika aus:

- Die Durchschnittsbetrachtung, die den statischen Verfahren zugrunde liegt, wird zugunsten einer **exakten Erfassung der Ein- und Auszahlungen** während der gesamten Nutzungsdauer der zu beurteilenden Investitionen aufgegeben.
- Da die Ein- und Auszahlungsströme nach Höhe und/oder zeitlichem Anfall unterschiedlich sein können, wird eine Vergleichbarkeit dadurch hergestellt, dass man die Zahlungsströme entweder auf den Zeitpunkt unmittelbar vor Investitionsbeginn (Zeitpunkt null) **abzinst** oder auf den Zeitpunkt am Ende der Investitionsdauer **aufzinst**.

Die folgenden Ausführungen behandeln zunächst die Grundbegriffe und die einzelnen dynamischen **Barwertverfahren**, nämlich die Kapitalwertmethode, die Methode des internen Zinssatzes und die Annuitätenmethode. Anschließend werden die dynamischen **Endwertverfahren** vorgestellt.

2.2.1 Grundbegriffe der dynamischen Verfahren

Die Grundbegriffe der dynamischen Verfahren sind:

- **Zeitwert**: Der (bekannte) Wert, den eine Zahlung im Zeitpunkt ihres Anfallens hat.
- **Endwert**: Der (gesuchte) Wert, der sich durch Aufzinsung des Zeitwertes ergibt.

- **Barwert**: Der (gesuchte) Wert, der sich durch Abzinsung des Zeitwertes ergibt.
- **Aufzinsung**: Wie viel ist eine Zahlung, die zu einem früheren Zeitpunkt erfolgt, am Ende der Investition wert?
- **Abzinsung (Diskontierung)**: Wie viel ist eine Zahlung, die zu einem späteren Zeitpunkt erfolgt, zu Beginn der Investition wert?

a) Endwert

Hinsichtlich des **Endwertes** einer Zahlung kann man zwischen einmaligen und mehreren gleich hohen Zahlungen unterscheiden:

$$\text{Endwert einer einmaligen Zahlung} = ZW_0 \cdot q^n = ZW_0 \cdot (1+i)^n$$

ZW_0 = Zeitwert der einmaligen Zahlung zum Zeitpunkt 0
n = Nutzungsdauer des Investitionsobjekts (Jahre)
i = Kalkulationszinssatz

Im Fall mehrerer jährlich gleich hoher Zahlungen ergibt sich der Endwert durch Multiplikation des Zeitwerts mit dem **Rentenbarwertfaktor**:

$$\text{Endwert mehrerer gleich hoher Zahlungen} = zw \cdot \frac{q^n - 1}{(q-1)}$$

zw = Zeitwert der gleich hohen Zahlungen

Beispiel: Ermittlung des Endwertes

a) Endwert einer einmaligen Zahlung

Ein Anleger zahlt heute 10.000 € für eine 3-jährige Kapitalanlage, die jedes Jahr mit 5 % verzinst wird. Welchen Betrag erhält er nach 3 Jahren zurück?

$$\text{Endwert} = 10.000 \cdot 1{,}05^3 = 11.576{,}25$$

Der Anleger erhält 11.576,25 €. Die Differenz in Höhe von 1.576,25 € stellt seinen Ertrag aus Zins und Zinseszins dar.

b) Endwert mehrerer gleich hoher Zahlungen

Ein Sparer zahlt über 5 Jahre am Ende eine jeden Jahres 2.000 € auf sein Sparbuch ein, das mit 2,5 % p.a. verzinst wird. Welchen Betrag weist das Sparbuch nach 5 Jahren auf?

$$\text{Endwert} = 2.000 \cdot \frac{1{,}025^5 - 1}{1{,}025 - 1} = 2.000 \cdot 5{,}25633 = 10.512{,}66$$

Der Endwert bei mehreren gleich hohen jährlichen Zahlungen beträgt 10.512,66 €.

b) Barwert

Der **Barwert** ist der heutige Wert zukünftiger Zahlungen. Auch beim Barwert ist zwischen einmaligen und mehreren gleich hohen Zahlungen zu trennen:

$$\text{Barwert einer einmaligen Zahlung} = ZW_n \cdot \frac{1}{q^n} = ZW_n \cdot \frac{1}{(1+i)^n}$$

ZW_n = Zeitwert der einmaligen Zahlung zum Zeitpunkt n
n = Nutzungsdauer des Investitionsobjekts (Jahre)
i = Kalkulationszinssatz (Diskontierungszinssatz)

$$\text{Barwert mehrerer gleich hoher Zahlungen} = zw \cdot \frac{q^n - 1}{q^n(q-1)}$$

zw = Zeitwert der gleich hohen Zahlungen

Beispiel: Ermittlung des Barwertes

a) Barwert einer einmaligen zukünftigen Zahlung

Ein Anleger hat das Ziel, aus einer einmaligen Kapitalanlage in 10 Jahren eine Zahlung von 100.000 € zu erhalten. Welchen Betrag muss er heute investieren (Barwert), wenn dieser Betrag mit 7 % p.a. verzinst wird?

$$\text{Barwert} = 100.000 \cdot \frac{1}{1{,}07^{10}} = 50.834{,}93$$

Der Anleger muss heute 50.834,93 € investieren. Es ist zu erkennen, dass der Betrag sich nach 10 Jahren nahezu verdoppelt, wenn man eine jährliche Verzinsung von 7 % unterstellt.

b) Barwert mehrerer gleich hoher zukünftiger Zahlungen

Ein Unternehmen vermietet eine nicht benötigte Lagerhalle für 5 Jahre. Die jährlichen Mietzahlungen belaufen sich auf jeweils 25.000 €. Wie hoch ist der Barwert dieser zukünftigen Mietzahlungen, wenn das Unternehmen mit einem Zinssatz von 6 % kalkuliert?

$$\text{Barwert} = 25.000 \cdot \frac{1{,}06^5 - 1}{1{,}06^5(1{,}06-1)} = 25.000 \cdot 4{,}2123638 = 105.309{,}10$$

Der Barwert bei mehreren gleich hohen jährlichen Mietzahlungen beträgt 105.309,10 €. Das bedeutet, die 5 zukünftigen Mietzahlungen von je 25.000 € haben einen heutigen Wert von 105.309,10 €.

2.2.2 Kapitalwertmethode

Der Kapitalwert (K_0) einer Investition bestimmt sich durch Diskontierung der zu den einzelnen Zeitpunkten (t) gegebenen Einzahlungen (E) und Auszahlungen (A). Dabei erfolgt die **Abzinsung (Diskontierung)** mit dem geeigneten Zinssatz (i). Der **Diskontierungszinssatz** heißt auch Kalkulations-, Kapitalisierungs- oder Vergleichszinssatz. Er stellt die vom Investor geforderte Verzinsung dar (vgl. Kapitel B.2.1.1.1).

Der **Kapitalwert** K_0 ist die Summe der Barwerte aller zukünftigen Ein- und Auszahlungen abzüglich der Anschaffungsauszahlung:

$$K_0 = -A_0 + \sum_{t=1}^{n} \frac{E_t - A_t}{q^t} = -A_0 + \sum_{t=1}^{n} \frac{EZÜ_t}{(1+i)^t}$$

A_0 = Anschaffungsauszahlung zum Zeitpunkt null
t = Jahresindex
n = Nutzungsdauer des Investitionsobjekts (Jahre)
E_t = Einzahlung zum Zeitpunkt t
A_t = Auszahlung zum Zeitpunkt t
$EZÜ_t$ = Einzahlungsüberschuss zum Zeitpunkt t
i = Diskontierungszinssatz

Wenn das Unternehmen das Investitionsobjekt am Ende der Nutzungsdauer zu einem Resterlöswert zu verkaufen plant, erwirtschaftet es einen **Liquidationserlös** (L_n). Wird der zufließende Liquidationserlös separat gezeigt, lautet die Kapitalwertformel wie folgt:

$$K_0 = -A_0 + \sum_{t=1}^{n} \frac{EZÜ_t}{(1+i)^t} + \frac{L_n}{(1+i)^n}$$

Zusammengefasst zeichnet sich die Kapitalwertmethode durch folgende **Merkmale** aus:

- Die Zahlungsströme einer Investition können hinsichtlich Höhe und Zeitpunkt unterschiedlich sein. Die Vergleichbarkeit der unterschiedlichen Zahlungsströme ist dadurch gegeben, dass sie auf ihren Barwert **abgezinst (diskontiert)** werden.
- Die Differenz zwischen der Summe der Barwerte aller Einzahlungsüberschüsse und der Anschaffungsauszahlung ist der **Kapitalwert** der Investition.
- Der Kapitalwert gibt nicht einen Periodenerfolg, sondern den **Totalerfolg** einer Investition wieder, d.h. den Erfolg, den die Investition über die gesamte Nutzungsdauer erwirtschaftet – berechnet auf den Zeitpunkt null, also auf den Zeitpunkt unmittelbar vor Investitionsbeginn.
- Die Abzinsung (Diskontierung) erfolgt mit einem **Diskontierungszinssatz** (Kalkulationszinssatz), der dem geforderten Mindestzins entspricht.
- Ein **Kapitalwert von 0 €** bedeutet, dass die Investition genau den Diskontierungszinssatz erzielt. Die Einzahlungsüberschüsse reichen aus, um die Anschaffungsauszahlung wiederzugewinnen und das gebundene Kapital mit dem Diskontierungszinssatz zu verzinsen.
- Eine Investition ist **vorteilhaft**, wenn ihr Kapitalwert positiv oder gleich null ist. Stehen mehrere Investitionsobjekte zur Auswahl, ist das mit dem höchsten positiven Kapitalwert vorzuziehen.

Das folgende Beispiel soll das Vorgehen zur Errechnung des Kapitalwertes einer Investition verdeutlichen. Die Automobil AG plant eine Produktionsanlage zu erwerben. Die Investition verursacht Anschaffungskosten in Höhe von 3.500.000 €. Die voraussichtliche Nutzungsdauer der Anlage beträgt 4 Jahre. Während dieser 4 Jahre werden die folgenden Einzahlungsüberschüsse erwartet: nach dem 1. Jahr 700.000 €, nach dem 2. Jahr 1.200.000 €, nach dem 3. Jahr 1.400.000 und nach dem 4. Jahr 1.400.000 €. Der Diskontierungszinssatz beträgt 10 %. Ein Liquidationserlös am Ende der Nutzungsdauer wird nicht erwartet.

$$K_0 = -3.500.000 + \frac{700.000}{1{,}1^1} + \frac{1.200.000}{1{,}1^2} + \frac{1.400.000}{1{,}1^3} + \frac{1.400.000}{1{,}1^4}$$

$$= -3.500.000 + \frac{700.000}{1{,}1} + \frac{1.200.000}{1{,}21} + \frac{1.400.000}{1{,}331} + \frac{1.400.000}{1{,}4641}$$

$$= -3.500.000 + 636.364 + 991.736 + 1.051.841 + 956.219 = 136.160$$

Die Produktionsanlage erzielt einen positiven Kapitalwert von 136.160 €. Dies bedeutet, dass die Verzinsung der Anlage höher als der Diskontierungszinssatz ist – die Investition lohnt sich. Die **Interpretation** des errechneten Kapitalwertes sieht im Einzelnen wie folgt aus:

- Die Einzahlungsüberschüsse betragen 4.700.000 €.
- Sie reichen aus, um die Anschaffungskosten von 3.500.000 € wiederzugewinnen und das gebundene Kapital mit mehr als 10 % zu verzinsen.
- Als Totalerfolg, d.h. als Erfolg über die gesamte Nutzungsdauer von 4 Jahren, ergibt sich ein barwertiger Überschuss von 136.160 €.
- Die Investition ist vorteilhaft.
- Aus Sicht des Unternehmens liegt der maximale Kaufpreis der Produktionsanlage bei 3.500.000 € + 136.160 € = 3.636.160 €. In diesem Fall würde die Investition genau den Diskontierungszinssatz erreichen, sodass sie gerade noch vorteilhaft wäre.

Der entscheidende **Vorteil** dieser dynamischen Investitionsrechnung besteht darin, dass sie die Zeitpräferenz der Zahlungsströme berücksichtigt. Dies erkennt man deutlich an den Einzahlungsüberschüssen der Jahre 3 und 4. Die Zeitwerte sind mit jeweils 1.400.000 € gleich hoch. Die betreffenden Barwerte zeigen jedoch, dass der heutige Wert des Überschusses des 3. Jahres mit 1.051.841 € höher ist als der des 4. Jahres mit 956.219 €.

Demgegenüber sind für die Kapitalwertmethode – wie für alle Barwertverfahren – einige **Grenzen** zu beachten. Erstens ist die Richtigkeit der Schätzungen der weit in der Zukunft liegenden Zahlungsströme durch große Unsicherheit belastet. Zweitens geht die Methode von einem vollkommenen Kapitalmarkt aus, wonach es nur einen einheitlichen Zinssatz gibt, zu dem beliebig hohe Beträge aufgenommen und angelegt werden können (identischer Soll- und Habenzins). So lassen sich beispielsweise die Einzahlungsüberschüsse zum Kalkulationszinssatz wieder anlegen, was nicht der Realität entspricht. Und drittens ist es bei vielen Sachinvestitionen schwer oder sogar unmöglich, anteilige Ein- und Auszahlungen zuzuordnen.

Aufgabe 7: Kapitalwertmethode

2.2.3 Methode des internen Zinssatzes

Die Methode des internen Zinssatzes bestimmt die **Rentabilität** des durch die Investition gebundenen Kapitals. Die Methode des internen Zinssatzes ist eine Variante der Kapitalwertmethode: Während die Kapitalwertmethode von einem gegebenen Zinssatz ausgeht und den Kapitalwert sucht, ist hier der Zinssatz gesucht, der zu einem vorgegebenen Kapitalwert von 0 € führt.

Die **Entscheidungsregel** lautet: Eine Investition ist vorteilhaft, wenn der interne Zinssatz größer oder gleich der geforderten Verzinsung ist. Stehen mehrere Investitionsobjekte zur Auswahl, ist das mit dem höchsten internen Zinssatz vorzuziehen.

Im einfachsten Fall sind nur **zwei Zahlungsströme** gegeben: eine Auszahlung zu Beginn der Investition (zum Zeitpunkt null) und eine spätere Einzahlung. Dann errechnet sich der interne Zinssatz (r) nach folgender Formel:

$$r = \sqrt[n]{\frac{EZÜ_n}{A_0}} - 1$$

r = Interner Zinssatz
n = Jahre
$EZÜ_n$ = Einzahlungsüberschuss am Ende der Investition
A_0 = Auszahlung zum Zeitpunkt null

Beispiel: Ermittlung des internen Zinssatzes im Fall zweier Zahlungen

Ein Anleger zahlt heute 50.000 € in eine Lebensversicherung ein, wofür er nach 10 Jahren 80.000 € erhalten soll. Wie hoch ist die Rentabilität seiner Investition?

$$r = \sqrt[10]{\frac{80000}{50000}} - 1 = 0{,}0481$$

Die Investitionsrendite beläuft sich auf 4,81 %. Wenn man die Anfangszahlung von 50.000 € über 10 Jahre mit 4,81 % aufzinst, erhält man wiederum 80.000 € (den Endwert):

$$\text{Endwert} = 50.000 \cdot 1{,}0481^{10} \approx 80.000$$

Zur Ermittlung der Rentabilität bei **mehreren Zahlungsreihen** wird der Kapitalwert der Investition gleich null gesetzt und die Gleichung nach dem internen Zinssatz (r) aufgelöst.

$$0 = -A_0 + \sum_{t=1}^{n} \frac{EZÜ_t}{(1+r)^t}$$

Bei separatem Zeigen des zufließenden Liquidationserlöses (L_n) ergibt sich:

$$0 = -A_0 + \sum_{t=1}^{n} \frac{EZÜ_t}{(1+r)^t} + \frac{L_n}{(1+r)^n}$$

Das Auflösen der Gleichung ist problematisch, da eine allgemeine Lösungsformel für Gleichungen höheren Grades, mit n größer 4, nicht existiert, wenn die Zahlungsströme unterschiedlich hoch sind. Die Lösung kann durch Diskontieren mit zwei **Versuchszinssätzen** und anschließender linearer Interpolation bestimmt werden. Dabei sollten die Versuchszinssätze so gewählt werden, dass bei dem einem ein positiver Kapitalwert entsteht und bei dem anderen ein negativer Kapitalwert. Die **Näherungsformel** zur Ermittlung des internen Zinssatzes lautet:

$$r = p_1 - K_{01} \cdot \frac{p_2 - p_1}{K_{02} - K_{01}}$$

r = Interner Zinssatz
p_1 = Versuchszinssatz 1
p_2 = Versuchszinssatz 2
K_{01} = Kapitalwert bei p_1
K_{02} = Kapitalwert bei p_2

Zur Erläuterung der Bestimmung des internen Zinssatzes betrachten wir die Zahlungsströme der Produktionsanlage aus Kapitel B.2.2.2. Mit einem Zinssatz von 10 % errechnete sich ein Kapitalwert von 136.160 €. Da der Kapitalwert positiv ist, muss der interne Zinssatz größer als 10 % sein. Als Versuchszinssatz wird 15 % gewählt. Somit soll gelten: p_1 = 10 %, K_{01} = 136.160 €, p_2 = 15 %, K_{02} = noch unbekannt. Zunächst ist also K_{02} zu bestimmen:

$$K_{02} = -3.500.000 + \frac{700.000}{1{,}15} + \frac{1.200.000}{1{,}15^2} + \frac{1.400.000}{1{,}15^3} + \frac{1.400.000}{1{,}15^4} = -262.954$$

Mit dem Versuchszinssatz von 15 % ergibt sich ein negativer Kapitalwert von –262.954 €. Der gesuchte interne Zinssatz muss somit zwischen 10 % und 15 % liegen:

$$r = 0{,}1 - 136.160 \cdot \frac{0{,}15 - 0{,}1}{-262.954 - 136.160}$$

$$= 0{,}1 - 136.160 \cdot \frac{0{,}05}{-399.114} = 0{,}117$$

Der interne Zinssatz beträgt näherungsweise 11,7 %. Bei diesem Zinssatz errechnet sich ein Kapitalwert von etwa 0 €. 11,7 % sind die jährliche Rentabilität der Produktionsanlage.

Hinweis: Setzt man den Zinssatz von 11,7 % in die Kapitalwertformel ein, so ist festzustellen, dass der Kapitalwert einen negativen Wert hat. Dieser Zinssatz ist also nur eine Näherungslösung. Der genauere Wert beläuft sich auf 11,61 %.

Ein wesentlicher **Vorteil** der Methode des internen Zinssatzes ist die Ermittlung der Rentabilität. In Bezug auf die Problematik der Richtigkeit der Schätzung von Zahlungsströmen und in Bezug auf die Vergleichbarkeit von Investitionen gelten dieselben **Einschränkungen** wie bei der Kapitalwertmethode, und Voraussetzung ist, dass die Einzahlungsüberschüsse sofort zum internen Zinssatz wieder angelegt werden können.

Grundsätzlich ist diese Methode nur dann anwendbar, wenn die betrachtete Investition nur einen positiven internen Zinssatz aufweist. Dazu müssen bestimmte Bedingungen gegeben sein. Insbesondere muss eine so genannte **Normalinvestition** vorliegen. Das bedeutet, in der Zahlungsreihe tritt nur ein Vorzeichenwechsel ein (z.B. anfangs nur Auszahlungsüberschüsse und danach nur noch Einzahlungsüberschüsse).

Außerdem ist darauf hinzuweisen, dass die Ermittlung des internen Zinssatzes ungenau ist. Dies ist durch die **Konvexität** des tatsächlichen Zusammenhangs zwischen dem Kapitalwert einer Zahlungsreihe und dem Zinssatz (r) begründet. Dieser Zusammenhang spiegelt sich jedoch in der Rechnung nicht wider (vgl. oben stehenden Hinweis). Vielmehr wird durch die lineare Interpolation rechnerisch ein linearer Zusammenhang zwischen dem Kapitalwert und der Ausprägung des Zinssatzes unterstellt. Daher ist die tatsächliche interne Verzinsung der zu beurteilenden Investition generell etwas niedriger als die durch die Rechnung bestimmte (Konvexitätsfehler). Je näher die Versuchszinssätze aneinander liegen, desto geringer ist der Konvexitätsfehler.

Aufgabe 8: Methode des internen Zinssatzes

2.2.4 Annuitätenmethode

Die Methode ermittelt den **jährlich gleich hohen Überschuss**, der dem Investor neben der Kapitalwiedergewinnung und Verzinsung zur Verfügung steht. Es handelt sich um einen rein rechnerischen Wert, um damit einen **rechnerischen Periodenüberschuss** darstellen zu können. Die Methode ist eine Variante der Kapitalwertmethode: Während die Kapitalwertmethode den Totalerfolg einer Investition ermittelt, stellt die Annuitätenmethode den Periodenerfolg dar. Daher gelten dieselben Kritikpunkte wie für die Kapitalwertmethode.

Die **Entscheidungsregel** lautet: Eine Investition ist vorteilhaft, wenn die Annuität größer oder gleich null ist. Stehen mehrere Investitionsobjekte zur Auswahl, ist das mit der höchsten Annuität vorzuziehen.

Die Annuität ist eine äquivalente, äquidistante und uniforme Reihe. **Äquivalent** bedeutet in diesem Zusammenhang, dass der Kapitalwert der neuen Reihe gleich dem Kapitalwert der gegebenen Reihe ist. **Äquidistant** bezeichnet die Identität der Entfernungen der Zahlungszeitpunkte voneinander. Das Adjektiv **uniform** bringt die Gleichheit der Beträge der neuen Reihe zum Ausdruck.

Die **Ermittlung der Annuität** (a) erfolgt durch Multiplikation des Kapitalwertes mit dem Wiedergewinnungs- oder Annuitätenfaktor. Dieser Faktor ermöglicht die Aufspaltung eines zum Zeitpunkt der Betrachtung gegebenen Betrags in gleich große Teile über eine bestimmte Zahl von Jahren. Dabei sind Zins- und Zinseszinseffekte berücksichtigt:

$$a = K_0 \cdot \frac{q^n(q-1)}{q^n - 1}, \text{ mit } q = 1 + i$$

Das Beispiel zur Darstellung der Kapitalwertmethode (vgl. Kapitel B.2.2.2) zeigte einen Kapitalwert von 136.160 €. Dabei sind ein Diskontierungszins von 10 % und eine Nutzungsdauer von 4 Jahren zugrunde gelegt. Die Annuität dieser Investition beträgt 42.958 € pro Jahr:

$$a = 136.160 \cdot \frac{1{,}1^4(1{,}1-1)}{1{,}1^4 - 1} = 136.160 \cdot 0{,}3155 = 42.958$$

Vergleicht man die drei vorgestellten Barwertverfahren der dynamischen Investitionsrechnung, zeigen sich in der Zusammenfassung folgende Unterschiede:

Tabelle 2-1: Hauptunterschiede der dynamischen Barwertverfahren

Verfahren	Merkmale
Kapitalwertmethode	Ermittelt, welchen Überschuss die Investition über die gesamte Nutzungsdauer erwirtschaftet, und zwar berechnet auf den Zeitpunkt unmittelbar vor Investitionsbeginn. Sie gibt Auskunft über den Totalerfolg der Investition (in €)
Methode des internen Zinssatzes	Ermittelt die Rentabilität der Investition (in % pro Jahr)
Annuitätenmethode	Ermittelt den rechnerisch gleich hohen Überschuss. Sie gibt Auskunft über den rechnerischen Periodenerfolg der Investition (in € pro Jahr)

Aufgabe 9: Annuitätenmethode

2.2.5 Auswahlproblem

Die bisherigen Überlegungen im Rahmen der dynamischen Investitionsrechnungsverfahren verfügen über nur eingeschränkte Aussagekraft, wenn nicht nur eine einzelne Investition zu beurteilen ist, sondern eine **Auswahl zwischen mehreren Investitionsobjekten** zu treffen ist. Dies ist darin begründet, dass die vorgestellten Verfahren die Auswirkungen **unterschiedlicher Anschaffungskosten** und **unterschiedlicher Nutzungsdauern** nicht vollständig berücksichtigen.

Das folgende **Beispiel** wird die Problematik offen legen und durch den vollständigen und den begrenzten Vorteilhaftigkeitsvergleich lösen. Dabei wird davon ausgegangen, dass die in Betracht zu ziehenden Investitionen einander ausschließen, d.h., dass nur eines der Investitionsobjekte realisiert werden kann. Der Diskontierungszinssatz beträgt 10 %. Für ein Unternehmen stehen zwei Investitionsobjekte zur Auswahl, die durch das nachstehende Zahlungsprofil charakterisiert sind:

- **Objekt A**: In t_0 zu zahlende Anschaffungskosten von 400 € und ein Einzahlung von 508,2 € in 2 Jahren.
- **Objekt B**: In t_0 zu zahlende Anschaffungskosten von 200 € und ein Einzahlung von 242 € in einem Jahr.

Die **Kapitalwertmethode** führt zu den folgenden Ergebnissen:

$$K_{0A} = -400 + \frac{508{,}2}{1{,}1^2} = 20$$

$$K_{0B} = -200 + \frac{242}{1{,}1} = 20$$

Nach der Kapitalwertmethode sind die beiden Objekte als gleichwertig einzustufen, weil beide einen Kapitalwert von je 20 € erwirtschaften. Da aber offensichtlich 400 € zur Verfügung stehen – Objekt A könnte sonst nicht realisiert werden – kann das Unternehmen für Objekt B zusätzlich 200 € investieren. Diese zusätzliche Investition ist bei einem **vollständigen Vorteilsvergleich** zu berücksichtigen. Verwendet das Unternehmen diesen Betrag für eine 2. Anlage des Typs B, so wird in t_1 eine Einzahlung von zweimal 242 € erzielt. Die Objekte sind nun im Zeitpunkt t_0 vergleichbar, und es ist ersichtlich, das B vorteilhaft ist, weil der Kapitalwert doppelt so hoch wie der von A ist:

$$K_{0A} = -400 + \frac{508{,}2}{1{,}1^2} = 20$$

$$K_{0B} = -400 + \frac{484}{1{,}1} = 40$$

Da die Nutzungsdauer der Investition B nur 1 Jahr und die der Investition A 2 Jahre beträgt, ist außerdem für die Vergleichbarkeit im Zeitpunkt t_1 eine Anschlussinvestition notwendig. Da für B im Zeitpunkt t_1 ein Zahlungsüberschuss in Höhe von 484 € gegeben ist, kann das Unternehmen zu diesem Zeitpunkt zwei weitere Anlagen des Typs B erwerben. Unveränderte Anschaffungskosten angenommen, kann das Unternehmen den Restbetrag in Höhe von 84 € zum Zinssatz von 10 % anlegen. Aus den beiden Maßnahmen ergeben sich für die Objekt A und B in der Zeit von t_0 bis t_2 die folgenden Zahlungsströme:

Beispiel: Zahlungsströme der Objekte A und B (1)

Objekt A	t_0	t_1	t_2
Auszahlung (A_t)	– 400,0		
Einzahlung (E_t)			
$E_t - A_t$	– 400,0	0	508,2

Objekt B	t_0	t_1	t_2
Auszahlung (A_t)	– 400,0	– 400,0 – 84,0	
Einzahlung (E_t)		484,0	484,0 92,4
$E_t - A_t$	– 400,0	0	576,4

Der Endwert des Objekts B im Zeitpunkt t_2 beträgt 576,4 € und der des Objekts A lediglich 508,2 €. Das Ergebnis verdeutlicht, dass das Objekt B dem Objekt A vorzuziehen ist, weil es bei Angleichung des Kapitaleinsatzes und der Nutzungsdauer und der Auswirkungen der unterschiedlichen Struktur der Zahlungsströme zu einem höheren Endwert in t_2 führt. Investitionen, die zur Vergleichbarkeit von Alternativen hinsichtlich Kapitaleinsatz, Lebensdauer und Struktur der Zahlungsströme einbezogen werden, nennt man **Differenz-, Supplement-, Komplementär- oder Zusatzinvestitionen**.

Es zeigt sich, dass bei einem vollständigen Vorteilsvergleich eine Diskontierung der Zahlungsströme nicht notwendig ist, sondern die Vorteilhaftigkeit auch auf Basis des **Endwertes** bestimmt werden kann. Errechnet man dennoch den **Kapitalwert** der Investitionen, führt dies zur gleichen Erkenntnis; Objekt B ist vorteilhaft, weil sein Kapitalwert höher als der von A ist:

$$K_{0A} = -400 + \frac{508{,}2}{1{,}1^2} = 20$$

$$K_{0B} = -400 + \frac{576{,}4}{1{,}1^2} = 76{,}4$$

Da die Bestimmung realer Differenzinvestitionen problematisch sein kann, geht man häufig von einem vereinfachten **begrenzten Vorteilsvergleich** aus. Hierbei wird unterstellt, dass sich die notwendigen Differenzinvestitionen zum Diskontierungszinssatz verzinsen. Damit ergibt sich für die Differenzinvestition ein Kapitalwert von null und kann vernachlässigt werden. Unterschiede in Kapitaleinsatz, Lebensdauer und der Auswirkung der Struktur der Rückflüsse finden daher in der beschriebenen Rechnung keine Berücksichtigung.

Der begrenzte Vorteilsvergleich kann zu Fehlentscheidungen führen, wenn die Rendite der realen Differenzinvestitionen nicht mit dem Diskontierungszinssatz übereinstimmt. Das folgende Beispiel geht für Objekt B davon aus, dass die Einzahlung von 84 € in t_1 nicht zum Diskontierungszinssatz von 10 %, sondern nur zu 5 % angelegt werden kann. Dann errechnet sich ein Endwert von nur 572,4 € statt 576,4 €:

Beispiel: Zahlungsströme der Objekte A und B (2)

Objekt B	t_0	t_1	t_2
Auszahlung (A_t)	– 400,0	– 400,0 – 84,0	
Einzahlung (E_t)		484,0	484,0 88,2
$E_t - A_t$	– 400,0	0	572,2

Aufgabe 10: Auswahlproblem

2.2.6 Problem des optimalen Ersatzzeitpunktes

In den bisherigen Ausführungen ging es ausschließlich um **Erweiterungsprobleme** (Auswahlprobleme): Die Kapazität eines Unternehmens ist zu erweitern, wobei ein, zwei oder mehr Investitionsobjekte zur Auswahl stehen. Gegenstand dieses Kapitels ist das Ersatzproblem. Beim **Ersatzproblem** lautet die Fragestellung: Wann ist es ökonomisch vorteilhaft, ein altes Investitionsobjekt durch ein neues zu ersetzen?

Bei dem genannten Entscheidungsproblem könnte es sein, dass die alte Anlage nur noch Einzahlungsüberschüsse aufweist. Die Anschaffungsauszahlungen wurden in der Vergangenheit geleistet und sind daher für diese Betrachtung irrelevant. Vor diesem Hintergrund kann die **Methode des internen Zinssatzes** keine Verwendung finden, da sich bei der skizzierten Zahlungsreihe der Altanlage ein interner Zinssatz von unendlich ergeben würde.

Die **Kapitalwertmethode** ist rechentechnisch geeigneter, da sie die Summe der Barwerte der künftigen Zahlungsströme für die alte und neue Anlage ermittelt. Da jedoch in der Regel Unterschiede in der Nutzungsdauer der zu vergleichenden Anlagen bestehen, bedingt der Einsatz dieser Methode einen sehr großen Einfluss der Differenzinvestitionen (vgl. Kapitel B.2.2.5). Dadurch wird das Ergebnis in besonderem Maße durch die den Differenzinvestitionen zugrunde gelegten Prämissen beeinflusst. Die **Annuitätenmethode** basiert auf der Kapitalwertermittlung. Für deren Anwendung gelten daher dieselben Möglichkeiten und Grenzen wie für die Kapitalwertmethode.

Modifikationen der Kapitalwert- und Annuitätenmethode können zu deren **bedingten Eignung** zur Bestimmung des optimalen Ersatzzeitpunktes führen. So kann die fehlende Anschaffungsauszahlung der in Betrieb befindlichen Anlage durch ihren Liquidationswert zum Zeitpunkt der Betrachtung ersetzt werden, da man ihn als entgangene Einzahlung interpretieren kann.

Wesentlich einfacher gestaltet sich die Lösung des Ersatzproblems, wenn nicht zwei unterschiedliche Anlagen betrachtet werden, sondern lediglich die in Betrieb befindliche Anlage. Dabei sei angenommen, dass die neue Anlage die alte mit identischen Zahlungsströmen ersetzt. In diesem Fall ist der optimale Ersatzzeitpunkt eines Investitionsobjektes dann gegeben, wenn dessen **Kapitalwert** sein Maximum erreicht. Um diesen Zeitpunkt zu bestimmen, müssen die Kapitalwerte für jede mögliche Nutzungsdauer bestimmt werden.

Beispielsweise verursacht der Erwerb einer Produktionsanlage Anschaffungskosten in Höhe von 3.000.000 €. Die voraussichtliche Nutzungsdauer der Anlage beträgt 4 Jahre. Während dieser 4 Jahre werden die folgenden Zahlungsüberschüsse erwartet: nach dem 1. Jahr 700.000 €, nach dem 2. Jahr 1.200.000 €, nach dem 3. Jahr 1.400.000 und nach dem 4. Jahr 900.000 € . Der Diskontierungszinssatz beträgt 10 %.

Die am Ende des jeweiligen Jahres zu erwartenden Liquidationserlöse lauten nach dem 1. Jahr 2.000.000 €, nach dem 2. Jahr 1.600.000 €, nach dem 3. Jahr 1.000.000 € und nach dem 4. Jahr 0 €. Die Liquidationserlöse verringern sich also mit zunehmendem Alter der Anlage. Die Bestimmung der Kapitalwerte für jede mögliche Nutzungsdauer kann nun gemäß nachstehender Gleichung (vgl. Kapitel B.2.2.2) erfolgen:

$$K_0 = -A_0 + \sum_{t=1}^{n} \frac{EZÜ_t}{(1+i)^t} + \frac{L_n}{(1+i)^n}$$

Der Kapitalwert des Investitionsobjektes erreicht am Ende der 3. Periode mit 431.255 € sein Maximum. Am Ende dieses Jahres ist der optimale Ersatzzeitpunkt für die Investition gegeben:

$$K_{01} = -3.000.000 + \frac{700.000}{1{,}1} + \frac{2.000.000}{1{,}1^1} = -545.455$$

$$K_{02} = -3.000.000 + \frac{700.000}{1{,}1} + \frac{1.200.000}{1{,}1^2} + \frac{1.600.000}{1{,}1^2} = -49.587$$

$$K_{03} = -3.000.000 + \frac{700.000}{1{,}1} + \frac{1.200.000}{1{,}1^2} + \frac{1.400.000}{1{,}1^3} + \frac{1.000.000}{1{,}1^3} = 431.255$$

$$K_{04} = -3.000.000 + \frac{700.000}{1{,}1} + \frac{1.200.000}{1{,}1^2} + \frac{1.400.000}{1{,}1^3} + \frac{900.000}{1{,}1^4} = 294.652$$

2.2.7 Endwertverfahren

Die dynamischen Endwertverfahren erlauben es, bestimmte realitätsferne Prämissen der Barwertverfahren (Kapitalwert-, interne Zinssatz- und Annuitätenmethode) aufzuheben. Insbesondere muss nicht mehr die Annahme eines vollkommenen Kapitalmarkts gegeben sein, wonach Soll- und Habenzinsen identisch sind. Im Rahmen der Endwertverfahren erfolgen die Kapitalaufnahmen zum Sollzins und die Kapitalanlagen zum Habenzins.

Das Merkmal dynamischer Endwertverfahren ist, dass die geplanten Ein- und Auszahlungen im Gegensatz zu den Barwertverfahren nicht abgezinst, sondern auf den Zeitpunkt am Ende der Investition **aufgezinst** werden (vgl. Kapitel B.2.2.1). Im Folgenden kommen drei Verfahren zur Anwendung:

- **Vermögensendwertmethode**: Sie ist mit der Kapitalwertmethode vergleichbar, basiert allerdings auf der Aufzinsung.
- **Sollzinssatzmethode**: Sie entspricht der Methode des internen Zinssatzes, basiert allerdings auf der Aufzinsung.
- **Vollständiger Finanzplan**: Er ermittelt den Vermögensendwert, indem sowohl die Zahlungsströme der Investition als auch die damit verbunden Zahlungsströme der Finanzierungs- und Anlageentscheidungen erfasst werden.

2.2.7.1 Vermögensendwertmethode

Der **Vermögensendwert** (Finalwert, Kapitalendwert) errechnet sich durch Aufzinsung der Ein- und Auszahlungen auf das Ende des Planungszeitraums. Für die Kapitalaufnahme gilt ein **Sollzins** (i_s), für die Kapitalanlage ein niedrigerer **Habenzins** (i_h). Eine Investition ist dann vorteilhaft, wenn sie einen **positiven Vermögensendwert** aufweist. In diesem Fall liegt die Investitionsrendite über dem Sollzins. Bei einer Auswahlentscheidung ist das Investitionsobjekt mit dem höchsten positiven Vermögensendwert vorteilhaft.

Es ist zwischen zwei methodischen Vorgehensweisen zu unterscheiden, nämlich dem Kontenausgleichsverbot und dem Kontenausgleichsgebot.

a) Kontenausgleichsverbot

Hierbei sind **getrennte Konten** für die negativen Einzahlungsüberschüsse ($EZÜ^-$) und die positiven Einzahlungsüberschüsse ($EZÜ^+$) zu führen. Die Zahlungen auf dem negativen Vermögenskonto werden mit dem Sollzinssatz (i_s) verzinst, die Zahlungen auf dem positiven Vermögenskonto mit dem Habenzinssatz (i_h). Erst am Ende des Planungszeitraums werden die beiden Konten zum **Vermögensendwert** (V_n) zusammengeführt.

Interpretiert man die Anschaffungskosten (A_0) als negativen Einzahlungsüberschuss des Zeitpunkts null, dann gelten folgende Zusammenhänge:

$$\text{Negatives Vermögenskonto am Laufzeitende} = V_n^- = \sum_{t=0}^{n} EZÜ_t^- \cdot (1+i_s)^{n-t}$$

$$\text{Positives Vermögenskonto am Laufzeitende} = V_n^+ = \sum_{t=1}^{n} EZÜ_t^+ \cdot (1+i_h)^{n-t}$$

$$\text{Vermögensendwert} = V_n = V_n^+ + V_n^-$$

Beispiel: Ermittlung des Vermögensendwertes mit Kontenausgleichsverbot

Die Berechnung des Vermögensendwertes sei an dem Zahlenbeispiel verdeutlicht, das bereits der Kapitalwertmethode zugrunde lag (vgl. Kapitel B.2.2.2): Anschaffungsauszahlung 3.500.000 €, geplante Nutzungsdauer 4 Jahre, Einzahlungsüberschüsse 1. Jahr 700.000 €, 2. Jahr 1.200.000 €, 3. Jahr 1.400.000 € und 4. Jahr 1.400.000 €. Nunmehr betragen der Sollzins 10 % und der Habenzins 5 %. Wie hoch ist der Vermögensendwert?

Jahr	$EZÜ_t$	$(1+i)^{n-t}$	Negatives Vermögenskonto	Positives Vermögenskonto	Vermögensendwert (V_n)
0	–3.500.000	$1{,}10^4$	–5.124.350		
1	700.000	$1{,}05^3$		810.337,5	
2	1.200.000	$1{,}05^2$		1.323.000	
3	1.400.000	1,05		1.470.000	
4	1.400.000	1		1.400.000	
Σ			–5.124.350	5.003.337,5	–121.012,5

Bei einem Kontenausgleichsverbot ergibt sich ein negativer Vermögensendwert von –121.012,5 €. Die Investitionsrendite liegt somit unter dem Sollzinssatz von 10 %, und das Investitionsvorhaben ist abzulehnen.

b) Kontenausgleichsgebot

In diesem Fall werden die positiven Einzahlungsüberschüsse zunächst dazu verwendet, das negative Vermögenskonto auszugleichen. Solange das negative Vermögenskonto nicht ausgeglichen ist, erfolgt die Kontoverzinsung zum Sollzins. Erst nach der vollständigen Tilgung wird der positive Bestand des Vermögenskontos zum Habenzins verzinst. Der jeweilige Bestand des Vermögenskontos zum Jahresende (V_t) errechnet sich folgendermaßen:

$$V_t = EZÜ_t + V_{t-1} \cdot (1+i)$$

wobei:

$$i = i_s, \text{wenn } V_{t-1} < 0$$

$$i = i_h, \text{wenn } V_{t-1} > 0$$

Beispiel: Ermittlung des Vermögensendwertes mit Kontenausgleichsgebot

Es gelten dieselben Daten wie beim Kontenausgleichsverbot. Wie hoch ist der Vermögensendwert, wenn ein Ausgleichsgebot anzunehmen ist?

Jahr	$EZÜ_t$	Vermögenskonto des Vorjahres (V_{t-1})	1+i	Vermögenskonto des Jahres (V_t)	Vermögens-endwert (V_n)
0	–3.500.000			–3.500.000	
1	700.000	–3.500.000	1,10	–3.150.000	
2	1.200.000	–3.150.000	1,10	–2.265.000	
3	1.400.000	–2.265.000	1,10	–1.091.500	
4	1.400.000	–1.091.500	1,10	199.350	199.350

Bei einem Kontenausgleichsgebot errechnet sich ein positiver Vermögensendwert von 199.350 €. Das Investitionsvorhaben ist im Gegensatz zum vorherigen Beispiel positiv zu bewerten. Hier zeigt sich, dass es wirtschaftlich sinnvoll ist, Kapitalaufnahmen erst zu tilgen, bevor man Anlagen tätigt, wenn der Sollzins höher als der Habenzins ist. Außerdem ist zu erkennen, dass eine Habenverzinsung in diesem Beispiel nicht zur Anwendung kommt, weil das Vermögenskonto des Vorjahres nie einen positiven Wert annimmt.

2.2.7.2 Sollzinssatzmethode

Ermittelt wird der **kritische Sollzinssatz**, der bei gegebenem Habenzinssatz zu einem Vermögensendwert von 0 € führt. Es muss also gelten:

$$V_n = V_n^+ + V_n^- = 0$$

Der kritische Sollzins kann somit als maximaler Zinssatz für die Kapitalbeschaffung interpretiert werden. Ein Investitionsobjekt ist dann vorteilhaft, wenn der kritische Sollzins größer als der gegebene Sollzins ist. Bei mehreren Investitionsobjekten ist dasjenige mit dem höchsten kritischen Sollzins auszuwählen, wenn dieser den gegebenen Sollzins übersteigt.

Ist für eine Investition nur ein negativer Zahlungsüberschuss zum Zeitpunkt null gegeben, dann lässt sich der kritische Sollzinssatz bei **Kontenausgleichsverbot** entsprechend der in Kapitel B.2.2.3 vorgestellten Formel errechnen:

$$i_s^{krit} = \sqrt[n]{\frac{V_n^+}{EZÜ_0}} - 1$$

i_s^{krit} = Kritischer Sollzinssatz

V_n^+ = Bestand des positiven Vermögenskontos in der letzten Periode

$EZÜ_0$ = Negativer Zahlungsüberschuss zum Zeitpunkt 0

Beispiel: Ermittlung des kritischen Sollzinssatzes mit Kontenausgleichsverbot

Im vorigen Beispiel zum Vermögensendwert bei Kontenausgleichsverbot (Kapitel B.2.2.7.1) ergaben sich ein negativer Einzahlungsüberschuss zum Zeitpunkt t_0 in Höhe von –3.500.000 € und ein positiver Vermögenskontobestand zum Zeitpunkt t_4 in Höhe von 5.003.338 €. Wie hoch ist der kritische Sollzinssatz?

$$i_s^{krit} = \sqrt[4]{\frac{5.003.338}{3.500.000}} - 1 = 0{,}0934$$

Der kritische Sollzins bei Kontenausgleichsverbot ist 9,34 % und liegt unter dem gegebenen Sollzins von 10 %. Damit ist die Investition nicht vorteilhaft.

Grundsätzlich entspricht die Vorgehensweise zur Bestimmung des kritischen Sollzinssatzes der Methode des internen Zinssatzes: Verwendung von Versuchszinssätzen mit anschließender Interpolation, bis der Zinssatz gefunden ist, der zu einem Vermögensendwert von null führt.

Ist beispielsweise der kritische Sollzinssatz bei **Kontenausgleichsgebot** gesucht, so sind zwei Versuchszinssätze (i_{s1} und i_{s2}) zu wählen, mit denen sich ein positiver und ein negativer Vermögensendwert (V_{n1} und V_{n2}) errechnet. Somit lautet die **Näherungsformel** zur Ermittlung des kritischen Sollzinssatzes:

$$i_s^{krit} = i_{s1} - V_{n1} \cdot \frac{i_{s2} - i_{s1}}{V_{n2} - V_{n1}}$$

Beispiel: Ermittlung des kritischen Sollzinssatzes mit Kontenausgleichsgebot

Im vorigen Beispiel zum Vermögensendwert bei Kontenausgleichsgebot (Kapitel B.2.2.7.1) errechnete sich bei einem gegebenen Sollzins von 10 % (i_{s1}) ein positiver Vermögensendwert von 199.350 € (V_{n1}). Wie hoch ist der kritische Sollzinssatz?

Zunächst ist mit einem zweiten Versuchszinssatz der zugehörige Vermögensendwert zu bestimmen. Als i_{s2} wird 12 % gewählt:

Jahr	$EZÜ_t$	Vermögenskonto des Vorjahres (V_{t-1})	1+i	Vermögenskonto des Jahres (V_t)	Vermögensendwert (V_n)
0	–3.500.000			–3.500.000	
1	700.000	–3.500.000	1,12	–3.220.000	
2	1.200.000	–3.220.000	1,12	–2.406.400	
3	1.400.000	–2.406.400	1,12	–1.295.168	
4	1.400.000	–1.295.168	1,12	–50.588	–50.588

Nunmehr können alle Werte in die Näherungsformel eingesetzt werden:

$$i_s^{krit} = 0{,}1 - 199.350 \cdot \frac{0{,}12 - 0{,}1}{-50.588 - 199.350} = 0{,}116$$

Der kritische Sollzinssatz bei Kontenausgleichgebot beläuft sich auf 11,6 %. Da der gegebene Sollzinssatz nur 10 % beträgt, ist die Investition vorteilhaft.

Beim Kontenausgleichsgebot entspricht der kritische Sollzinssatz dem internen Zinssatz der Zahlungsreihe, weil der Habenzinssatz nicht berücksichtigt wird. Aufgrund dessen existiert nur ein Zinssatz, der als kritischer Sollzinssatz zu einem Endwert von null und als interner Zinssatz zu einem Kapitalwert von null führt.

2.2.7.3 Vollständiger Finanzplan

Die Ermittlung des Vermögensendwertes kann auch über einen vollständigen Finanzplan (VOFI) erfolgen. Das zentrale **Merkmal** des VOFI ist, dass neben den Zahlungsströmen des betrachteten Investitionsobjekts auch die Zahlungsströme Berücksichtigung finden, die aus den zugehörigen Finanzierungs- und Anlageentscheidungen resultieren. Der Saldo aus diesen Zahlungsströmen muss während der Laufzeit der Investition gleich null sein. Der Saldo am Laufzeitende ist der **Vermögensendwert**.

Darüber hinaus gibt die **VOFI-Rendite** Auskunft über die Verzinsung der **Eigenkapitalgeber**. Ist die VOFI-Rendite mindestens so hoch wie die geforderte Eigenkapitalverzinsung, so ist die Investition vorteilhaft. Diese Rendite lässt sich entsprechend der in Kapital B.2.2.3 beschriebenen Formel des internen Zinssatzes bestimmen:

$$i_{VOFI} = \sqrt[n]{\frac{V_n}{EK}} - 1$$

i_{VOFI} = VOFI-Rendite
V_n = Vermögensendwert
EK = Eingesetztes Eigenkapital
n = Nutzungsdauer

a) Einheitlicher Zinssatz

Die folgenden Ausführungen gehen von der Annahme aus, die den Grundmodellen der dynamischen Investitionsrechnung zugrunde liegt: Der Sollzins entspricht dem Habenzins. Das bedeutet, die Renditeforderung der Eigenkapitalgeber ist genauso hoch wie der Zinssatz für das Fremdkapital und für die Finanzanlagen. Bei diesem einheitlichen Kalkulationszinssatz (i) muss der **Vermögensendwert** folgendem Wert entsprechen:

$$V_n = (EK + K_0) \cdot (1+i)^n$$

V_n = Vermögensendwert
EK = Eingesetztes Eigenkapital
K_0 = Kapitalwert
i = Kalkulationszinssatz
n = Nutzungsdauer

Beispiel: Ermittlung des Vermögensendwertes bei einheitlichem Zinssatz

Zur Veranschaulichung der Methodik wird wiederum vom Zahlenbeispiel der Kapitalwertmethode ausgegangen (vgl. Kapitel B.2.2.2): Anschaffungsauszahlung 3.500.000 €, geplante Nutzungsdauer 4 Jahre, Einzahlungsüberschüsse 1. Jahr 700.000 €, 2. Jahr 1.200.000 €, 3. Jahr 1.400.000 € und 4. Jahr 1.400.000 €. Der einheitliche Zinssatz beträgt 10 %. Daraus errechnete sich ein Kapitalwert von 136.160 €.

Nachstehend sei angenommen, dass die Anschaffung mit 1.500.000 € Eigenkapital und 2.000.000 € Kredit finanziert werde. Die Kreditzinsen sind jährlich zu zahlen, die Kreditrückzahlung erfolgt in einem Betrag am Laufzeitende. Die Zahlungsüberschüsse werden in einjährige Finanzanlagen investiert. Wie hoch sind der Vermögensendwert und die VOFI-Rendite?

Jahr	0	1	2	3	4
Zahlungsreihe der Investition	–3.500.000	700.000	1.200.000	1.400.000	1.400.000
Finanzierung Eigenkapital	1.500.000				
Finanzierung Kredit	2.000.000				
Kreditzinsen		–200.000	–200.000	–200.000	–200.000
Kredittilgung					–2.000.000
Investition Finanzanlage		–500.000	–1.550000	–2.905.000	
Rückzahlung Finanzanlage			500.000	1.550.000	2.905.000
Anlagezinsen			50.000	155.000	290.550
Saldo/Vermögensendwert	0	0	0	0	2.395.500

Der Vermögensendwert beträgt 2.395.500 €. Dieser Wert lässt sich auch durch folgende Gleichung bestimmen (die Rundungsdifferenz ist vernachlässigbar):

Vermögensendwert = (1.500.000 + 136.160) $(1 + 0{,}1)^4$ = 2.395.502 €

Die VOFI-Rendite beläuft sich auf 12,42 %. Da sie höher ist als die geforderte Eigenkapitalrendite von 10 %, ist das Investitionsobjekt positiv zu beurteilen.

$$i_{VOFI} = \sqrt[4]{\frac{2.395.500}{1.500.000}} - 1 = 0{,}1242$$

b) Unterschiedliche Zinssätze

Die charakteristische Aussagekraft des vollständigen Finanzplans zeigt sich, wenn man realistischerweise davon ausgeht, dass es auf den Finanzmärkten unterschiedliche Zinssätze für Eigenkapital- und Fremdkapitalaufnahmen sowie für Geld- und Kapitalanlagen gibt.

Beispiel: Ermittlung des Vermögensendwertes bei unterschiedlichen Zinssätzen

Es gelten die Daten des vorhergehenden Beispiels: Anschaffungsauszahlung 3.500.000 €, geplante Nutzungsdauer 4 Jahre, Einzahlungsüberschüsse 1. Jahr 700.000 €, 2. Jahr 1.200.000 €, 3. Jahr 1.400.000 € und 4. Jahr 1.400.000 €. Die Anschaffung wird mit 1.500.000 € Eigenkapital und 2.000.000 € Kredit finanziert. Die Kreditzinsen sind jährlich zu zahlen, die Kreditrückzahlung erfolgt in einem Betrag am Laufzeitende. Die Zahlungsüberschüsse werden in einjährige Finanzanlagen investiert.

Die Zinssätze sind jedoch nicht mehr gleich. Der Kreditzinssatz (Sollzins) sei 10 %, der Anlagezinssatz (Habenzins) 5 %. Wie hoch sind jetzt der Vermögensendwert und die VOFI-Rendite?

Jahr	0	1	2	3	4
Zahlungsreihe der Investition	–3.500.000	700.000	1.200.000	1.400.000	1.400.000
Finanzierung Eigenkapital	1.500.000				
Finanzierung Kredit	2.000.000				
Kreditzinsen		–200.000	–200.000	–200.000	–200.000
Kredittilgung					–2.000.000
Investition Finanzanlage		–500.000	–1.525.000	–2.801.250	
Rückzahlung Finanzanlage			500.000	1.525.000	2.801.250
Anlagezinsen			25.000	76.250	140.062,5
Saldo/Vermögensendwert	0	0	0	0	2.141.312,5

Der Vermögensendwert beträgt 2.141.312,5 €. Daraus errechnet sich eine VOFI-Rendite von 9,31 %:

$$i_{VOFI} = \sqrt[4]{\frac{2.141.312{,}5}{1.500.000}} - 1 = 0{,}0931$$

Die VOFI-Rendite ist mit der Renditeforderung der Eigenkapitalgeber zu vergleichen. Wenn die Renditeforderung über 9,31 % liegt, ist das Investitionsvorhaben abzulehnen.

Ein weiterer Vorteil des vollständigen Finanzplans ist, dass die Auswirkungen von **Ertragsteuern** durch Zusatzrechnungen einbezogen werden können.

Aufgabe 11: Dynamische Investitionsrechnungsverfahren

2.3 Investitionsprogrammentscheidungen

Im Rahmen der zuvor dargestellten Verfahren der Investitionsrechnung ging es ausschließlich um die Bestimmung der Vorteilhaftigkeit einer Einzelinvestition. Gegenstand dieses Kapitels sind Entscheidungen über Investitionsprogramme. Ein **Investitionsprogramm** besteht aus der Kombination mehrerer, sich gegenseitig nicht ausschließender Investitionsobjekte. Dabei gibt es zahlreiche Interdependenzen mit anderen betrieblichen Funktionen wie Finanzierung, Beschaffung, Produktion und Absatz.

2.3.1 Überblick über die Lösungsansätze

Die Modelle zur Bestimmung eines optimalen Investitionsprogramms lassen sich danach unterscheiden, ob es sich um eine sukzessive oder simultane Vorgehensweise handelt.

Eine **sukzessive Investitionsprogrammplanung** ist dadurch kennzeichnet, dass in der ersten Phase ein Plan aus einem anderen Funktionsbereich erstellt und für die Investitionsplanung als Datum vorgegeben wird und in der zweiten Phase die Auswahl der Investitionsobjekte erfolgt. Beispielsweise erstellt ein Unternehmen zunächst ein Finanzmittelbudget. Danach ist ein Investitionsplan darüber zu erarbeiten, welche Objekte wann zu realisieren sind und welche nicht.

Sukzessive Investitionsplanungen haben den **Nachteil**, dass sie oft zu suboptimalen Lösungen führen. So ist es einerseits denkbar, dass das Unternehmen zwar eine Finanzmittelbudget von 10 Mio. € zur Verfügung stellt, für dieses Volumen aber nicht genügend vorteilhafte Investitionsprojekte realisieren kann – das Budget ist zu hoch. Andererseits ist es möglich, dass das Unternehmen mehr vorteilhafte Investitionen durchführen könnte, als das Finanzmittelbudget erlaubt.

Den Nachteil der sukzessiven Vorgehensweise versucht die **simultane Investitionsprogrammplanung** zu vermeiden. Diese Modelle berücksichtigen die wechselseitigen Abhängigkeiten zwischen den einzelnen Teilplänen der betrieblichen Funktionsbereiche und stimmt sie gleichzeitig aufeinander ab. Je nachdem, welche Funktionsbereiche mit einbezogenen werden, lassen sich verschiedenartige Programmplanungen unterscheiden:

- Simultane Investitions- und Finanzplanung
- Simultane Investitions- und Produktionsplanung
- Simultane Investitions-, Finanz- und Produktionsplanung

Die folgenden Ausführungen stellen einige Ansätze der sukzessiven und simultanen Investitions- und Finanzplanung vor.

2.3.2 Kapitalwertrate

Dieser Ansatz geht von einem konstanten Zinssatz und einem begrenzten Finanzmittelbudget aus. Mehrere Investitionsobjekte, die sich gegenseitig nicht ausschließen, konkurrieren um die Aufnahme in das Investitionsprogramm, dessen Höhe durch das Budget begrenzt ist (sukzessive Planung). Die Kapitalwertrate (KWR) dient als **Kriterium für die Rangordnung** der Investitionsobjekte und errechnet sich aus dem Verhältnis zwischen Kapitalwert (K_0) und Anschaffungsauszahlung (A_0):

$$KWR = \frac{K_0}{A_0}$$

Liegt ein festes Finanzmittelbudget vor, sind **Rentabilitätsgrößen** aussagefähiger als absolute Überschüsse wie beispielsweise Kapitalwerte. Die Kapitalwertrate ist ein Rentabilitätsmaß und folglich bei begrenzten Mitteln dem Kapitalwert vorzuziehen. Dass die Kapitalwertrate in diesen Fällen auch dem internen Zinssatz überlegen ist, begründet sich durch die unterschiedlichen Wiederanlageprämissen. Die Kapitalwertrate geht von einer Reinvestition der Zahlungsüberschüsse zum Kalkulationszinssatz aus, die Methode des internen Zinssatzes von einer Reinvestition zum internen Zinssatz. Die Wiederanlage zum Kalkulationszins ist plausibler.

Bei einem gegebenen Finanzmittelbudget von 90.000 € konkurrieren vier Objekte mit einer Nutzungsdauer von jeweils zwei Jahren um die Aufnahme in das Investitionsprogramm. Jedes Objekt ist beliebig teilbar, d.h. das Unternehmen könnte beispielsweise auch eine halbe Maschine kaufen. Der Kalkulationszins ist 12 %. Es ergeben sich folgende Anschaffungsauszahlungen (A_0), Einzahlungsüberschüsse ($EZÜ_i$), Kapitalwerte (K_0), interne Zinssätze (r) und Kapitalwertraten (KWR):

Objekt	A_0	$EZÜ_1$	$EZÜ_2$	K_0 bei 12 %	r	KWR
1	60.000	40.000	39.000	6.805	0,2058	0,1134
2	40.000	32.000	20.000	4.515	0,2124	0,1129
3	20.000	14.000	15.000	4.458	0,2841	0,2229
4	20.000	8.000	19.000	2.290	0,1950	0,1145

Wählt man unterschiedliche Kriterien für die Rangordnung der Objekte, ergeben sich unterschiedliche optimale Investitionsprogramme für das Budget von 90.000 €:

- Investitionsprogramm nach dem **Kapitalwert**: Rang 1 = Objekt 1, Rang 2 = ¾ des Objekts 2. Der Kapitalwert des Programms beträgt 6.805 + 3.386 = 10.191 €.

- Investitionsprogramm nach dem **internen Zinssatz**: Rang 1 = Objekt 3, Rang 2 = Objekt 2, Rang 3 = ½ des Objekts 1. Der Kapitalwert des Programms beträgt 4.458 + 4.515 + 3.403 = 12.376 €.
- Investitionsprogramm nach der **Kapitalwertrate**: Rang 1 = Objekt 1, Rang 2 = Objekt 4, Rang 3 = 5/6 des Objekts 1. Der Kapitalwert des Programms beträgt 4.458 + 2.290 + 5.671 = 12.419 €.

Das Investitionsprogramm, dessen Zusammensetzung nach dem Kriterium der Kapitalwertrate erfolgt, erwirtschaftet den höchsten Projektkapitalwert.

Der Kapitalwertrateansatz ist folglich dann brauchbar, wenn es sich um beliebig teilbare Investitionsobjekte handelt und ein einheitlicher Zinssatz vorliegt. Falls nicht teilbare Objekte gegeben sind, führt dieser Ansatz nicht immer zum optimalen Investitionsprogramm. Und wenn der Zinssatz nicht einheitlich ist, sondern unterschiedliche Zinssätze für die Finanzierung gelten, ist der Ansatz nicht anwendbar.

2.3.3 Dean-Modell

Das von Joel Dean entwickelte Modell ist insbesondere durch zwei **Eigenschaften** charakterisiert: Zum einen handelt es sich eine simultane Investitions- und Finanzplanung, zum anderen sind die Finanzierungszinssätze unterschiedlich hoch.

Simultane Planung bedeutet, dass das Volumen des Programms nicht von Anfang an festgelegt ist und dadurch kein einheitlicher Kalkulationszinssatz vorliegt. Der Finanzierungszins ist um so höher, je größer der Kapitalbedarf ist. Die Bestimmung des optimalen Investitions- und Finanzierungsvolumens erfolgt gleichzeitig. Die Investitionsobjekte werden nach fallenden internen Zinssätzen geordnet und die Finanzierungsmöglichkeiten nach steigenden Zinssätzen. Dasjenige Programm ist optimal, das den **maximalen Endvermögenswert** erzielt. Grafisch gesehen liegt es im Schnittpunkt der Kapitalnachfragekurve (Investition) mit der Kapitalangebotskurve (Finanzierung).

Ein Unternehmen hat z.B. aus vier Investitionsobjekten und drei Finanzierungsmöglichkeiten das optimale Investitions- und Finanzierungsprogramm zu erstellen. Die Laufzeit beträgt nur ein Jahr. Die in Betracht gezogenen Investitionsobjekte und Finanzierungsmöglichkeiten sehen wie folgt aus (A_0 = Anschaffungsauszahlungen, $EZÜ_1$ = Einzahlungsüberschüsse nach einem Jahr, $Zahlungen_1$ = Zinsen und Tilgungen nach einem Jahr):

Investition	A_0	$EZÜ_1$	Interner Zins r	Rangfolge
1	1,0 Mio.	1.040.000	0,04	4
2	1,5 Mio.	1.590.000	0,06	3
3	1,0 Mio.	1.080.000	0,08	2
4	1,5 Mio.	1.650.000	0,10	1
Finanzierung	**Volumen**	**$Zahlungen_1$**	**Zins i**	**Rangfolge**
A	2,0 Mio.	2.140.000	0,07	3
B	1,0 Mio.	1.050.000	0,05	2
C	2,0 Mio.	2.060.000	0,03	1

Die Rangfolgen können grafisch durch die folgenden Kapitalangebots- und Kapitalnachfragekurven dargestellt werden:

***Abbildung 2-1:** Dean-Modell*

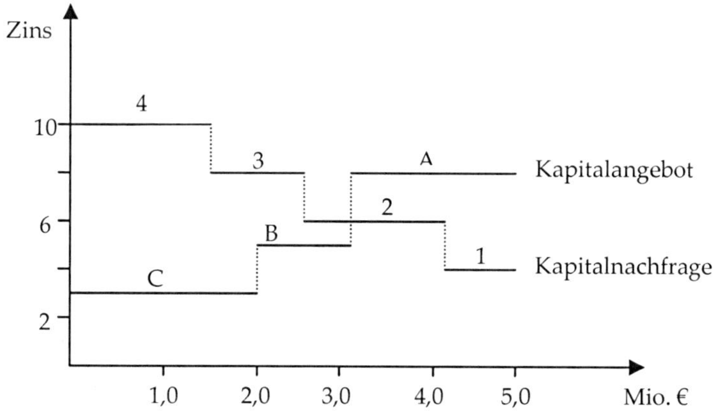

Für die Zusammensetzung des **optimalen Investitions- und Finanzierungsprogramms** nimmt das Unternehmen so lange Investitionsobjekte in das Programm auf, bis der interne Zinssatz des nächsten Investitionsobjekts kleiner als der Zins der nächsten Finanzierungsmöglichkeit ist. Der kritische Zinssatz (Cut-off-Rate) liegt bei 6 %.

Das optimale Programm ergibt sich aus dem Schnittpunkt der Kapitalnachfrage- mit der Kapitalangebotskurve. Die Investitionsobjekte 4 und 3 werden vollständig in das Programm aufgenommen, das Objekt 2 zu einem Drittel, d.h. mit einem Volumen von 0,5 Mio. €. Das Investitionsvolumen in Höhe von insgesamt 3 Mio. € finanziert das

Unternehmen mit den Finanzierungsangeboten C und B. Somit beträgt der **maximale Endvermögenswert** nach einem Jahr 150.000 €:

Endvermögen im Zeitpunkt 1 = EZÜ der Investitionsobjekte – Zahlungen der Finanzierungen
Endvermögen = 1.650.000 + 1.080.000 + 1.590.000/3 – 2.060.000 – 1.050.000 = 150.000 €

Unterstellt man nicht mehr eine beliebige Teilbarkeit, sondern geht von der Annahme **nicht teilbarer Investitionsobjekte** aus, so ist zu prüfen, ob eine Investition vollständig oder überhaupt nicht durchgeführt wird. Im Beispiel geht es um das Objekt 2. Wird Objekt 2 nicht realisiert, beläuft sich das Volumen auf 2,5 Mio. €, weil nur die Investitionsobjekte 4 und 3 zu berücksichtigen sind. Das Unternehmen benötigt die Finanzierung C und die Hälfte der Finanzierung B. Wird hingegen Objekt 2 realisiert, ist ein Volumen von 4,0 Mio. € gegeben, sodass zusätzlich zu B und C noch die Hälfte der Finanzierung A erforderlich ist. Das jeweilige Endvermögen errechnet sich wie folgt:

Endvermögen ohne Investitionsobjekt 2:
1.650.000 + 1.080.000 – 2.060.000 – 1.050.000/2 = 145.000 €

Endvermögen mit Investitionsobjekt 2:
1.650.000 + 1.080.000 + 1.590.000 – 2.060.000 – 1.050.000 – 2.140.000/2 = 140.000 €

Bei nicht beliebiger Teilbarkeit der Investitionsobjekte erzielt das Programm, das nur aus den Objekten 4 und 3 besteht, den höheren Endvermögenswert und ist daher vorteilhaft. Dieses Ergebnis lässt sich bereits aus der Grafik ablesen: Die gemeinsame Fläche zwischen Investitionsobjekt 2 und der günstigen Finanzierung B ist kleiner als die Fläche zwischen Objekt 2 und der teuren Finanzierung C.

Einerseits ist der **Vorteil** des Dean-Modells, auf einfache Weise den Grundgedanken der Simultanplanung zu verdeutlichen, und zwar unter Aufgabe der Annahme eine einheitlichen Zinssatzes. Anderseits sind einige spezifische **Einschränkungen** festzuhalten:

- Es bestehen keine Beschaffungs-, Absatz- und Liquiditätsbeschränkungen.
- Die Investitionsobjekte müssen voneinander unabhängig sein.
- Die Finanzierungsmöglichkeiten müssen voneinander unabhängig sein (z.B. muss die Kreditfinanzierung unabhängig von der Höhe der Eigenkapitalquote sein).
- Es darf keine Verbundeffekte zwischen einzelnen Investitionsobjekten und bestimmten Finanzierungsmöglichkeiten geben (z.B. zinsgünstige Finanzierung einer Immobilie durch mit Grundschulden besicherte langfristige Darlehen).
- Die Investitionsobjekte werden nur zu einem Zeitpunkt und nicht im Zeitablauf betrachtet.

2.3.4 Lineare Programmierung

Bei der linearen Programmierung handelt es sich um **Algorithmen**, um eine lineare Zielfunktion unter Beachtung linearer Nebenbedingungen zu optimieren. Zielgrößen sind z.B. Kapitalwert oder Endvermögen, Nebenbedingungen sind z.B. Produktionskapazität oder Liquidität. Die lineare Programmierung versucht, methodische Nachteile der zuvor beschriebenen Methoden der Programmplanung zu vermeiden. Es lassen sich zwei Entwicklungsrichtungen unterscheiden: kapitaltheoretische und produktionstheoretische Ansätze.

Die **kapitaltheoretischen Modelle** beinhalten eine simultane Investitions- und Finanzierungsplanung. Sie können in Einperioden- und Mehrperiodenmodelle untergliedert werden.

Das **Einperiodenmodell** von Albach hat die Zielfunktion, den **Kapitalwert** des Investitions- und Finanzierungsprogramms zu maximieren. Dabei gelten mehrere Nebenbedingungen wie z.B. die Liquiditätsbedingung, wonach zu jedem Zeitpunkt der Planungsperiode die Auszahlungen nicht größer als die Einzahlungen sein dürfen. Der Vorteil dieses Ansatzes ist die Einbeziehung der Liquiditätsbedingung. Nachteil ist, dass der Planungszeitraum nur eine Periode umfasst und die Höhe des Kapitalwertes entscheidend vom gewählten Kalkulationszinssatz abhängt, dieser aber im Voraus nicht exakt bestimmt werden kann.

Mehrperiodenmodelle betrachten die Investitions- und Finanzierungsprojekte im Zeitablauf. Der Ansatz von Hax hat die Zielfunktion, das **Endvermögen** des Programms zu maximieren. Der Vorteil gegenüber dem Einperiodenmodell liegt darin, dass auf die Diskontierung mit einem einzigen Kalkulationszinssatz verzichtet wird. Die Wiederanlageprämisse, wonach die Einzahlungsüberschüsse sofort zum Kalkulationszins reinvestiert werden, gilt nicht mehr. Stattdessen können die Einzahlungsüberschüsse innerhalb des Planungszeitraumes als Finanzinvestitionen zu einem festen Zins angelegt und somit der besten Verwendung zugeführt werden. Nachteil auch dieses Modells ist, dass die Ein- und Auszahlungen genau zurechenbar sein müssen, was vor allem für Unternehmen mit mehreren Produkten und mehrstufiger Fertigung nicht möglich ist.

Dieser Nachteil wird durch die **produktionstheoretischen Modelle** vermieden. Sie beinhalten eine simultane Investitions- und Produktionsplanung, um die Interdependenzen zwischen Investitions- und Produktionsentscheidungen zu beachten. Wechselseitige Abhängigkeiten mit dem Finanzbereich finden keine Berücksichtigung, vielmehr ist der Finanzplan als Datum vorgegeben. Gleiches gilt für den Absatzplan.

Insgesamt gesehen enthalten die Modelle der linearen Programmierung starke Vereinfachungen, und dennoch erfordern einige Modelle einen hohen Daten- und Rechenaufwand. Insbesondere die Ansätze der simultanen Investitions- und Produktionsplanung führen zu einer Komplexität, die eine Durchsetzung in der Unternehmenspraxis verhindert.

3 Investitionsrechnung zur Beurteilung von Finanzinvestitionen

Investitionsrechnungen zur Beurteilung von Finanzinvestitionen haben gegebene und potenzielle Finanzanlagen als Gegenstand der Betrachtung. Zu den Finanzanlagen zählen vor allem **Beteiligungen an Unternehmen** und **Schuldverschreibungen.** Diese beiden Formen stehen im Mittelpunkt der folgenden Ausführungen.

3.1 Bewertung von Unternehmen

Hauptzweck der Unternehmensbewertung ist es, den Wert eines Unternehmens aufgrund der künftig zu erwartenden finanziellen Überschüsse zu ermitteln. Der Wert eines Unternehmens entspricht jedoch nicht seinem Preis. Die Verfahren der Unternehmensbewertung können lediglich Anhaltspunkte für die Preisverhandlungen liefern, z. B. als Preisobergrenze für den Käufer und als Preisuntergrenze für den Verkäufer.

Zur Bewertung von Unternehmen stehen mehrere **Verfahren** zur Verfügung. Die Vielzahl der unterschiedlichen Verfahren kann in die Einzelbewertungsverfahren, Gesamtbewertungsverfahren und Multiplikatorverfahren gegliedert werden.

3.1.1 Einzelbewertungsverfahren

Die Einzelbewertungsverfahren ermitteln den Unternehmenswert, indem sie die Vermögensgegenstände eines Unternehmens einzeln bewerten und aufsummieren. Da sie nicht die Anforderung einer Zukunftsorientierung erfüllen, ist ihre Aussagekraft im Rahmen der Unternehmensbewertung sehr begrenzt. Die beiden zentralen Einzelbewertungsverfahren basieren auf dem Liquidationswert und dem Substanzwert.

3.1.1.1 Liquidationswertverfahren

Der Liquidationswert entspricht der Summe der **Einzelveräußerungserlöse** aus dem Verkauf der Vermögensgegenstände eines Unternehmens abzüglich Verbindlichkeiten, Rückstellungen und Liquidationskosten. Der Liquidationswert geht also davon aus, dass das gesamte Unternehmen oder Unternehmensteile, z.B. einzelne Unternehmensbereiche und nicht betriebsnotwendiges Vermögen, nicht mehr fortgeführt, sondern verkauft werden, und zwar sofort zum Zeitpunkt der Betrachtung.

Die Bewertung eines **Gesamtunternehmens** zum Liquidationswert ist nur dann berechtigt, wenn das Unternehmen aufgelöst und der **Zerschlagungswert** ermittelt werden soll. Für die Unternehmensbewertung dient der Liquidationswert höchstens als Hilfsgröße. Dieser Wert dient dem Verkäufer dann als **Wertuntergrenze**, wenn der Fortführungswert des Unternehmens niedriger als der Liquidationswert ist.

3.1.1.2 Substanzwertverfahren

Im Gegensatz zum Liquidationswert eines Unternehmens als dessen Verkaufs- oder Zerschlagungswert handelt es sich bei dem Substanzwert eines Unternehmens um die Summe der **Rekonstruktions- oder Wiederbeschaffungswerte** der materiellen und immateriellen Vermögensgegenstände. Für die Errechnung des Substanzwertes sind die folgenden Begriffe zu unterscheiden:

- **Teilrekonstruktionsneuwert**: Diese Bestimmungsgröße des Substanzwertes ergibt sich aus der Summe der Wiederbeschaffungswerte der bilanzierungsfähigen Vermögensgegenstände.
- **Teilrekonstruktionsaltwert**: Wird der Teilrekonstruktionsneuwert der bilanzierungsfähigen Vermögensgegenstände um deren bis zum Zeitpunkt der Betrachtung eingetretenen Wertminderungen berichtigt, erhält man als Ergebnis den Teilrekonstruktionsaltwert.
- **Gesamtrekonstruktionswert**: Werden dem Teilrekonstruktionsaltwert die gesamten Wiederbeschaffungskosten aller nicht bilanzierungsfähigen Werte – vor allem der immateriellen Vermögenswerte – hinzugefügt, ergibt sich der Gesamtrekonstruktionswert.
- **Bruttosubstanzwert**: Dieser entspricht dem jeweiligen Rekonstruktionswert vor Abzug der Schulden.
- **Nettosubstanzwert**: Der Nettosubstanzwert entsteht nach Verminderung des jeweiligen Rekonstruktionswertes um die Schulden des zu bewertenden Unternehmens.

Da die Wertermittlung insbesondere für die nicht bilanzierungsfähigen **immateriellen Vermögensgegenstände** (z.B. Geschäftswert) schwierig ist, geht man in der Regel vom (Netto-)Teilrekonstruktionsaltwert aus.

Dem Substanzwert mangelt es an jeglichem Zukunftsbezug. Die aus den Vermögensgegenständen und anderen betrieblichen Werten künftig resultierenden ökonomischen Konsequenzen, die den Wert eines Unternehmens begründen, finden keine Beachtung. Daher kann der Substanzwertbetrachtung im Rahmen der Unternehmensbewertung lediglich eine **Hilfsfunktion** zukommen, z.B. in Zusammenhang mit der Bestimmung zukünftiger Abschreibungen und der Feststellung des beleihungsfähigen Vermögens des Unternehmens.

3.1.2 Gesamtbewertungsverfahren

Grundgedanke der Gesamtbewertungsverfahren ist, dass der Unternehmenswert sich ausschließlich nach den **künftigen finanziellen Überschüssen** richtet, die das Unternehmen für die **Unternehmenseigner** (Gesellschafter, Inhaber) erwirtschaftet. Der Unternehmenswert entspricht dem **Barwert**, der sich aus der Abzinsung (Diskontierung) der künftigen finanziellen Überschüsse auf den Bewertungsstichtag ergibt.

Die Gesamtbewertungsverfahren basieren somit auf dem **Kapitalwertkalkül**, und die Bestimmung des Unternehmenswertes geht von folgenden **Voraussetzungen** aus:

- **Zukunftserfolgswert**: Grundsätzlich ergibt sich der Unternehmenswert aus den finanziellen Überschüssen, die bei Fortführung des Unternehmens erwirtschaftet werden. Vorhandenes nicht betriebsnotwendiges Vermögen wird veräußert.
- **Betriebsnotwendiges Vermögen**: Die Vermögensteile dienen dem eigentlichen Betriebszweck, d.h. dem erklärten Leistungsprogramm.
- **Nicht betriebsnotwendiges Vermögen**: Die Vermögensteile können frei veräußert werden, ohne dass davon die eigentliche Unternehmensaufgabe berührt ist (z.B. stillgelegte Produktionsanlagen).
- **Liquidationswert**: Als Unternehmenswert kommt der Liquidationswert nur dann in Betracht, wenn der Barwert der Überschüsse, die man bei Liquidation des gesamten Unternehmens erzielen kann, höher ist als der aus der Fortführung resultierende Zukunftserfolgswert. Darüber hinaus sind Liquidationswerte hinsichtlich der Veräußerung der nicht betriebnotwendigen Vermögensteile relevant.
- **Substanzwert**: Der Substanzwert hat bei der Ermittlung des Unternehmenswertes keine eigenständige Bedeutung.

Die Gesamtbewertungsverfahren lassen sich in zwei Gruppen aufteilen. Zum einen handelt es sich um das **Ertragswertverfahren**, das bei der Ermittlung des Unternehmenswertes von den zukünftigen Erträgen und Aufwendungen ausgeht. Zum anderen sind die **Discounted-Cashflow-Verfahren** (DCF-Verfahren) zu nennen; sie legen ihren Berechnungen die künftigen Ein- und Auszahlungen zugrunde.

Darüber hinaus lassen sich die Gesamtbewertungsverfahren danach unterscheiden, ob ihnen eine Netto- oder Bruttokapitalisierung zugrunde liegt:

- **Nettokapitalisierung**: Der Unternehmenswert errechnet sich, indem man die um die Fremdkapitalkosten verminderten Überschüsse mit dem Eigenkapitalkostensatz in einem Schritt diskontiert.
- **Bruttokapitalisierung**: Der Unternehmenswert errechnet sich mehrstufig. Entweder werden die einzelnen Komponenten der Überschüsse mit unterschiedlichen Zinssätzen diskontiert, oder es werden zunächst die Überschüsse in einem Schritt diskontiert und anschließend um den Wert des Fremdkapitals verringert.

Tabelle 3-1: Arten von Gesamtbewertungsverfahren

Verfahren	Nettokapitalisierung	Bruttokapitalisierung
Ertragswertverfahren	Alle Arten des Ertragswertverfahrens	
DCF-Verfahren	Equity-Ansatz	WACC-Ansatz APV-Ansatz

3.1.2.1 Ertragswertverfahren

Das Ertragswertverfahren ermittelt den Wert eines Unternehmens, indem es die zukünftigen **Ertragsüberschüsse** (Erträge abzüglich Aufwendungen) mit dem **Eigenkapitalkostensatz** diskontiert. Da die nach rechtlichen Vorschriften ausgewiesenen Ertragsüberschüsse nicht den künftigen wahren betriebswirtschaftlichen Erfolgen entsprechen werden, sind Korrekturrechnungen durchzuführen.

Infolgedessen lässt sich die Vorgehensweise beim Ertragswertverfahren in zwei Schritte gliedern: Analyse und Bereinigung der Vergangenheitsergebnisse sowie Bestimmung und Diskontierung der Ertragsüberschüsse.

a) Analyse und Bereinigung der Vergangenheitswerte

Die **Ziele** dieses ersten Schritts sind die Offenlegung der während der Vergangenheit wirksamen Erfolgsursachen sowie das Bestimmen der am Bewertungsstichtag vorliegenden Ertragskraft. Das Ergebnis (modifizierte Ertragsüberschüsse) dient als **Basis für die Prognose** der künftigen finanziellen Überschüsse. Insbesondere sind die Vergangenheitswerte um Ergebnisse zu bereinigen, die nicht periodengerecht oder außerordentlich sind oder die aus Änderungen von Bilanzierungs- und Bewertungsmethoden resultieren.

Die rechtlichen Vorschriften lassen nicht immer eine periodengerechte Zuordnung von Aufwendungen und Erträgen zu. Daher muss eine Bereinigung des **nicht periodengerechten Erfolgsausweises** stattfinden. Dies ist z.B. bei Durchführung einer Auftragsfertigung, die sich über mehrere Jahre erstreckt, notwendig, da das Handelsrecht den Ausweis der daraus resultierenden Erträge an den Umsatzakt knüpft, obwohl das Ergebnis während der Totalperiode der Fertigung entstanden ist. Eine Anpassung des Erfolgsausweises ist auch erforderlich, wenn die Auflösung einer Rückstellung betraglich nicht mit der korrespondierenden Ausgabe identisch ist.

Außerordentliche Ergebnisse sind einmalig oder äußerst selten und weisen eine wesentliche Höhe auf, z.B. Verschmelzungsgewinne und Katastrophenschäden. Diese Ereignisse werden aller Voraussicht nach in der Zukunft nicht mehr auftreten, sodass diese Ergebnisse zu eliminieren sind.

Haben sich in der Vergangenheit Ergebnisauswirkungen durch die **Änderung von Bilanzierungs- und Bewertungsmethoden** ergeben, sind ebenfalls Korrekturen vorzunehmen. Dies ist beispielsweise notwendig, wenn das Unternehmen

- die Methode zur Bestimmung der Herstellungskosten fertiger und unfertiger Erzeugnisse rändert,
- einen Wechsel der Abschreibungsmethoden vorgenommen
- oder Gestaltungsmöglichkeiten durch den wahlweisen Ansatz oder Nichtansatz von Aktivposten oder Passivposten genutzt hat.

b) Bestimmung und Diskontierung der Ertragsüberschüsse

Im Anschluss an die Vergangenheitsanalyse sind die Erträge und Aufwendungen zu bestimmen, die das Unternehmen auf Basis der Vergangenheitswerte voraussichtlich erzielen wird. Der Beurteilende erstellt unter Berücksichtigung eventuell vorhandener Planungsrechnungen auf Basis einer Umwelt-, Branchen- und Unternehmensanalyse die **Aufwands- und Ertragsrechnung zukünftiger Perioden**. Um auch die Planungen der zukünftigen Finanzierungen zu ermöglichen, muss eine Prognose des künftigen Geschäftsumfangs mit seinem Umsatz- und Investitionsvolumen erfolgen. Auch ist zu beachten, dass Investitionen die zukünftig vorzunehmenden planmäßigen und außerplanmäßigen Abschreibungen determinieren und dass die Art der Finanzierung Einfluss auf die künftigen Erfolge und die künftige Liquiditätslage haben wird. Daher sind im Rahmen des Ertragswertverfahrens eine Finanzbedarfsrechnung aufzustellen und Annahmen über die Ausschüttungspolitik zu treffen.

Die ermittelten künftigen Ertragsüberschüsse, gegliedert nach Überschüssen des betriebsnotwendigen und des nicht betriebsnotwendigen Vermögens, sind dann mit dem **Eigenkapitalzinssatz** zu diskontieren. Die Abzinsung berücksichtigt, dass der Wert künftiger Überschüsse geringer ist als der Wert betragsgleicher Überschüsse zum Zeitpunkt der Betrachtung.

Der zur Diskontierung verwendete **Zinssatz** (Diskontierungs-, Kalkulations-, Kapitalisierungs- oder Vergleichszinssatz) richtet sich nach der Rendite der Handlungsalternative, die den **Eigentümern** des Unternehmens zur Verfügung steht. Bei Außerachtlassung des persönlichen Steuersatzes der Eigentümer besteht der Diskontierungszinssatz aus folgenden **Komponenten**:

- Basiszins
- Risikozuschlag
- Wachstumsabschlag

Der Eigenkapitalgeber eines Unternehmens könnte den Betrag alternativ risikofrei anlegen, z. B. in Staatsanleihen. Daher kommt als **Basiszins** in der Regel der Zinssatz einer risikofreien Staatsanleihe in Betracht (z.B. einer Bundesanleihe). Der Basiszins ist um einen **Risikozuschlag** zu erhöhen, wenn bei der Bestimmung der künftigen Überschüsse deren Unsicherheit nicht berücksichtigt wurde.

Für die Überschüsse, die weit in der Zukunft liegen, wird grundsätzlich ein pauschaler Wert pro Jahr angenommen. Die Rechnungen gehen dann davon aus, dass das Unternehmen diesen Wert unendlich oft erwirtschaftet. Die Summe der Barwerte dieser unendlichen Reihe errechnet sich nach Maßgabe der ewigen Rente – das Ergebnis heißt **Residualwert**. Erwartet man, dass der fernere Überschuss pro Jahr mit einer jährlich konstanten **Wachstumsrate** steigt, so ist diese Wachstumsrate im Nenner des Residualwertes vom Diskontierungszinssatz abzuziehen:

$$\text{Residualwert} = \frac{\text{Konstanter Überschuss pro Jahr}}{\text{Diskontierungszinssatz} - \text{Wachstumsrate}}$$

Beispiel: Ermittlung des Residualwertes

Ein Unternehmen rechnet mit einem Diskontierungszins von 8 %. Es kann die Überschüsse, die weit in der Zukunft liegen, nicht exakt prognostizieren. Es erwartet jedoch, dass der jährliche Überschuss 5 Mio. € betragen könnte. Wie hoch ist der Residualwert, wenn man a) keine Wachstumsrate oder b) eine Wachstumsrate von 3 % unterstellt?

a) $\text{Residualwert} = \frac{5.000.000}{0{,}08} = 62.500.000$

b) $\text{Residualwert} = \frac{5.000.000}{0{,}08 - 0{,}03} = 100.000.000$

Im Fall a) ergibt sich ein Residualwert von 62,5 Mio. €. Diesen Wert kann man auch so interpretieren, dass ein Investor 62,5 Mio. € anlegen müsste, um bei einer gegebenen Verzinsung von 8 % jährlich einen Ertrag von 5 Mio. € zu erzielen. Im Fall b) ist der Residualwert deutlich höher, weil der Überschuss jährlich um 3 % wächst.

Unter der Voraussetzung, dass die Unternehmenstätigkeit nicht zeitlich begrenzt ist, unterteilt man diese unendliche Lebensdauer des Unternehmens in mehrere Phasen. Die gebräuchlichste Vorgehensweise ist das **Zweiphasen-Modell**, das folgende Phasen unterscheidet:

- **Nähere Phase**: Die erste Phase umspannt einen Zeitraum, für den sich die künftigen Überschüsse einigermaßen zuverlässig und detailliert prognostizieren lassen. Je nach betrachtetem Unternehmen erstreckt sich dieser Detailprognosezeitraum auf 3 bis maximal 10 Jahre.

- **Fernere Phase**: Die zweite Phase beginnt mit dem Ende der näheren Phase und reicht unendlich lang. In der Praxis sind für diese Zeitspanne nur grobe Schätzungen bezüglich der erzielbaren Überschüsse möglich. Dies ist durch den Residualwert berücksichtigt, der auf das letzte Jahr der näheren Phase abgezinst wird.

Der **Unternehmenswert** (Ertragswert) entspricht der Summe der Barwerte aus den Ertragsüberschüssen des betriebsnotwendigen Vermögens in der näheren Phase, des betriebsnotwendigen Vermögens in der ferneren Phase (Residualwert) und des nicht betriebsnotwendigen Vermögens (gegebenenfalls enthält die Formel zusätzlich den Residualwert des nicht betriebsnotwendigen Vermögens):

$$UW = \sum_{t=1}^{n} \frac{\ddot{U}_t^{bV}}{(1+i)^t} + \frac{RW}{(1+i)^n} + \sum_{t=1}^{n} \frac{\ddot{U}_t^{nbV}}{(1+i)^t}$$

$$RW = \frac{\ddot{U}_{n+1}}{i-w}$$

UW = Unternehmenswert (Ertragswert)
t = Jahresindex
n = Das letzte Jahr der näheren Phase
n+1 = Das erste Jahr der ferneren Phase
$\ddot{U}^{bV}$ = Überschuss aus dem betriebsnotwendigen Vermögen
i = Diskontierungszinssatz
RW = Residualwert
$\ddot{U}_{n+1}$ = Überschuss des ersten Jahres der ferneren Phase
w = Wachstumsrate des Überschusses
$\ddot{U}^{nbV}$ = Überschuss aus dem nicht betriebsnotwendigen Vermögen

Beispielsweise seien für ein Unternehmen folgende Ertragsüberschüsse prognostiziert: 1. Jahr 33 Mio. €, 2. Jahr 39 Mio. €, 3. Jahr 44 Mio. € und 4. Jahr 48 Mio. €. Für die fernere Phase (Jahr 5 und die folgenden Jahre) wird ein Ertragsüberschuss von 50 Mio. € mit einer jährlichen Wachstumsrate von 2,5 % angenommen. Das nicht betriebsnotwendige Vermögen soll nach 2 Jahren mit einem Überschuss von 10 Mio. € verkauft werden. Auszugehen ist von einem Diskontierungszinssatz von 15 %. Der Unternehmenswert errechnet sich dann wie folgt:

$$RW = \frac{50.000.000}{0{,}125} = 400.000.000$$

$$UW = \frac{33.000.000}{1{,}15} + \frac{39.000.000}{1{,}15^2} + \frac{44.000.000}{1{,}15^3} + \frac{48.000.000}{1{,}15^4} + \frac{400.000.000}{1{,}15^4} + \frac{10.000.000}{1{,}15^2}$$
$$= 28.695.652 + 29.489.603 + 28.930.714 + 27.444.156 + 228.701.298 + 7.561.437$$
$$= 350.822.860$$

Es ergibt sich ein Unternehmenswert (Ertragswert) in Höhe von 350.822.860 €. Dabei ist offensichtlich, dass der Residualwert, der ja die unsicherste Größe darstellt, den stärksten Einfluss hat. Der Barwert des Residualwertes beträgt 228.701.298 € und somit über 65 % des Unternehmenswertes. Diese Problematik ist bei allen Verfahren, die Zukunftserfolgswerte ermitteln, zu beachten.

Aufgabe 12: Ertragswertverfahren

3.1.2.2 Discounted-Cashflow-Verfahren

Die Discounted-Cashflow-Verfahren (DCF-Verfahren) bestimmen den Unternehmenswert durch Diskontierung von Cashflows des betrachteten Unternehmens. Man unterscheidet zwischen **Entity-Verfahren** und **Equity-Verfahren**. Die Entity-Verfahren wiederum lassen sich in das WACC-Verfahren und das APV-Verfahren untergliedern.

a) Entity-Verfahren

Sowohl das WACC-Verfahren als auch das APV-Verfahren geht bei der Ermittlung des Unternehmenswertes vom Gesamtkapitalwert aus. Der **Gesamtkapitalwert** besteht aus dem Wert des Eigenkapitals und Fremdkapitals.

Die beiden Verfahren unterscheiden sich lediglich in der anzuwendenden Rechentechnik. Während das **WACC-Verfahren** die Fremdkapitalfinanzierung mit einem kapitalgewogenen Kapitalkostensatz berücksichtigt, erfolgt die Unternehmenswertbestimmung bei dem **APV-Verfahren** zunächst durch Ermittlung des Wertes eines unverschuldeten Unternehmens, der dann um den Werteinfluss der anteiligen Finanzierung durch das Fremdkapital berichtigt wird. Beide Verfahren führen zu identischem Ergebnis.

WACC-Verfahren:

Das Weighted-Average-Cost-of-Capital-Verfahren ist das wichtigste DCF-Verfahren. Es bestimmt den Gesamtkapitalwert durch Diskontierung der freien Cashflows. Der **freie Cashflow** ist der Finanzmittelüberschuss, der dem Unternehmen zur Zahlung von Fremdkapitalzinsen, zur Tilgung von Verbindlichkeiten und zur Ausschüttung an die Gesellschafter zur Verfügung steht (vgl. Kapitel A.2.2.3).

Die freien Cashflows der **nahen Phasen** werden detailliert für jedes einzelne Jahr prognostiziert. Für die **fernere Phase** wird – entsprechend dem Ertragswertverfahren – ein Residualwert angesetzt. In den Gesamtkapitalwert ist außerdem der Barwert des nicht betriebsnotwendigen Vermögens einzubeziehen.

Die ermittelten freien Cashflows werden mit einem **kapitalgewogenem Kapitalkostensatz** (WACC) diskontiert. Der WACC stellt den gewichteten Durchschnitt aus den Renditeforderungen der Eigen- und Fremdkapitalgeber dar. Um die steuerliche Abzugsfähigkeit der Fremdkapitalzinsen zu berücksichtigen, ist der Fremdkapitalkostensatz um den Ertragsteuersatz des Unternehmens zu vermindern. Der WACC kann auf folgende Weise formal beschrieben werden:

$$WACC = r_{EK} \cdot \frac{MEK}{MGK} + r_{FK} \cdot (1-s) \cdot \frac{MFK}{MGK}$$

WACC = Weighted Average Cost of Capital
r_{EK} = Eigenkapitalkostensatz
MEK = Marktwert des Eigenkapitals
MFK = Marktwert des Fremdkapitals
r_{FK} = Fremdkapitalkostensatz
s = Ertragsteuersatz des Unternehmens
MGK = Marktwert des Gesamtkapitals

Zur Bestimmung des WACC ist die Kenntnis über die Renditeforderung der Eigen- und Fremdkapitalgeber Voraussetzung. Die Fremdkapitalkosten können als gewogener Durchschnitt der Kosten der einzelnen Fremdkapitalformen errechnet werden. Zur Bestimmung der Renditeforderung der Eigenkapitalgeber wird in der Regel auf das **Capital Asset Pricing Model** (CAPM) zurückgegriffen.

Das CAPM bestimmt auf analytische Weise eine vom Risiko der betrachteten Investition abhängige Rendite. Diese Rendite ergibt sich rechnerisch aus dem Erwartungswert der Rendite des Marktes, dem das betrachtete Unternehmen zuzuordnen ist, vermindert um einen Zinssatz für risikofreie Anlagen. Das Ergebnis wird mit dem vom Gesamtmarkt abhängigen unternehmensindividuellen Risiko multipliziert. Dieses Produkt wird um den Zinssatz für risikofreie Anlagen erhöht und führt so zur **Renditeforderung der Eigenkapitalgeber** (Eigenkapitalkostensatz). Dieser Zusammenhang kann formal auf folgende Weise dargestellt werden:

$$r_{EK} = r_{RA} + (r_M - r_{RA}) \cdot \beta$$

r_{EK} = Eigenkapitalkostensatz
r_{RA} = Zinssatz für risikofreie Anlagen (Basiszins)
r_M = Rendite des relevanten Marktes
β (Beta) = Unternehmensindividuelles Marktrisiko

Beispiel: Ermittlung des WACC

Für ein Unternehmen gelten folgende Angaben: Marktwert des Eigenkapitals 200 Mio. €, Marktwert des Fremdkapitals 300 Mio. €, Fremdkapitalkostensatz 8 %, Ertragsteuersatz 30 %, Zinssatz für risikofreie Anlagen 5 %, Marktrendite 9 %, Beta 1,1 (das unternehmensindividuelle Risiko ist also etwas größer als der Marktdurchschnitt). Wie hoch sind der Eigenkapitalkostensatz r_{EK} und der Kapitalkostensatz WACC?

$$r_{EK} = 5\,\% + (9\,\% - 5\,\%) \cdot 1{,}1 = 9{,}4\,\%$$

$$WACC = 9{,}4\,\% \cdot \frac{2}{5} + 8\,\% \cdot (1 - 0{,}3) \cdot \frac{3}{5} = 7{,}12\,\%$$

Der **Unternehmenswert** (Marktwert des Eigenkapitals) errechnet sich aus dem Gesamtunternehmenswert (Marktwert des Gesamtkapitals) abzüglich Marktwert des Fremdkapitals. Für die Ermittlung des Gesamtunternehmenswertes werden die künftigen freien Cashflows, der Residualwert und der Überschuss aus dem nicht betriebsnotwendigen Vermögen mit dem WACC auf den Betrachtungszeitpunkt abgezinst:

$$UW = \sum_{t=1}^{n} \frac{FCF_t}{(1 + WACC)^t} + \frac{RW}{(1 + WACC)^n} + \sum_{t=1}^{n} \frac{Ü_t^{nbV}}{(1 + WACC)^t} - MFK$$

UW = Unternehmenswert
t = Jahresindex
n = Das letzte Jahr der näheren Phase
FCF = Freie Cashflows
WACC = Weighted Average Cost of Capital
RW = Residualwert
$Ü^{nbV}$ = Überschuss aus dem nicht betriebsnotwendigen Vermögen
MFK = Marktwert des Fremdkapitals

Der Residualwert, der Überschuss des nicht betriebsnotwendigen Vermögens und die formale Vorgehensweise entsprechen dem Ertragswertverfahren.

Die Bestimmung des Unternehmenswertes nach dem WACC-Verfahren offenbart einen **Zirkelschluss**. Denn der Marktwert des Eigenkapitals beeinflusst die Höhe des WACC. Der WACC wiederum ist Voraussetzung für Errechnung des Marktwertes des Eigenkapitals (des Unternehmenswertes). Die Lösung für den Zirkelschluss besteht darin, dass man für das Unternehmen eine Zielkapitalstruktur unterstellt. Dieses Vorgehen führt jedoch zu ungenauen Ergebnissen, da in der Regel die Zielkapitalstruktur nicht mit der zum Zeitpunkt der Betrachtung gegebenen Kapitalstruktur übereinstimmt.

Beispielsweise werden die künftigen freien Cashflows eines Unternehmens wie folgt prognostiziert: 1. Jahr 3,2 Mio. €, 2. Jahr 3,5 Mio. €, 3. Jahr 3,8 Mio. €. Für die fernere Phase (Jahre 4 und folgende) wird ein freier Cashflow von 4 Mio. € unterstellt, und zwar mit einer jährlichen Wachstumsrate von 2 %. Das nicht betriebsnotwendige Vermögen soll nach 2 Jahren mit einem Überschuss von 1 Mio. € verkauft werden.

Weitere Plandaten: Marktwert des Fremdkapitals 12,3 Mio. €, Basiszins 5 %, Fremdkapitalzins 7 %, Ertragsteuersatz des Unternehmens 20 %, Markrendite 10 %, Beta 1,2, Zielkapitalstruktur: Eigenkapitalquote 75 %, Fremdkapitalquote 25 %. Zunächst sind der Eigenkapitalkostensatz, WACC und Residualwert und danach der Unternehmenswert zu ermitteln:

$$r_{EK} = 5\,\% + (10\,\% - 5\,\%) \cdot 1{,}2 = 11\,\%$$

$$WACC = 11\,\% \cdot \frac{75}{100} + 7\,\% \cdot (1 - 0{,}2) \cdot \frac{25}{100} = 9{,}65\,\%$$

$$RW = \frac{4.000.000}{0{,}0765} = 52.287.582$$

$$UW = \frac{3.200.000}{1{,}0965} + \frac{3.500.000}{1{,}0965^2} + \frac{3.800.000}{1{,}0965^3} + \frac{52.287.582}{1{,}0965^3} + \frac{1.000.000}{1{,}0965^2} - 12.300.000 = 36.905.409$$

Der Unternehmenswert beläuft sich auf 36.905.409 €, wobei sich wiederum der hohe Einfluss des Residualwertes deutlich zeigt.

Aufgabe 13: WACC-Verfahren

APV-Verfahren:

Das APV-Verfahren bestimmt den Unternehmenswert (Marktwert des Eigenkapitals) auf Basis des Gesamtkapitalwertes eines **unverschuldeten Unternehmens**. Die Diskontierung erfolgt also ausschließlich durch die Renditeforderung der Eigenkapitalgeber (r_{EK}). Vom so errechneten Gesamtkapitalwert wird dann der Marktwert des Fremdkapitals abgezogen, wobei noch die steuerliche Abzugsfähigkeit der Fremdkapitalzinsen durch den Faktor (1 – s) zu berücksichtigen ist:

$$UW = \sum_{t=1}^{n} \frac{FCF_t}{(1+r_{EK})^t} + \frac{RW}{(1+r_{EK})^n} + \sum_{t=1}^{n} \frac{Ü_t^{nbV}}{(1+r_{EK})^t} - (1-s) \cdot MFK$$

b) Equity-Verfahren:

Das Equity-Verfahren errechnet den Marktwert des Eigenkapitals durch Summierung der diskontierten Überschüsse, die dem Unternehmen zur **Ausschüttung an die Eigentümer** zur Verfügung stehen. Dabei werden die Überschüsse mit der Renditeforderung der Eigenkapitalgeber diskontiert. Den Überschuss bezeichnet man auch als auch als Flow-to-Equity. Dieser Überschuss errechnet sich auf folgende Weise:

	Freier Cashflow
–	Fremdkapitalzinsen
+	Verminderung der Steuerlast aufgrund der Abzugsfähigkeit von Fremdkapitalzinsen
+/–	Erhöhung/Verminderung des Bestandes an Fremdkapital
=	Flow-to-Equity

Auch im Rahmen des Equity-Verfahrens erfolgt die Bestimmung des zur Diskontierung erforderlichen Zinssatzes, der Renditeforderung der Eigenkapitalgeber r_{EK}, nach Maßgabe des CAPM. Somit errechnet sich der Unternehmenswert wie folgt:

$$UW = \sum_{t=1}^{n} \frac{FTE_t}{(1+r_{EK})^t} + \frac{RW}{(1+r_{EK})^n} + \sum_{t=1}^{n} \frac{Ü_t^{nbV}}{(1+r_{EK})^t}$$

3.1.3 Multiplikatorverfahren

Die Multiplikatorverfahren nutzen Kennzahlen vergleichbarer Unternehmen, um auf den Wert des zu beurteilenden Unternehmens zu schließen. Die **Multiplikatoren** können auf zweierlei Weise bestimmt werden: Nämlich auf Basis der Beobachtung des Kurses börsennotierter Unternehmen oder auf Basis der Beobachtung tatsächlich stattgefundener Unternehmensveräußerungen. Ist ein geeigneter Multiplikator bestimmt worden, kann der Wert des zu beurteilenden Unternehmens durch Multiplikation dieser Größe mit der entsprechenden Kennzahl ermittelt werden:

Unternehmenswert = Kennzahl · Multiplikator

Zur Herleitung von Multiplikatoren eignen sich z.B. die folgenden Kennzahlen:

- Umsatz
- EBITDA oder EBIT
- Cashflow oder Gewinn

Die Multiplikatoren werden dadurch ermittelt, dass der Unternehmenswert eines vergleichbaren Unternehmens oder der durchschnittliche Unternehmenswert von mehreren vergleichbaren Unternehmen (Peer Group) durch eine der oben angeführten Kennzahlen dividiert wird.

Beispiel: Gewinnmultiplikator

Der Wert eines zu beurteilenden Unternehmens soll durch einen Gewinnmultiplikator bestimmt werden. Als Vergleichsmaßstab dienen der durchschnittliche Unternehmenswert und Gewinn von Unternehmen derselben Branche und Region. Für diese Peer Group gelten folgende Größen: Durchschnittlicher Unternehmenswert 10.000.000 €, durchschnittlicher Jahresgewinn 800.000 €. In der Peer Group beträgt der Unternehmenswert somit das 12,5-Fache des Jahresgewinns. Der Multiplikator ist 12,5.

Wenn das zu beurteilende Unternehmen eines Jahresgewinn von 500.000 € erzielt, ergibt sich ein Unternehmenswert von 6.250.000 €

Das Beispiel zum Gewinnmultiplikator verdeutlicht die **vereinfachende Vorgehensweise** der Multiplikatorverfahren. Die Ermittlung eines Unternehmenswertes allein durch Multiplikatoren würde zu Fehlentscheidungen führen. Diese Verfahren eignen sich höchstens als ergänzende Instrumente für Plausibilitätsprüfungen und für die relative Bewertung am Kapitalmarkt. In diesem Zusammenhang haben insbesondere das Kurs-Gewinn-Verhältnis (KGV) und Price Earning to Growth Ratio (PEG) eine gewisse praktische Relevanz:

$$KGV = \frac{\text{Kurs pro Aktie}}{\text{Gewinn pro Aktie}}$$

$$PEG = \frac{KGV}{\text{Gewinnwach stum}}$$

Das **Kurs-Gewinn-Verhältnis** liefert einen Anhaltspunkt darüber, ob der Aktienkurs eines Unternehmens relativ hoch oder niedrig ist, d.h., ob die Aktie über- oder unterbewertet ist. Als Gewinn pro Aktie ist der Gewinn gemeint, den das Unternehmen pro Aktie in einem Jahr erwirtschaftet.

Beispielsweise sei der Kurs einer Aktie des Unternehmens A 50 €, der Gewinn pro Aktie 2,50 €. Daraus errechnet sich ein KGV von 20. Das bedeutet, dass sich der Kaufpreis der Aktie – bei konstantem jährlichen Gewinn – nach 20 Jahren durch die Gewinne amortisiert hätte. Liegt das KGV vergleichbarer Unternehmen bei 15, könnte dies darauf hindeuten, dass die Aktie des Unternehmens A überbewertet ist. Je höher das KGV, umso teurer ist die Aktie.

Etwas aussagekräftiger als das KGV ist das **Price Earning to Growth Ratio**. Das PEG bezieht Wachstumseffekte mit ein, indem es nicht von einem konstanten jährlichen Gewinn pro Aktie ausgeht, sondern die erwarteten Gewinnsteigerungen mit einbezieht. Wenn z.B. für das Unternehmen A jährliche Gewinnsteigerungen von 25 % erwartet werden, errechnet sich ein PEG von 0,8 (20 dividiert durch 25). Je höher das PEG, umso teurer ist die Aktie. Erzielen die Vergleichsunternehmen im Durchschnitt ein jährliches Gewinnwachstum von nur 15 %, ergibt sich für diese Unternehmen ein PEG von 1. Bei Zugrundelegung des PEG wäre also die Aktie des Unternehmens A unterbewertet.

3.2 Bewertung von Schuldverschreibungen

Schuldverschreibungen (Anleihen, Obligationen, Bonds) sind Wertpapiere, die Forderungsrechte verbriefen (vgl. Kapitel C.3.3.2). Im Folgenden werden einige Methoden zur Ermittlung des theoretisch richtigen Preises einer festverzinslichen Schuldverschreibung vorgestellt und daneben methodische Ansätze gezeigt, die es ermöglichen, den Einfluss von Zinsänderungen auf die zu beurteilende Schuldverschreibung zu bestimmen.

3.2.1 Zinsstrukturkurve, Forward Rates und Zerobondrenditen

Eine **Zinsstrukturkurve** ist eine Funktion, die die Ausprägung von Zinssätzen in Abhängigkeit von der Ausleihungs- bzw. Anlagedauer, im Folgenden in Abhängigkeit von der Zeit, zeigt. Eine horizontale Zinsstrukturkurve liegt vor, wenn über die Zeit nur ein Zinssatz gilt. Liegen Zinssätze für kurze Zeiten unter denen für lange Zeiten, wird von einer normalen Zinsstrukturkurve gesprochen. Eine Zinsstrukturkurve bezeichnet man als invers, wenn die Zinssätze für kurze Zeiten höher als die für lange Zeiten sind (vgl. Kapitel C.3.3.2.2).

Die Art der Ausprägung einer Zinsstrukturkurve ist für die Nutzung ihrer Zinssätze zur Beurteilung von Finanzinstrumenten von besonderer Bedeutung. Lediglich die Zinssätze einer **horizontalen Zinsstrukturkurve** können direkt zur Bewertung von Finanzinstrumenten herangezogen werden.

Bei Vorliegen einer **normalen** oder **inversen Strukturkurve** sind aus deren Zinssätzen die Forward Rates abzuleiten, um dann mit den Produkten der Forward Rates die Bewertung der Cashflows von Finanzinstrumenten vorzunehmen. **Forward Rates** sind Zinssätze, die für definierte, in der Zukunft liegende Zeiten gelten.

Es können aber auch, und das ist das übliche Vorgehen, die **Zerobondrenditen** auf Grundlage der Forward Rates bestimmt werden. Mit diesen Zerobondrenditen erfolgt dann die Beurteilung von Finanzinstrumenten. Bei Zerobonds handelt es sich um Anleihen, deren Verzinsung in einem Betrag am Ende der Laufzeit erfolgt (vgl. Kapitel C.3.3.2.2).

Hilfsweise wird bei Vorliegen nicht horizontaler Strukturkurven die Bewertung von Finanzinstrumenten durch Diskontierung deren Cashflows durch die **Laufzeitrendite**, die Rendite des laufzeitlängsten Cashflows vorgenommen. Das Vorgehen führt zu ungenauen Ergebnissen, da es den Zinseszinseffekt nicht vollständig erfasst.

Im Folgenden werden **Forward Rates** und **Zerobondrenditen** ermittelt. Alle Betrachtungen finden unmittelbar nach dem Zeitpunkt der Zinszahlung t_0 statt. Zu diesem Zeitpunkt gilt eine normale Zinsstruktur mit den Zinssätzen (Spot Rates): 3 % für t_0 bis t_1, 4 % für t_0 bis t_2, 5 % für t_0 bis t_3 und 6 % für t_0 bis t_4.

Beispiel: Ermittlung der Forward Rates (alle Angaben in %)

Für t_1 bis t_2	**t_0**	**t_1**	**t_2**	**t_3**	**t_4**
Zins		3,0	4,0		
2-jähriger Kredit	100,0	– 4,0000	– 104,000		
1-jährige Geldanlage	– 100,0	103,0000			
Summe in t_1		99,0000			
Forward Rate für t_1 bis t_2			5,0505		
Für t_2 bis t_3	**t_0**	**t_1**	**t_2**	**t_3**	**t_4**
Zins		3,0	4,0	5,0	
3-jähriger Kredit	100,0	– 5,0000	– 5,0000	– 105,0000	
2-jährige Geldanlage	– 100,0	4,0000	104,0000		
Summe in t_1		–1,0000			
Kredittilgung in t_2			–1,0505		
Summe in t_2			97,9495		
Forward Rate für t_2 bis t_3				7,1981	
Für t_3 bis t_4	**t_0**	**t_1**	**t_2**	**t_3**	**t_4**
Zins		3,0	4,0	5,0	6,0
4-jähriger Kredit	100,0	– 6,0000	– 6,0000	– 6,0000	– 106,0000
3-jährige Geldanlage	– 100,0	5,0000	5,0000	105,0000	
Summe in t_1		– 1,0000			
Kredittilgung in t_2			– 1,0505		
Summe in t_2			– 2,0505		
Kredittilgung in t_3				– 2,1981	
Summe in t_3				96,8019	
Forward Rate für t_3 bis t_4					9,5020

Die Tabelle zeigt zunächst die Berechnung der Forward Rate für die Zeit von t_1 bis t_2. Das Beispiel geht davon aus, dass ein Anleger einen Kredit zum Nominalwert von 100 % mit einer Zinsbindungsfrist von 2 Jahren aufnimmt. Diesen Betrag legt er sofort zunächst für 1 Jahr und danach für ein weiteres Jahr an. Der Zinssatz für das 2. Jahr, die Forward Rate von t_1 bis t_2, wird im Zeitpunkt t_0 vereinbart, da sonst ein Zinsänderungsrisiko bestünde. In einem arbitragefreien Markt müssen die Kreditkosten bei derselben Bonität der Beteiligten und bei Außerachtlassung von Geld-/Briefspannen betragsmäßig identisch mit den Erträgen aus der Anlage des Kredits sein. Wären Aufwand und Ertrag nicht identisch, so würde ein Arbitrageprozess Identität herbeiführen.

Am Ende des 1. Jahres führt der Kredit zu einer Zinszahlung von 4 %. Dem steht ein Zinsertrag in Höhe von 3 % aus der 1-jährigen Geldanlage gegenüber. Diese beiden Zahlungsströme verursachen eine Verminderung des für die nächste Periode t_1 bis t_2 zur Verfügung stehenden Kapitals um 1 Prozentpunkt. Die **Forward Rate** ist dann der Zinssatz, der notwendig ist, um das reduzierte Kapital so zu verzinsen, dass die Tilgung des Kredits zuzüglich der vereinbarten Verzinsung zum Zeitpunkt t_2 möglich ist. Die Forward Rate von 5,0505 % ergibt sich durch die Rechnung (104/99) – 1.

Entsprechend lassen sich die übrigen Forward Rates darstellen. So beträgt die Forward Rate von t_2 bis t_3 7,1981 % und von t_3 bis t_4 9,5020 %. Aus diesen Forward Rates ergeben sich dann die Zerobondrenditen. Die **Zerobondrenditen** entsprechen dem geometrischen Mittel der jeweiligen Spot Rates und Forward Rates:

$$t_0 \text{ bis } t_1 = 1{,}03 - 1 = 3\,\%$$

$$t_0 \text{ bis } t_2 = \sqrt[2]{1{,}03 \cdot 1{,}050505} - 1 = 4{,}0202\,\%$$

$$t_0 \text{ bis } t_3 = \sqrt[3]{1{,}03 \cdot 1{,}050505 \cdot 1{,}071981} - 1 = 5{,}0689\,\%$$

$$t_0 \text{ bis } t_4 = \sqrt[4]{1{,}03 \cdot 1{,}050505 \cdot 1{,}071981 \cdot 1{,}095020} - 1 = 6{,}1601\,\%$$

3.2.2 Preis einer Schuldverschreibung

Im Rahmen der Bestimmung des theoretisch richtigen Preises einer festverzinslichen Schuldverschreibung müssen entweder die Produkte der Forward Rates oder die Zerobondrenditen zur Diskontierung der Cashflows der Anleihe genutzt werden. Wird die Abzinsung mit den Zinssätzen der Zinsstrukturkurve durchgeführt, führt dies bei Existenz einer **normalen Zinsstrukturkurve** zu einer Überbewertung der Anleihe, da in dieser Situation die Zinssätze der Zinsstrukturkurve kleiner sind als die Forward Rates bzw. die Zerobondrenditen. Ist eine **inverse Zinsstruktur** gegeben, so ergibt sich eine Unterbewertung der Anleihe, da dann die Zinssätze der Zinsstrukturkurve größer sind als die Forward Rates bzw. die Zerobondrenditen. Lediglich bei Vorliegen einer horizontalen Zinsstruktur erfolgt die Bewertung von Schuldverschreibungen durch die Zinssätze der Renditestrukturkurve, da in dieser Situation deren Zinssätze identisch mit den Forward Rates und Zerobondrenditen sind.

Zur Darstellung der Ermittlung des theoretisch richtigen Preises soll die folgende Schuldverschreibung dienen: Restlaufzeit bis zur Tilgung 4 Jahre, wobei der jährlich nachschüssig zu zahlende Zins 8 % beträgt. Der Bewertung liegen die im vorangegangenen Kapitel abgeleiteten Zerobondrenditen zugrunde.

Die Betrachtung erfolgt unmittelbar nach der vorangegangenen Zinszahlung in t_0. Zunächst sind die aus der Ausstattung der Anleihe resultierenden Zahlungsströme (Cashflows) zu bestimmen und jeweils dem entsprechenden Zahlungszeitpunkt zuzuordnen. Cashflows sind die jährlichen Zinszahlungen und die Tilgung am Laufzeitende.

Für die beschriebene Schuldverschreibung bedeutet dies jeweils am Ende des 1., 2., 3. und 4. Jahres eine Zahlung in Höhe von 8 % des der Anleihe zugrunde liegenden Nominalbetrags. Daneben erfolgt am Ende des 4. Jahres eine Zahlung zur Tilgung von 100 % des Nominalbetrags, sodass der Cashflow am Ende des 4. Jahres insgesamt 108 % beträgt. Nach der Bestimmung der Cashflows und deren Zuordnung zu den Zahlungszeitpunkten sind durch Abzinsung mit den entsprechenden Zerobondrenditen die Barwerte der Cashflows zu errechnen.

Beispiel: Ermittlung des Preises einer Anleihe

Zahlungszeitpunkt	Cashflow in %	Zerobondrenditen in %	Barwert in %
1	8	1,0300	7,7670
2	8	4,0202	7,3936
3	8	5,0689	6,8971
4	108	6,1601	85,0312
Summe			107,0889

Der theoretisch richtige Preis der Anleihe ermittelt sich durch Summierung der Barwerte der Cashflows und beträgt 107,0889 %. Der auf die beschriebene Weise errechnete Preis wird als **Dirty Price** bezeichnet: Er enthält die zum Zeitpunkt der Betrachtung zu berücksichtigenden Stückzinsen. Der formalanalytische Ausdruck zur Ermittlung des theoretisch richtigen Preises einer festverzinslichen Schuldverschreibung hat die folgende Gestalt:

$$P_{SV} = \sum_{t=1}^{n} \frac{CF_t}{(1+i_t)^t}$$

P_{SV} = Preis einer Schuldverschreibung
t = Jahresindex
n = (Rest-)Laufzeit
CF = Cashflows (Zinsen und Tilgungen)
i_t = Zerobondrendite

Ein Blick auf den Ausdruck verdeutlicht auch, dass eine Verminderung der oben angeführten Zinssätze zu einer Erhöhung der Summe der Barwerte der Cashflows führt, also zu einer Erhöhung des theoretisch richtigen Preises. Eine Erhöhung der Zinssätze bewirkt eine Verminderung des Preises der Schuldverschreibung. Das bedeutet: Sinken die Marktzinssätze, steigen die Preise festverzinslicher Schuldverschreibungen; steigen die Marktzinssätze, fallen die Preise festverzinslicher Schuldverschreibungen.

Aufgabe 15: Preis einer Festzinsanleihe

3.2.3 Duration

Duration heißt Dauer oder Laufzeit. Die Basis für die verschiedenen Duration-Konzepte bildet die **Duration nach Macaulay** (D_{Mac}). Die D_{Mac} wird in Jahren gemessen und ermittelt für eine festverzinsliche Schuldverschreibung den Zeitpunkt, zu dem sich das Marktwertänderungsrisiko und das Endwertänderungsrisiko ausgleichen

Das **Marktwertänderungsrisiko** resultiert daraus, dass der Preis einer festverzinslichen Schuldverschreibung infolge von Martzinsänderungen variiert. So führt eine Erhöhung der Marktzinsen zu einem sinkenden Preis der Schuldverschreibung und umgekehrt. Das **Endwertänderungsrisiko** besteht darin, dass sich der Marktzins, der für die Wiederanlage der erhaltenen Cashflows relevant ist, im Zeitablauf ändert, sodass der Investor seine geplante Rendite bis zum Fälligkeitszeitpunkt der Schuldverschreibung nicht erreichen kann.

Die nachstehende Abbildung betrachtet nicht ausschließlich den Marktpreis einer Schuldverschreibung, sondern den **Wert der Investition in die Schuldverschreibung** (W) während ihrer Laufzeit. Der Wert der Investition errechnet sich zu den einzelnen Zeitpunkten aus dem Marktpreis der Anleihe zuzüglich der erhaltenen Cashflows und deren Verzinsung durch eine Wiederanlage.

In diesem Zusammenhang gilt, dass steigende Renditen, aufgrund der dadurch verbesserten Wiederanlagebedingungen, zu einer Erhöhung des Endwertes E hin zu E' führen, der Anfangswert A jedoch sinkt hin zu A'. Das Umgekehrte gilt für sinkende Renditen. Marktwertänderungen und Endwertänderungen – die beiden Komponenten des Zinsänderungsrisikos – sind demnach von Zinsänderungen abhängig und einander gegengerichtet.

Die folgende Abbildung zeigt, dass die beiden Funktionen zum Zeitpunkt $t = D_{Mac}$ einen Schnittpunkt aufweisen. Das ist der Zeitpunkt, zu dem sich das Marktwertänderungsrisiko und Endwertänderungsrisiko ausgleichen. Dieser Zeitpunkt ist identisch mit der **durchschnittlichen Kapitalbindungsdauer** in Jahren.

Abbildung 3-1: *Grafische Herleitung der Duration nach Macaulay*

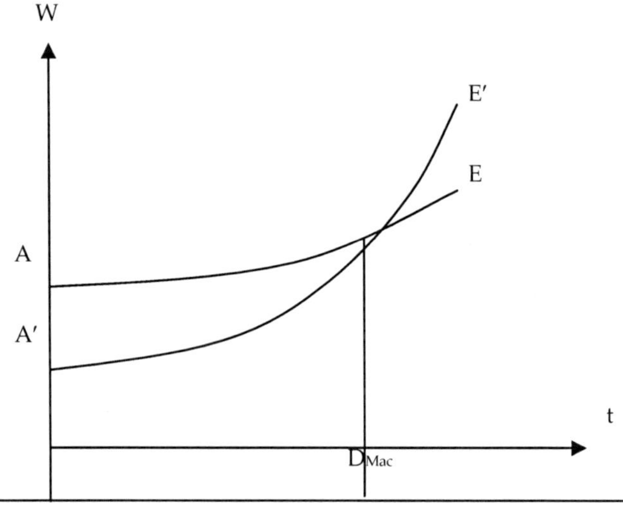

Die D_{Mac} ist mathematisch durch die Division der Summe der mit den Zahlungszeitpunkten gewichteten Barwerte der Zahlungsströme CF zu den Zeitpunkten t durch den Preis der Anleihe (Dirty Price) bestimmbar. In dem ursprünglichen Ansatz der D_{Mac} erfolgt die Diskontierung der Cashflows mit der Laufzeitrendite i. Als Laufzeitrendite bezeichnet man die Rendite der laufzeitlängsten Zahlung.

$$D_{Mac} = \frac{\sum_{t=1}^{n} t \cdot CF_t (1+i)^{-t}}{\sum_{t=1}^{n} CF_t (1+i)^{-t}}$$

Für die Beispielanleihe aus Kapitel B.3.2.2 mit einer Restlaufzeit von 4 Jahren, jährlich nachschüssig zu zahlenden Zinsen in Höhe von 8 % und einer Laufzeitrendite von 6 % ergibt sich die D_{Mac} wie folgt:

Beispiel: Ermittlung der Duration nach Macaulay

Zahlungszeitpunkt	Cashflow in %	Barwert in % $CF_t\,(1+i)^{-t}$	Mit Zahlungszeitpunkten gewichteter Barwert $t\,CF_t\,(1+i)^{-t}$
1	8	7,5472	7,5472
2	8	7,1200	14,2400
3	8	6,7170	20,1510
4	108	85,5461	342,1844
Summe		106,9302	384,1226

$$D_{Mac} = \frac{384{,}1226}{106{,}9302} = 3{,}5923 \text{ Jahre}$$

Die durchschnittliche Kapitalbindungsdauer der Anleihe beträgt 3,5923 Jahre. Dieser Wert errechnet sich dadurch, dass man zunächst sämtliche Zahlungszeitpunkte der aus der Schuldverschreibung resultierenden Zins- und Tilgungsleistungen bestimmt und diese den jeweiligen Zahlungszeitpunkten zuordnet. Im zweiten Schritt werden die Barwerte der Zahlungen errechnet und diese dann mit ihren Zahlungszeitpunkten gewichtet und jeweils summiert. Zum Schluss wird die Summe der mit den Zahlungszeitpunkten gewichteten Barwerte durch die Summe der Barwerte dividiert.

Ein Blick auf den formalanalytischen Zusammenhang der D_{Mac} lässt erkennen, dass die Ausprägung dieser Kennzahl dem Einfluss von vier **Bestimmungsgrößen** unterliegt:

- Größe der Cashflows (Zinsen und Tilgungen)
- Restlaufzeit der Schuldverschreibung
- Zeitpunkte der Cashflows
- Laufzeitrendite

Für die Ausprägung der D_{Mac} in Abhängigkeit von ihren Bestimmungsgrößen gilt das Folgende:

- Je größer die Cashflows sind, desto kleiner ist die Duration; je kleiner die Cashflows sind, desto größer ist die Duration.
- Je länger die Restlaufzeit der Schuldverschreibung ist, desto größer ist die Duration; je kürzer die Laufzeit ist, desto kleiner ist die Duration.
- Die Duration ist niemals größer als die Restlaufzeit der Schuldverschreibung, soweit es sich um ein Standardfinanzinstrument handelt.
- Je früher und je häufiger die Cashflows anfallen, desto kleiner ist die Duration; je später und je weniger häufig die Cashflows anfallen, desto größer ist die Duration.

- Je höher die Laufzeitrendite zum Zeitpunkt der Betrachtung ist, desto geringer ist die Duration; je geringer die Laufzeitrendite ist, desto größer ist die Duration.

In der Praxis kann die D_{Mac} z.B. eingesetzt werden, um Finanzanlagen gegen das **Zinsänderungsrisiko** zu immunisieren. Die D_{Mac} ist der Zeitpunkt, zu dem zinsbedingte Marktpreis- und Endwertänderungen einer Anlage sich ausgleichen. Die Investition ist zum Zeitpunkt der Geldanlage dann gegen Zinsänderungsrisiken immunisiert, wenn eine Anleihe oder ein Anleihenportfolio gewählt wird, deren bzw. dessen D_{Mac} identisch mit dem geplanten Anlagezeitraum ist.

Daneben kann anhand der D_{Mac} bestimmt werden, ob eine Schuldverschreibung über ein eher großes Marktwertänderungsrisiko und ein eher kleines Endwertänderungsrisiko verfügt bzw. über ein eher kleines Marktwertänderungsrisiko und ein eher großes Endwertänderungsrisiko. Dies gelingt aufgrund der Erkenntnis, dass eine hohe D_{Mac} ein großes Marktwertänderungsrisiko und kleines Endwertänderungsrisiko begründet. Für eine kleine D_{Mac} gilt das Umgekehrte.

Mit Blick auf die mathematische Ermittlung der Duration ist festzustellen, dass jeder Zahlungsstrom mit demselben Zinssatz abgezinst wird. Der Rechnung liegt offenbar die Annahme eine **horizontalen Zinsstruktur** zugrunde. Wenn die Zinsstrukturkurve immer in einer horizontalen Lage ist, kann eine Veränderung der Zinssätze ausschließlich durch eine Parallelverschiebung der Zinsstrukturkurve erfolgen.

Im Rahmen der Erklärung des Einflusses der Bestimmungsgrößen der Duration zeigt sich, dass ein hohes Ausgangszinsniveau eine kleine Duration und ein niedriges Ausgangszinsniveau eine hohe Duration bewirkt. Daraus muss für die Richtigkeit der Duration folgen, dass es nur eine **einmalige** und **kleine Zinsänderung** gibt. Dass die Zinsänderung klein, also infinitesimal ist, folgt aus der Herleitung des formalanalytischen Ausdrucks zur Bestimmung der Duration. Ihm liegt die Infinitesimalrechnung zugrunde.

Ebenfalls von Bedeutung für die Richtigkeit der Duration ist der **Zeitablauf**. Für die oben beschriebene Anleihe ergab sich eine D_{Mac} von 3,5923 Jahren. Die Restlaufzeit betrug 4 Jahre. Sie soll der geplanten Anlagezeit des Investors entsprechen. Bei Annahme eines Zeitablaufs von 1 Jahr vermindern sich die Restlaufzeit und der Planungshorizont des Investors um 1 Jahr. Das Ergebnis der Errechnung der Duration ist dann 2,7891 Jahre. Die Duration hat bei Verminderung der Restlaufzeit um 1 Jahr lediglich eine Verringerung um 0,8032 Jahre erfahren. Es gilt generell, dass die Verminderung der Duration in Anhängigkeit von der Restlaufzeit kleiner ist als die Verringerung der Restlaufzeit selbst. Daher kann für den Investor eine Immunisierung gegen das Zinsänderungsrisiko nur dann gegeben sein, wenn die kleine Zinsveränderung unmittelbar nach dem Zeitpunkt der Betrachtung erfolgt. Für die D_{Mac} gelten also folgende **Annahmen**:

- Es existiert eine horizontale Zinsstrukturkurve.

- Eine Zinsveränderung erfolgt durch eine Parallelverschiebung der Zinsstrukturkurve.
- Es erfolgt nur eine einmalige, kleine Zinsänderung, und zwar unmittelbar nach dem Erwerb der Schuldverschreibung bzw. dem Zeitpunkt der Betrachtung.

Dies bedeutet, dass immer dann, wenn ein Zeitablauf bzw. eine Zinsänderung eingetreten ist, das Portfolio des Investors derart anzupassen ist, dass die D_{Mac} des Portfolios und der Planungshorizont des Investors wieder zumindest ähnlich sind.

Werden zur Diskontierung der Zahlungsströme im Rahmen der Errechnung der Duration nicht die Laufzeitrenditen, sondern die Produkte der Forward Rates oder die Zerobondrenditen herangezogen, erfolgt die Bestimmung der Duration unter rechnerischer Berücksichtigung der tatsächlichen Ausprägung der Zinsstrukturkurve. Das Ergebnis bezeichnet man als **Effective Duration** D_{Eff}. Die folgende Gleichung geht von den Zerobondrenditen i_t aus:

$$D_{Eff} = \frac{\sum_{t=1}^{n} t \cdot CF_t (1+i_t)^{-t}}{\sum_{t=1}^{n} CF_t (1+i_t)^{-t}}$$

Die D_{Eff} der oben beschriebenen Anleihe bei Zugrundlegung der in Kapitel B.3.2.1 errechneten Zerobondrenditen beträgt 3,5793 Jahre.

Aufgabe 16: Effective Duration

Eine weitere Form der Duration ist die **Modified Duration** D_{Mod}. Sie ist eine Kennzahl, die die Veränderung des Preises einer Schuldverschreibung (Dirty Price) in Abhängigkeit von einer bestimmten Veränderung des relevanten Marktzinses zum Ausdruck bringt. Bei Zugrundelegung einer horizontalen Zinsstruktur können die Rechnungen durch Diskontierung mit der Laufzeitrendite (i) durchgeführt werden. Die D_{Mod} bestimmt dann die prozentuale Veränderung des Preises einer Schuldverschreibung bei einer kleinen Veränderung der Laufzeitrendite. Das negative Vorzeichen in der Formel bringt zum Ausdruck, dass die Veränderung des Marktzinses und die Preisveränderung der Schuldverschreibung entgegengerichtet sind:

$$D_{Mod} = -\frac{D_{Mac}}{1+i}$$

Für die Beispielanleihe (4 Jahre Restlaufzeit, 8 % Verzinsung und 6 % Laufzeitrendite) betrug die D_{Mac} 3,5923 Jahre. Somit errechnet sich eine D_{Mod} von –3,3890 %:

$$D_{Mod} = -\frac{3,5923}{1+i} = -3,3890\ \%$$

Vereinfacht kann man die Modified Duration wie folgt erläutern: Die D_{Mod} bringt zum Ausdruck, um wie viel Prozent der Preis einer festverzinslichen Schuldverschreibung variiert, wenn sich die Laufzeitrendite um 1 Prozentpunkt ändert. Diese Erklärung vernachlässigt jedoch, dass die Abhängigkeit des Preises einer Schuldverschreibung (P_{SV}) vom Marktzins (i) nicht linear ist, sondern eine Funktion mit konvexem Verlauf.

Abbildung 3-2: Preis einer Schuldverschreibung in Abhängigkeit vom Marktzins

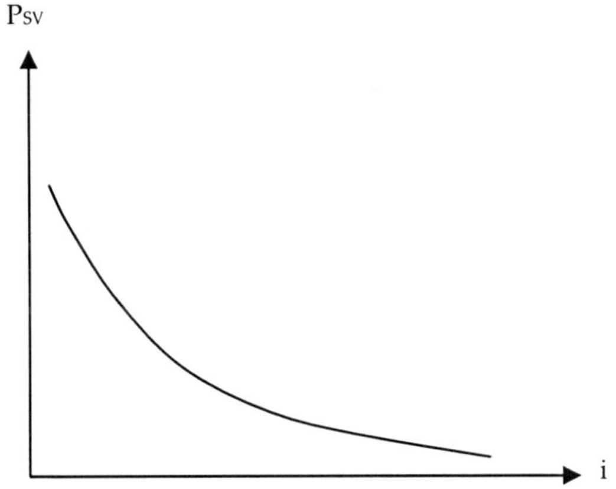

Preisschätzungen durch die D_{Mod} sind somit ungenau. Sie beinhalten einen **Konvexitätsfehler**. Dieser Konvexitätsfehler ist für jeden einzelnen Punkt der Preisfunktion durch die Berücksichtigung der Konvexität an dem jeweiligen Punkt der Funktion bestimmbar.

Die **Konvexität einer Schuldverschreibung** beschreibt die Veränderung der Preisänderung der Schuldverschreibung bei einer Variation der Laufzeitrendite um eine kleine Einheit, bezogen auf den Preis der Anleihe. Daher ist sie durch die Ableitung der absoluten Veränderung des Preises einer Schuldverschreibung bei Veränderung der Laufzeitrendite um eine kleine Einheit der Laufzeitrendite, bezogen auf den Preis der Anleihe, ermittelbar. Unter Berücksichtigung der Konvexität ändert sich der Preis der Beispielanleihe nur um –2,353 %, wenn sich die Laufzeitrendite um 1 Prozentpunkt ändert.

3.2.4 Price Value of a Basis Point

Die Kennzahl **Price Value of a Basispoint** (PVBP) bezeichnet die absolute Veränderung des Preises einer festverzinslichen Schuldverschreibung, wenn sich die Laufzeitrendite um 1 Basispunkt ändert. 1 Basispunkt entspricht 0,01 Prozentpunkten.

Der PVBP lässt sich durch zwei unterschiedliche Verfahren bestimmen, nämlich durch die Anwendung des Barwertkonzepts oder der Modified Duration.

Zunächst sei die Berechnung des PVBP bei Anwendung des **Barwertkonzepts** vorgestellt. Wieder wird die Beispielanleihe mit einer Restlaufzeit von 4 Jahren, jährlich nachschüssig zu zahlenden Zinsen in Höhe von 8 % und einer Laufzeitrendite von 6 % betrachtet. Deren Preis (Dirty Price) beträgt 106,9302 % und deren D_{Mod} –3,3890 % (vgl. Kapitel B.3.2.3).

Zu ermitteln ist der Preis einer Schuldverschreibung bei Zugrundelegung einer um 1 Basispunkt veränderten Laufzeitrendite. Die Laufzeitrendite beträgt nun 5,99 %, der Preis der Schuldverschreibung dadurch 106,9664 %. Die Differenz zwischen dem Preis des Schuldverschreibung bei einer Laufzeitrendite von 6 % und dem Preis bei einer Laufzeitrendite von 5,99 % bezeichnet den PVBP. Im beschriebenen Fall hat er die Ausprägung –0,036 Prozentpunkte.

Alternativ kann der PVBP mithilfe der **Modified Duration** (D_{Mod}) bestimmt werden. Es zeigt sich, dass die Schuldverschreibung wiederum einen PVBP von –0,036 Prozentpunkten aufweist:

$$PVBP = \frac{D_{Mod} \cdot P_{SV}}{10.000} = \frac{-3{,}389 \cdot 106{,}9302}{10.000} = -0{,}036 \text{ Prozentpunkte}$$

In diesem Zusammenhang ist festzuhalten, dass die durch den PVBP errechneten Preisschätzungen derselben Konvexitätsproblematik unterliegen wie die auf der D_{Mod} basierenden Preisschätzungen.

4 Weitere Einflussgrößen für Investitionsentscheidungen

Die in den vorangegangenen Ausführungen vorgestellten Methoden der Investitionsrechnung gehen davon aus, dass alle Informationen sicher und keine Steuern zu berücksichtigen seien. Diese vereinfachenden Annahmen werden im Folgenden korrigiert. Kapitel B.4.1 untersucht, auf welche Weise unsichere Informationen in Investitionsentscheidungen Eingang finden können, während Kapitel B.4.2 Investitionsmodelle zur Berücksichtigung von Steuern erläutert.

4.1 Unsicherheit

Investitionsentscheidungen beruhen in der Regel auf einer Reihe von Daten, die mit **Unsicherheit** behaftet sind. Die Aufgabe besteht darin, eine Investitionsrechnung so zu gestalten, dass ein Unternehmen auch bei Berücksichtigung unsicherer zukünftiger und entscheidungsrelevanter Größen eine Investitionsentscheidung fällen kann.

Werden im Rahmen von Investitionsentscheidungen für mindestens ein Objekt mehrere Ergebnisse für möglich gehalten, sind Entscheidungen unter Unsicherheit gegeben. Unsicherheit kann gewöhnlich in Risiko und Ungewissheit gegliedert werden. Eine **Risikosituation** ist dadurch charakterisiert, dass dem Entscheidungsträger Wahrscheinlichkeiten für das Eintreten möglicher, für das Investitionsergebnis relevanter Umweltzustände bekannt sind. Für das Aufstellen der Wahrscheinlichkeitsverteilungen sind grundsätzlich zwei Vorgehensweisen gegeben:

- Das Einbringen **objektiver Wahrscheinlichkeiten**: Sie werden aus empirischen Häufigkeitsverteilungen der Ergebnisse von gleichen Entscheidungssituationen gewonnen.
- Das Einbringen **subjektiver Wahrscheinlichkeiten**: Sie werden auf Basis subjektiver Erfahrung und Überlegung gebildet.

Stehen dem Entscheidungsträger keine Wahrscheinlichkeiten für das Eintreten der relevanten Umweltzustände zur Verfügung, handelt es sich um eine Entscheidung unter **Ungewissheit**.

Im Folgenden werden drei Verfahren zur Beurteilung von Investitionen unter Risiko vorgestellt, nämlich die Bayes-Regel, das Rendite-Risiko-Prinzip und die Portfoliotheorie.

4.1.1 Bayes-Regel

Unter der Annahme, dass der Entscheidungsträger zumindest subjektive Wahrscheinlichkeiten darüber angeben kann, mit welchen verschiedenen Ergebnissen die Investitionsalternativen eintreten, fordert die Bayes-Regel die **Maximierung des Erwartungswertes der Zielgröße.** Danach ist diejenige Investition zu wählen, bei der der Erwartungswert der Zielgröße ein Maximum bzw. ein Minimum aufweist. Das folgende Beispiel soll das Vorgehen verdeutlichen.

Ein Investor hat die Wahl zwischen den Investitionen A und B, die beide einen Kapitaleinsatz in identischer Höhe erfordern. Im Rahmen der Beurteilung der Vorteilhaftigkeit werden 4 Umweltzustände (i) unterschieden. Den Umweltzuständen ordnet man dann für beide Investitionen Einzahlungsüberschüsse (EZÜ) und Eintrittswahrscheinlichkeiten (w) zu. Daraus ergeben sich zunächst der Erwartungswert (μ) des Zahlungsüberschusses für die einzelnen Umweltzustände und dann der Erwartungswert des gesamten Zahlungsüberschusses.

Beispiel: Bestimmung des erwarteten Zahlungsüberschusses (1)

Umweltzustand i	Investition A			Investition B		
	$EZÜ_{Ai}$	w_{Ai}	μ_{Ai}	$EZÜ_{Bi}$	w_{Bi}	μ_{Bi}
1	40	0,1	4,0	450	0,1	45
2	20	0,6	12,0	100	0,1	10
3	10	0,1	1,0	200	0,1	20
4	5	0,1	0,5	20	0,1	2
5	– 25	0,1	– 2,5	– 100	0,6	– 60
Summe			15			17

Investition A hat einen Erwartungswert von 15, Investition B von 17. Infolgedessen ist die Investition B vorteilhaft. Dieser Zusammenhang lässt sich als **Gleichung** wie folgt formulieren:

$$\mu_A = \sum_{i=1}^{5} EZÜ_{Ai} \cdot w_{Ai} = 15 \qquad \mu_B = \sum_{i=1}^{5} EZÜ_{Bi} \cdot w_{Bi} = 17$$

Ein **Einwand** gegen die vorgestellte Methode zielt auf die Problematik der exakten Quantifizierung von Wahrscheinlichkeiten ab. Daneben wird die persönliche Risikoeinstellung des Entscheidungsträgers vollständig vernachlässigt. Offensichtlich unterstellt die Bayes-Regel dem Entscheidungsträger völlige Risikounempfindlichkeit derart, dass das mit der Investition verbundene Risiko nicht Bestandteil des Entscheidungsprozesses ist. Daher ist die auch als μ-Prinzip bezeichnete Bayes-Regel nur bei Risikoneutralität des Investors ein angemessenes Verfahren, um von Vorteilhaftigkeitsentscheidungen zu treffen.

4.1.2 Rendite-Risiko-Prinzip (μσ-Prinzip)

Die Darstellung des μσ-Prinzips erfolgt mithilfe eines weiteren Beispiels. Für den Entscheidungsträger ist folgende Situation gegeben:

Beispiel: Bestimmung des erwarteten Zahlungsüberschusses (2)

Umweltzustand i	Investition A			Investition B		
	$EZÜ_{Ai}$	w_{Ai}	μ_{Ai}	$EZÜ_{Bi}$	w_{Bi}	μ_{Bi}
1	200	0,1	20	0	0,1	0
2	300	0,1	30	200	0,1	20
3	400	0,6	240	400	0,6	240
4	500	0,1	50	600	0,1	60
5	600	0,1	60	800	0,1	80
Summe			400			400

Aufgrund der Ausprägung der Erwartungswerte der Investitionen A und B kann keine Aussage über die Vorteilhaftigkeit der beiden Investitionen erfolgen – beide sind gleich gut.

Wenn man jedoch neben dem Erwartungswert der Zahlungsüberschüsse das betreffende **Risiko** berücksichtigt, kann eine Vorteilhaftigkeitsaussage möglich sein. Sie ist bei identischem Erwartungswert nämlich dann möglich, wenn das durch die Investitionen eingegangene Risiko unterschiedlich ausgeprägt ist.

Das Risiko einer Investition kann durch das Ausmaß der Abweichung der Erwartungswerte der jeweiligen Situationen von dem Erwartungswert der zu beurteilenden Investition bestimmt werden. Zur Messung der Abweichung bietet sich die **Varianz** σ^2 oder die **Standardabweichung** σ an. Die Standardabweichung misst die Streuung einer Zufallsvariablen um ihren Mittelwert. Im Fall normalverteilter Zufallsvariablen wird die errechnete Streuung um den Erwartungswert mit einer Wahrscheinlichkeit von etwa 68 % nicht überschritten. Für die Ermittlung der Standardabweichung gilt:

$$\sigma = \sqrt[2]{\sum_{i=1}^{n} (EZÜ_i - \mu)^2 \cdot w_i}$$

Für die zu beurteilenden Investitionen A und B ergeben sich dann folgende Standardabweichungen:

Beispiel: Risikobestimmung durch die Standardabweichung der Zahlungsüberschüsse (1)

Umweltzustand i	Investition A	Investition B
	$(EZÜ_{Ai} - \mu_A)^2 \cdot w_{Ai}$	$(EZÜ_{Bi} - \mu_B)^2 \cdot w_{Bi}$
1	$(200 - 400)^2 \cdot 0{,}1 = 4.000$	$(000 - 400)^2 \cdot 0{,}1 = 16.000$
2	$(300 - 400)^2 \cdot 0{,}1 = 1.000$	$(200 - 400)^2 \cdot 0{,}1 = 4.000$
3	$(400 - 400)^2 \cdot 0{,}6 = 0$	$(400 - 400)^2 \cdot 0{,}6= 0$
4	$(500 - 400)^2 \cdot 0{,}1 = 1.000$	$(600 - 400)^2 \cdot 0{,}1 = 4.000$
5	$(600 - 400)^2 \cdot 0{,}1 = 4.000$	$(800 - 400)^2 \cdot 0{,}1 = 16.000$
Summe	10.000	40.000

$\sigma_A = \sqrt[2]{10.000} = 100 \qquad \sigma_B = \sqrt[2]{40.000} = 200$

Das Risiko, gemessen als Standardabweichung der Zahlungsüberschüsse, ist bei A deutlich niedriger. Aufgrund der Ausprägungen der Standardabweichungen der betrachteten Investitionsalternativen ist erkennbar, dass die Investition A der Investition B vorzuziehen ist, wenn neben dem Erwartungswert der Überschüsse auch das Risiko der Investition berücksichtigt wird.

Beispiel: Bestimmung des erwarteten Zahlungsüberschusses (2)

Umweltzustand i	Investition A			Investition B		
	$EZÜ_{Ai}$	w_{Ai}	μ_{Ai}	$EZÜ_{Bi}$	w_{Bi}	μ_{Bi}
1	40	0,1	4,0	450	0,1	45
2	20	0,6	12,0	100	0,6	60
3	10	0,1	1,0	200	0,1	20
4	5	0,1	0,5	20	0,1	2
5	–25	0,1	–2,5	–100	0,1	–10
Summe			15			117

$\mu_A = \sum_{i=1}^{5} EZÜ_{Ai} \cdot w_{Ai} = 15 \qquad \mu_B = \sum_{i=1}^{5} EZÜ_{Bi} \cdot w_{Ai} = 117$

Im vorhergehenden Beispiel betrachten wir den Fall, dass die jeweiligen Erwartungswerte der Zahlungsüberschüsse unterschiedlich ausgeprägt sind. Die Erwartungswerte sind 15 und 117.

Zusätzlich soll das durch die Investition bedingte Risiko berücksichtigt werden. Um also zu einer Investitionsentscheidung zu gelangen, sind das Risiko – quantifiziert durch die Standardabweichung – zu bestimmen und das Ergebnis auf den Erwartungswert zu beziehen. Die sich daraus ergebende Kennzahl wird als **Abweichungskoeffizient** (D) bezeichnet.

Beispiel: Risikobestimmung durch die Standardabweichung der Zahlungsüberschüsse (2)

Umweltzustand i	Investition A	Investition B
	$(EZÜ_{Ai} - \mu_A)^2 \cdot w_{Ai}$	$(EZÜ_{Bi} - \mu_B)^2 \cdot w_{Bi}$
1	$(40 - 15)^2 \cdot 0{,}1 = 62{,}5$	$(450 - 117)^2 \cdot 0{,}1 = 11.088{,}9$
2	$(20 - 15)^2 \cdot 0{,}6 = 15{,}0$	$(100 - 117)^2 \cdot 0{,}6 = 173{,}4$
3	$(10 - 15)^2 \cdot 0{,}1 = 2{,}5$	$(200 - 117)^2 \cdot 0{,}1 = 688{,}9$
4	$(5 - 15)^2 \cdot 0{,}1 = 10{,}0$	$(20 - 117)^2 \cdot 0{,}1 = 940{,}9$
5	$(-25 - 15)^2 \cdot 0{,}1 = 160{,}0$	$(-100 - 400)^2 \cdot 0{,}1 = 4.708{,}9$
Summe	250	17.601

$$\sigma_A = \sqrt[2]{250} = 15{,}81 \qquad \sigma_B = \sqrt[2]{17.601} = 132{,}67$$

$$D_A = \frac{\sigma_A}{\mu_A} = \frac{15{,}81}{15} = 1{,}05 \qquad D_B = \frac{\sigma_B}{\mu_B} = \frac{132{,}67}{117} = 1{,}13$$

Der Abweichungskoeffizient bringt das Risiko je Einheit erwarteten Zahlungsüberschüsse zum Ausdruck. Daher muss gelten: Je kleiner der Abweichungskoeffizient, desto vorteilhafter ist die zu beurteilende Investition. Für das vorhergehende Beispiel bedeutet dies, dass bei Berücksichtigung des Risikos die Investition B gegenüber der Investition A nicht mehr vorteilhaft ist, vielmehr ist A vorzuziehen.

Kehren wir den Abweichungskoeffizienten um, stellen also den Erwartungswert der Zahlungsüberschüsse in den Zähler und das Risiko in den Nenner, erhalten wir als ebenso anschauliches Ergebnis den erwarteten Überschuss je Einheit eingegangenen Risikos. Wird mit der **Umkehr des Abweichungskoeffizienten** (D^{-1}) gearbeitet, gilt: Je größer D^{-1} ist, desto vorteilhafter ist die Investition. Im Beispiel gelten folgende D^{-1}: für A 0,95 und für B 0,88.

4.1.3 Portfoliotheorie

Will man das Risiko einer Investition beurteilen, ist von Bedeutung, ob das Risiko eines einzelnen Vermögensgegenstandes, z.B. einer Aktie oder einer Schuldverschreibung, oder das Risiko von mehreren Vermögensgegenständen im Gesamtzusammenhang, also eines Portfolio, betrachtet wird. Die folgenden Ausführungen stellen ein Modell vor, bei dem der Gegenstand der Betrachtung ein Gesamtzusammenhang ist, nämlich die

Portfoliotheorie. Die von Harry M. Markowitz entwickelte Portfoliotheorie (Portfolio Selection Theory) verfolgt zwei **Ziele**:

- Erklärung, warum Anleger oft mehrere unterschiedliche Wertpapiere in ihr Portfolio aufnehmen.
- Ermittlung, welche und wie viele Wertpapiere in ein Portfolio aufgenommen werden sollten.

Die daraus resultierende Entscheidungssituation erklärt Markowitz anhand der für eine Investition charakteristischen Größen **Rendite** und **Risiko**. Er führt den Nachweis, dass man durch **Risikostreuung** (Diversifikation) ein effizientes Portfolio für den Anleger ermitteln kann.

Die Portfoliotheorie unterstellt den Anlegern ein risikoscheues Verhalten. Dies ist gegeben, wenn der Anleger bereit ist, auf einen Teil seines Ertrages zu verzichten, wenn er dafür ein geringeres Risiko eingeht. Somit liegt ein **risikoeffizientes Portfolio** vor, wenn ein risikoscheuer Anleger bei vorgegebenem Ertrag dasjenige Portfolio mit dem geringsten Risiko wählt.

Die Risikoeffizienz von Portfolios kann mithilfe von drei **Effizienzkriterien** überprüft werden. Danach ist ein Portfolio risikoeffizient, wenn es keine Alternative gibt, die

- für dieselbe erwartete Rendite ein geringeres Risiko,
- für dasselbe Risiko eine höhere erwartete Rendite und
- sowohl eine höhere erwartete Rendite als auch ein niedrigeres Risiko aufweist.

Der Erwartungswert der Rendite einer Investition wird mit μ bezeichnet und das durch die Standardabweichung der Renditen quantifizierte Risiko mit σ. Die Standardabweichung kann auch als **Volatilität** interpretiert werden. Sie sagt aus, wie stark die Rendite einer Investition um ihren Mittelwert schwankt (vgl. Kapitel A.2.3.3). Je höher die Standardabweichung bzw. Volatilität ist, desto höher ist das Risiko der Investition.

Die **erwartete Rendite** eines Portfolios (μ_P) ist die Summe der Renditen der jeweils mit ihren Portfolioanteilen gewichteten Wertpapiere. Somit gilt für die erwartete Rendite eines Portfolios, das aus einer bestimmten Zahl verschiedener Wertpapiere besteht, folgender Zusammenhang:

$$\mu_P = \sum_{i=1}^{n} a_i \, \mu_i; \text{ für } a_i \text{ gilt: } \sum_{i=1}^{n} a_i = 1$$

μ_P = Erwartungswert der Rendite des Portfolios
i = Wertpapier i
n = Anzahl der Wertpapiere
a_i = Anteil des Wertpapiers i am Portfolio
μ_i = Erwartungswert der Rendite des Wertpapiers i

Bei der Berechnung des **Risikos** eines Portfolios geht man von der Varianz bzw. Standardabweichung aus. Dabei ist zu berücksichtigen, dass verschiedene Abhängigkeiten zwischen den einzelnen Wertpapieren eines Portfolios bestehen.

Bei einem Portfolio mit **zwei verschiedenen Wertpapieren** (Zwei-Anlagen-Fall) sehen die Formeln für den Erwartungswert und die Standardabweichung des Portfolios wie folgt aus:

$$\mu_P = a_1 \mu_1 + a_2 \mu_2; \text{mit:: } a_2 = 1 - a_1$$

$$\sigma_P = \sqrt[2]{a_1^2 \sigma_1^2 + a_2^2 \sigma_2^2 + 2k_{12} a_1 a_2 \sigma_1 \sigma_2}$$

μ_P = Erwartungswert der Rendite des Portfolios
σ_P = Standardabweichung des Portfolios
k_{12} = Korrelation des Wertpapiers 1 mit dem Wertpapier 2

Aus den Gleichungen ist abzulesen, dass das Risiko eines Portfolios auch von der Korrelation der Wertpapiere abhängt. Der Korrelationskoeffizient kann Werte zwischen –1 und +1 annehmen. Für die drei Korrelationen von –1, 0 und +1 errechnen sich folgende Standardabweichungen:

$$k_{12} = -1: \sigma_P = |a_1 \sigma_1 - a_2 \sigma_2|$$

$$k_{12} = \ \ 0: \sigma_P = \sqrt{a_1^2 \sigma_1^2 + a_2^2 \sigma_2^2}$$

$$k_{12} = +1: \sigma_P = a_1 \sigma_1 + a_2 \sigma_2$$

Die Korrelationswerte von –1, 0 und +1 bedeuten jeweils, wie aus der Abbildung zu erkennen ist:

- **k_{12} = –1:** Hier sind die Renditen vollständig negativ korreliert. Durch die Mischung der Wertpapiere 1 und 2 kann eine positive erwartete Rendite bei Eliminierung des Risikos erzielt werden. Ausschließlich die Mischungen zwischen U_{Rf} und Wertpapier 2 sind effizient.

- **k_{12} = 0:** Es gibt keinen Zusammenhang zwischen der Renditeentwicklung von Wertpapier 1 und Wertpapier 2 (unkorrelierte Renditen). Durch die Mischung von Wertpapier 1 und 2 ist eine steigende Rendite bei sinkendem Risiko bis zu einem bestimmten Punkt (P_{mv}) zu erreichen. Das bedeutet, dass nur die Investition in Wertpapier 2 und Mischungen aus Wertpapier 1 und 2, die zwischen P_{mv} und Wertpapier 2 liegen, effizient sind.

- **k $_{12}$= +1:** Die Renditen sind vollständig positiv korreliert, sodass kein Diversifikationseffekt zu erzielen ist. Sowohl der Kauf des Wertpapiers 1 als auch des Wertpapiers 2 und jede beliebige Mischung aus beiden sind effizient.

Abbildung 4-1: Effizienzlinie bei unterschiedlichen Korrelationen

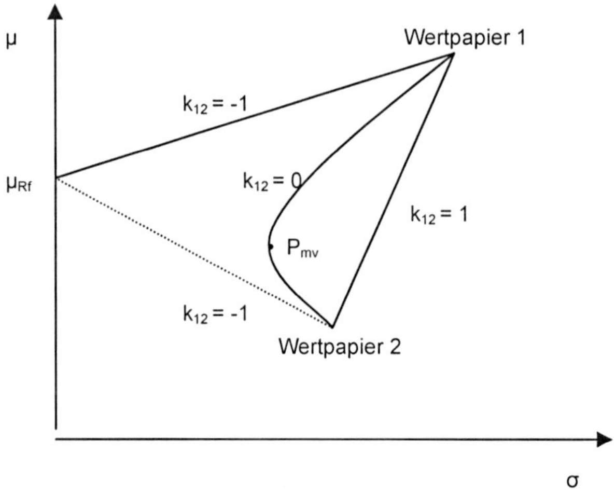

P_{mv} = Minimumvarianzportfolio
— = Geometrischer Ort effizienter Portfolios
... = Geometrischer Ort nicht effizienter Portfolios
μ_{Rf} = Rendite für risikofreie Investitionen

Besteht das Portfolio aus **mehr als zwei Wertpapieren**, so ist die effiziente Mischung durch Minimierung der Standardabweichung zu erreichen:

$$\text{Min!}\ \sigma_P$$
mit den Nebenbedingungen:
$$\mu_P = \sum_{i=1}^{n} a_i \mu_i;\ \sum_{i=1}^{n} a_i = 1;\ a_i \geq 0$$

Der Anleger kann hiermit für jeden Erwartungswert der Renditen das Portfolio mit dem geringsten Risiko bestimmen und erkennen, welches effiziente Portfolio er seinen Renditeerwartungen zuordnen sollte.

Um darzustellen, welches Portfolio effizient und welches ineffizient ist, wird in der Abbildung der Zusammenhang zwischen erwarteter Rendite (μ) und Risiko (σ) wiedergegeben. Die effizienten Portfolios liegen auf der **Effizienzlinie** (EFL). Bevor ein Investor entscheiden kann, welches auf der Effizienzlinie liegende Portfolio auszuwählen ist, muss er seine Risikoneigung bestimmen. Dazu dienen **Isonutzenkurven**; sie fassen sowohl den Rendite- als auch den Risikoaspekt in einem Wert zusammen. Alle Punkte, die auf einer Isonutzenkurve liegen, weisen den gleichen Nutzengrad auf. Die Abbildung zeigt die Lage des optimalen Portfolios (P). Es befindet sich im **Tangentialpunkt** der Effizienzlinie mit der Isonutzenkurve III. Dieses Portfolio ist für den Anleger optimal, weil es risikoeffizient ist und zugleich seiner Risikoneigung entspricht.

Abbildung 4-2: Das optimale Portfolio

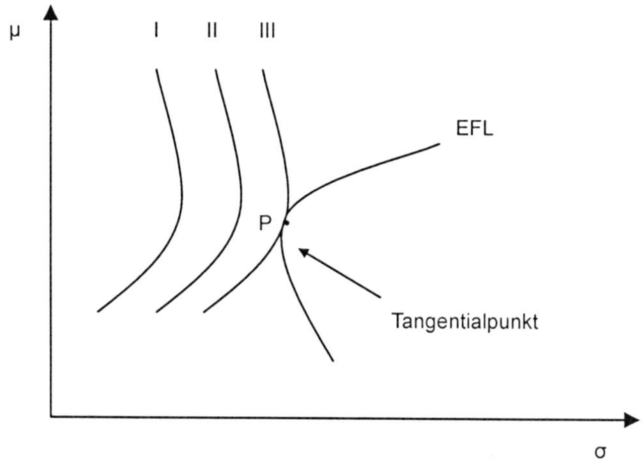

Die Anwendung der Portfoliotheorie im Sinne von Markowitz weist also viele Vorteile auf. Dennoch sind folgende **Probleme** zu beachten:

- Effiziente Portfolios können nur unter Verwendung sicherer oder historischer Daten gebildet werden. Relevant für die Entscheidungen eines Anlegers sind jedoch zukünftig effiziente Portfolios. Diese Daten sind weder sicher, noch lassen sie sich aus der Vergangenheit verlässlich ableiten.
- Ein weiteres Problem ist das richtige Timing. Selbst wenn Klarheit über die Zusammensetzung eines effizienten Portfolios bestünde, gibt die Portfoliotheorie keine Auskunft über den richtigen Ein- und Ausstiegszeitpunkt.
- Die Zusammenstellung eines effizienten Portfolios setzt einen erheblichen Daten- und Rechenaufwand voraus. Beispielsweise sind im Fall von 100 Wertpapieren mehr als 5.000 Werte zu erheben und 100 Gleichungen zu lösen.
- Die Portfoliotheorie geht von der Annahme aus, die Veränderungen der Risikofaktoren seien normalverteilt. Dies ist eine sehr vereinfachende Abbildung der Realität, wie insbesondere die Finanzkrise der Jahre 2007 ff. zeigte.

Aufgabe 17: Portfoliotheorie

4.2 Ertragsteuern

Für Investitionsentscheidungen sind Ertragsteuern von großer Bedeutung, weil sie sowohl den Zielwert einer Einzelinvestition als auch die Rangfolge von mehreren zur Auswahl stehenden Investitionsobjekten beeinflussen können. Welche Ertragsteuern anfallen, richtet sich nach der Rechtsform des Unternehmens:

- **Einzelunternehmen und Personenhandelsgesellschaft**: Die Ertragsteuern umfassen Einkommensteuer, Gewerbesteuer, Solidaritätszuschlag und evtl. Kirchensteuer.
- **Kapitalgesellschaft**: Die Ertragsteuern bestehen aus Körperschaftsteuer, Gewerbesteuer und Solidaritätszuschlag.

Die Kostensteuern, z.B. Grunderwerbsteuer und KfZ-Steuer, können als Auszahlungen in den Grundmodellen der vorherigen Kapitel erfasst werden. Somit beziehen sich die folgenden Ausführungen ausschließlich auf die Berücksichtigung von Ertragsteuern.

4.2.1 Standardmodell

Im Standardmodell werden die Ertragsteuern in vereinfachter Weise berücksichtigt. Ziel ist es, den **Kapitalwert nach Steuern** (K_s) zu ermitteln. Dabei geht das Standardmodell von folgenden **Prämissen** aus:

- **Einheitliche Bemessungsgrundlage**: Für alle Ertragsteuern wird eine einheitliche Bemessungsgrundlage unterstellt, die sich aus der Differenz zwischen investitionsobjektbezogenen Erträgen und Aufwendungen ergibt. Die Erträge entsprechen den Einzahlungen und die Aufwendungen den Auszahlungen. Zu den Aufwendungen zählen außerdem die steuerlichen Abschreibungen.
- **Einheitlicher Nettokalkulationszinssatz**: Gegeben ist ein vollkommener Kapitalmarkt mit einheitlichem Kalkulationszinssatz (i). Da die Bemessungsgrundlage keine Zinsen enthält, ist von einem um den Steuersatz (s) verminderten Kalkulationszinssatz (i_s) auszugehen: $i_s = i \cdot (1 - s)$.
- **Steuerzahlungen**: Die Steuerzahlungen erfolgen jeweils am Periodenende. In Verlustjahren ergibt sich eine sofortige Steuerrückzahlung am Ende der Verlustperiode.

Im Standardmodell werden die Zahlungsüberschüsse ($E_t - A_t$) um die Steuerzahlungen (S_t) gekürzt:

$$S_t = s \cdot (E_t - A_t - AfA_t)$$

S_t = Ertragsteuerzahlung zum Zeitpunkt t
s = Ertragsteuersatz
E_t = Einzahlung zum Zeitpunkt t

A_t = Auszahlung zum Zeitpunkt t
AfA_t = Steuerliche Abschreibung zum Zeitpunkt t

Ergibt sich am Ende der Planungsdauer ein Liquidationserlös (L_n), so ist zusätzlich der Differenzbetrag zwischen Liquidationserlös und Restbuchwert zu versteuern, sodass sich folgender Liquidationserlös nach Steuern ergibt:

$$N_{Ln} = L_n - s \cdot (L_n - RBW_n)$$

N_{Ln} = Nettoliquidationserlös (nach Steuern) am Ende der Nutzungsdauer
L_n = Liquidationserlös am Ende der Nutzungsdauer
s = Ertragsteuersatz
RBW_n = Steuerlicher Restbuchwert am Ende der Nutzungsdauer

Zusammengefasst ermittelt sich der Kapitalwert nach Steuern im Standardmodell wie folgt:

$$K_s = -A_0 + \sum_{t=1}^{n} \frac{E_t - A_t - S_t}{(1+i_s)^t} + \frac{N_{Ln}}{(1+i_s)^n}$$

K_s = Kapitalwert nach Ertragsteuern
A_0 = Anschaffungsauszahlung zum Zeitpunkt 0
t = Jahresindex
n = Nutzungsdauer des Investitionsobjekts
E_t = Einzahlung zum Zeitpunkt t
A_t = Auszahlung zum Zeitpunkt t
S_t = Ertragsteuerzahlung zum Zeitpunkt t
i_s = Nettokalkulationszinssatz
N_{Ln} = Nettoliquidationserlös am Ende der Nutzungsdauer

Beispiel: Ermittlung des Kapitalwerts vor und nach Ertragsteuern im Standardmodell

Ein Unternehmen plant die Anschaffung einer Produktionsanlage, für die nachstehende Daten gegeben sind: Anschaffungsauszahlung 104.000 €, Nutzungsdauer 5 Jahre, lineare Abschreibung, Liquidationserlös 10.000 €, Restbuchwert 4.000 €, Kalkulationszinssatz vor Steuern 12 %, Ertragsteuersatz 30 %. Die jährlichen Zahlungsüberschüsse sind: 1. Jahr 50.000 €, 2. Jahr 40.000 €, 3. Jahr 30.000 €, 4. Jahr 20.000 €, 5. Jahr 20.000 €. Wie hoch ist der Kapitalwert a) vor und b) nach Ertragsteuern?

a) Kapitalwert vor Ertragsteuern

Ohne Einbeziehung der Ertragsteuern errechnet sich ein Kapitalwert von 23.617,19 €:

$$K_0 = -104.000 + \frac{50.000}{1{,}12} + \frac{40.000}{1{,}12^2} + \frac{30.000}{1{,}12^3} + \frac{20.000}{1{,}12^4} + \frac{30.000}{1{,}12^5} = 23.617{,}19$$

b) Kapitalwert nach Ertragsteuern

Jahr	0	1	2	3	4	5
Anschaffungsauszahlung	–104.000					
Zahlungsüberschüsse vor Steuern		50.000	40.000	30.000	20.000	20.000
Abschreibungen		–20.000	–20.000	–20.000	–20.000	–20.000
Steuerbemessungsgrundlage		30.000	20.000	10.000	0	0
Steuerzahlungen auf Zahlungsüberschüsse		–9.000	–6.000	–3.000	0	0
Zahlungsüberschüsse nach Steuern		41.000	34.000	27.000	20.000	20.000
Liquidationserlös vor Steuern						10.000
Liquidationserlös nach Steuern						8.200
Zahlungsreihe nach Steuern	–104.000	41.000	34.000	27.000	20.000	28.200

Um den Kapitalwert nach Steuern (K_s) zu erhalten, ist die Zahlenreihe nach Steuern mit dem Kalkulationszinssatz i_s von 8,4 % abzuzinsen: $i_s = 0{,}12 \cdot (1 - 0{,}3) = 0{,}084$

$$K_s = -104.000 + \frac{41.000}{1{,}084} + \frac{34.000}{1{,}084^2} + \frac{27.000}{1{,}084^3} + \frac{20.000}{1{,}084^4} + \frac{28.200}{1{,}084^5} = 17.280{,}50$$

Der Kapitalwert nach Steuern ist positiv und beträgt 17.280,50 €. Somit ist das Investitionsvorhaben auch unter Berücksichtigung von Ertragsteuern als vorteilhaft einzustufen.

Das Standardmodell zur Berücksichtigung von Ertragsteuern hat den **Vorteil**, bestimmte steuerliche Auswirkungen, z.B. den Einfluss von Abschreibungen, veranschaulichen zu können. Dem steht als **Nachteil** gegenüber, dass die Modellvereinfachungen, z.B. die einheitliche Bemessungsgrundlage für alle Ertragsteuern, dem geltenden Steuerrecht nicht entspricht.

4.2.2 Steuerparadoxon

Mithilfe des Standardmodells lässt sich darüber hinaus das so genannte **Steuerparadoxon** veranschaulichen. Das Steuerparadoxon sagt aus, dass ein Investitionsobjekt umso vorteilhafter sein kann, je höher der Ertragsteuersatz ist. Dieser Effekt kann sich bei Investitionsobjekten, die planmäßig abzuschreiben sind, ergeben.

Beispiel: Steuerparadoxon

Für die Anschaffung einer Produktionsanlage ist von folgenden Plandaten auszugehen: Anschaffungsauszahlung 100.000 €, Nutzungsdauer 5 Jahre, lineare Abschreibung, Liquidationserlös 28.000 €, Restbuchwert 0 €, Kalkulationszinssatz vor Steuern 8 %, Ertragsteuersatz 30 %. Die jährlichen Zahlungsüberschüsse sind: 1. bis 4. Jahr jeweils 19.000 €, 5. Jahr 26.000 €. Wie hoch ist der Kapitalwert a) vor und b) nach Ertragsteuern?

a) Kapitalwert vor Ertragsteuern

Ohne Einbeziehung der Ertragsteuern errechnet sich ein Kapitalwert von –318,10 €, wodurch sich die Investition nicht lohnen würde:

$$K_0 = -100.000 + \frac{19.000}{1{,}08} + \frac{19.000}{1{,}08^2} + \frac{19.000}{1{,}08^3} + \frac{19.000}{1{,}08^4} + \frac{54.000}{1{,}08^5} = -318{,}10$$

b) Kapitalwert nach Ertragsteuern

Entsprechend den Prämissen des Standardmodells wird mit dem niedrigeren Kalkulationszinssatz $i_s = 0{,}08 \cdot (1 - 0{,}3) = 0{,}056$ abgezinst, die Abschreibungen mindern die steuerliche Bemessungsgrundlage, und die Steuererstattung wird sofort am Ende der Verlustperiode gezahlt. Diese Prämissen sind verantwortlich für das Paradoxon.

Beispiel: Steuerparadoxon

Jahr	0	1	2	3	4	5
Anschaffungsaus-zahlung	–100.000					
Zahlungsüberschüsse vor Steuern (inkl. L_n)		19.000	19.000	19.000	19.000	54.000
Abschreibungen		–20.000	–20.000	–20.000	–20.000	–20.000
Steuerbemessungs-grundlage		–1.000	–1.000	–1.000	–1.000	34.000
Ertragsteuern:						
Erstattung		300	300	300	300	
Zahlung						–10.200
Zahlungsreihe nach Steuern (inkl. L_n)		19.300	19.300	19.300	19.300	43.800

Um den Kapitalwert nach Steuern (K_s) zu erhalten, ist die Zahlenreihe nach Steuern mit dem Kalkulationszinssatz i_s von 5,6 % abzuzinsen. Nunmehr errechnet sich ein positiver Kapitalwert in Höhe von 1.048,18 €, sodass die Investition durch die Einbeziehung der Ertragsteuern vorteilhaft geworden ist:

$$K_s = -100.000 + \frac{19.300}{1{,}056} + \frac{19.300}{1{,}056^2} + \frac{19.300}{1{,}056^3} + \frac{19.300}{1{,}056^4} + \frac{43.800}{1{,}056^5} = 1.048{,}18$$

Teil C:

Finanzierung

1 Begriff, Märkte und Arten der Finanzierung

Wie bereits in Kapitel A.1.1 erläutert, besteht die Hauptaufgabe der Finanzierung in der Sicherung des finanziellen Gleichgewichts. Darauf aufbauend wird in diesem Kapitel der Finanzierungsbegriff erklärt sowie ein Überblick über die Finanzmärkte und Finanzierungsarten gegeben.

1.1 Finanzierungsbegriff

Finanzierung kann man mit einem enger gefassten oder weiter gefassten Begriff definieren. Im **engeren Sinne** ist Finanzierung die Beschaffung von Geld und geldwerten Gütern. Im Folgenden wird von **einem weiter gefassten** Finanzierungsbegriff ausgegangen. Danach beinhaltet Finanzierung die Beschaffung von Geld und geldwerten Gütern sowie die Umschichtung, Sicherung und Reduzierung von Kapital.

Abbildung 1-1: Maßnahmen der Finanzierung

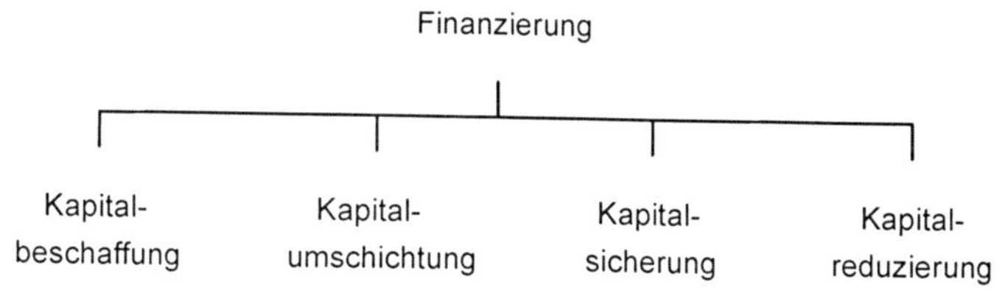

Die **Kapitalbeschaffung** kann durch externe Kapitalgeber (z.B. Banken oder Aktionäre) und intern durch das Unternehmen selbst (z.B. Gewinneinbehaltung) erfolgen. **Geld** tritt in Form von Bar- und Buchgeld auf. Zum Bargeld zählen Banknoten und Münzen, während man unter Buchgeld das jederzeit fällige Guthaben bei Kreditinstituten versteht. Als **geldwerte Güter** bezeichnet man Sacheinlagen (z.B. Wertpapiere und Geschäftsausstattung), das Einbringen von Rechten (z.B. Patente und Lizenzen) und die Leistung von Diensten (z.B. Beratung und Geschäftsvermittlung).

Bei einer **Kapitalumschichtung** tauscht das Unternehmen eine Kapitalart durch eine andere aus. Beispiele für solche Umfinanzierungen sind die Umwandlung von kurzfristigen Krediten in langfristige (zwecks Konsolidierung), von Rücklagen in Grundkapital (Kapitalerhöhung aus Gesellschaftsmitteln) oder von Fremdkapital in Eigenkapital (Wandelanleihen).

Als **Kapitalsicherung** sind Vorkehrungen zu verstehen, die der Vermeidung von Liquiditätsabflüssen dienen. Darunter fällt ein umfangreiches Maßnahmenbündel, das von der Kreditprolongation über die stille Selbstfinanzierung bis hin zur Zinskostenoptimierung mittels Derivaten reicht.

Kapitalreduzierung bedeutet die Verringerung und Rückzahlung von Eigenkapital (z.B. durch Gewinnausschüttung und Kapitalherabsetzung) sowie die Verringerung und Tilgung von Krediten. Dies verdeutlicht, dass Finanzierungsvorgänge nicht zwangsläufig mit einer Aufstockung der Kapitalbasis verbunden sein müssen.

Diese Maßnahmenkategorien sind nicht immer überschneidungsfrei voneinander abgrenzbar. So gibt es Finanzinstrumente, die zwei oder mehr Kategorien zugeordnet werden können. Beispielsweise zählt die Gewinneinbehaltung sowohl zur Kapitalbeschaffung als auch zur Kapitalsicherung. Allen Maßnahmen ist aber gemeinsam, dass sie sich in der Bilanz niederschlagen, und zwar als:

- **Bilanzverlängerung**: z.B. Aufnahme von Beteiligungskapital oder Krediten
- **Bilanzverkürzung**: z.B. Rückzahlung von Beteiligungskapital oder Krediten
- **Aktivtausch**: z.B. Kapitalfreisetzung durch Verkauf von Anlagevermögen zum Buchwert
- **Passivtausch**: z.B. Umschuldung kurzfristiger Kredite in langfristige Kredite

1.2 Finanzmärkte

Finanzmärkte erweitern die Handlungsmöglichkeiten der Marktteilnehmer und lenken die Finanzströme. **Marktteilnehmer** sind Kreditinstitute, Fondsgesellschaften, Versicherungsunternehmen, andere Unternehmen, private und öffentliche Haushalte. Die Finanzmärkte erfüllen folgende **Funktionen**:

- Beschaffung finanzieller Mittel durch die Kapitalnehmer
- Anlage finanzieller Mittel durch die Kapitalgeber
- Übernahme und Absicherung finanzieller Risiken

Die Finanzmärkte lassen sich nach **mehreren Kriterien** gliedern; eine abschließende, allumfassende Klassifizierung gibt es aber nicht. Darüber hinaus ist bei jeder Art von Klassifizierung zu beachten, dass eindeutige Abgrenzungen nicht immer möglich sind, weil vielfältige Überlappungen bestehen. Die folgenden Ausführungen nehmen eine

Abgrenzung vor anhand der Kriterien Finanzinstrument, Erfüllungszeitpunkt und Kontraktzeitpunkt.

***Abbildung 1-2:** Arten von Finanzmärkten*

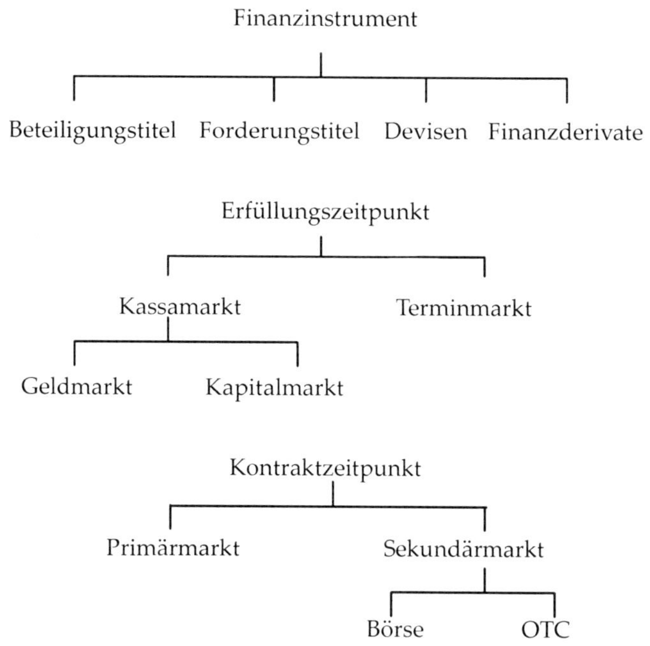

a) Finanzinstrument

Die Finanzinstrumente (Finanztitel) werden hier nach Beteiligungs- und Forderungstiteln, Devisen und Derivaten unterschieden.

Beteiligungstitel liegen vor, wenn ein Unternehmen damit Eigenkapital beschafft. Sie können verbrieft sein (z.B. Aktien) oder unverbrieft (z.B. Anteile an einer GmbH). **Forderungstitel** dienen der Fremdkapitalbeschaffung, wobei wiederum verbriefte (z.B. Schuldverschreibungen) und unverbriefte (z.B. Buchkredite) möglich sind.

Devisen sind auf fremde Währung lautende und im Ausland zahlbare Forderungen (Sichtguthaben bei Banken, Schecks und Wechsel). Unter **Finanzderivaten** versteht man Instrumente, deren Preis von dem Preis eines anderen Finanzinstruments abhängt. Swaps, Forwards, Futures und Optionen bilden die verschiedenen Derivateformen.

b) Erfüllungszeitpunkt
Unter dem Aspekt Erfüllungszeitpunkt lassen sich die Finanzmärkte nach Kassa- und Terminmärkten differenzieren.

Ein **Kassamarkt** ist dadurch gekennzeichnet, dass Abschluss und Erfüllung des Geschäfts zeitnah liegen, in Deutschland innerhalb von zwei Arbeitstagen. Kauft z.B. ein Unternehmen Aktien, so müssen in zwei Tagen die Aktien geliefert und der Preis bezahlt sein.

Demgegenüber fallen Abschluss und Erfüllung am **Terminmarkt** zeitlich auseinander. Beispiel ist ein Devisentermingeschäft, bei dem ein Unternehmen mit seiner Bank bereits heute den Wechselkurs fixiert, obwohl es die Fremdwährung erst in drei Monaten benötigt.

Kassamärkte können in Geld- und Kapitalmarkt untergliedert werden. Der **Geldmarkt** dient dem kurzfristigen Liquiditätsmanagement. Üblicherweise beziehen sich Geldmarktgeschäfte auf eine Zeitspanne von bis zu einem Jahr. Auf dem **Kapitalmarkt** schließen die Marktteilnehmer Verträge über mittelfristige, langfristige und unbefristete Finanztitel ab. Hierzu zählen beispielsweise Kredite und Anleihen mit Laufzeiten über einem Jahr und Aktien.

c) Kontraktzeitpunkt
Die Aufspaltung in Primär- und Sekundärmarkt richtet sich danach, wann die Marktteilnehmer einen Vertrag über Kauf/Verkauf des Finanztitels abschließen.

Auf dem **Primärmarkt** werden über einen Finanztitel zum ersten Mal Verträge abgeschlossen. So erfolgt die Emission von Aktien oder Schuldverschreibungen auf dem Primärmarkt. Gleiches gilt für Kredite, die erstmals zustande kommen. Auf dem **Sekundärmarkt** werden bereits platzierte Titel oder abgeschlossene Verträge gehandelt

Sekundärmärkte lassen sich nach dem **Organisationsgrad** weiter untergliedern, und zwar in Börsen und OTC-Märkte. Hoch organisierte Finanzmärkte sind Börsen. Die **Börse** ist als ein Markt definiert, der von staatlich anerkannten Stellen geregelt und überwacht wird, regelmäßig stattfindet und für die Öffentlichkeit unmittelbar oder mittelbar zugänglich ist. Somit haben auch Kleinanleger Zugang zur Börse.

Ein **OTC-Markt** (Over-the-Counter-Markt) weist einen geringeren Organisationsgrad auf. Zwar gibt es gewisse Standardisierungen und Usancen, jedoch sind weiterhin individuell abgestimmte Vereinbarungen zwischen den Marktteilnehmern möglich. Marktteilnehmer sind Kreditinstitute, Zentralbanken, öffentliche Institutionen, Makler, Kapitalsammelstellen und andere große Unternehmen. Die Geschäfte werden mit Telefon oder elektronischen Handelsplattformen abgewickelt. Es gibt verschiedenartige OTC-Märkte; besonders wichtig sind der außerbörsliche Wertpapier-, Geld-, Devisen- und Derivatehandel.

1.3 Überblick über die Finanzierungsarten

Die zahlreichen Finanzierungsmöglichkeiten lassen sich nach folgenden Merkmalen systematisieren:

- **Mittelherkunft**: Dieses Merkmal führt zur Unterscheidung in Außen- und Innenfinanzierung.
- **Rechtsbeziehung**: Nach Art der rechtlichen Stellung der externen Kapitalgeber liegt entweder eine Beteiligungs- oder eine Kreditfinanzierung vor.
- **Kapitalart**: Je nachdem welcher (in der Bilanz ausgewiesenen oder nicht ausgewiesenen) Kapitalposition die Mittel zuzuordnen sind, handelt es sich um Eigen- oder Fremdfinanzierung.

Außenfinanzierung heißt, dass externe Kapitalgeber dem Unternehmen Mittel zuführen. Wie die Abbildung zeigt, kann die Außenfinanzierung als Beteiligungs- oder Kreditfinanzierung gestaltet sein. Mit der **Beteiligungsfinanzierung** beschafft sich ein Unternehmen Eigenkapital von außen – Kapitalgeber sind die Inhaber und Gesellschafter. Im Fall der **Kreditfinanzierung** wird Fremdkapital von außen zugeführt; das Unternehmen ist Schuldner und der Kapitalgeber Gläubiger. Mischformen zwischen Beteiligungs- und Kreditfinanzierung bezeichnet man als **Mezzanine-Finanzierung**.

Abbildung 1-3: System der Finanzierungsarten

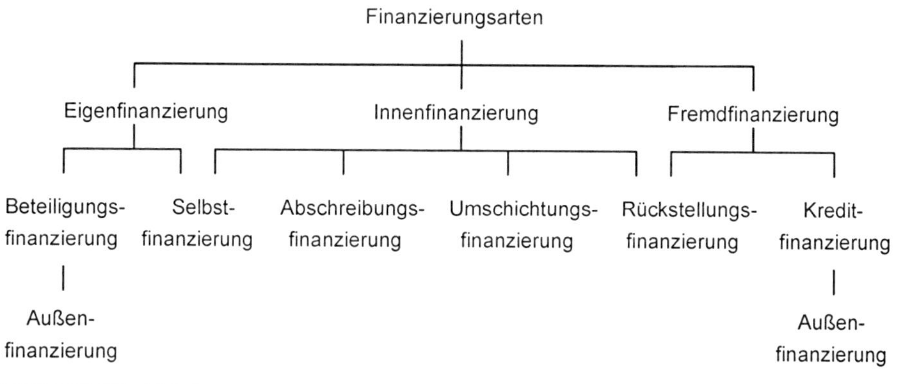

Den Kapitalzuführungen, die von den externen Gebern stammen, stehen Auszahlungen, z.B. für die Rückzahlung von Gesellschaftsanteilen oder für die Tilgung von Krediten, gegenüber. Um das **(Netto-)Volumen der Außenfinanzierung** ermitteln zu können, ist der Gesamtbetrag, der dem Unternehmen in einer Periode zufließt, um die betreffenden Kapitalabflüsse zu verringern. Somit besteht folgender Zusammenhang:

Abbildung 1-4: Außenfinanzierungsvolumen

Eigenkapitalzuführung	– Eigenkapitalrückzahlung	= Beteiligungsfinanzierung
Kreditaufnahme	– Kredittilgung	= Kreditfinanzierung
		= Außenfinanzierung

Die **Innenfinanzierung** resultiert aus Vorgängen, die im Unternehmen selbst ihren Ursprung haben. Die erste Art der Innenfinanzierung ist die **Überschussfinanzierung.** Sie ist dadurch gekennzeichnet, dass dem Unternehmen aus den üblichen Umsatzprozessen liquide Mittel zufließen, denen in derselben Periode keine auszahlungswirksamen Aufwendungen gegenüberstehen.

Die Überschussfinanzierung lässt sich aufspalten in die drei Formen **Selbst-**, **Abschreibungs-** und **Rückstellungsfinanzierung**. Die Selbstfinanzierung (Gewinneinbehaltung) zählt zur Eigenfinanzierung, während die Rückstellungsfinanzierung der Fremdfinanzierung zuzuordnen ist. Die Abschreibungsfinanzierung ist weder Eigen- noch Fremdfinanzierung, sondern eine Form der Kapitalfreisetzung.

Die **Umschichtungsfinanzierung** ist die zweite Art der Innenfinanzierung. Hier fließen dem Unternehmen liquide Mittel aus Kapitalfreisetzungsmaßnahmen zu, die außerhalb des üblichen Umsatzprozesses erfolgen. Es handelt sich um Vermögensumschichtungen wie z.B. um den Barverkauf von Forderungen oder von nicht mehr benötigten Sachgütern.

Hochrechnungen der Deutschen Bundesbank zeigen, wie die jährliche Neufinanzierung deutscher Unternehmen aussieht (ohne Umschichtungsfinanzierung). Bemerkenswert ist – und dies wiederholt sich in jedem Jahr –, dass die Abschreibungsfinanzierung mit weitem Abstand die wichtigste Finanzierungsart darstellt. Die folgenden Daten finden sich im Monatsbericht Dezember 2012 der Deutschen Bundesbank:

Tabelle 1-1: Finanzierung deutscher Unternehmen im Jahr 2011

Finanzierungsart	Anteil
Beteiligungsfinanzierung (nur Kapitalgesellschaften)	2,0 %
Kreditfinanzierung	25,3 %
Selbstfinanzierung	14,9 %
Abschreibungsfinanzierung	53,2 %
Rückstellungsfinanzierung	4,6 %
Gesamt	100,0 %

2 Beteiligungsfinanzierung

Dieses Kapitel geht zunächst auf die grundlegenden Merkmale und Anlässe der Beteiligungsfinanzierung ein. Anschließend wird die Gestaltung der Beteiligungsfinanzierung für verschiedene Unternehmensformen beschrieben. Es wird eine Aufspaltung in nicht emissionsfähige und emissionsfähige Unternehmen vorgenommen, wobei sich die Emissionsfähigkeit auf Aktien bezieht.

2.1 Wesen und Funktionen der Beteiligungsfinanzierung

Zur Beteiligungsfinanzierung zählen alle Formen der Bereitstellung von **Eigenkapital** durch bisherige und neue Anteilseigner. Synonyme Begriffe für Anteilseigner sind Anteilsinhaber, Eigenkapitalgeber sowie Eigentümer, Inhaber und Gesellschafter des Unternehmens . Die Beteiligungsfinanzierung ist sowohl Eigen- als auch Außenfinanzierung. Die zufließenden Mittel dienen primär der Unternehmensgründung und der Finanzierung zusätzlicher Investitionen.

Die Beteiligungsfinanzierung erhöht das Eigenkapital und somit die **Haftungsbasis** des Unternehmens. Zur Haftungsbasis zählt auch das so genannte Rückgriffskapital, das z.B. bei Vollhaftern aus deren Privatvermögen oder bei Genossenschaften aus der Nachschusspflicht der Genossen besteht.

Die Höhe des Eigenkapitals und die Art der Haftung sind von der **Rechtsform** des Unternehmens abhängig:

- **Höhe des Eigenkapitals**: In Einzelfirmen und Personengesellschaften ist das Eigenkapital variabel, wobei kein Mindestbetrag vorgeschrieben ist. Kapitalgesellschaften verfügen über ein festes Nominalkapital, das sich auf mindestens 25.000 € (GmbH), 50.000 € (AG und KGaA) oder 120.000 € (Societas Europaea (SE)) belaufen muss. Eingetragene Genossenschaften weisen kein festes gezeichnetes Kapital auf und es ist auch kein Mindestbetrag vorgeschrieben.
- **Art der Haftung**: Es ist zwischen unbegrenzter und begrenzter Haftung zu trennen. Im ersten Fall haftet das gesamte Privatvermögen der Inhaber bzw. Gesellschafter für die Verluste und Schulden des Unternehmens. Im zweiten Fall ist die Haftung auf die Höhe der gezeichneten Kapitaleinlage begrenzt.

Die Beteiligungsfinanzierung ist mit der Schaffung unternehmerischer **Mitgliedschaftsrechte** (Verwaltungs- und Vermögensrechte) verbunden. So haben die Eigenkapitalgeber grundsätzlich das Recht zur:

- Ausübung der Geschäftsführung bzw. Bestellung der Geschäftsleitung
- Entscheidung über Gewinnverwendung sowie Kapitalerhöhung und Kapitalherabsetzung
- Information über alle wichtigen Vorgänge und Ergebnisse
- Kontrolle der Unternehmensführung
- Beteiligung am Gewinn und Liquidationserlös

Gleichzeitig müssen die Eigenkapitalgeber bestimmte **Pflichten** beachten. Dazu zählen beispielsweise: Zahlung der eingeforderten Kapitaleinlagen, Beteiligung an Verlusten und Haftung im Fall der Insolvenz.

Von der Wahl der Rechtsform und von der Gestaltung des Gesellschaftsvertrages hängt ab, welche Funktion der Beteiligungsfinanzierung im Einzelfall zukommt. Es lassen sich drei allgemeine **Funktionen** herausstellen:

1. **Finanzierungsfunktion**: Durch die Beteiligungsfinanzierung erhält das Unternehmen Kapital, das ihm in der Regel unbefristet zur Verfügung steht. Es handelt sich also um eine dauerhafte Finanzierung, für die a priori keine Tilgungsvereinbarungen getroffen werden.

2. **Haftungsfunktion**: Zu unterscheiden ist zwischen zwei Arten der Haftung. Bei der **Haftung für Verluste** ist zu beachten, dass Verluste des Unternehmens das Eigenkapital schmälern (Verlustausgleichsfunktion). Die **Haftung bei Insolvenz** bezieht sich auf die Nachrangigkeit des Eigenkapitals: Im Insolvenzfall wird das Eigenkapital erst dann zurückgezahlt, wenn alle Gläubiger befriedigt werden konnten (Insolvenzhaftungsfunktion).

3. **Repräsentationsfunktion**: Auch diese Funktion kann in zwei Formen auftreten. Im **Außenverhältnis** bildet die Höhe des Beteiligungskapitals einen Maßstab für die Bonität des Unternehmens: Je höher die Eigenkapitalquote ist, umso besser ist die Kreditwürdigkeit und folglich die Basis für Kreditaufnahmen. Im **Innenverhältnis** resultieren aus den Kapitalquoten die Gewinnanteile und Machtbefugnisse der Gesellschafter. Beispielsweise verfügt ein Aktionär einer AG bei einer Quote von mehr als 25 % der Stimmrechte über die **Sperrminorität**, sodass keine grundlegenden Entscheidungen ohne seine Zustimmung gefällt werden können. Bei über 50 % liegt eine einfache Stimmenmehrheit vor und bei 75 % eine Dreiviertelmehrheit.

Die Beteiligungsfinanzierung ist eine Art der Außenfinanzierung. Ebenfalls zur Außenfinanzierung zählen die Kreditfinanzierung und Mezzanine-Finanzierung. Mit der Kreditfinanzierung beschafft sich das Unternehmen Fremdkapital. Die Mezzanine-

Finanzierung umfasst Instrumente, die eine Mischform aus Beteiligungs- und Kreditkapital darstellen. Die drei Arten der Außenfinanzierung lassen sich durch die in der Tabelle aufgeführten Kriterien abgrenzen.

Tabelle 2-1: Abgrenzungskriterien der Außenfinanzierungsarten

Merkmal	Beteiligungs-finanzierung	Kredit-finanzierung	Mezzanine-Finanzierung
Beispiel für die Kapitalgeber	GmbH-Gesellschafter, Stammaktionär	Kreditgeber, Anleihengläubiger	Stiller Gesellschafter, Genussscheininhaber
Entscheidungsrechte	Ja	Nein	Teilweise
Insolvenzhaftung	Unbegrenzt, begrenzt	Nein	Begrenzt
Gewinnbeteiligung	Ja	Nein	Oft
Vereinbarter Zins	Nein	Ja	Oft
Laufzeit	Unbefristet	Befristet	Befristet, unbefristet
Anspruchsgrundlage	Quotenanspruch	Nominalanspruch	Unterschiedlich

Hinzuweisen ist auf das Kriterium **Anspruchsgrundlage**, das sich auf die Art und Höhe des Anspruchs der Kapitalgeber bezieht. Die Anspruchsgrundlage der Beteiligungsfinanzierung ist ein **Quotenanspruch**. Eine Beteiligung begründet also einen Residualanspruch an den Vermögenswerten des Unternehmens nach Abzug aller Schulden. Das bedeutet, der Anteilseigner partizipiert an der Steigerung des Unternehmenswertes. Veräußert er seine Anteile, hat er die Chance, einen höheren als den ursprünglich gezahlten Betrag zu erhalten. Wird das Unternehmen aufgelöst oder verkauft, steht ihm ein Anteil am Liquidationserlös zu. Demgegenüber beinhaltet ein **Nominalanspruch**, dass der Kapitalgeber lediglich Anspruch auf die Rückzahlung des Nominalbetrages hat, wodurch er nicht von Wertsteigerungen des Unternehmens profitieren kann.

2.2 Anlässe der Beteiligungsfinanzierung

Die Anlässe der Beteiligungsfinanzierung lassen sich danach differenzieren, in welcher **Lebenszyklusphase** eines Unternehmens sie auftreten. Dementsprechend gliedern sich die folgenden Ausführungen nach den Phasen Gründung, Kapitalerhöhung, Umwandlung, Kapitalherabsetzung und Liquidation. Daraus ist ersichtlich, dass zur Beteiligungsfinanzierung nicht nur Maßnahmen zählen, die das Eigenkapital erhöhen, sondern auch Maßnahmen, die die Art des Eigenkapitals ändern oder das Eigenkapital reduzieren.

2.2.1 Gründung und Kapitalerhöhung

Sowohl bei der Neugründung als auch bei der Kapitalerhöhung eines Unternehmens kann die Beteiligungsfinanzierung in Form von liquiden Mitteln, Sacheinlagen, Dienstleistungen und/oder Rechten erfolgen.

Bei der **Unternehmensgründung** stellen die Anteilsinhaber – aus Sicht des Unternehmens – erstmals Beteiligungskapital zur Verfügung. Empirische Untersuchungen belegen, dass die Eigenkapitalausstattung das Hauptproblem von Unternehmensgründern bildet. Die Schwierigkeiten im Zusammenhang mit der Unternehmensgründung sind zum einen auf die beschränkten Finanzmittel der Gründer und zum anderen auf den Mangel an Informationen zurückzuführen.

Die Möglichkeit, Eigenkapital bereitzustellen, ist meistens deshalb begrenzt, weil die Gründer nicht über die notwendigen eigenen finanziellen Mittel verfügen. Dies gilt für Einzelfirmen, Personengesellschaften und Kapitalgesellschaften gleichermaßen.

Eine wesentliche Ursache hierfür ist der Mangel an Informationen seitens der Gründer und der anderen potenziellen Kapitalgeber. Aufgrund fehlender Erfahrungswerte bestehen insbesondere Informationsdefizite über die Alternativen der Kapitalbeschaffung, die Gestaltung der Rechtsverhältnisse zwischen dem Unternehmen und den potenziellen Kapitalgebern und die zukünftige Geschäftsentwicklung.

Der Mangel an Informationen führt zu einem größeren Risiko, was wiederum zweierlei Auswirkungen haben kann: Entweder wird von einer Kapitalüberlassung völlig abgesehen oder die Kapitalgeber verlangen eine hohe Risikoprämie und somit eine hohe Verzinsung. Letzteres kann bewirken, dass die Gründer ihrerseits auf eine externe Kapitalaufnahme verzichten.

Um die Risiken etwas zu reduzieren, gibt es für die Kapitalgesellschaften gesetzliche Vorschriften über die Höhe des Mindestkapitals. Das Stammkapital einer GmbH muss mindestens 25.000 € betragen, das Grundkapital einer AG oder KGaA mindestens 50.000 € und das Grundkapital einer SE mindestens 120.000 €.

Eine **Kapitalerhöhung** stärkt das Eigenkapital auf dem Wege der externen Zuführung von Beteiligungskapital durch bisherige oder neue Anteilsinhaber. Hauptzweck einer Kapitalerhöhung ist die Finanzierung von zusätzlichen Investitionen zur Sicherung des Unternehmenswachstums. Vor diesem Hintergrund hat eine Kapitalerhöhung sowohl eine direkte als auch eine indirekte Finanzierungsfunktion:

- **Direkte Finanzierungsfunktion**: Das Unternehmen finanziert die geplanten Investitionen mit dem aufgenommenen Eigenkapital.

- **Indirekte Finanzierungsfunktion**: Da die Höhe des Eigenkapitals ein Indikator für die Bonität des Unternehmens ist, erleichtert eine gute Eigenkapitalquote die Beschaffung zusätzlicher Finanzmittel, und zwar insbesondere von Krediten.

2.2.2 Umwandlung

Rechtliche Grundlage ist das **Umwandlungsgesetz** (UmwG), das in Kombination mit dem Gesetz zur Änderung des Umwandlungssteuerrechts ein einheitliches Umwandlungsrecht bildet. Nach § 1 UmwG können Rechtsträger durch Verschmelzung, Spaltung, Vermögensübertragung und Formwechsel umgewandelt werden. Der Begriff **Rechtsträger** umfasst Kapitalgesellschaften, Personenhandelsgesellschaften, Genossenschaften, Vereine sowie Körperschaften und Anstalten des öffentlichen Rechts. Jede Umwandlung ist mit einer **Änderung des Eigenkapitals** verbunden, während das Fremdkapital nicht betroffen sein muss.

Abbildung 2-1: *Umwandlung von Unternehmen*

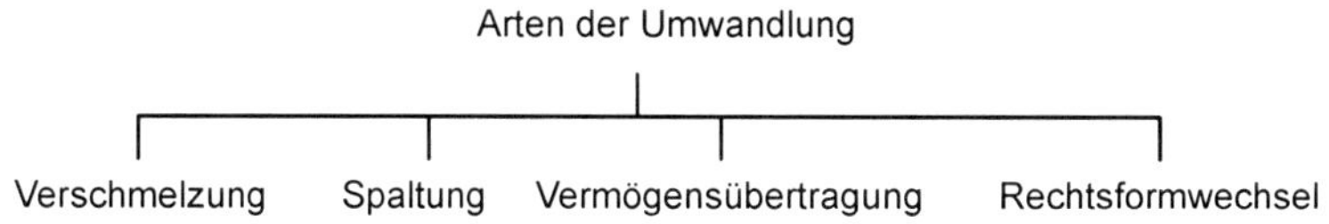

Bei einer **Verschmelzung (Fusion)** wird das Vermögen von zwei oder mehr Gesellschaften vereinigt. Dabei ist zwischen folgenden Arten zu unterscheiden:

- **Verschmelzung durch Aufnahme**: Übertragung des Vermögens als Ganzes von einer oder mehreren Gesellschaften auf eine bestehende Gesellschaft. Das Vermögen (samt Verbindlichkeiten) geht über mit der Eintragung der Verschmelzung in das Register des Sitzes der übernehmenden Gesellschaft.
- **Verschmelzung durch Neugründung**: Übertragung des Vermögens als Ganzes von einer, zwei oder mehreren Gesellschaften auf eine neu gegründete Gesellschaft. Das Vermögen geht über mit der Eintragung der Verschmelzung in das Register des Sitzes der neuen Gesellschaft.

Tabelle 2-2: *Arten der Verschmelzung*

Art	Vor der Verschmelzung	Nach der Verschmelzung
Verschmelzung durch Aufnahme	Unternehmen A Unternehmen B	Unternehmen A
Verschmelzung durch Neugründung	Unternehmen A Unternehmen B	Unternehmen C

In beiden Arten erfolgt die Verschmelzung, indem die übernehmende bzw. neue Gesellschaft den Anteilsinhabern der übertragenden Gesellschaft Anteile an der übernehmenden bzw. neuen Gesellschaft gewährt.

Eine **Spaltung** tritt in Form der Aufspaltung, Abspaltung oder Ausgliederung auf, wobei Vermögensteile auf eine bestehende oder neue Gesellschaft übertragen werden können. Auch hier werden den Anteilsinhabern der übertragenden Gesellschaft Anteile der übernehmenden bzw. neuen Gesellschaft gewährt.

Eine **Vermögensübertragung** liegt vor, wenn eine Gesellschaft das Gesamtvermögen oder Vermögensteile auf einen anderen bestehenden Rechtsträger überträgt, und zwar gegen Gewährung einer Leistung, die nicht in Anteilen oder Mitgliedschaften besteht. Solche Vermögensübertragungen sind nur zwischen bestimmten Rechtsträgern möglich, beispielsweise von Kapitalgesellschaften auf Bund, Land und Körperschaften sowie innerhalb der Versicherungsbranche.

Im Fall eines **Formwechsels** erhält die Gesellschaft eine neue Rechtsform. Gründe für die Änderung der Rechtsform können sein:

- Optimierung der Haftungsverhältnisse und Gesellschafterpflichten (z.B. Wechsel von OHG zur GmbH)
- Aufnahme oder Ausscheiden von Gesellschaftern (z.B. Wechsel vom Einzelkaufmann zur Personengesellschaft und umgekehrt)
- Steuerliche Optimierung (z.B. Wechsel von GmbH zur GmbH & Co. KG)
- Verbesserung der Außenwirkung (z.B. Wechsel von Teilhaftung zur Vollhaftung)
- Verbreiterung der Kapitalbeschaffungsbasis (z.B. Wechsel in eine AG)
- Erleichterung der Internationalisierung (z.B. von AG zur SE)

2.2.3 Kapitalherabsetzung und Liquidation

Gründe für die **Herabsetzung** des Eigenkapitals können Entnahmen oder Ausscheiden von Gesellschaftern, Verminderung des Kapitalbedarfs oder Ausgleich von Verlusten sein. Da eine Kapitalherabsetzung zu einer Reduzierung des Gläubigerschutzes führt, sind je nach Rechtsform unterschiedliche Vorschriften zu beachten.

Die weitestgehenden Freiheiten hat der **Einzelkaufmann**. Aufgrund der unbegrenzten Haftung und der alleinigen Inhaberschaft kann er jederzeit das Eigenkapitalkonto durch Entnahme von Gewinnen, Entnahme von Kapitaleinlagen oder Verluste reduzieren.

Personenhandelsgesellschaften müssen gemäß HGB gewisse Einschränkungen beachten. Beispielsweise dürfen die Komplementäre einer OHG und KG bis zu 4 % ihres Kapitalanteils entnehmen; darüber hinausgehende Privatentnahmen dürfen nicht zum offenbaren Schaden der Gesellschaft sein. Die Herabsetzung der Einlage eines Kommanditisten muss ins Handelsregister eingetragen werden.

Besonders strenge Vorschriften gelten für die **Kapitalgesellschaften.** GmbH-Gesetz und Aktiengesetz regeln detailliert die Bedingungen, die bei einer Kapitalherabsetzung einzuhalten sind. Insbesondere darf das fixierte Mindestkapital nicht unterschritten werden (vgl. Kapitel C.2.3.1 und C.2.4.3.3).

Das Geschäftsguthaben von **Genossenschaften** ist variabel. Scheidet ein Mitglied aus, ist ihm sein Anteil am Geschäftsguthaben auszuzahlen. Sofern im Statut vorgesehen, sind ihm auch anteilige stille Reserven auszuzahlen.

Die letzte Phase im Lebenszyklus eines Unternehmens bzw. Unternehmensteils bildet die **Liquidation.** Liquidation bedeutet die Auflösung und Abwicklung eines Unternehmens oder Unternehmensteils. Die Arten, Gründe und Zwecke der Liquidation sind in der Tabelle zusammengefasst.

Tabelle 2-3: Unterscheidungsmerkmale der Liquidation

Arten	Totalliquidation: Das gesamte Vermögen des Unternehmens wird liquidiert Teilliquidation: Ein wesentlicher Teil des Vermögens wird liquidiert (z.B. eine Sparte); die (Rest-)Firma bleibt bestehen
Gründe	Freiwillige Liquidation: Gründe sind das Erreichen des Betriebszwecks, Nichterreichen von Zielen, Ausscheiden von Gesellschaftern usw. Zwangsweise Liquidation: Erfolgt gerichtlich aufgrund eines Insolvenzverfahrens; zwangsweise Teilliquidationen können auch eine Folge der Sicherheitenverwertung durch nicht befriedigte Gläubiger sein
Zwecke	Materielle Liquidation: Die Auflösung wird in das Register eingetragen und das Unternehmen wird in eine Abwicklungsgesellschaft umgewandelt, deren Zweck darin besteht, die Vermögensgegenstände zu liquidieren Formelle Liquidation: Die Auflösung der Firma ist rein rechtlicher Natur; die wirtschaftliche Tätigkeit des Unternehmens bleibt bestehen und wird – z.B. nach einer Fusion – in einer anderen Firma weitergeführt

2.3 Beteiligungsfinanzierung nicht emissionsfähiger Unternehmen

Ein Unternehmen ist nicht emissionsfähig, wenn es keine Aktien ausgeben kann. Dies gilt für alle Unternehmen außer der Aktiengesellschaft (AG), Kommanditgesellschaft auf Aktien (KGaA) und Societas Europaea (SE).

Von den **nicht emissionsfähigen Unternehmen** werden im Folgenden die Einzelfirma und Personengesellschaften, GmbH und Genossenschaft analysiert. Für all diese Unternehmensformen ist charakteristisch, dass ihr Potenzial zur Erhöhung des Eigenkapitals begrenzt ist, weil

- sie keine Aktien auf den Kapitalmärkten emittieren können,
- ihre Anteile nicht frei handelbar sind und
- somit ihre Beteiligungsfinanzierung nur im Rahmen eines relativ engen Kreises von Gesellschaftern durchführen können.

Die stille Beteiligung wird nicht im Rahmen der Beteiligungsfinanzierung behandelt, sondern als eine Form der Mezzanine-Finanzierung (vgl. Kapitel C.3.4.2.1).

2.3.1 Einzelfirma und Personenhandelsgesellschaften

Im Fall der **Einzelfirma** ist der Unternehmer der alleinige Inhaber. Als **Personenhandelsgesellschaften** gelten die Offene Handelsgesellschaft (OHG) und die Kommanditgesellschaft (KG). Personenhandelsgesellschaften müssen ein kaufmännisches Gewerbe betreiben und die Vorschriften des HGB beachten.

Die stille Gesellschaft ist zwar im HGB geregelt, jedoch keine Handelsgesellschaft, weil nicht sie, sondern der Geschäftsinhaber ein Handelsgewerbe betreibt. Die Gesellschaft bürgerlichen Rechts und die Partnergesellschaft zählen zwar zu den Personengesellschaften, sind aber keine Handelsgesellschaften. Denn für sie gilt nicht das HGB, sondern das BGB bzw. Partnergesellschaftsgesetz.

Außerdem haben sich verschiedene **Mischformen** zwischen Personen- und Kapitalgesellschaften herausgebildet. Die wichtigste Form bildet die **GmbH & Co. KG**. Sie ist eine Kommanditgesellschaft, bei der als Komplementär (Vollhafter) eine Kapitalgesellschaft, nämlich die GmbH, fungiert.

Die Beteiligungsfinanzierung durch unbeschränkt haftende Gesellschafter (Einzelunternehmer, OHG-Gesellschafter und KG-Komplementär) ist gesetzlich in nur geringem Maße geregelt. Dies ist darauf zurückzuführen, dass Verschiebungen zwischen Unternehmens- und Privatvermögen für die Haftungsmasse unerheblich sind, weil die Gesellschafter unbegrenzt mit dem gesamten Geschäfts- und Privatvermögen für die Schulden des Unternehmens haften.

Tabelle 2-4: Merkmale der Einzelfirma und Personenhandelsgesellschaften

Merkmal	Einzelfirma	OHG	KG
Rechtsgrundlagen	Wenn Kaufmann: §§ 1 bis 104 HGB	§§ 105 bis 160 HGB	§§ 161 bis 177a HGB
Inhaber/Gesellschafter	Einzelunternehmer	Gesellschafter	a) Komplementäre b) Kommanditisten
Mindestzahl der Gründer	1	2	a) 1 b) 1
Haftung	Allein und unbeschränkt	Unmittelbar, unbeschränkt und solidarisch (gesamtschuldnerische Haftung)	a) Wie OHG-Gesellschafter b) Bis zur Einlagenhöhe
Registereintragung	Handelsregister (wenn Kaufmann)	Handelsregister	Handelsregister
Beteiligung am Gesellschaftsvermögen	Kein Gesellschaftsvermögen	Am Gesamthandsvermögen	Am Gesamthandsvermögen
Konstantes Eigenkapital	Nein	Nein	Kapitalkonten der Kommanditisten
Variables Eigenkapital	Kapitalkonto des Einzelunternehmers	Kapitalkonten der Gesellschafter	Kapitalkonten der Komplementäre
Mindestkapital und -anteil	Nein	Nein	Nein
Besteuerung	Gewerbesteuer wenn Gewerbe, Einkommensteuer für den Einzelunternehmer	Gewerbesteuer für OHG wenn Gewerbe, Einkommensteuer für die Gesellschafter (Körperschaft-/ Gewerbesteuer, wenn diese juristische Personen sind)	Gewerbesteuer für KG, wenn Gewerbe, Einkommensteuer für die Gesellschafter (Körperschaft-/ Gewerbesteuer, wenn diese juristische Personen sind)

2.3.1.1 Einzelfirma

Der Inhaber einer Einzelfirma unterliegt bei seinen Entscheidungen über **Art und Umfang des Eigenkapitals** keinen gesetzlichen Auflagen. Das Eigenkapital kann sich jederzeit durch Einlagen und Gewinne erhöhen oder durch Entnahmen und Verluste verringern. Beschränkungen bestehen lediglich in wirtschaftlicher Hinsicht. So können beispielsweise übermäßige Entnahmen den Betriebsablauf oder gar die Unternehmensexistenz gefährden.

Das **Hauptproblem** der Beteiligungsfinanzierung von Einzelfirmen resultiert daraus, dass das Vermögen des Inhabers limitiert ist. Da das Gesamtvermögen als Sicherheits- und Bonitätsfaktor anzusehen ist, wird auch die Höhe des Fremdkapitals begrenzt sein, was wiederum zu einem Hemmnis für das betriebliche Wachstum führen kann.

2.3.1.2 Offene Handelsgesellschaft (OHG)

Eine OHG kommt vor allem für gleich berechtigte und verpflichtete Gesellschafter in Betracht, die oft auch in dem Unternehmen tätig sind. Für die Haftung der Gesellschafter sieht das HGB folgende Regelungen vor:

- **Unbeschränkte Haftung**: Für die Verbindlichkeiten des Unternehmens haften die Gesellschafter unbegrenzt, persönlich und gesamtschuldnerisch (§ 128 HGB); jeder Gesellschafter kann durch die Gläubiger unmittelbar in Anspruch genommen werden.

- **Neueintritt**: Eintretende Gesellschafter haften für die Verbindlichkeiten des Unternehmens, die vor ihrem Eintritt bestanden haben, wie die anderen Gesellschafter (§ 130 HGB).

- **Auflösung und Ausscheiden**: Nach Auflösung des Unternehmens oder Ausscheiden eines Gesellschafters haftet der Gesellschafter für die Verbindlichkeiten, die zu diesem Zeitpunkt bestehen, noch fünf Jahre (§ 159 HGB).

Wegen der strengen Haftungsbestimmungen müssen die Gesellschafter einer OHG ein hohes Maß an gegenseitigem Vertrauen aufbringen. Daher regelt ein **Gesellschaftsvertrag** die jeweiligen Rechte und Pflichten, so z.B. die Geschäftsführungs- und Vertretungsbefugnis sowie die Höhe der Einlagen.

Die **Kapitalkonten** der OHG-Gesellschafter sind im Allgemeinen variabel. Das bedeutet, sie ändern sich durch Entnahmen, zusätzliche Einlagen, nicht entnommene Gewinne und entstandene Verluste. Oft sind die Kapitalkonten in Konten mit festen und variablen Volumina aufgespalten. Die Kapitalkonten mit festen Beträgen dienen dann als Basis für die Gewinnverteilung.

Die **Gewinn- und Verlustbeteiligung** der Gesellschafter richtet sich nach dem Gesellschaftsvertrag. Sofern nichts anderes festgelegt ist, bestimmt § 121 HGB, dass die Kapitalanteile zunächst mit 4 % zu verzinsen sind und der Restgewinn in einem angemessenen Verhältnis aufzuteilen ist. Eventuelle Verluste sind ebenfalls in einem angemessenen Verhältnis zu verteilen.

Der Gesellschafter einer OHG darf bis zu 4 % seines für das vorausgegangene Geschäftsjahr festgestellten Kapitalanteils **entnehmen**. Außerdem kann er die Auszahlung weiterer Anteile verlangen, wenn dies nicht zu einem offenbaren Schaden für das Unternehmen führt. Weitere Entnahmen sind nur mit Einwilligung der anderen Gesellschafter möglich (§ 122 HGB).

Analog zur Einzelfirma besteht bei der OHG das **Hauptproblem** der Beteiligungsfinanzierung darin, dass das Vermögen der Gesellschafter und somit auch das Haftkapital des Unternehmens limitiert sind. Darüber hinaus sind der Aufnahme neuer Gesellschafter wegen der persönlichen Haftung enge Grenzen gesetzt.

2.3.1.3 Kommanditgesellschaft (KG)

Gemäß § 161 HGB ist die KG eine Personenhandelsgesellschaft, bei der mindestens ein Gesellschafter, der **Komplementär**, unbeschränkt haftet und mindestens ein Gesellschafter, der **Kommanditist**, nur mit seiner Einlage haftet.

Wie bei der OHG ist eine **Eintragung ins Handelsregister** notwendig. Erst mit dieser Eintragung wirkt die Haftungsbeschränkung der Kommanditisten. Vor der Eintragung haften auch die Kommanditisten persönlich, sofern den Gläubigern die Beschränkung der Haftung nicht bekannt war (§ 176 HGB).

Die Geschäftsführung kann frei geregelt werden. Sofern der Gesellschaftsvertrag nichts anderes enthält, obliegt die **Geschäftsführung** den Komplementären. Die Kommanditisten sind von der Geschäftsführung grundsätzlich ausgeschlossen (§ 164 HGB). Ihnen steht außer dem Kontrollrecht ein Widerspruchsrecht bei Entscheidungen zu, die über den gewöhnlichen Geschäftsbetrieb hinausgehen.

Die **Eigenkapitalanteile der Komplementäre** sind wie in der Einzelfirma und OHG variable Größen; sie können sich laufend durch Einlagen bzw. Entnahmen und Gewinne bzw. Verluste verändern. Die Einlagen können in Geld, Sachen, Rechten oder Leistungen bestehen. Demgegenüber ist der **Eigenkapitalanteil der Kommanditisten** konstant. Der auf den betreffenden Kapitalkonten auszuweisende Betrag kann nur durch Verluste und Erhöhungen oder Verminderungen, die im Handelsregister einzutragen sind, verändert werden. Die Einlagen können in Form von Geld, Sachen oder Rechten erfolgen, wobei sie stets in einem Geldbetrag angegeben sein müssen.

Sofern im Gesellschaftsvertrag nichts anderes bestimmt ist, werden bei der **Gewinnverteilung** die Kapitalanteile zunächst mit 4 % verzinst und die Restgewinne in einem angemessenen Verhältnis aufgeteilt (§§ 167 und 168 HGB). **Verluste** werden ebenfalls in einem angemessenen Verhältnis aufgeteilt. Kommanditisten nehmen an den Verlusten nur in Höhe ihres Kapitalanteils und ihrer rückständigen Einlage teil.

Hinsichtlich der **Kapitalentnahme** gilt für die Komplementäre die gleiche Regelung wie für die OHG-Gesellschafter. Der Kommanditist hat kein derartiges Entnahmerecht, sondern nur Anspruch auf Auszahlung des ihm zustehenden Gewinns – dies auch nur dann, wenn er seinen Kapitalbetrag voll eingezahlt hat. Eine Herabsetzung der Einlage des Kommanditisten muss von den Gesellschaftern insgesamt beschlossen und in das Handelsregister eingetragen werden.

Als eine wichtige spezielle Ausprägung der Kommanditgesellschaft ist die **GmbH & Co. KG** zu nennen. Sie stellt eine Kombination aus Personen- und Kapitalgesellschaft dar – es handelt sich um eine KG, deren Komplementär eine GmbH ist. Dadurch sollen vor allem zwei **Ziele** erreicht werden:

1. Begrenzung der Haftung auf die Einlagen der Kommanditisten und auf das Gesellschaftsvermögen der GmbH
2. Reduzierung der Körperschaftsteuerpflicht auf die GmbH, während die Einkünfte der Kommanditisten nur der Einkommensteuer unterliegen

Fazit: Aufgrund der beschränkten Haftung der Kommanditisten und der weniger engen Bindung dieser Gesellschafter an das Unternehmen stellt die KG eine Form dar, die besser als die OHG geeignet ist, Beteiligungskapital von mehreren Geldgebern zu beschaffen. Da aber die Übertragbarkeit der Anteile schwierig ist (Zustimmung der Gesellschafter bzw. vertragliche Regelung sowie Eintragung ins Handelsregister), ist der Beteiligungsfinanzierung auch einer KG Grenzen gesetzt.

2.3.2 Gesellschaft mit beschränkter Haftung (GmbH)

Die GmbH ist wie die AG, KGaA und SE eine juristische Person und eine Kapitalgesellschaft. **Juristische Person** heißt, die GmbH besitzt eine eigene Rechtspersönlichkeit. Die Rechtsfähigkeit hat zur Folge, dass die GmbH Trägerin ihres Vermögens ist und mit diesem Vermögen gegenüber den Gläubigern haftet, während die Gesellschafter nicht persönlich haften. Eine Sonderform der GmbH ist die Unternehmergesellschaft (haftungsbeschränkt).

Als **Kapitalgesellschaft** verfügt die GmbH über ein festes, in das Handelsregister eingetragenes Stammkapital. Die GmbH hat eine **Satzung (Gesellschaftsvertrag)** und zwei notwendige Organe: Geschäftsführer (§ 6 GmbHG) und Gesellschafterversammlung (§§ 48 ff. GmbHG). Falls die Mitarbeiterzahl 500 übersteigt oder es im Gesellschaftsvertrag bestimmt ist, kommt als drittes Organ ein Aufsichtsrat hinzu (§ 52 GmbHG). Insofern weist die GmbH einige Gemeinsamkeiten mit der AG auf. Dennoch ist die GmbH keine Sonderform der AG. Die Organisation einer GmbH sowie die Rechte und Pflichten der Mitglieder sind flexibler gestaltbar als bei einer AG.

Tabelle 2-5: Merkmale der GmbH und UG (haftungsbeschränkt)

Rechtsgrundlagen	GmbH-Gesetz
Anteilseigner	Gesellschafter
Mindestzahl der Gründer	1
Haftung	Begrenzt auf das Gesellschaftsvermögen; nach Eintragung ins Handelsregister haften die Gesellschafter nur bis zur Höhe ihrer Einlage, unter Umständen Nachschusspflichten
Registereintragung	Handelsregister
Beteiligung der Gesellschafter am Gesellschaftsvermögen	Keine direkte Beteiligung am Gesellschaftsvermögen, aber Recht auf Anteil am Liquidationserlös
Konstantes Eigenkapital	Stammkapital
Variables Eigenkapital	Rücklagen, Nachschüsse und Gewinn- bzw. Verlustvortrag
Mindestkapital	25.000 € für GmbH, 1 € für UG (haftungsbeschränkt)
Mindestanteil	1 €
Besteuerung	Körperschaftsteuer- und Gewerbesteuerpflicht der Gesellschaft, Gewinnausschüttungen erhöhen die Einkommensteuer der Gesellschafter (wenn es sich bei diesen um juristische Personen handelt, unterliegen die Gewinnausschüttungen der Körperschaft-/Gewerbesteuer)

2.3.2.1 Gründung

Eine GmbH kann gemäß § 1 GmbHG zu jedem gesetzlich zulässigen Zweck durch eine oder mehrere (natürliche oder juristische) Personen gegründet werden. Die Gründer erstellen den **Gesellschaftsvertrag**, der unter anderem die Höhe des Stammkapitals und den Betrag, der von jedem Gesellschafter als Stammeinlage zu leisten ist, enthält. Der Gesellschaftsvertrag bedarf notarieller Form (§§ 2 und 3 GmbHG).

Die GmbH ist bei dem Gericht, in dem sie ihren Sitz hat, in das Handelsregister einzutragen (§§ 7 und 8 GmbHG). Die Eintragung wirkt rechtsbegründend, d.h. mit der Eintragung ist die juristische Person entstanden.

Für das Stammkapital und die Stammeinlagen der **GmbH** gelten folgende Vorschriften:

- Das **Mindeststammkapital** beläuft sich auf 25.000 €. Vor Eintragung in das Handelsregister müssen mindestens 12.500 € eingezahlt sein.

- Die **Stammeinlage** pro Gesellschafter muss mindestens 1 € betragen. Vor Eintragung in das Handelsregister hat jeder Gesellschafter mindestens ein Viertel seiner Stammeinlage einzuzahlen, wobei die Summe der eingezahlten Stammeinlagen mindestens 12.500 € betragen muss.

- Werden als Stammeinlagen **Sacheinlagen** geleistet, z.B. Grundstücke und Patente, so sind Gegenstand und Betrag der Einlage im Gesellschaftsvertrag festzusetzen. Das Registergericht prüft, ob die Sacheinlagen richtig bewertet wurden: Im Fall einer Überbewertung hat der Gesellschafter den Fehlbetrag als Geldeinlage zu leisten.

Neben dem Stammkapital kann das Eigenkapital aus **variablen Bestandteilen** bestehen. Zum einen handelt es sich um mögliche Nachschusspflichten der Gesellschafter, zum anderen um Rücklagen und Gewinn- und Verlustvorträge.

Am 01.11.2008 ist eine GmbH-Novelle in Kraft getreten, um Unternehmensgründungen zu erleichtern und zu beschleunigen. Ein wesentlicher Inhalt dieser Novelle ist die Einführung der **Unternehmergesellschaft (haftungsbeschränkt)**. Sie soll vor allem Existenzgründern, die anfangs wenig Stammkapital benötigen, den Zugang zu einer Kapitalgesellschaft ermöglichen. Aus diesem Grunde ist für die UG (haftungsbeschränkt) jedes **Stammkapital** zwischen 1 € und 24.999 € möglich, wobei der Betrag vor Anmeldung zum Handelsregister in bar und in voller Höhe aufzubringen ist.

Die UG (haftungsbeschränkt) ist keine eigene Rechtsform, sondern eine **Variante der GmbH** (§ 5a GmbHG). Obwohl sie rechtlich eine GmbH ist, darf sie sich im Geschäftsverkehr nicht als GmbH bezeichnen. Stattdessen muss sie die Bezeichnung „Unternehmergesellschaft (haftungsbeschränkt)" oder „UG (haftungsbeschränkt)" führen. Aufgrund dieser Firmenbezeichnung ist erkennbar, dass es sich um eine GmbH handelt, die mit weniger als 25.000 € Stammkapital gegründet worden ist.

Die UG (haftungsbeschränkt) darf Gewinne nicht in voller Höhe ausschütten. Vielmehr müssen 25 % des Gewinns in eine **gesetzliche Rücklage** eingestellt werden, bis das Mindeststammkapital von 25.000 € erreicht ist. Eine Frist hierfür gibt es nicht. Erhöht dann die Gesellschaft ihr Stammkapital auf mindestens 25.000 € (wofür auch die Rücklage verwendet werden kann), steht es ihr frei, die Bezeichnung als UG (haftungsbeschränkt) beizubehalten oder in eine übliche GmbH umzufirmieren. Die Kapitalerhöhung und Firmenänderung müssen in notarieller Form zur Eintragung ins Handelsregister angemeldet werden.

2.3.2.2 Kapitalveränderungen

Stammkapitalveränderungen können sich in Erhöhungen, Herabsetzungen und Anteilsverkäufen äußern.

a) Erhöhung des Stammkapitals

Kapitalerhöhungen können durch die bisherigen oder durch neue Gesellschafter erfolgen. Da die Erhöhung des Stammkapitals eine Satzungsänderung voraussetzt, bedarf sie einer Dreiviertelmehrheit der abgegebenen Gesellschafterstimmen. Die Abstimmung erfolgt nach Stammeinlagen. Der Beschluss muss notariell beurkundet und in das Handelsregister eingetragen werden (§§ 55 ff. GmbHG). Zur Kapitalerhöhung hat die GmbH zwei Möglichkeiten:

1. Die **Kapitalerhöhung gegen Einlagen** bedeutet die Zuführung zusätzlicher Mittel in Form von Geld- und Sacheinlagen. Die neuen Stammeinlagen können durch die bisherigen oder neue Gesellschafter übernommen werden.

2. Die **Kapitalerhöhung aus Gesellschaftsmitteln** bewirkt keine Zuführung zusätzlicher Mittel. Stattdessen werden Rücklagen in Stammkapital umgewandelt, wobei entweder neue Stammeinlagen entstehen oder die bisherigen sich erhöhen.

Bei der Kapitalerhöhung gegen Einlagen leisten die Gesellschafter einen Betrag als Stammeinlage, der das **Stammkapital** erhöht. Unter Umständen zahlen sie zusätzlich ein Agio (Aufgeld). Dieses Agio ist in der Bilanz nicht als Stammkapital, sondern als **Kapitalrücklage** zu erfassen.

Aufgabe 18: .Beteiligungsfinanzierung einer GmbH

b) Herabsetzung des Stammkapitals

Eine Kapitalherabsetzung dient zum Ausgleich von Verlusten oder zur Rückzahlung von Eigenkapital an die Gesellschafter. Die Herabsetzung des Stammkapitals bedeutet eine Reduzierung des Gläubigerschutzes. Daher sind besonders **strenge Bestimmungen** (§§ 58 ff. GmbHG) zu berücksichtigen wie vor allem:

- Beschluss nur mit Dreiviertelmehrheit der in der Gesellschafterversammlung abgegebenen Stimmen
- Keine Unterschreitung des gesetzlichen Mindeststammkapitals von 25.000 €
- Dreimalige Bekanntmachung des Beschlusses in Pflichtblättern mit der Aufforderung an die Gläubiger, sich zu melden
- Befriedigung oder Sicherstellung der Ansprüche der Gläubiger, die der Herabsetzung nicht zustimmen
- Eintragung der Kapitalherabsetzung in das Handelsregister nicht vor Ablauf eines Jahres seit der dritten Bekanntmachung
- Vereinfachte Kapitalherabsetzung nur zum Ausgleich von Wertminderungen und sonstigen Verlusten
- Eingeschränkte Gewinnausschüttung in den folgenden fünf Jahren

c) Verkauf von Anteilen

Ein GmbH-Gesellschafter kann seine Geschäftsanteile (Stammeinlagen) nur durch **Abtretung** in Form eines notariell geschlossenen Vertrages verkaufen. Per Gesellschaftsvertrag kann die Abtretung an weitere Voraussetzungen – insbesondere an die Zustimmung der Gesellschaft – gebunden sein. Der Verkauf ist in das Handelsregister einzutragen (§§ 15 ff. GmbHG).

Im Gegensatz zu Aktien können die Geschäftsanteile nicht wertpapierrechtlich verbrieft und formlos durch Einigung und Übergabe übertragen werden – sie sind **nicht fungibel**. Infolge der strengen Formvorschriften ist der Verkauf von GmbH-Anteilen zeit- und kostenaufwändig. Im Hinblick auf die Beteiligungsfinanzierung gleicht die GmbH somit eher einer Personen- als einer Aktiengesellschaft. Die Erhöhung des Stammkapitals ist abhängig von den finanziellen Mitteln der alten Gesellschafter und von der Bereitschaft eines engen Kreises möglicher neuer Gesellschafter.

2.3.3 Genossenschaft

Die **eingetragene Genossenschaft (eG)** ist eine juristische Person, aber keine Kapitalgesellschaft. Sie bildet eine Personenvereinigung mit nicht geschlossener Mitgliederzahl, deren **Zweck** es gemäß § 1 Abs. 1 GenG ist,

- den Erwerb oder die Wirtschaft ihrer Mitglieder oder
- deren sozialen oder kulturellen Belange

durch gemeinschaftlichen Geschäftsbetrieb zu fördern. Weitere Sachverhalte können im Statut (Satzung) geregelt werden (§§ 5 ff. GenG). Jedes Mitglied der eingetragenen Genossenschaft ist durch seine Position als Unternehmer und zugleich als Nutznießer charakterisiert (Identitätsprinzip).

Die Genossenschaft unterscheidet sich von der **Personenhandelsgesellschaft** dadurch, dass für die Verbindlichkeiten nur das Vermögen der Genossenschaft haftet, und von der **Kapitalgesellschaft** dadurch, dass kein festes Eigenkapital vorgeschrieben ist.

Organe der Genossenschaft sind Generalversammlung (auch Mitgliederversammlung genannt), Aufsichtsrat und Vorstand (§§ 24 ff. GenG). Die Generalversammlung ist das oberste Beschlussorgan und wählt den Vorstand und Aufsichtsrat (§§ 43 ff. GenG). Bei mehr als 1.500 Mitgliedern können die Genossen Vertreter wählen, sodass an die Stelle der Generalversammlung die Vertreterversammlung tritt (§ 43a GenG). Genossenschaften mit nicht mehr als 20 Mitgliedern brauchen keinen Aufsichtsrat zu haben – dessen Funktionen kann die Generalversammlung übernehmen (§ 9 Abs. 1 GenG).

Das **Eigenkapital** der Genossenschaft ist variabel und setzt sich aus dem Geschäftsguthaben und den Ergebnisrücklagen zusammen. Durch Nachschusspflichten kann die Haftungsbasis weiter gestärkt werden.

Tabelle 2-6: Merkmale der Genossenschaft

Rechtsgrundlagen	Genossenschaftsgesetz
Anteilseigner	Mitglieder (Genossen)
Mindestzahl der Gründer	3
Haftung	Begrenzt auf das Genossenschaftsvermögen; das Statut regelt, ob die Mitglieder unbeschränkte, beschränkte oder keine Nachschüsse zu leisten haben
Registereintragung	Genossenschaftsregister
Beteiligung der Mitglieder am Genossenschaftsvermögen	Keine direkte Beteiligung am Genossenschaftsvermögen, aber Recht auf Anteil am Liquidationserlös
Konstantes Eigenkapital	Nein
Variables Eigenkapital	Geschäftsguthaben, Rücklagen und Gewinn- bzw. Verlustvortrag
Mindestkapital und -anteil	Nein, kann aber in der Satzung bestimmt werden
Besteuerung	Körperschaftsteuer- und Gewerbesteuerpflicht der Genossenschaft, Gewinnausschüttungen erhöhen die Einkommensteuer der Mitglieder (wenn es sich bei diesen um juristische Personen handelt, unterliegen die Gewinnausschüttungen der Körperschaft-/Gewerbesteuer)

2.3.3.1 Geschäftsguthaben und Geschäftsanteil

Das **Geschäftsguthaben der Genossenschaft** erhöht sich durch Einzahlungen der alten und neuen Mitglieder, während Zahlungen an ausscheidende Mitglieder es verringern. Auch Sacheinlagen sind möglich.

Das **Geschäftsguthaben eines Mitglieds** entspricht den tatsächlichen Einzahlungen dieses Mitglieds. Gewinnanteile vermehren und Verlustanteile vermindern das Geschäftsguthaben. Demgegenüber gibt der **Geschäftsanteil** den Höchstbetrag an, bis zu dem sich ein Mitglied mit einer Einlage beteiligen kann (§ 7 Nr. 1 GenG).

Beispiel: Geschäftsguthaben und Geschäftsanteil

Beläuft sich ein Geschäftsanteil auf 1.000 € und sind darauf 800 € eingezahlt, so zählen 800 € zum Geschäftsguthaben. Rückständige fällige Einzahlungen auf das Geschäftsguthaben sind in der Bilanz mit ihrem Nennwert gesondert auszuweisen.

Wenn das Statut nichts anderes bestimmt, erhalten die Mitglieder **Gewinnausschüttungen** auf Basis des jeweiligen Geschäftsguthabens (§ 19 GenG). An **Verlusten** sind sie bis zur Höhe ihres Geschäftsanteils beteiligt.

In der Regel übernimmt ein Mitglied einen Geschäftsanteil. Das Statut kann auch mehrere Geschäftsanteile pro Mitglied zulassen (§ 7a Abs. 1 GenG). Unabhängig von der Anzahl der Geschäftsanteile hat jedes Mitglied grundsätzlich nur **eine Stimme** (§ 43 Abs. 3 GenG). Für Mitglieder, die die Genossenschaft besonders fördern, ist die Gewährung von Mehrstimmrechten möglich (bis zu drei Stimmen).

Will ein Mitglied sich von seinen Anteilen trennen, so kann dies durch **Kündigung** einzelner Geschäftsanteile oder der Mitgliedschaft unter Wahrung bestimmter Fristen erfolgen (§§ 65 ff. GenG). In einem solchen Fall erhält das Mitglied das ihm zustehende Guthaben zurückgezahlt.

Des Weiteren kann ein Mitglied aus der Genossenschaft ausscheiden, indem es sein Geschäftsguthaben einer anderen Person **schriftlich überträgt** (§ 76 GenG). Das Statut kann eine solche Übertragung ausschließen oder an weitere Voraussetzungen knüpfen.

Das **Gesamtvolumen des Geschäftsguthabens** einer Genossenschaft hängt ab von

- der Höhe des Geschäftsanteils,
- dem auf den Geschäftsanteil eingezahlten Geschäftsguthaben,
- der Zahl der Geschäftsanteile pro Mitglied und
- der Zahl der Mitglieder

und kann somit stark schwanken. All diese Faktoren kann eine Genossenschaft per Statut weitgehend frei festlegen. Vorgeschrieben sind lediglich die Mindesteinlage auf den Geschäftsanteil (10 %) und die Mindestzahl der Genossen (3).

2.3.3.2 Ergebnisrücklagen

Die Ergebnisrücklagen von Genossenschaften entsprechen den Gewinnrücklagen von Kapitalgesellschaften. Sie verändern sich durch einbehaltene Gewinne und durch Verluste und lassen sich wie folgt untergliedern:

- **Gesetzliche Rücklage** (§ 7 Nr. 2 GenG): Sie dient zur Deckung von Verlusten. Der Mindestbetrag ist gesetzlich nicht vorgegeben, sondern muss im Statut der Genossenschaft festgelegt werden.

- **Andere Ergebnisrücklagen** (§ 20 GenG): Sie erfassen die einbehaltenen Gewinne, die über die gesetzliche Rücklage hinausgehen.

2.3.3.3 Nachschusspflichten

Gegebenenfalls sind die Mitglieder im **Insolvenzfall** gemäß Statut zu Nachschusszahlungen verpflichtet (§ 6 Nr. 3 GenG):

- Bei einer **unbeschränkten Nachschusspflicht** besteht für die Mitglieder die Gefahr, Zahlungen in unbegrenzter Höhe leisten zu müssen; daher ist diese Form der Haftung in der Praxis kaum zu finden.
- Bei einer **beschränkten Nachschusspflicht** müssen die Mitglieder zusätzlich Zahlungen bis zur Höhe einer im Statut fixierten Haftsumme leisten. Die Haftsumme darf nicht niedriger als der Geschäftsanteil sein (§ 119 GenG).

2.4 Beteiligungsfinanzierung emissionsfähiger Unternehmen

Im Rahmen der Beteiligungsfinanzierung ist ein Unternehmen emissionsfähig, wenn es **Aktien** ausgeben (emittieren) kann. Dies ist allein der Aktiengesellschaft (AG), Kommanditgesellschaft auf Aktien (KGaA) und Societas Europaea (SE) erlaubt.

Eine AG, KGaA oder SE kann – muss aber nicht – an einer Börse notiert sein. Die Aktien **börsennotierter Unternehmen** sind zu einem Markt zugelassen, „der von staatlich anerkannten Stellen geregelt und überwacht wird, regelmäßig stattfindet und für das Publikum mittelbar oder unmittelbar zugänglich ist" (§ 3 Abs. 2 AktG).

2.4.1 Aktienemissionsfähige Unternehmensformen

Die Rechtsform der AG, KGaA und SE eignet sich vor allem für Unternehmen mit einem hohen Bedarf an Beteiligungskapital. Für diese Rechtsformen bildet das Aktiengesetz (AktG) die zentrale Grundlage.

Tabelle 2-7: Merkmale der AG, KGaA und SE

Merkmal	AG	KGaA	SE
Rechtsgrundlagen	Aktiengesetz	Speziell §§ 278 - 290 AktG	EG-Verordnung über das Statut der SE (SE-VO), SE-Einführungsgesetz, Aktiengesetz
Anteilseigner	Aktionäre	a) Komplementäre b) Kommanditisten	Aktionäre
Mindestzahl der Gründer	1	1 (wenn Komplementär)	1
Haftung	Begrenzt auf das Gesellschaftsvermögen	a) Unbeschränkt b) Bis zur Höhe der Einlage	Begrenzt auf das Gesellschaftsvermögen
Registereintragung	Handelsregister	Handelsregister	Handelsregister
Beteiligung der Gesellschafter am Gesellschaftsvermögen	Keine direkte Beteiligung am Gesellschaftsvermögen, aber Recht auf Anteil am Liquidationserlös	Wie AG	Wie AG
Konstantes Eigenkapital	Grundkapital	Grundkapital	Grundkapital
Variables Eigenkapital	Rücklagen, Gewinn- und Verlustvortrag	Einlage des Komplementärs, Rücklagen, Gewinn- und Verlustvortrag	Wie AG
Mindestkapital	50.000 €	50.000 €	120.000 €
Mindestanteil	1 €	1 €	1 €
Besteuerung	Körperschaftsteuer- und Gewerbesteuerpflicht, Gewinnausschüttungen erhöhen die Einkommensteuer der Aktionäre (wenn es sich bei diesen um juristische Personen handelt, unterliegen die Gewinnausschüttungen der Körperschaft-/Gewerbesteuer)		

2.4.1.1 Aktiengesellschaft (AG)

Die AG ist eine juristische Person und Kapitalgesellschaft. Als Gesellschaft mit eigener Rechtspersönlichkeit ist sie Eigentümerin des Gesellschaftsvermögens und Schuldnerin der Gesellschaftsverbindlichkeiten.

Der **Mindestnennbetrag des Grundkapitals** lautet auf 50.000 € (§ 7 AktG). Das Grundkapital ist in **Aktien** aufgeteilt, die als Nennwert- oder Stückaktien begeben werden können. Die Aktienurkunden sind Wertpapiere, die auf den Inhaber oder Namen lauten (zu den Aktiengattungen vgl. Kapitel C.2.4.2).

a) Organe der AG

Die AG hat drei Organe, deren Zuständigkeiten streng gegeneinander abgegrenzt sind: Vorstand, Aufsichtsrat und Hauptversammlung.

***Abbildung 2-2:** Organe der Aktiengesellschaft*

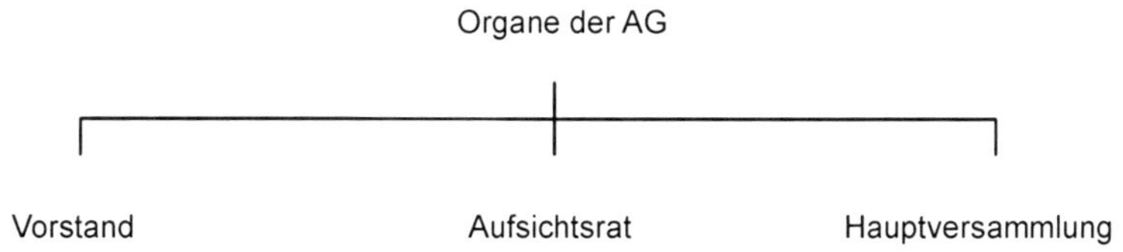

Der **Vorstand** (§§ 76 bis 94 AktG) leitet die Gesellschaft unter eigener Verantwortung und ist das alleinige Geschäftsleitungs- und Vertretungsorgan. Die Mitglieder des Vorstands tragen gemeinsam die Verantwortung für die Unternehmensleitung, wobei der Vorstandsvorsitzende die Arbeit der Mitglieder koordiniert.

Der Vorstand unterliegt keinem Weisungsrecht durch den Aufsichtsrat oder die Hauptversammlung. Der Aufsichtsrat kann lediglich bestimmte Arten von grundlegenden Entscheidungen an seine Zustimmung binden. Die Hauptversammlung kann über Fragen der Geschäftsleitung nur dann entscheiden, wenn der Vorstand dies verlangt.

Der **Aufsichtsrat** (§§ 95 bis 116 AktG) hat die Aufgabe, die Geschäftsleitung zu bestellen, überwachen, beraten und abzuberufen. Er setzt sich aus Vertretern der Aktionäre und Arbeitnehmer zusammen. Die Aufsichtsratsmitglieder der Aktionäre werden von der Hauptversammlung bestellt, während die Aufsichtsratsmitglieder der Arbeitnehmer direkt oder indirekt (über Wahlmänner) gewählt werden können.

Der Aufsichtsrat besteht bei Aktiengesellschaften, die in der Regel weniger als 2.000 Mitarbeiter beschäftigen, zu zwei Drittel aus Vertretern der Anteilseigner und zu einem Drittel aus Vertretern der Arbeitnehmer. In Gesellschaften mit in der Regel mehr als 2.000 Arbeitnehmern setzt sich der Aufsichtsrat zu gleichen Teilen (paritätisch) aus Mitgliedern der Anteilseigner und Arbeitnehmer zusammen.

Die **Hauptversammlung** (§§ 118 bis 147 AktG) beschließt als Organ der Aktionäre über die im Gesetz oder in der Satzung bestimmten Fälle. Nach § 119 Abs. 1 AktG zählen hierzu:

- Bestellung der Aufsichtsratsmitglieder
- Verwendung des Bilanzgewinns
- Entlastung der Mitglieder des Vorstands und Aufsichtsrats
- Bestellung des Abschlussprüfers
- Satzungsänderungen
- Maßnahmen der Kapitalbeschaffung und -herabsetzung
- Bestellung von Prüfern zur Prüfung der Gründung oder Geschäftsführung
- Auflösung der AG

Grundsätzlich wird das **Stimmrecht** auf der Hauptversammlung nach Aktiennennbeträgen, bei Stückaktien nach deren Zahl ausgeübt. Die Beschlüsse der Hauptversammlung bedürfen der einfachen Stimmenmehrheit, soweit Gesetz oder Satzung nichts anderes verlangen. Für Entscheidungen mit gravierender Bedeutung, die so genannten Grundlagenbeschlüsse wie z.B. Satzungsänderungen und Kapitalerhöhungen, ist eine Dreiviertelmehrheit des bei der Beschlussfassung vertretenen Grundkapitals erforderlich (qualifizierte Mehrheit).

b) Besonderheiten der „kleinen AG"

Als „kleine AG" bezeichnet man Aktiengesellschaften, die einen **überschaubaren Aktionärskreis** aufweisen und **nicht an der Börse notiert** sind. Für die kleine AG sieht das Gesetz Vereinfachungen vor, mit deren Hilfe die Rechtsform der Aktiengesellschaft auch für mittelständische Unternehmen in Betracht kommen soll, die überhaupt nicht oder erst zu einem späteren Zeitpunkt an die Börse gehen wollen.

Daher ist die kleine AG als Alternative sowohl zur großen, an der Börse gehandelten Aktiengesellschaft als auch zur weit verbreiteten Rechtsform der GmbH zu sehen. Als **wesentliche Erleichterungen** sind zu nennen:

- Sind alle Aktionäre in der Hauptversammlung erschienen oder vertreten **(Vollversammlung)**, sind die Beschlüsse auch dann wirksam, wenn die Einberufungsformalien nicht eingehalten wurden.
- Die Satzung nicht börsennotierter Gesellschaften kann das **Stimmrecht** des Aktionärs durch Festsetzung eines Höchstbetrags oder von Abstufungen **beschränken.**
- Bei nicht börsennotierten Aktiengesellschaften ist die **notarielle Beurkundungspflicht** der Hauptversammlungsbeschlüsse nur noch erforderlich, wenn das Gesetz eine Dreiviertel- oder größere Mehrheit verlangt. In allen anderen Fällen reicht ein vom Vorsitzenden des Aufsichtsrats unterzeichnetes Protokoll aus.
- Nicht börsennotierte Aktiengesellschaften können in ihrer Satzung festlegen, wie hoch der Anteil ist, den Vorstand und Aufsichtsrat in die **Gewinnrücklagen** einstellen können. Die Bandbreite bewegt sich zwischen 0 und 100 %. Damit hat die

nicht börsennotierte AG einen größeren Entscheidungsspielraum in ihrer Rücklagenbildung als die übrigen Aktiengesellschaften, deren Satzungen nur eine höhere Dotierung als 50 % vorsehen dürfen.

- Im Fall von **Namensaktien** können nicht börsennotierte Gesellschaften per Satzung festlegen, wie weit das Auskunftsrecht eines Aktionärs geht. Bei börsennotierten Unternehmen kann der Aktionär Auskunft nur darüber verlangen, welche Daten zu seiner eigenen Person in das Aktienregister eingetragen sind.
- Aktiengesellschaften, die weniger als 500 Arbeitnehmer beschäftigen und nach dem 10. August 1994 in das Handelsregister eingetragen wurden, sind **mitbestimmungsfrei** und in diesem Punkt der GmbH gleichgestellt.

c) Finanzierungsvorteile der AG

Charakteristisch für eine AG ist die **Aufspaltung des Grundkapitals** in Aktien und die **Beschränkung der Haftung** der Aktionäre auf ihren Anteil am Grundkapital. Unter dem Aspekt der Beteiligungsfinanzierung ist die AG aus folgenden Gründen besonders geeignet:

- **Kapitalaufspaltung**: Dank der Aufteilung in Kleinbeträge sind Beteiligungen auch mit geringem Kapitaleinsatz möglich.
- **Fungibilität**: Die Aktien sind formlos übertragbar und können an Börsen gehandelt werden. Dies erlaubt einen Ausgleich zwischen den unterschiedlichen Interessen der AG und des Aktionärs: Während die AG Beteiligungskapital unbefristet aufnimmt, hat der Aktionär bei ausreichender Marktliquidität jederzeit die Möglichkeit, seine Aktien zu verkaufen.
- **Organisationsform**: Die strikten formalen Erfordernisse und die Vorschriften zu den Organen einer AG erlauben eine klare Kompetenzabgrenzung und Beteiligungen unter ausschließlich kapitalmäßigen Interessen.
- **Satzungsstrenge**: Die Satzungen der Aktiengesellschaften sind standardisiert, um dem Kapitalmarkt die Sicherheit zu vermitteln, dass bestimmte Grundstrukturen auf jeden Fall eingehalten werden.

2.4.1.2 Kommanditgesellschaft auf Aktien (KGaA)

Die KGaA ist eine Mischform zwischen Kommanditgesellschaft und Aktiengesellschaft. Wie die KG hat sie einen oder mehrere Gesellschafter, die als **Komplementäre** persönlich haften. Wie die AG ist sie eine juristische Person, deren Grundkapital in Aktien aufgespalten ist und von Aktionären, den so genannten **Kommanditaktionären**, zur Verfügung gestellt wird; die Kommanditaktionäre haften nur in Höhe ihrer Einlage.

Aus dieser Zwischenstellung der KGaA folgt, dass gesetzliche Regelungen, die sowohl für die AG als auch für die KG gelten, relevant sind. Das Aktiengesetz findet, ergänzt um die Sondervorschriften der §§ 278 bis 290 AktG, entsprechende Anwendung, während in Bezug auf die Komplementäre, Geschäftsführung und Vertretung der Gesellschaft die HGB-Vorschriften für die Kommanditgesellschaft gelten.

Die **Vorstandsfunktionen** werden von den persönlich haftenden Gesellschaftern der KGaA wahrgenommen. Der **Aufsichtsrat** überwacht die Tätigkeit der persönlich haftenden Gesellschafter und führt die Beschlüsse der Kommanditaktionäre aus, wenn die Satzung nichts anderes bestimmt. Persönlich haftende Gesellschafter können nicht zugleich Mitglied des Aufsichtsrats sein. In der **Hauptversammlung** haben die persönlich haftenden Gesellschafter wie die Kommanditaktionäre nur Stimmrechte, wenn sie Aktien erworben haben.

Im Rahmen der Beteiligungsfinanzierung der KGaA haben die **Komplementäre** drei Möglichkeiten:

1. Beteiligung am Grundkapital durch Erwerb von Aktien
2. Einlagen, die nicht auf das Grundkapital geleistet werden und nach Art und Höhe in der Satzung festzulegen sind
3. Verzicht auf Einlagen

Die **Kommanditaktionäre** beteiligen sich am Grundkapital, indem sie Aktien der KGaA übernehmen. Im Vergleich zur KG können die Kommanditisten ihre Anteile einfacher erwerben und veräußern. Dies gilt insbesondere dann, wenn die Aktien an der Börse notiert sind. Im Vergleich zu den Aktionären einer AG jedoch haben sie weniger Einflussmöglichkeiten auf die Geschäftsführung. Beispielsweise ist die Zustimmung der persönlich haftenden Gesellschafter erforderlich bei der Feststellung des Jahresabschlusses und bei Beschlüssen der Hauptversammlung, soweit sie Angelegenheiten betreffen, für die im Fall einer KG das Einverständnis der Komplementäre nötig wäre.

2.4.1.3 Societas Europaea (SE)

Die SE ist ein Unternehmen in der Rechtsform einer **europäischen Aktiengesellschaft**. Entsprechend einer AG ist das Grundkapital einer SE in Aktien aufgeteilt (Mindestkapital jedoch 120.000 €). Die SE hat eine eigene Rechtspersönlichkeit und haftet den Gläubigern nur mit dem Gesellschaftsvermögen.

Rechtsgrundlage der SE ist die EG-Verordnung über das Statut der Europäischen Gesellschaft (SE-VO). Da diese Verordnung nicht zu allen Fragen Regelungen enthalten kann, muss auch auf nationale Bestimmungen des jeweiligen Sitzlandes der SE zurückgegriffen werden. In Deutschland ist dies das Gesetz zur Einführung der Europäischen Gesellschaft (SEEG), das Ende 2004 in Kraft getreten ist. Darüber hinaus unterliegt eine SE mit Sitz in Deutschland den Rechtsvorschriften, die auf eine AG Anwendung finden, also insbesondere dem Aktiengesetz.

Von Bedeutung sind zwei weitere rechtliche Aspekte. Zum einen kann die **Satzung** der SE Regelungen treffen, die sogar den nationalen Vorschriften vorgehen. Zum anderen ist das **Mitbestimmungsgesetz** auf eine SE mit Sitz in Deutschland nicht anwendbar.

Zweck der Einführung dieser Unternehmensform ist die Vereinheitlichung und Flexibilisierung gesellschaftsrechtlicher Bestimmungen in der EU. So sind aus Sicht der Unternehmen folgende **Vorteile** zu nennen:

- Mutter- und Tochtergesellschaften eines Konzerns können EU-weit als **rechtliche Einheit** auftreten.
- Die **Sitzverlegung** in einen anderen EU-Staat wird vereinfacht, da die Rechtspersönlichkeit der SE bei einem Sitzortwechsel unverändert bestehen bleibt.
- Grenzüberschreitende **Unternehmenskäufe** und **Unternehmensfusionen** sind leichter möglich.
- Die **Unternehmensleitung** und **Unternehmensaufsicht** kann gestaltet sein als dualistische System (Trennung in Vorstand und Aufsichtsrat) oder als monistisches System (einheitliches Leitungs- und Aufsichtsgremium = Board-of-Directors, auch Verwaltungsrat genannt).
- Der **Satzung** der SE kommt eine ungewöhnlich hohe Bedeutung zu, da ihre Regelungen den nationalen Gesetzen vorgehen.
- Die Regelungen über die **Mitbestimmung** der Arbeitnehmer sind flexibler gestaltbar.

2.4.2 Aktiengattungen

Aktien verbriefen **Mitgliedschaftsrechte** an einer AG, KGaA oder SE. Die **Aktienurkunden** sind Wertpapiere. Die Gesellschaft kann in der Satzung den Anspruch auf Einzelverbriefung der Aktien ausschließen oder einschränken. In der Praxis wird bei der zuständigen Wertpapiersammelbank meistens eine **Globalurkunde** hinterlegt, die mehrere Rechte verbrieft, sodass keine oder nur wenige Aktien effektiv im Umlauf sind. Auf diese Weise ist es möglich, die Aktien rationell und kostengünstig zu emittieren, zu handeln, zu übertragen und zu verwalten.

Die grundlegenden **Aktiengattungen** unterscheiden sich nach den Kriterien Aufteilung des Grundkapitals, Umfang der Rechte und Form der Übertragung:

Abbildung 2-3: Arten von Aktien

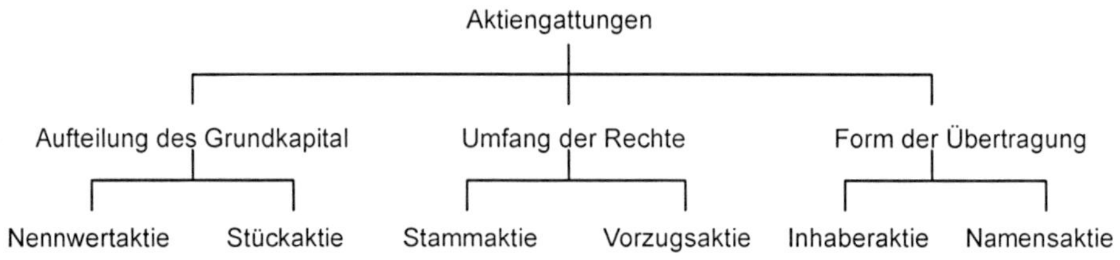

Eine Aktie kann unterschiedlich ausgestaltet sein. So ist z.B. die Aktie des Unternehmens A gleichzeitig eine Stück-, Stamm- und Namensaktie, während Aktie B eine Nennwert-, Vorzugs- und Inhaberaktie verkörpert.

2.4.2.1 Nennwert- und Stückaktien

In Deutschland kann eine Gesellschaft Nennwertaktien oder Stückaktien emittieren. Ein Nebeneinander von Nennwert- und Stückaktien ist unzulässig

Nennwertaktien (synonym: Nennbetragsaktien) lauten auf einen Nennbetrag von mindestens 1 €. Aktien über einen geringeren Nennbetrag sind nichtig, und Aktien mit höheren Nennbeträgen müssen auf volle Euro lauten. Die Summe der Aktiennennwerte entspricht der Höhe des Grundkapitals.

Der Anteil am Grundkapital bestimmt sich nach dem Verhältnis des Nennbetrags zum Grundkapital. Nach dem Prinzip der **Gleichheit von Kapital- und Stimmenanteil** dienen die Nennbeträge als Basis für das Stimmrecht. Hat eine AG beispielsweise sowohl 1-€-Aktien als auch 10-€-Aktien ausgegeben, so verfügt der Inhaber der 1-€-Aktie über ein Stimmrecht, während der Inhaber der 10-€-Aktie zehn Stimmrechte hat.

Die **Stückaktie** verkörpert einen Anteil, mit dem der Aktionär am Grundkapital beteiligt ist. Alle Stückaktien sind am Grundkapital im gleichen Umfang beteiligt und das Stimmrecht wird nach der Zahl der Aktien ausgeübt. Der auf die einzelne Stückaktie entfallende rechnerische Anteil am Grundkapital darf 1 € nicht unterschreiten. Wenn eine Aktiengesellschaft z.B. das Grundkapital um 10 Mio. € erhöht und dazu 10 Mio. Aktien emittiert, ergibt sich ein rechnerischer Anteil am Grundkapital von 1 € je Stückaktie.

Aktien dürfen nicht für einen geringeren Betrag als den Nennwert oder den auf die Stückaktie entfallenden rechnerischen Nennwert ausgegeben werden. Generell liegt der **Emissionspreis** von Aktien deutlich über diesem geringsten Ausgabebetrag. Die Differenz zwischen Emissionspreis und (rechnerischem) Nennwert erhöht als **Agio** die Kapitalrücklage.

Beispiel: Bilanzielle Auswirkung einer Aktienemission

Die Bilanz einer AG sieht vor der Aktienemission folgendermaßen aus:

Aktiva	Bilanz (in Mio. €)		Passiva
Anlagevermögen	550	Grundkapital	100
Umlaufvermögen	150	Kapitalrücklage	110
		Gewinnrücklagen	120
		Verbindlichkeiten	370
Aktiva gesamt	700	Passiva gesamt	700

Die AG will das Grundkapital um 20 Mio. € erhöhen und emittiert 20 Mio. Stückaktien (also mit einem rechnerischen Anteil am Grundkapital von je 1 €) zum Preis von je 8 €. Das Grundkapital erhöht sich um 20 Mio. € und die Kapitalrücklage um 140 Mio. € (7 € mal 20 Mio. Aktien). Die übrigen Passivpositionen bleiben unverändert. Unter der Annahme, dass der gesamte Emissionserlös der AG als liquide Mittel zufließt, steigt das Umlaufvermögen um 160 Mio. €. Somit zeigt sich nach der Emission folgendes Bilanzbild:

Aktiva	Bilanz (in Mio. €)		Passiva
Anlagevermögen	550	Grundkapital	120
Umlaufvermögen	310	Kapitalrücklage	250
		Gewinnrücklagen	120
		Verbindlichkeiten	370
Aktiva gesamt	860	Passiva gesamt	860

2.4.2.2 Stamm- und Vorzugsaktien

Stamm- und Vorzugsaktien unterscheiden sich nach dem Umfang der eingeräumten Rechte. Im Gegensatz zu Nennwert- und Stückaktien kann ein Unternehmen sowohl Stamm- als auch Vorzugsaktien emittieren.

Stammaktien gewähren alle Mitgliedschaftsrechte, die das Aktiengesetz für den üblichen Fall vorsieht. Sie sind der Normaltyp einer Aktie. Die Rechte können Verwaltungs- und Vermögensrechte sein:

Abbildung 2-4: Wesentliche Mitgliedschaftsrechte

Rechte von Stammaktionären

- Verwaltungsrechte
  - Teilnahmerecht auf der Hauptversammlung
  - Auskunftsrecht in der Hauptversammlung
  - Stimmrecht auf der Hauptversammlung
  - Anfechtungsrecht gegenüber Beschlüssen
- Vermögensrechte
  - Anspruch auf Dividende
  - Bezugsrecht für junge Aktien
  - Recht auf Beteiligung am Liquidationserlös

Auch international gesehen ist die Stammaktie die typische Aktienart. In Deutschland gibt es daneben die **Vorzugsaktie**. Diese besondere Aktiengattung gewährt dem Aktionär im Verhältnis zum Stammaktionär Vorrechte, die sich auf die Verteilung des Gewinns oder Liquidationserlöses beziehen können (§ 11 AktG):

- **Vorzüge bei der Gewinnverteilung**: Der Vorzugsaktionär hat gegenüber dem Stammaktionär ein Dividendenvorrecht.
- **Vorzüge beim Anteil am Liquidationserlös**: Der Vorzugsaktionär hat Sonderrechte bei der Auflösung der Gesellschaft, z.B. das Recht auf Befriedigung aus dem Gesellschaftsvermögen, bevor der Stammaktionär ausgezahlt wird. Diese Aktiengattung kommt selten vor.

Mehrstimmrechtsaktien sind unzulässig (§ 12 Abs. 2 AktG). Mehrstimmrechte, die in früheren Jahren geschaffen worden sind, können mit einfachem Mehrheitsbeschluss des auf der Hauptversammlung vertretenen Grundkapitals beseitigt werden bzw. sind am 1. Juni 2003 automatisch erloschen, falls die Hauptversammlung nicht vorher mit Dreiviertelmehrheit – wobei die Mehrstimmrechtsaktionäre nicht mitbeschließen dürfen – ihre Fortgeltung beschlossen hatte (§ 5 Einführungsgesetz zum Aktiengesetz).

Von größerer Bedeutung sind **Dividendenvorzugsaktien**, wobei der Vorzug unterschiedlich gestaltet sein kann. Die häufigsten Formen, die auch miteinander kombiniert auftreten, sind:

- **Vorzugsaktien mit Mindestdividende**: Die Vorzugsaktionäre erhalten den vereinbarten Mindestbetrag, bevor Dividenden an die Stammaktionäre gezahlt werden (prioritätischer Dividendenanspruch). Dies führt nur dann zu einem Vorteil für die Vorzugsaktionäre, wenn der ausschüttungsfähige Gewinn nicht für alle Aktionäre ausreicht.

- **Vorzugsaktien mit Mehrdividende**: Der Dividendenvorzug besteht in einer konstanten oder dynamischen Überdividende. Beispielsweise kann die Mehrdividende 10 ct pro Aktie ausmachen oder 5 % über der Dividende für Stammaktien liegen.

- **Kumulative Vorzugsaktien**: Sie sind mit einem nachzuzahlenden Dividendenvorzug ausgestattet. Nur bei dieser Form kann das Stimmrecht ausgeschlossen werden (§ 139 Abs. 1 AktG). Vorzugsaktien ohne Stimmrecht dürfen maximal die Hälfte des Grundkapitals ausmachen.

In der Regel handelt es sich bei den Dividendenvorzugsaktien um **stimmrechtslose kumulative Vorzugsaktien**: Der Aktionär hat zwar einen Vorzug hinsichtlich der Dividende (Mindestdividende und/oder Mehrdividende), verzichtet aber auf das Stimmrecht. Mit Ausnahme des Stimmrechts gewähren diese Aktien dem Aktionär alle sonstigen Rechte, insbesondere das Recht zur Teilnahme an der Hauptversammlung. Allerdings lebt das Stimmrecht der Vorzugsaktionäre auf, wenn

- der Vorzugsbetrag, z.B. 10 ct pro Aktie, in einem Jahr nicht oder nur teilweise gezahlt wird und

- der Rückstand im folgenden Jahr nicht zusammen mit dem vollen Vorzug dieses Jahres nachgezahlt wird.

Stimmrechtslose Vorzugsaktien werden hauptsächlich von Unternehmen emittiert, die sich Aktienkapital **ohne Machtverschiebungen** beschaffen wollen. Daher kommen stimmrechtslose Aktien vor allem für Unternehmen infrage, die von Familien oder Gründerpersonen geführt werden bzw. sich in öffentlicher Hand befinden.

Die Bedeutung stimmrechtsloser Vorzugsaktien ist trotz der Vorteile für die Stammaktionäre (keine Machtverluste) und die Vorzugsaktionäre (Dividendenvorteile) zurückgegangen. Die **Gründe** hierfür sind:

- Große und internationale Investoren ziehen Stammaktien vor (One Share One Vote). Sind von einem Unternehmen sowohl Stamm- als auch Vorzugsaktien im Umlauf, werden üblicherweise die Vorzugsaktien gegenüber den Stämmen mit **Kursabschlägen** gehandelt.

- In den meisten **Aktienindizes** werden die Unternehmen nach der Zahl der frei handelbaren Aktien (Free Float) gewichtet. Bei Unternehmen, die mehrere Aktiengattungen ausgegeben haben, zählt dann nur die Stammaktie oder die liquidere Gattung, die in der Regel wiederum die Stammaktie ist.

2.4.2.3 Inhaber- und Namensaktien

Nach § 10 Abs. 1 AktG können Aktien auf den Inhaber oder auf Namen lauten. Die beiden Gattungen unterscheiden sich im Wesentlichen durch die **Art der Übertragung** vom Verkäufer auf den Käufer.

Die Übertragung von **Inhaberaktien** erfolgt formlos durch Einigung und Übergabe gemäß § 929 BGB. Wer im Besitz der Aktie ist, kann die damit verbrieften Rechte geltend machen. Inhaberaktien gewähren dem Aktionär Anonymität und müssen voll eingezahlt sein.

In zunehmendem Maße emittieren Unternehmen **Namensaktien** oder tauschen ihre Inhaberpapiere in Namensaktien um. Entscheidet sich ein Unternehmen für Namensaktien, so müssen diese auf den Namen des Inhabers lauten. Im Gegensatz zu Inhaberaktien müssen Namensaktien nicht voll eingezahlt sein. Bei Bareinlagen beläuft sich der Mindesteinzahlungsbetrag auf 25 % des (rechnerischen) Nennwerts, während das Agio voll einzuzahlen ist. Sacheinlagen sind stets vollständig zu leisten (§ 36a AktG).

Der Namensaktionär wird im **Aktienregister** der jeweiligen Gesellschaft mit folgenden Angaben eingetragen: Name, Geburtsdatum, Adresse sowie Aktienstückzahl bzw. -nennbetrag. Nur wer im Aktienregister eingetragen ist, gilt gegenüber der Gesellschaft als Aktionär. Der Namensaktionär erhält ein **Auskunftsrecht** über seine im Aktienregister gespeicherten Daten. Bei großen, börsennotierten Gesellschaften hat er aber nur ein Auskunftsrecht bezüglich seiner eigenen Daten; die der anderen Aktionäre darf er nicht einsehen.

§ 68 Abs. 1 AktG erlaubt die **Übertragung** „auch" durch Indossament, schreibt dies aber nicht zwingend vor. Im Einzelnen gibt es für die Namensaktie folgende Möglichkeiten der Übertragung:

Abbildung 2-5: Übertragung von Namensaktien

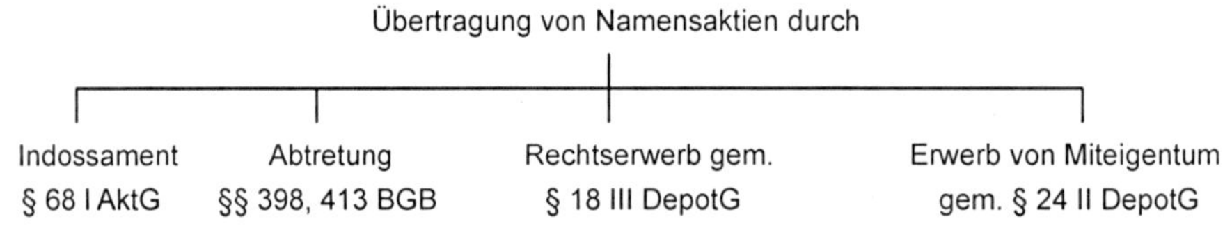

Geht die Namensaktie über, so erfolgt auf die Mitteilung hin die **Umschreibung im Aktienregister**, indem die Verkäufer gelöscht und die Käufer eingetragen werden. Wenn ein Erwerber nicht im Aktienregister erscheinen möchte, kann er an seiner Stelle einen Treuhänder, z.B. eine Bank oder Aktionärsvereinigung, eintragen lassen.

Im Ergebnis sind Namensaktien heute ebenso leicht übertragbar und handelbar wie Inhaberaktien. Auch die Transaktionskosten beider Aktiengattungen sind durch die Einbeziehung von Namensaktien in die Girosammelverwahrung und die elektronische Abwicklung vergleichbar. Die **Vorteile** der Namensaktie sind:

- **Internationale Verbreitung**: Namensaktien sind international weit verbreitet. Somit erleichtern eigene Namensaktien als Akquisitionswährung weltweit die Übernahme von Unternehmen und Beteiligung an Unternehmen.
- **Aktieneinführung an ausländischen Börsen**: Großkonzerne lassen ihre Aktien oft an mehreren Börsenplätzen handeln. Beispielsweise setzt die Notierung an der New York Stock Exchange Namensaktien voraus; Inhaberaktien können dort nur indirekt über so genannte American Depository Receipts (ADR) notiert werden.
- **Informationen über die Aktionärsstrukur**: Das Unternehmen kann jede Veränderung in der Zusammensetzung ihres Aktionärskreises erkennen, was insbesondere vor dem Hintergrund feindlicher Übernahmeversuche relevant ist.
- **Investor Relations**: Das Unternehmen darf die Daten für eigene Zwecke nutzen, und zwar auch für Investor-Relations-Maßnahmen (vgl. Kapitel A.1.2.3). Die Namensaktie eröffnet dem Unternehmen die Möglichkeit, seine Aktionäre direkt anzusprechen und gezielt zu informieren. Zur Werbung für das Unternehmen und seine Produkte darf sie die Daten nur verwenden, wenn der Aktionär nicht widerspricht.

Eine Sonderform der Namensaktie bildet die **vinkulierte Namensaktie**. Sie kann nach Satzung nur mit Zustimmung der Gesellschaft übertragen werden. Zustimmen muss der Vorstand, soweit die Satzung nichts anderes bestimmt. Aber auch ohne diese Zustimmung ist der schuldrechtliche Vertrag über der Übertragung wirksam. Die Gesellschaft kann folglich zwar die Ausübung von Mitgliedschaftsrechten der neuen Aktionäre in der Hauptversammlung verhindern, nicht aber die Anteilsübertragung. Motive eines Unternehmens für die Emission vinkulierter Namensaktien sind vor allem:

- Prüfung und Sicherung der Zahlungsverpflichtungen von Aktionären, wenn die Aktien noch nicht voll eingezahlt sind.
- Schutz vor unerwünschten Machtverschiebungen innerhalb der Aktionärsstruktur.
- In bestimmten Fällen ist die Vinkulierung gesetzlich vorgeschrieben: für die Nebenleistungs-AG gemäß § 55 Abs. 1 Satz 1 AktG, für Kapitalanlagegesellschaften und Luftfahrtgesellschaften sowie für Wirtschaftsprüfungs-, Buchführungs- und Steuerberatungsgesellschaften.

2.4.3 Kapitalmaßnahmen

Kapitalmaßnahmen führen zu einer Veränderung der Höhe oder der Zusammensetzung des **Grundkapitals** einer AG, KGaA oder SE. Dies kann durch Kapitalerhöhung, Aktienrückkauf und Kapitalherabsetzung erfolgen.

2.4.3.1 Kapitalerhöhung

Da die aktienrechtliche Kapitalerhöhung eine **Satzungsänderung** darstellt, kann sie prinzipiell nur mit Dreiviertelmehrheit bzw. bei der SE nur mit Zweidrittelmehrheit des bei der Beschlussfassung vertretenen Grundkapitals beschlossen werden. Die Satzung des Unternehmens kann eine davon abweichende Mehrheit vorsehen. Zur Kapitalerhöhung kommen die folgenden Möglichkeiten in Betracht:

Abbildung 2-6: *Aktienrechtliche Kapitalerhöhung*

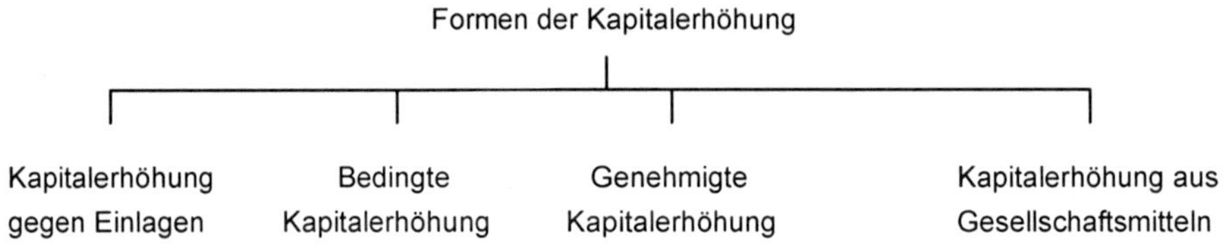

a) Kapitalerhöhung gegen Einlagen

Die Kapitalerhöhung gegen Einlagen (§§ 182 bis 191 AktG) bezeichnet man auch als **ordentliche Kapitalerhöhung**. Sie erfolgt durch die Ausgabe junger (neuer) Aktien gegen Barzahlung oder Sacheinlage.

Voraussetzung für die Kapitalerhöhung ist ein entsprechender Beschluss der Hauptversammlung. Nach Zeichnung der neuen Aktien und Leistung der geforderten Einlagen kann die Durchführung der Kapitalerhöhung in das **Handelsregister** eingetragen werden. Erst mit dieser Eintragung gilt das Grundkapital als erhöht und kann die Gesellschaft die neuen Aktien ausgeben. Wegen dieser Vorgehensweise (Einladung zur Hauptversammlung, Beschlussfassung usw. bis zur Aktienausgabe) beansprucht die ordentliche Kapitalerhöhung im Allgemeinen eine längere Zeit.

Eine Ausgabe der Aktien unter Nennwert (Nennwertaktie) bzw. unter dem rechnerischen Anteil am Grundkapital (Stückaktie) darf nicht erfolgen. In aller Regel liegt der Emissionspreis über diesem Mindestbetrag (über pari). Die Differenz zwischen Emissionspreis und Mindestbetrag heißt **Agio** (Aufgeld) und erhöht die Kapitalrücklage (vgl. Kapitel C.2.4.2.1).

Grundsätzlich steht jedem Aktionär ein gesetzlich verankertes **Bezugsrecht** zu. Gemäß § 186 Abs. 1 AktG hat der Aktionär bei einer ordentlichen Kapitalerhöhung das Recht, eine seinem bisherigen Anteil am Grundkapital entsprechende Anzahl von Aktien zum Emissionspreis zu erwerben. Dieses Bezugsrecht soll Stimmrechts- und Vermögensverschiebungen verhindern und dient konkret drei Zwecken:

1. Jeder Aktionär soll seinen Stimmrechtsanteil wahren können.
2. Jeder Aktionär soll seinen Anteil am Gesellschaftsvermögen erhalten können.
3. Jeder Aktionär soll vor einem Wertverlust seiner Aktien geschützt werden.

Um die jungen Aktien besser bei den Investoren platzieren zu können, liegt ihr Emissionspreis in der Regel unter dem Kurs der alten Aktien. Damit erhält das Bezugsrecht einen rechnerischen Wert. Hat der Altaktionär ein Bezugsrecht, kann er den Wertverlust seiner Aktien durch Erwerb der jungen Aktien oder Verkauf seines Bezugsrechtes ausgleichen. Das nachstehende Beispiel soll diesen Zusammenhang verdeutlichen.

Beispiel: Bezugsrecht

Eine AG erhöht ihr Grundkapital von 60 Mio. € auf 80 Mio. €. Der Börsenkurs der alten Aktie beträgt 40 €, der Ausgabepreis der neuen Aktie 32 €. Das Bezugsverhältnis gibt an, auf wie viele alte Aktien eine junge bezogen werden kann. Somit liegt folgendes Bezugsverhältnis vor:

$$\text{Bezugsverhältnis} = \frac{\text{Bisheriges Grundkapital}}{\text{Grundkapitalerhöhung}} = \frac{60}{20} = \frac{3}{1}$$

Besteht ein Bezugsrecht, erhält jeder Altaktionär gemäß Bezugsverhältnis für drei alte Aktien im Wert von je 40 € eine neue Aktie zum Preis von 32 €; insgesamt hat er danach vier Aktien im Wert von 152 €.

Nach Durchführung der Kapitalerhöhung beläuft sich der rechnerische Wert pro Aktie auf 38 € (152 € geteilt durch 4 Aktien). Die alte Aktie erleidet einen Wertverlust von 2 €. Dieser Verlust entspricht dem rechnerischen Wert des Bezugsrechts, der sich ermittelt aus der Differenz zwischen dem Kurs der alten Aktie (cum Bezugsrecht) und dem Emissionspreis der jungen Aktie geteilt durch das Bezugsverhältnis plus eins:

$$\text{Rechnerischer Wert des Bezugsrechts} = \frac{\text{Kurs alte Aktien} - \text{Preis junge Aktien}}{\text{Bezugsverhältnis} + 1} = \frac{40 - 32}{\frac{3}{1} + 1} = 2$$

Der rechnerische Wert stellt den **inneren Wert** des Bezugsrechts dar. Bezugsrechte können auch an der Börse gehandelt werden. Dem Altaktionär steht es also frei, das Bezugsrecht auszuüben oder an der Börse zu verkaufen. Die alten Aktien notieren zu Beginn des ersten Bezugsrechtshandelstages „ex Bezugsrecht“. Der **Börsenkurs** des Bezugsrechts richtet sich nach Angebot und Nachfrage und muss nicht dem inneren Wert entsprechen.

Ein Unternehmen, das junge Aktien emittiert, kann das Bezugsrecht der Altaktionäre ganz oder zum Teil ausschließen (§ 186 Abs. 3 AktG). Ein **Bezugsrechtsausschluss** ist insbesondere dann zulässig, wenn

- es sich um eine Kapitalerhöhung gegen Bareinlagen handelt,
- die Kapitalerhöhung 10 % des bisherigen Grundkapitals nicht übersteigt und
- der Emissionspreis den Börsenkurs nicht wesentlich unterschreitet.

Die Gründe für den Bezugsrechtsausschluss können unterschiedlich sein. Meistens geht es darum, die neuen Aktien ausschließlich einem speziellen Adressatenkreis anbieten zu wollen, z.B. Mitarbeitern, Inhabern von Wandelanleihen oder neuen Aktionären im Wege des Going Public (vgl. Kapitel C.2.4.4).

b) Bedingte Kapitalerhöhung

Die bedingte Kapitalerhöhung (§§ 192 bis 201 AktG) soll drei Zwecken dienen:

1. Gewährung von Umtausch- oder Bezugsrechten an Gläubiger von **Wandelschuldverschreibungen** (d.h. von Wandel- und Optionsanleihen)
2. Vorbereitung von **Unternehmenszusammenschlüssen**
3. Gewährung von Bezugsrechten an Arbeitnehmer und Mitglieder der Geschäftsführung im Rahmen von **Mitarbeiterbeteiligungsprogrammen**

Damit ist die tatsächliche Erhöhung des Grundkapitals davon abhängig, inwieweit Umtausch- oder Bezugsrechte auf die neuen Aktien (Bezugsaktien) genutzt werden. Die Grundkapitalerhöhung ist erst dann wirksam, wenn die Bezugsaktien ausgegeben werden. Der Nennbetrag des bedingten Kapitals darf maximal 50 % des bisherigen Grundkapitals ausmachen.

c) Genehmigte Kapitalerhöhung

Beim genehmigten Kapital (§§ 202 bis 206 AktG) ermächtigt die Hauptversammlung den Vorstand für einen **Zeitraum von höchstens 5 Jahren**, das Grundkapital um einen bestimmten Nennbetrag (genehmigtes Kapital) durch Ausgabe neuer Aktien gegen Einlagen zu erhöhen. Das genehmigte Kapital darf höchstens 50 % des zum Zeitpunkt der Ermächtigung vorhandenen Grundkapitals betragen.

Damit überträgt die Hauptversammlung ein ihr zustehendes Entscheidungsrecht auf den Vorstand. Zweck ist es, dem Vorstand eine **größere Dispositionsfreiheit** bei der Ausgabe junger Aktien – insbesondere zur Nutzung günstiger Kapitalmarktsituationen – zu gewähren. Der Vorstand kann dann mit Zustimmung des Aufsichtsrats flexibel darüber entscheiden, zu welchen Bedingungen, zu welchem Zeitpunkt und bis zu welchem Umfang junge Aktien emittiert werden oder ob überhaupt keine Aktien ausgegeben werden sollen. Außerdem kann die Satzung die Ausgabe von **Belegschaftsaktien** auch durch genehmigtes Kapital zulassen.

Das genehmigte Kapital selbst stellt noch kein Grundkapital dar. Das Grundkapital ist erst dann erhöht, wenn die Einlagen geleistet und die Durchführung der Kapitalerhöhung in das Handelsregister eingetragen worden sind. Für die Ausgabe der neuen Aktien gelten sinngemäß die Vorschriften zur Kapitalerhöhung gegen Einlagen. Auch sind Bezugsrechtsausschlüsse möglich.

d) Kapitalerhöhung aus Gesellschaftsmitteln

Die ordentliche, bedingte und genehmigte Kapitalerhöhung stellt jeweils eine Form der Beteiligungsfinanzierung dar, bei der zusätzliches Kapital durch Einlagen von außen beschafft wird. Demgegenüber fließen dem Unternehmen im Fall der Grundkapitalerhöhung aus Gesellschaftsmitteln (§§ 207 bis 220) keine zusätzlichen Finanzmittel zu. Es liegt eine **Kapitalumschichtung** vor: Kapital- und Gewinnrücklagen werden in Grundkapital umgewandelt. In der Bilanz findet ein Passivtausch statt, der das Eigenkapital in seiner Struktur, aber nicht in seiner Höhe ändert.

Die Grundkapitalerhöhung wird mit der Eintragung des Hauptversammlungsbeschlusses in das Handelsregister wirksam. Ein gesondertes Bezugsrecht ist bei dieser Form der Kapitalerhöhung nicht nötig. Die neuen Aktien stehen ausschließlich den **Altaktionären** entsprechend ihrem bisherigen Grundkapitalanteil zu. Gesellschaften mit Stückaktien brauchen keine neuen Aktien auszugeben.

Beispiel: Kapitalerhöhung aus Gesellschaftsmitteln

Die Hauptversammlung einer AG beschließt, das Grundkapital aus Gesellschaftsmitteln im Verhältnis 2 zu 1 von 20 Mio. € auf 30 Mio. € durch die Umwandlung offener Rücklagen zu erhöhen. Die Ausgabe der jungen Aktien erfolgt wie die alten Aktien mit einem Nennwert von 5 €.

	Vor der Kapitalerhöhung	Nach der Kapitalerhöhung
Grundkapital	20.000.000 €	30.000.000 €
Rücklagen	60.000.000 €	50.000.000 €
Eigenkapital	80.000.000 €	80.000.000 €
Zahl der Aktien	4.000.000 St.	6.000.000 St.
Kurs pro Aktie	45 €	30 €
Aktionär X: Zahl der Aktien	6.000 St.	9.000 €
Kurswert der Aktien	270.000 €	270.000 €

Die Aktionäre erhalten durch die Kapitalerhöhung aus Gesellschaftsmitteln für zwei alte Aktien zusätzlich eine neue Aktie. Aus dem Zahlenbeispiel ist abzulesen, dass zwar dass Grundkapital und die Aktienzahl steigen, das Eigenkapital insgesamt und der Kurswert pro Aktionär aber unverändert bleiben. So beläuft sich der Kurswert für den Aktionär X vor und nach der Kapitalerhöhung auf 270.000 €.

Die Kapitalerhöhung aus Gesellschaftsmitteln wird auch als **Aktiensplit** und als Ausgabe von **Berichtigungsaktien** oder **Gratisaktien** bezeichnet. Der Begriff „Gratisaktie" ist allerdings nicht korrekt. Denn es findet kein Vermögenszuwachs für den Altaktionär statt, weil

- sein Anteil am Grundkapital sich nicht erhöht, sondern lediglich durch eine größere Zahl von Aktien repräsentiert wird, und

- die alte Aktie nach der Kapitalumschichtung an Wert verliert, wodurch der Wertzuwachs der neuen Aktie neutralisiert wird.

Unternehmen führen Kapitalerhöhungen aus Gesellschaftsmitteln in erster Linie aus folgenden Gründen durch:

- **Senkung des Aktienkurses**, um für den Börsenhandel und spätere Kapitalerhöhungen einen optisch günstigeren Aktienpreis zu schaffen. Untersuchungen zeigen, dass auf Aktiensplits oft starke Kursanstiege folgen.
- **Verbesserung der Dividende**, weil – auch wenn der Dividendensatz pro Aktie konstant gehalten wird – der Ausschüttungsbetrag sich pro Aktionär aufgrund der gestiegenen Stückzahl erhöht.

2.4.3.2 Aktienrückkauf

Der Aktienrückkauf, d.h. der **Erwerb eigener Aktien**, stellt für viele Unternehmen ein wichtiges Instrument dar, um finanzwirtschaftliche Ziele zu erreichen. Die folgenden Ausführungen beschreiben die Voraussetzungen, Ziele und Methoden, die im Zusammenhang mit Aktienrückkaufprogrammen von Bedeutung sind.

a) Voraussetzungen für den Erwerb eigener Aktien

Die gesetzliche Grundlage für den Aktienrückkauf findet sich in § 71 AktG. Danach ist einer Gesellschaft der Erwerb eigener Aktien für folgende **Zwecke** gestattet:

1. Abwendung eines schweren, unmittelbar bevorstehenden Schadens
2. Verwendung der Aktien für Mitarbeiterbeteiligungsprogramme
3. Abfindung von Aktionären
4. Unentgeltlicher Erwerb oder im Fall von Kreditinstituten zur Ausführung von Kundengeschäften
5. Gesamtrechtsnachfolge (z.B. durch Erbschaft)
6. Herabsetzung des Grundkapitals gemäß Beschluss der Hauptversammlung
7. Im Fall von Kreditinstituten, Finanzdienstleistungsinstituten oder Finanzunternehmen zum Zweck des Wertpapierhandels gemäß Beschluss der Hauptversammlung
8. Aufgrund einer Ermächtigung der Hauptversammlung. Die Ermächtigung darf längstens 18 Monate gelten und muss den niedrigsten und höchsten Gegenwert sowie den Anteil am Grundkapital (maximal jedoch 10 %) festlegen

Vor allem aufgrund der Nr. 8 hat ein Unternehmen in Bezug auf den Rückkauf eigener Anteile einen weitgehenden Entscheidungsspielraum. Zu beachten sind jedoch bestimmte quantitative und qualitative **Beschränkungen**:

- Erstens dürfen die Aktien, die nach den Zwecken 1 bis 3, 7 und 8 erworben worden sind, zusammen mit den bereits gehaltenen eigenen Aktien nicht mehr als **10 % des Grundkapitals** ausmachen.
- Zweitens stehen dem Unternehmen aus den eigenen Aktien **keine Rechte** zu (z.B. keine Stimmrechte und Dividenden). Diese Regelung dient dem Schutz der Kompetenzverteilung innerhalb der Gesellschaft. So soll es der Verwaltung (Vorstand und Aufsichtsrat) nicht möglich sein, mithilfe der gekauften Aktien Einfluss auf die Hauptversammlungsbeschlüsse zu ihrem Vorteil zu nehmen.

Die **Bilanzierung** der erworbenen eigenen Anteile richtet sich seit 2009 nach § 272 Abs. 1a und Abs. 1b HGB. Der Nennbetrag bzw. (bei Stückaktien) der rechnerische Nennwert ist in der Vorspalte offen von dem Posten „Gezeichnetes Kapital" (Grundkapital bei einer AG) abzusetzen. Der Differenzbetrag zwischen den Anschaffungskosten und dem Nennbetrag bzw. rechnerischem Wert ist mit den frei verfügbaren Rücklagen zu verrechnen. Die frei verfügbaren Rücklagen können sowohl freie Gewinn- als auch Kapitalrücklagen sein.

Beispiel: Bilanzierung des Aktienrückkaufs

Vor dem Erwerb eigener Aktien sieht die Bilanz einer AG wie folgt aus:

Aktiva	Bilanz (in Mio. €)		Passiva
Anlagevermögen	400	Grundkapital	120
Vorräte	220	Gesetzliche Rücklagen	140
Liquide Mittel	210	Freie Gewinnrücklagen	120
		Kapitalrücklage	100
		Verbindlichkeiten	350
Aktiva gesamt	830	Passiva gesamt	830

Die AG erwirbt 10 Mio. Aktien im Nennbetrag von je 1 € für insgesamt 100 Mio. €. In Höhe dieser Anschaffungskosten verringern sich die liquiden Mittel. Auf der Passivseite ist der Gesamtnennbetrag der erworbenen eigen Aktien in Höhe von 10 Mio. € in der Vorspalte offen vom Grundkapital abzuziehen. Der Unterschiedsbetrag zwischen den Anschaffungskosten und dem Gesamtnennbetrag (90 Mio. €) verringert die freien Gewinnrücklagen (möglich wäre auch eine vollständige oder teilweise Verrechnung mit der Kapitalrücklage):

Aktiva	Bilanz (in Mio. €)			Passiva
Anlagevermögen	400	Grundkapital	120	
Vorräte	220	− Eigene Anteile	10	110
Liquide Mittel	110	Gesetzliche Rücklagen		140
		Freie Gewinnrücklagen		30
		Kapitalrücklage		100
		Verbindlichkeiten		350
Aktiva gesamt	730	Passiva gesamt		730

Verkauft die AG die eigenen Aktien später, entfällt der Ausweis des Grundkapitals in der Vorspalte; im Beispiel beliefe sich das Grundkapital wieder auf 120 Mio. €. Übersteigt der Verkaufspreis den Nennbetrag bzw. den rechnerischen Nennwert, ist der Unterschiedsbetrag bis zur Höhe des mit den frei verfügbaren Rücklagen verrechneten Betrages in die jeweiligen Rücklagen einzustellen. Ein darüber hinausgehender Betrag ist in die Kapitalrücklage zu buchen. Werden die eigenen Aktien **eingezogen**, entfällt wiederum die Vorspalte, wobei das Grundkapital jetzt aber mit 110 Mio. € auszuweisen ist.

b) Ziele des Aktienrückkaufs

Mit dem Rückkauf eigener Aktien strebt eine Gesellschaft primär folgende Ziele an:

1. Signalwirkung für den Kapitalmarkt

Das Management will mit dem Rückkauf den Aktionären und anderen Marktteilnehmern signalisieren, dass es den aktuellen Börsenkurs für zu niedrig erachtet. Es dokumentiert mit dem Erwerb Vertrauen in das eigene Unternehmen und in die zukünftige Kursentwicklung.

2. Ausschüttungspolitik

Erstens kann das Unternehmen mit dem Rückkauf liquide Mittel, für die keine rentablen Investitionsmöglichkeiten bestehen, an die Aktionäre ausschütten. Zweitens kann der Aktienrückkauf anstatt einer Zusatzdividende erfolgen mit der Absicht, eine kontinuierliche Dividendenpolitik beizubehalten. Drittens entfällt künftig auf die verbliebenen Aktionäre – bei konstantem Ausschüttungsgesamtbetrag – eine höhere Dividende pro Aktie, wodurch das Kurssteigerungspotenzial verbessert wird.

3. Kapitalstruktur

Die Gesellschaft kann aktiv die Kapitalstruktur gestalten. Dies bezieht sich speziell auf das Verhältnis zwischen Grundkapital und Rücklagen, zwischen Stammaktien und Vorzugsaktien sowie zwischen Fremdkapital und Eigenkapital. Beispielsweise eröffnet sich auf diesem Wege die Möglichkeit, vom Kapitalmarkt weniger akzeptierte Aktiengattungen wie die Vorzugsaktie vom Markt zu nehmen. Ferner kann die Gesellschaft durch einen mit Fremdkapital finanzierten Aktienrückkauf über den Leverage-Effekt die Eigenkapitalrentabilität steigern.

4. Akquisitionswährung

Die Gesellschaft verwendet die erworbenen Aktien als Finanzierungsmittel zum Kauf von Unternehmen oder Beteiligungen. Das bedeutet, die Aktionäre des Zielunternehmens, die ihre Anteile verkaufen, erhalten den Kaufpreis nicht nur in bar, sondern auch in Form von Aktien des Käufers.

5. Mitarbeiterbeteiligungsprogramme

Die Gesellschaft nutzt den Rückkauf, indem sie die Aktien im Zusammenhang mit Anreiz- und Bonusprogrammen an ihre Mitarbeiter und Geschäftsführer weiterleitet. Von besonderer Bedeutung sind Belegschaftsaktien und Aktienoptionspläne.

6. Abwehr feindlicher Übernahmeversuche

Feindlich gesinnte Übernahmeversuche erfolgen gegen den Willen der Verwaltung des betroffenen Zielunternehmens. Durch den Rückkauf will das Unternehmen vorbeugende Maßnahmen ergreifen. Der Erwerb eigener Aktien soll diejenigen Aktionäre ansprechen, die ihren Aktien den geringsten Wert beimessen und am ehesten zum Verkauf bereit sind. Die verbleibenden Aktionäre bewerten ihre Aktien höher, sodass damit auch die Übernahmekosten für einen Bieter steigen würden.

7. Restrukturierung der Stimmverhältnisse

Werden die zurückgekauften Aktien eingezogen, lassen sich die Machtverhältnisse verschieben; auf diese Weise kann z.B. ein Hauptaktionär zum Mehrheitsaktionär werden.

c) Methoden des Aktienrückkaufs

Für den Rückkauf eigener Aktien stehen **mehrere Verfahren** zur Verfügung, die sich hinsichtlich ihrer Auswirkung auf den Kapitalmarkt, der einbezogenen Aktionärsgruppen und der Kaufpreishöhe unterscheiden.

Abbildung 2-7: Methoden des Aktienrückkaufs

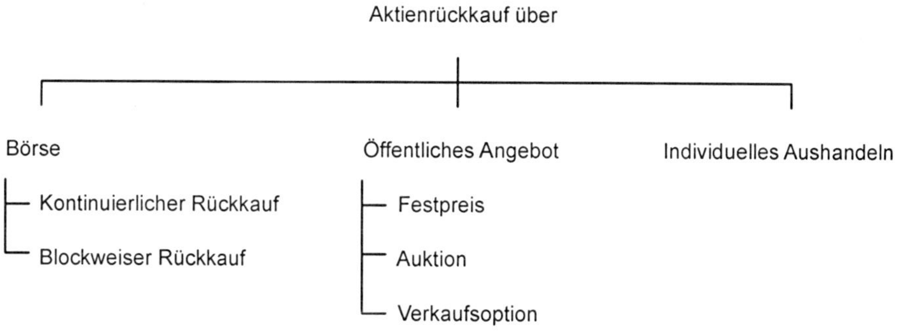

Beim **Rückkauf über die Börse** erwirbt das Unternehmen seine Aktien zum aktuellen Kurs. Das Unternehmen kündigt an, innerhalb welchen Zeitraums es wie viele Aktien zurückkaufen möchte. Die Käufe selbst werden anonym durchgeführt, wobei der Erwerb **kontinuierlich** oder **blockweise** erfolgen kann. Diese Form des Aktienrückkaufs hat als **Vorteile**:

- Der Erwerb erfolgt zum aktuellen Börsenkurs, sodass das Unternehmen für den Kaufpreis **keine Zusatzprämie** zahlen muss.
- Wegen der großen **Flexibilität** des Verfahrens kann das Unternehmen die Rückkäufe anonym und den jeweiligen Marktverhältnissen angepasst durchführen.
- Durch den Rückkauf über die Börse ist die **Gleichbehandlung der Aktionäre**, wie sie § 53 a AktG fordert, gewährleistet: Jeder Aktionär hat die Chance, seine Aktien zum betreffenden Börsenkurs zu verkaufen.

Als mögliche **Nachteile** des Aktienrückkaufs über die Börse sind zu nennen:

- Die **Signalwirkung** für den Kapitalmarkt ist **geringer** als bei den anderen Verfahren.
- Die Methode eignet sich ausschließlich für Unternehmen, deren Aktien eine hohe Marktliquidität aufweisen. Werden nur wenige Aktien an der Börse gehandelt, könnten Anteilsrückkäufe zu **unerwünschten Kursausschlägen** führen.
- Schließlich ist zu bedenken, dass diese Methode lediglich für den Erwerb einer **kleineren Menge** eigener Aktien in Betracht kommt.

Öffentliche Rückkaufangebote können Festpreisangebote, Auktionsverfahren oder Angebote in Form von Verkaufsoptionen sein.

Im Rahmen des **Festpreisangebots** unterbreitet das Unternehmen den Aktionären ein öffentliches Kaufangebot, das einen fixierten Rücknahmepreis, das maximale Rückkaufvolumen und die Geltungsdauer umfasst. Um den Aktionären einen finanziellen Anreiz zu bieten, muss der Kaufpreis über dem aktuellen Börsenkurs liegen, d.h. das Angebot enthält für die Adressaten eine Preisprämie. Gleichzeitig signalisiert das Unternehmen damit, dass es die Aktie für unterbewertet hält. Nachteilig ist, dass eine zu hohe Prämie zu einem Überhang des Aktienangebots führen kann, sodass nicht alle verkaufswilligen Aktionäre zufrieden gestellt werden können.

Beim **Auktionsverfahren** gibt das Unternehmen statt eines Festpreises eine Preisspanne bekannt. Verkaufswillige Aktionäre müssen innerhalb dieser Spanne Angebote unterbreiten, indem sie neben der Anzahl der zu verkaufenden Aktien auch den von ihnen geforderten Verkaufspreis angeben. Nach Fristablauf ordnet das Unternehmen die Verkaufsangebote in der (aufsteigenden) Reihenfolge der gewünschten Preise, bis der Preis erreicht ist, zu dem es das gewünschte Volumen zurückkaufen kann. Die Zuteilung erfolgt zu dem einheitlichen minimalen Preis, mit dem das gesamte Rückkaufvolumen erreicht wird. Auf diese Weise soll ein zu hoher Rücknahmepreis, wie er beim Festpreisverfahren leicht möglich ist, vermieden werden.

Bei der Ausgabe von übertragbaren **Verkaufsoptionen** gewährt das Unternehmen seinen Aktionären das Recht, Aktien entsprechend ihrem Anteil am Grundkapital innerhalb einer bestimmten Frist zu einem festgelegten Rückkaufpreis an das Unternehmen zu verkaufen. Verkaufsbereite Aktionäre können dieses Recht ausüben und die von ihnen gewünschte Anzahl an Aktien verkaufen. Aktionäre, die ihre Anteile nicht verkaufen möchten, können die Verkaufsoptionen zum betreffenden Optionspreis veräußern. Der Vorteil der Ausgabe von Verkaufsoptionen besteht für das Unternehmen darin, dass es vor allem diejenigen Aktionäre zum Verkauf bewegen kann, die ihren Aktien den relativ geringsten Wert beimessen und somit im Fall von feindlichen Übernahmeangeboten besonders anfällig wären.

Der **individuell ausgehandelte Aktienrückkauf** ist ein Verfahren, mit dem das Unternehmen eine große Zahl eigener Aktien innerhalb einer relativ kurzen Zeit erwerben kann. Dabei richtet sich das Angebot an ausgewählte Aktionäre mit einer hohen Beteiligungsquote. Das Unternehmen und die potenziellen Verkäufer handeln die Bedingungen individuell aus. Üblicherweise werden die Aktienpakete mit einem deutlichen Prämienaufschlag zurückgekauft. Da das Gleichbehandlungsprinzip nach § 53 a AktG zu beachten ist, kommt diese Methode des Aktienrückkaufs nur in Sondersituationen infrage.

2.4.3.3 Kapitalherabsetzung

Die **Hauptzwecke** einer Kapitalherabsetzung sind die Beseitigung eines Verlustes oder die Rückzahlung nicht benötigten Kapitals. Dafür sieht das Aktiengesetz folgende Arten der Kapitalherabsetzung vor:

Abbildung 2-8: *Maßnahmen der Kapitalherabsetzung*

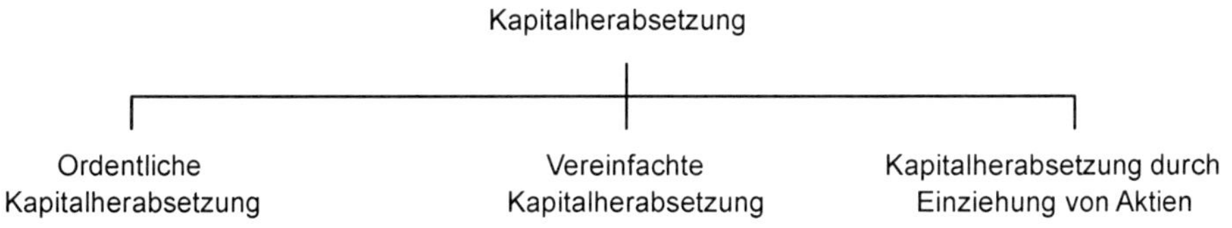

a) Ordentliche Kapitalherabsetzung

Ein Unternehmen kann die ordentliche Kapitalherabsetzung (§§ 222 bis 228 AktG) sowohl für die **Verlustbeseitigung** als auch für die **Kapitalrückzahlung** verwenden. Die Herabsetzung wird mit Eintragung des Beschlusses in das Handelsregister wirksam. Sie kann sich auf Nennwert- und Stückaktien beziehen. Bei Nennwertaktien muss der Nennbetrag vermindert werden. Wenn der auf die einzelne Aktie entfallende Anteil am herabgesetzten Grundkapital einen Euro unterschreiten würde, sind Aktien zusammenzulegen.

Beispiel: Ordentliche Kapitalherabsetzung

Das Grundkapital einer AG beläuft sich auf 10 Mio. € und ist in 10 Mio. Stückaktien aufgeteilt. Da die AG nur noch ein Grundkapital von 5 Mio. € für erforderlich hält, beschließt die Hauptversammlung, das Grundkapital um 5 Mio. € herabzusetzen und diesen Betrag an die Aktionäre zurückzuzahlen. Die Aktien werden im Verhältnis 2 : 1 zusammengelegt, d.h. ein Aktionär besitzt statt zwei nur noch eine Aktie.

Da es bei dieser Form der Kapitalherabsetzung, wie im Beispiel gezeigt, zu Rückzahlungen an die Aktionäre kommen kann, sind gesonderte **Gläubigerschutzvorschriften** zu berücksichtigen: Berechtigte Gläubiger müssen befriedigt werden oder es müssen für sie Sicherheiten geleistet werden; erst dann und nach Ablauf von sechs Monaten dürfen die Zahlungen an die Aktionäre erfolgen.

b) Vereinfachte Kapitalherabsetzung

Die vereinfachte Kapitalherabsetzung (§§ 229 bis 236 AktG) wird so bezeichnet, weil die Vorschriften zum Gläubigerschutz weniger streng sind. Sie dient der **buchmäßigen Sanierung** und ist nur zulässig, um Wertminderungen auszugleichen, sonstige Verluste zu decken oder Beträge in die Kapitalrücklage bzw. gesetzliche Rücklage einzustellen. Die Beträge, die aus der Kapitalherabsetzung erzielt werden, dürfen nicht den Aktionären zugutekommen.

Beispiel: Bilanzierung der vereinfachten Kapitalherabsetzung

Vor der Kapitalherabsetzung sieht die Bilanz einer AG wie folgt aus:

Aktiva	Bilanz (in Mio. €)		Passiva
Anlagevermögen	300	Grundkapital	300
Umlaufvermögen	200	Verlust	– 100
		Verbindlichkeiten	300
Aktiva gesamt	500	Passiva gesamt	500

Zur Deckung des Verlustes beschließt die Hauptversammlung, das Grundkapital um 150 Mio. € herabzusetzen und 50 Mio. € in die Kapitalrücklage einzustellen. Danach hat die Bilanz folgendes Aussehen:

Aktiva	Bilanz (in Mio. €)		Passiva
Anlagevermögen	300	Grundkapital	150
Umlaufvermögen	200	Kapitalrücklage	50
		Verbindlichkeiten	300
Aktiva gesamt	500	Passiva gesamt	500

Von den beiden anderen Formen unterscheidet sich die vereinfachte Kapitalherabsetzung durch folgende **Besonderheiten:**

- Es dürfen vor der Herabsetzung keine freien Gewinnrücklagen oder Gewinnvorträge vorhanden sein Die Kapitalrücklage und gesetzliche Rücklage dürfen zusammen 10 % des nach der Herabsetzung vorhandenen Grundkapitals nicht übersteigen.

- Die Beträge dürfen nicht verwendet werden, um Zahlungen an die Aktionäre zu leisten oder um die Aktionäre von ihrer Einlagenpflicht zu befreien. Aus diesem Grund sind weniger strenge Vorschriften zum Gläubigerschutz zu beachten (insbesondere Begrenzung der Gewinnausschüttung).
- Das Unternehmen darf sein Eigenkapital bereits im letzten Jahresabschluss vor der Beschlussfassung über die Kapitalherabsetzung in der Höhe ausweisen, in der es nach der Herabsetzung bestehen soll. Diese Rückwirkung gilt auch für eine eventuell gleichzeitig durchgeführte Kapitalerhöhung.

c) Kapitalherabsetzung durch Einziehung von Aktien

Analog zur ordentlichen Kapitalherabsetzung kann das Unternehmen die Einziehung von Aktien (§§ 237 bis 239 AktG) zwecks **Verlustbeseitigung** und **Kapitalrückzahlung** durchführen. Für die Einziehung eigener Aktien bestehen zwei Möglichkeiten:

1. **Erwerb durch die Gesellschaft**: Der Rückkauf eigener Aktien kann immer zu einer Kapitalherabsetzung verwendet werden. Die Grenze für eigene Aktien in Höhe von 10 % des Grundkapitals (vgl. Kapitel C.2.4.3.2) gilt hier nicht.
2. **Zwangseinziehung**: Die Gesellschaft darf Aktien nur dann zwangsweise einziehen, wenn dies gemäß Satzung zulässig ist.

Für die Kapitalherabsetzung durch Einziehung von Aktien gelten die Vorschriften über die ordentliche Kapitalherabsetzung. Jedoch bestehen drei Ausnahmen: Die Aktionäre stellen die Aktien der Gesellschaft unentgeltlich zur Verfügung, die Gesellschaft zieht die Aktien zulasten des Bilanzgewinns oder freier Gewinnrücklagen ein, oder es handelt sich um Stückaktien und durch die Einziehung erhöht sich der rechnerische Anteil der übrigen Aktien am Grundkapital.

2.4.4 Going Public

Going Public bedeutet, dass sich ein Unternehmen entschließt, **erstmals** Aktien zu emittieren und an die Börse – und somit in die Öffentlichkeit – zu gehen. Die Emission selbst, d.h. die Ausgabe der Aktien, erfolgt nicht an der Börse, sondern am so genannten **Primärmarkt**. Darunter versteht man den Markt für das Zusammentreffen der Emittenten und der Investoren, die die Aktien zum Emissionspreis erwerben. Erst nach Durchführung der Emission werden die Aktien an einer Börse notiert oder außerbörslich (Over the Counter, OTC) gehandelt. Börse und OTC-Markt bilden den **Sekundärmarkt**.

Going Public kann somit als die erstmalige, öffentliche Platzierung von Aktien am Primärmarkt definiert werden. Ein synonymer Begriff ist **Initial Public Offering (IPO)**. Aktienausgaben, die ein Unternehmen in späteren Jahren erneut durchführt, zählen nicht mehr als Going Public, sondern als Folgeemissionen.

***Abbildung 2-9:** Einordnung des Going Public*

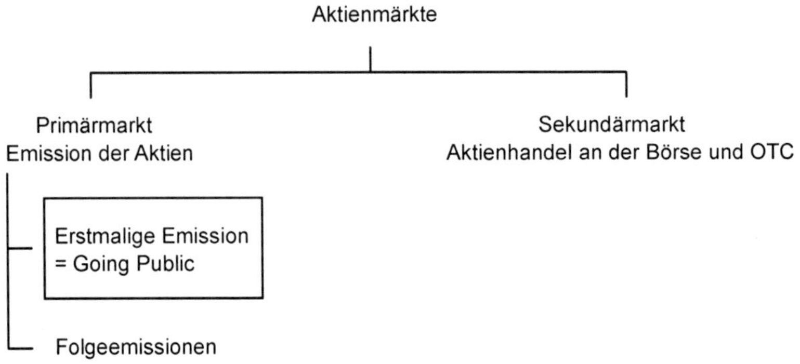

2.4.4.1 Motive und Prozess des Going Public

Wenn ein Unternehmen sich für den erstmaligen Gang an die Börse entscheidet, kann hierfür eine Reihe von **Motiven** verantwortlich sein:

- **Beteiligungsfinanzierung**: Ziel ist es, die Aktien bei einem breiten Anlegerkreis vollständig und dauerhaft zu platzieren. Die Versorgung mit Eigenkapital durch externe Kapitalgeber erlaubt es dem Unternehmen, neue Finanzierungsquellen zu erschließen, um das geplante Wachstum oder die Rückzahlung von Verbindlichkeiten zu finanzieren.

- **Bekanntheitsgrad**: Das Going Public bietet die Chance, den Bekanntheitsgrad des Unternehmens zu steigern und das Marktstanding zu verbessern.

- **Personalpolitik**: In vielen Unternehmen sind Mitarbeiterbeteiligungsprogramme ein wichtiges Instrument der Personalgewinnung und -entwicklung. Mithilfe von Belegschaftsaktien und Aktienoptionsplänen können die Mitarbeiter unmittelbar an der Wertsteigerung des Unternehmens partizipieren.

- **Nachfolgeregelung**: Da mit einem Going Public Führungs- und Kapitalgeberfunktionen getrennt werden können, können die Altgesellschafter die Unternehmenskontinuität wahren und gleichzeitig ihre Nachfolge regeln.

- **Privatisierung**: Das Going Public ist oft der einzige Weg, um staatliche Unternehmen teilweise oder vollständig zu privatisieren.

- **Spin-offs**: Unternehmen spalten Teilbereiche ab, die nicht dem Kerngeschäft entsprechen, und veräußern diese Bereiche durch Going Public.

- **Verkauf von Beteiligungen**: Das Going Public stellt speziell für Venture-Capital- und Private-Equity-Gesellschaften die bevorzugte Möglichkeit dar, ihre Anteile an den finanzierten Unternehmen zu verkaufen (vgl. Kapitel C.3.4.3.2).

Beim Going Public handelt es sich um einen komplexen Prozess, der sich für jedes Unternehmen anders gestaltet. Dennoch gibt es bestimmte Bausteine, die ein Unternehmen auf seinem Weg an die Börse benötigt. Der charakteristische Going-Public-Prozess lässt sich in mehrere **Phasen** aufgliedern und kann wie folgt aussehen:

1. Gestaltung der Voraussetzungen

Die Verantwortlichen im Unternehmen müssen zunächst die **Ziele**, die sie mit dem Going Public erreichen wollen, eindeutig festlegen. Darüber hinaus ist ein **Rechtsformwechsel** notwendig, wenn das Unternehmen noch nicht als AG, KGaA oder SE firmiert. Schließlich ist das voraussichtliche **Emissionsvolumen** zu bestimmen.

2. Wahl des Emissionskonsortiums

Wegen des erforderlichen Know-hows und der börsenrechtlichen Vorschriften kann kaum ein Unternehmen das Going Public als Selbstemission, sondern nur als **Fremdemission** realisieren. Das bedeutet, es benötigt die Hilfe spezialisierter Emissionshäuser wie vor allem Banken. Sind mehrere Emissionsbanken eingebunden, spricht man von einem **Emissionskonsortium.**

Die entscheidenden Vorteile der Fremdemission bestehen darin, dass der Emittent das Fachwissen, die Erfahrung, den Service, das Vertriebssystem, die Kapitalkraft und nicht zuletzt auch das Image der Emissionshäuser nutzen kann.

Das Emissionskonsortium ist eine zeitlich begrenzte Vereinigung von Banken zur Durchführung der Emission, meist in Form einer BGB-Gesellschaft. Es gibt mehrere Arten:

- **Übernahmekonsortium**: Das Konsortium übernimmt die Aktien zu einem festen Preis. Die Aktien bleiben entweder für einige Zeit im Bestand der Konsortialmitglieder oder werden von ihnen für eigene Rechnung weiterverkauft. Das Konsortium trägt also das Platzierungsrisiko.
- **Begebungskonsortium**: Das Konsortium übernimmt lediglich den Vertrieb der Aktien. Die Konsortialmitglieder handeln für fremde Rechnung. Das Platzierungsrisiko verbleibt beim Emittenten.
- **Kombiniertes Übernahme- und Begebungskonsortium**: Bei dieser auf dem deutschen Kapitalmarkt üblichen Vorgehensweise übernimmt das Konsortium die Aktien zu einem festen Preis und besorgt zugleich den Vertrieb der Aktien. Somit ist nicht beabsichtigt, die Aktien im Bestand der Konsortialmitglieder zu halten. Dennoch trägt das Konsortium das Platzierungsrisiko.

3. Due Diligence

Due Diligence heißt so viel wie „Prüfung mit gebührender Sorgfalt". Diese Prüfung obliegt dem Emissionshaus bzw. Konsortialführer. Der Begriff umfasst die systematische und detaillierte Analyse und Bewertung von Unternehmensprozessen, Märkten, Daten und Rechtsbeziehungen, um ein Gesamtbild über das Unternehmen zu erhalten.

Primäres **Ziel** ist es, das Leistungspotenzial, die wesentlichen Chancen und Risiken für die zukünftige Unternehmensentwicklung zu ermitteln. Dazu werden quantitative und qualitative Faktoren einbezogen wie z.B.:

- **Wirtschaftliche Faktoren**: Betriebswirtschaftliche Kennzahlen, Steuern, Kunden, Produkte, Vertriebswege, Beschaffungsmärkte, Branche und Konkurrenz
- **Management und Personal**: Bewertung der Leistungsfähigkeit und Leistungsbereitschaft der Mitarbeiter als unverzichtbarer Bestandteil der Due Diligence
- **Organisatorische Faktoren**: Prüfung der Aufbau- und Ablauforganisation sowie des Informationsmanagements
- **Technische Faktoren**: Ausstattung und Prozesse des Produktionsbereichs sowie Bewertung des Anlagevermögens und der Lagerbestände
- **Rechtliche Faktoren**: Gesellschafterstruktur und Haftungsverhältnisse, Leitungs- und Vertretungsbefugnisse sowie Vertragsgestaltungen

4. Festlegung des Börsensegments

An den Börsenplätzen in Deutschland kann ein Unternehmen zwischen **reguliertem Markt** und **Freiverkehr** wählen. Die Börsensegmente unterscheiden sich hauptsächlich in Bezug auf die Zulassungsvoraussetzungen, Handelsabwicklung und Kosten.

5. Equity Story und Roadshows

Zweck der **Equity Story** ist es, das Besondere und Herausragende des Unternehmens den potenziellen Anleger zu vermitteln. Es geht um das so genannte Unique Selling Proposition (USP), das einzigartige Verkaufsversprechen, das die Anleger davon überzeugen soll, die Aktie zu erwerben. Der Erfolg der Equity Story hängt jedoch davon ab, inwieweit es dem Unternehmen gelingt, die Stärken und Schwächen sowie Chancen und Risiken nachvollziehbar darzustellen.

Die Equity Story bildet die Grundlage für umfangreiche Marketingmaßnahmen, von denen die **Roadshows** eine zentrale Rolle spielen. Dabei handelt es sich um eine Vielzahl von Einzelterminen, auf denen das Management des Emittenten institutionelle Investoren (z.B. Fondsgesellschaften), Finanzanalysten und wichtige Multiplikatoren (z.B. Fachjournalisten) über das Going Public informiert.

6. Preisfindung

Speziell beim Going Public ist die Emissionspreisfindung eine der wichtigsten und zugleich schwierigsten Aufgaben. Zur Ermittlung des Unternehmenswertes stehen mehrere Methoden und Verfahren zur Verfügung, die Gegenstand des Kapitels B.3.1 sind.

7. Zeichnung und Zuteilung der Aktien

Interessierte Anleger müssen die Aktien innerhalb einer festen Frist zeichnen. Mit der **Zeichnung (Subskription)** verpflichten sich die Anleger, eine bestimmte Anzahl von Aktien bis zu einem bestimmten Betrag zu erwerben (vgl. Abbildung).

Nach Ablauf der Frist erfolgt die **Aktienzuteilung**. Übersteigt die Nachfrage das Angebot der zu emittierenden Aktien, liegt eine Überzeichnung vor, sodass eine Repartierung erforderlich ist. Als wesentliche **Zuteilungsvarianten**, die auch kombiniert einsetzbar sind, kommen zur Anwendung:

- **Festzuteilung**: Jeder Anleger erhält dieselbe Stückzahl
- **Mindestzuteilung**: Jeder Anleger erhält eine Mindestanzahl an Aktien
- **Quotenzuteilung**: Jeder Anleger erhält einen bestimmten Prozentsatz seines Ordervolumens
- **Orderklassen**: Aufteilung in institutionelle Anleger und Privatanleger
- **Losverfahren**: Die begünstigten Aktionäre werden mittels Zufallsgenerator bestimmt
- **Friends & Family-Programm**: Bevorzugte Zuteilung an Investorengruppen, bei denen der Emittent seine Interessen am ehesten gewahrt sieht wie z.B. strategisch orientierte Großanleger, Mitarbeiter und Kunden

Zu beachten sind die **Grundsätze** für die Zuteilung von Aktienemissionen an Privatanleger. Nach der Zuteilung ist zu veröffentlichen, welches Zuteilungsverfahren angewendet wurde, wie viel Prozent an institutionelle und private Anleger ausgegeben wurden, wie hoch der Anteil an Begünstigten im Rahmen des Friends & Family-Programms war, und in welchem Umfang die Konsortialbanken von der Mehrzuteilungsoption Gebrauch gemacht haben.

Abbildung 2-10: Zeichnung und Zuteilung der Aktien

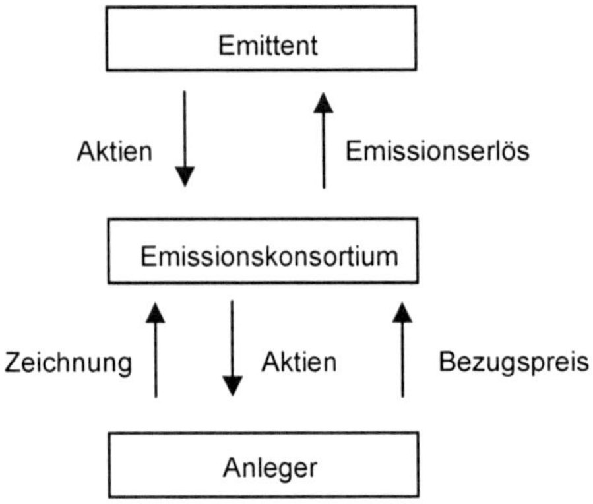

8. Aufnahme des Börsenhandels

Mit Beginn der Aktiennotierung an der Börse endet das Going Public. Kommt es nach der Erstnotiz zu starken Kursschwankungen, hat das Emissionskonsortium in der Regel die Aufgabe der **Kursstabilisierung**, indem es je nach Marktsituation Aktien kauft oder verkauft.

Der Prozess des Going Public ist mit erheblichen **Kosten** für den Emittenten verbunden. Das Going Public verursacht **einmalige Kosten**, die ca. 5 % des Emissionsvolumens ausmachen können und sich wie folgt verteilen:

- Steuer- und Rechtsberatung
- Umwandlung in eine AG, KGaA oder SE
- Eintragungen, Löschungen und Veröffentlichungen im Handelsregister
- Marketingmaßnahmen wie z.B. Roadshows und Werbung
- Druck und Veröffentlichung des Börsenprospekts und der Aktienurkunden
- Börsenzulassungsgebühren
- Emissionskonsortium: Kosten im Vorfeld der Emission, Börseneinführung und Aktienplatzierung

Laufende Kosten entstehen in den Folgejahren insbesondere für die Veröffentlichung von Jahresabschlüssen, Quartalsberichten und Ad-hoc-Meldungen, die Durchführung der Hauptversammlungen, Investor Relations und Dividendenzahlungen.

2.4.4.2 Emissionsverfahren

Wie zuvor erwähnt, stellt die Höhe des Ausgabepreises je Aktie den entscheidenden Faktor für den Erfolg oder Misserfolg des Going Public dar. Die Emissionspreisfindung steht im Spannungsfeld der teilweise divergierenden Interessen des Emittenten, der Altaktionäre, der möglichen Investoren und der Emissionshäuser:

- Der **Emittent** ist an einem eher hohen Emissionspreis interessiert, um einen größtmöglichen Eigenkapitalzufluss zu erhalten.
- Auch die **Altaktionäre** zielen auf einen möglichst hohen Emissionspreis ab, der ihre Gewinnchancen erhöht, wenn sie ihre Aktien bei der Emission selbst oder später über die Börse verkaufen.
- Die **Anleger** wünschen einen niedrigen Emissionspreis, um Informationsdefizite ausgleichen und ein Kurssteigerungspotenzial erwarten zu können.
- Das **Emissionskonsortium** tendiert ebenfalls zu einem eher niedrigen Emissionspreis, um das Platzierungsrisiko und die Gefahr von Kursrückschlägen nach der Börseneinführung zu verringern.

Im Rahmen der Preisfindung stehen drei Emissionsverfahren zur Auswahl, nämlich Festpreis-, Bookbuilding- und Auktionsverfahren.

Abbildung 2-11: *Arten von Emissionsverfahren*

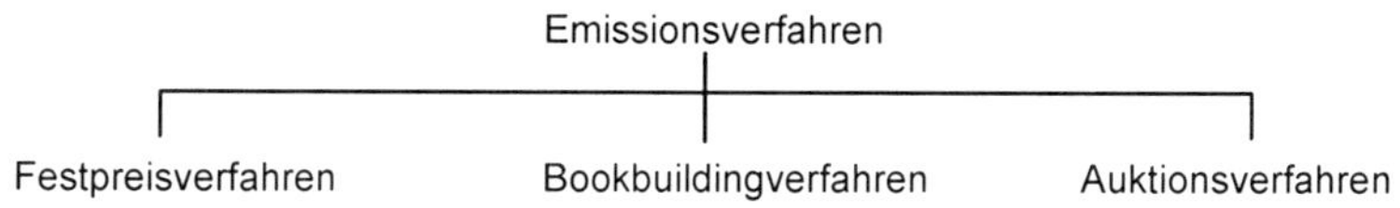

a) Festpreisverfahren

Ausgehend vom Ergebnis der Unternehmensbewertung vereinbaren Emittent und Emissionskonsortium einen **festen Preis**, zu dem die Aktien ausgegeben werden sollen. In die Entscheidung sollte mit einfließen, dass es nicht um eine kurzfristige Maximierung des Emissionserlöses geht, sondern dass auch der Erfolg möglicher Folgeemissionen zu berücksichtigen ist.

Kennzeichnend für das Festverfahren ist die **geringe Einbeziehung der Investoren** in den Preisfindungsprozess. Gegebenenfalls finden Roadshows statt, auf denen institutionelle Investoren und Analysten angesprochen werden; eine weitergehende Mitwirkung der Investoren ist nicht vorgesehen.

Wegen der nur bedingten Einflussmöglichkeiten der Investoren und der hohen Risiken für das Emissionskonsortium kommt das Festpreisverfahren beim Going Public kaum noch zur Anwendung, sondern höchstens noch bei Folgeemissionen.

b) Bookbuildingverfahren

Aufgrund der Nachteile des Festpreisverfahrens hat sich das Bookbuilding entwickelt. Merkmal des Bookbuildingverfahrens ist eine Preisfindung, die sich nach den Kaufgeboten der Investoren innerhalb einer **Preisspanne** richtet. Der Bookbuildingprozess durchläuft charakteristische **Phasen**:

- **Pre Marketing**: In dieser Vorbereitungsphase wollen Emittent und Konsortialführer das Interesse der wichtigsten Investoren wecken und deren Preisvorstellungen erfahren. Danach legen Emittent und Konsortium die Bookbuildingspanne fest, die sich als Konsens aus Emittenten- und Marktinteressen ergibt.
- **Marketing**: Die Marketingphase beginnt mit Bekanntgabe der endgültigen Bookbuildingspanne. Danach werden in zahlreichen Pressekonferenzen, Roadshows, Einzelgesprächen, Anzeigen und Fernsehspots das Unternehmen und die Aktie vorgestellt. Teilweise überschneidet sich die Marketing- mit der Pre-Marketing-Phase.
- **Ordertaking**: Die Mitglieder des Bankenkonsortiums melden die eingehenden Zeichnungsaufträge der interessierten Investoren an den Konsortialführer (Bookrunner), der die Aufträge in einem Orderbuch zusammenführt.
- **Preisfestlegung und Zuteilung**: Nach Ende der Ordertaking-Phase legt der Konsortialführer auf Basis der Zeichnungsaufträge einen einheitlichen Emissionspreis fest. Die anschließende Zuteilung der Aktien kann nach mehreren Varianten erfolgen, wobei bestimmte Grundsätze zu beachten sind (vgl. Kapitel C.2.4.4.1).
- **Stabilisierung**: Treten nach der Börseneinführung größere Kursschwankungen bei der emittierten Aktie auf, hat das Emissionskonsortium die Aufgabe der Kursstabilisierung.

Ein wichtiges Instrument für diese Marktpflegetransaktionen ist der so genannte **Greenshoe**. Hierbei handelt es sich um eine **Mehrzuteilungsoption**: Der Emittent gewährt dem Konsortialführer beispielsweise das Recht, in einer Frist von 30 Tagen zusätzlich 15 % des bisherigen Emissionsvolumens zum ursprünglichen Emissionspreis zu erwerben. Diese zusätzlichen Aktien stammen in der Regel aus dem Eigentum von Altaktionären.

Aufgrund dieser Option hat der Konsortialführer die Möglichkeit, mehr Aktien zum Emissionspreis zu verkaufen als aus dem bisherigen Emissionsvolumen zur Verfügung stehen (Überzuteilung). Der Konsortialführer nimmt eine so genannte **Short-Position** ein. Daraus ergeben sich nach der Börseneinführung folgende Szenarien:

- **Aktienkurs fällt unter den Emissionspreis**: Der Konsortialführer übt die Mehrzuteilungsoption nicht aus. Er kauft die Aktien zum niedrigeren Preis an der Börse, um seine Lieferverpflichtungen zu erfüllen. Diese Kauftransaktionen wirken gleichzeitig kursstabilisierend.
- **Aktienkurs steigt über den Emissionspreis**: Der Konsortialführer übt den Greenshoe aus: Er bezieht die Aktien zum ursprünglichen Emissionspreis und stellt damit seine Short-Position glatt. Die kursstabilisierende Wirkung resultiert hierbei aus dem zusätzlichen Aktienangebot.

Der Greenshoe bildet also eine Reserve für den Fall, dass die Aktien überzeichnet worden sind. Darüber hinaus wirkt er kursstabilisierend und stellt eine zusätzliche Einnahmequelle für das Konsortium dar.

c) Auktionsverfahren

Bei der Auktion gibt es keine einheitliche Vorgehensweise; vielmehr werden verschiedenartige Verfahren durchgeführt. Dennoch lässt sich ein **Grundmodell** feststellen, das wie eine Versteigerung funktioniert. Der Emittent und das Konsortium legen einen **Mindestpreis** für die Aktie fest und geben diesen Preis bekannt. Danach gehen die Kaufgebote der Investoren ein, wobei die Zeichnungsbedingungen Ober- und Untergrenzen für die Aktienanzahl enthalten können. Die **Zuteilung** der Aktien erfolgt entweder zum minimalen Einheitspreis (holländisches Verfahren) oder zum jeweils gebotenen individuellen Preis (amerikanisches Verfahren).

Das Auktionsverfahren hat den **Vorteil** einer ausgeprägten Markt- und Investororientierung. Dem steht als **Nachteil** gegenüber, dass der Emittent keine Einflussmöglichkeiten auf die Aktionärsstruktur hat.

Aufgabe 19: IPO

2.4.4.3 Going Private und Delisting

Going Private bedeutet das Gegenteil von Going Public, nämlich den Rückzug von der Börse. Für die Entscheidung eines Unternehmens, seine Aktien aus dem Börsenhandel zu nehmen, können mehrere **Motive** verantwortlich sein:

- **Unbefriedigende Kursentwicklung**: Der bisherige Verlauf des Aktienkurses wird als enttäuschend eingestuft. Die Verantwortlichen des Unternehmens sehen die positive Geschäftsentwicklung nicht im Börsenkurs widergespiegelt.
- **Revidierte Investitionspolitik**: Die mit den emittierten Aktien geplanten Investitionen, z.B. Nutzung der Aktien als Akquisitionswährung für Unternehmenskäufe, werden nicht realisiert.

- **Strenge Regulierung**: Die mit der Börsennotierung verbundenen Auflagen wie etwa die Pflichtveröffentlichungen werden als zu einschränkend empfunden.
- **Verstärkter Fremdeinfluss**: Der zunehmende Einfluss von Aktionärsgruppen, die ihre spezifischen Ziele verfolgen (z.B. Fondsgesellschaften), ist nicht erwünscht. Besonders akut wird dieses Problem, wenn das Unternehmen einen feindlichen Übernahmeversuch befürchtet.
- **Hohe Kosten**: Der Börsenhandel und die damit verbundenen Folgepflichten verursachen Kosten, die eventuell höher als die einer anderen Finanzierungsart (z.B. Kreditfinanzierung) sind.

Die Beendigung der Zulassung von Aktien zum Börsenhandel bezeichnet man als **Delisting**. Ein Delisting kann erstens **auf Antrag des Emittenten** erfolgen. Dieser Antrag ist dann auf eines der oben genannten Motive zurückzuführen.

Zweitens gibt es den Weg des **zwangsweisen Ausschlusses**, wenn die Voraussetzungen der Aktiennotierung nicht mehr gegeben sind. Je nach Börse kommen für ein derartiges „kaltes" Delisting folgende **Gründe** in Betracht:

- Gravierender Verstoß gegen das Regelwerk der Börse (beispielsweise Einstellung der Quartalsberichterstattung)
- Insolvenz des Emittenten
- Aktienkurs bei einer geringen Marktkapitalisierung über einen längeren Zeitraum unter 1 € (Pennystocks)

3 Kreditfinanzierung und Mezzanine-Finanzierung

Um die Besonderheiten der Kreditfinanzierung und Mezzanine-Finanzierung zu verdeutlichen, wird zunächst auf die wesentlichen Merkmale und Voraussetzungen eingegangen. Im Mittelpunkt der darauf folgenden Kapitel steht die Kreditfinanzierung, und zwar unterteilt nach kurzfristigen Krediten sowie mittel- und langfristigen Krediten. Das abschließende Kapitel beschäftigt sich mit der Mezzanine-Finanzierung.

3.1 Wesen und Voraussetzungen

Da bei der Kredit- und Mezzanine-Finanzierung die Mittel von externen Kapitalgebern dem Unternehmen zur Verfügung gestellt werden, zählen beide Formen wie die Beteiligungsfinanzierung zur **Außenfinanzierung**. In wesentlichen Punkten unterscheiden sie sich jedoch sowohl von der Beteiligungsfinanzierung als auch untereinander.

3.1.1 Begriffsabgrenzung und Merkmale

Die **Kreditfinanzierung** ist gleichzeitig eine **Außen- und Fremdfinanzierung**. Die Kapitalgeber führen dem Unternehmen **Fremdkapital** zu und nehmen somit eine Funktion als **Gläubiger** ein. Darüber hinaus gelten grundsätzlich folgende Charakteristika der **Kreditfinanzierung**:

- Den Kreditgebern stehen **keine unternehmerischen Verwaltungsrechte** wie z.B. Stimmrechte zu.
- Die Kreditgeber **haften nicht** für Verluste und andere Verbindlichkeiten des Unternehmens.
- Die Kreditgeber haben Anspruch auf die vereinbarte **Zinszahlung**, aber nicht auf Gewinnbeteiligung.
- Die Kreditlaufzeit ist befristet, und bis zum Ende der Laufzeit muss der **Nominalbetrag** getilgt sein.

Der Begriff **Mezzanine** ist aus dem Italienischen abgeleitet (Mezzanino) und steht für Zwischengeschoss. Dies deutet darauf hin, dass es sich bei der Mezzanine-

Finanzierung um eine **Mischfinanzierung** zwischen Eigen- und Fremdkapital handelt. Die Mezzanine-Finanzierungsformen weisen Merkmale beider Kapitalarten in unterschiedlicher Ausprägung auf. Als gemeinsame Charakteristika **Mezzanine-Finanzierung** lassen sich herausstellen:

- In manchen, aber nicht in allen Fällen haben die Kapitalgeber **unternehmerische Verwaltungsrechte**.
- Die **Haftung** der Kapitalgeber ist im Regelfall auf die Höhe der Einlage **begrenzt**.
- Die Kapitalgeber haben Anspruch auf einen vereinbarten **Zins** und/oder auf **Gewinnbeteiligung**.
- Die Laufzeit ist meistens befristet, wobei der Kapitalgeber das Recht hat, den Betrag bis zum Ende der Laufzeit zum **Nominalwert** - gegebenenfalls zuzüglich **Wertsteigerungen** - zurückzuerhalten.

Die diversen Formen der Kredit- und Mezzanine-Finanzierung lassen sich nach mehreren **Kriterien** klassifizieren:

Tabelle 3-1: Kriterien zur Klassifizierung der Kredit- und Mezzanine-Finanzierung

Kriterium	Ausprägungen
Kapitalgeber	Kreditinstitute, Versicherungsunternehmen, Kunden und Lieferanten, sonstige Unternehmen, Gesellschafter, sonstige Privatpersonen, Kapitalmarkt und öffentliche Hand
Leistungsinhalt	Geldleihe (Zuführung von Zahlungsmitteln), Kreditleihe (Übernahme von Haftungen) und Sachkredit (Bereitstellung von Gütern, Rechten und Dienstleistungen)
Verbriefung	Unverbriefte Finanzierung und Schuldverschreibungen
Verzinsung	Feste, variable und erfolgsabhängige Verzinsung
Sicherung	Blanko (ohne Sicherheiten), Personensicherheiten und Sachsicherheiten
Tilgung	Endfällige Tilgung (in einer Summe am Laufzeitende), Ratentilgung, variable Tilgung und Sondertilgung
Laufzeit	Kurzfristig (unter 1 Jahr), mittelfristig (von 1 Jahr bis unter 4 Jahren), langfristig (4 Jahre und länger) und unbefristet

3.1.2 Voraussetzungen

Sowohl die Vergabe von Krediten als auch die Überlassung von Mezzanine-Kapital setzen voraus, dass der Kapitalgeber sorgfältig die Kreditfähigkeit und Kreditwürdigkeit des Kapitalnehmers prüft sowie eine laufende Kreditüberwachung (Monitoring) vornimmt.

a) Kreditfähigkeitsprüfung

Hinsichtlich der Kreditfähigkeit ist zwischen natürlichen Personen einerseits und juristischen Personen und Personenhandelsgesellschaften andererseits zu differenzieren.

Natürliche Personen sind kreditfähig, wenn sie unbeschränkt geschäftsfähig sind. Beschränkt geschäftsfähig sind Minderjährige, die das 7. Lebensjahr vollendet haben; sie bedürfen der Zustimmung des gesetzlichen Vertreters und des Vormundschaftsgerichts. Zu den geschäftsunfähigen natürlichen Personen zählen Kinder unter 7 Jahren und Entmündigte; diese Personen dürfen keine Kreditgeschäfte unmittelbar abschließen, sondern nur durch ihren gesetzlichen Vertreter mit Genehmigung des Vormundschaftsgerichts.

In Bezug auf juristische Personen und Personenhandelsgesellschaften ist die Kreditfähigkeit insoweit von Bedeutung, als der Kapitalgeber zu prüfen hat, wie die **Vertretungsbefugnisse** geregelt sind.

Juristische Personen können selbstständig Rechte erwerben, Verpflichtungen eingehen und über ihr Vermögen verfügen. Die juristischen Personen lassen sich wie folgt unterteilen:

- Zu den **juristischen Personen des privaten Rechts** zählen die Kapitalgesellschaften (AG, KGaA, SE und GmbH), Genossenschaften, rechtsfähigen Vereine und Stiftungen.
- Zu **den juristischen Personen des öffentlichen Rechts** zählen Bund, Länder, Kreise, Gemeinden sowie die übrigen öffentlich-rechtlichen Körperschaften und Anstalten.

Personenhandelsgesellschaften sind den juristischen Personen angenähert. Rechte und Pflichten der Personenhandelsgesellschaften betreffen die Gesellschafter in ihrer gesamthänderischen Verbundenheit. Personenhandelsgesellschaften sind Unternehmen in der Rechtsform der OHG und KG. Die BGB-Gesellschaft, stille Gesellschaft und Partnergesellschaft sind zwar Personengesellschaften, aber keine Handelsgesellschaften.

b) Kreditwürdigkeitsprüfung und Kreditüberwachung

Ziel der Kreditwürdigkeitsprüfung und -überwachung ist es, das Ausfallrisiko des Kapitalgebers zu reduzieren. Das **Kreditausfallrisiko** besteht darin, dass der Kapitalnehmer die Zinsen und Tilgungen nicht mehr zahlen kann.

Als **Kreditwürdigkeit (Bonität)** bezeichnet man die Fähigkeit und Bereitschaft des Schuldners, die vertragsgemäßen Leistungen zu erbringen. Vor allem die Kreditwürdigkeitsprüfung von Unternehmen stellt eine komplexe Aufgabe dar, weil nicht nur materielle, sondern auch personelle Faktoren eine Rolle spielen:

- **Materielle Faktoren** der Kreditwürdigkeit sind in erster Linie Jahresabschlussanalysen, bisheriges Zahlungsverhalten, Marktstellung, Unternehmenspläne und Werthaltigkeit der Sicherheiten.

- **Personelle Faktoren** sind beispielsweise Zuverlässigkeit, Fachkenntnisse und Erfahrung des Managements.

Eine laufende **Kreditüberwachung (Monitoring)** ist aufgrund der sich ständig verändernden internen und externen Bedingungen erforderlich. Denn das Ausfallrisiko ist nicht nur vor Vertragsbeginn, sondern während der gesamten Laufzeit des Engagements zu prüfen, um gegebenenfalls möglichst schnell nötige Gegensteuerungsmaßnahmen einleiten zu können.

3.1.3 Rating

Den Begriff „Rating" kann man mit Beurteilung oder Bewertung übersetzen. Rating kommt in vielen Bereichen zum Einsatz, so z.B. zur Beurteilung von Immobilien, Versicherungen und Investmentfonds. Im Mittelpunkt der folgenden Ausführungen steht das **Kreditrating**.

Im Kreditbereich bedeutet Rating eine Beurteilung der Kreditwürdigkeit. Das Rating ist das durch spezifische Symbole ausgedrückte Ergebnis einer Bonitätsanalyse. Im Gegensatz zur traditionellen Kreditwürdigkeitsanalyse besteht das Ergebnis nicht aus einer Ja- oder Nein-Empfehlung, sondern in einer **Ordinalskala** mit mehreren Ausprägungen (vergleichbar mit Schulnoten). Die einzelnen Werte machen eine Aussage darüber, inwieweit der Schuldner voraussichtlich seine Verpflichtungen ordnungsgemäß erfüllen kann, und somit indirekt, welcher Risikoaufschlag mit dem Kreditzins zu verlangen ist.

Je nachdem welche Institution die Bonitätseinstufung durchführt, liegt ein Rating von einer Bank oder einer spezialisierten Agentur vor. **Bankinternes Rating** bedeutet, dass die Kreditinstitute selbst die Kreditbewertung durchführen. **Ratingagenturen** sind Unternehmen, die Schuldverschreibungen, Kredite und Schuldner hinsichtlich ihres Risikos bewerten und das in einer Skala zusammengefasste Ergebnis veröffentlichen. Bei Schuldverschreibungen kann man zwischen Emissions- und Emittentenrating unterscheiden:

- **Emissionsrating**: Objekt der Bewertung ist eine bestimmte Schuldverschreibung. Für die Note entscheidend ist nicht unbedingt die Bonität des Emittenten, sondern vielmehr die spezifische Gestaltung der Schuldverschreibung (z.B. Sicherheiten und Laufzeiten).

- **Emittentenrating**: Die Beurteilung bezieht sich auf die Bonität des Emittenten insgesamt. Emittentenratings gibt es für Industrieunternehmen, Banken, Versicherungsgesellschaften, Staaten, Gebietskörperschaften usw. Emissions- und Emittentenrating desselben Emittenten können durchaus voneinander abweichen.

Die weltweit führenden Ratingagenturen sind Moody´s Investors Service, Standard & Poor´s und Fitch Ratings. Die Klassifizierungen langfristiger Schuldverschreibungen dieser drei Agenturen sind in der Tabelle wiedergegeben.

Tabelle 3-2: Ratingklassen für langfristige Schuldverschreibungen

Moody´s	S & P	Fitch	Bedeutung
Investmentklassen (Investment Grades)			
Aaa	AAA	AAA	Höchste Bonität, geringstes Ausfallrisiko
Aa1 Aa2 Aa3	AA+ AA AA–	AA+ AA AA–	Sehr gute Bonität, etwas größeres Risiko als AAA
A1 A2 A3	A+ A A–	A+ A A–	Gute Bonität, etwas anfälliger bei Umfeldveränderungen
Baa1 Baa2 Baa3	BBB+ BBB BBB–	BBB+ BBB BBB–	Mittlere Bonität, geringe Wahrscheinlichkeit von Zahlungsausfällen
Spekulationsklassen (Speculative Grades)			
Ba1 Ba2 Ba3	BB+ BB BB–	BB+ BB BB–	Leicht schwache Bonität, erhöhte Anfälligkeit für Zahlungsausfälle
B1 B2 B3	B+ B B–	B+ B B–	Schwache Bonität, höheres Risiko für Zahlungsausfälle
Caa1 Caa2 Caa3	CCC+ CCC CCC–	CCC+ CCC CCC–	Sehr schwache Bonität, akutes Risiko für Zahlungsausfälle
Ca	CC C	CC C	Äußerst geringe Bonität, hohe Wahrscheinlichkeit für Zahlungsausfälle
C	D	RD D	Schuldner in Zahlungsverzug oder hat Insolvenz angemeldet

Emittenten, die eine Bewertung anstreben, beauftragen die Ratingagenturen und müssen die entsprechenden Kosten tragen. Hauptfunktion der Agenturen ist es, **Informationsasymmetrien** zu reduzieren, die zwischen Kapitalgeber und -nehmer bestehen. Wird das Rating veröffentlicht, kann sich dies positiv auf die Kapitalaufnahme auswirken. Denn ein gutes Rating signalisiert den potenziellen Investoren eine hohe Kreditwürdigkeit, was zu einer **Verringerung der Zinskosten** führen kann.

3.1.4 Basel II und Basel III

Die Begriffe Basel II und Basel III bezeichnen die Vorschläge und Rahmenvereinbarungen des **Baseler Ausschusses für Bankenaufsicht** über die Eigenkapitalausstattung von Kreditinstituten. Dieser Ausschuss besteht heute aus Vertretern der Zentralbanken und Finanzaufsichtsbehörden der führenden Industriestaaten und Schwellenländer. Grundgedanke von Basel II und III ist, dass die Anforderungen an das **Eigenkapital** international tätiger Banken einheitlich gestaltet sein sollen. Die Vorschläge werden auf europäischer Ebene umgesetzt und anschließend in deutsches Recht transformiert – in erster Linie durch Änderungen des Kreditwesengesetzes (KWG) und der Solvabilitätsverordnung.

a) Basel II

Die Vorschläge zu Basel II sind in Deutschland im Januar 2007 in Kraft getreten. Danach müssen alle Kreditinstitute ihre Adress-, Marktpreis- und operationellen Risiken mit **ausreichenden Eigenmitteln** unterlegen (zu den Risiken vgl. Kapitel A.2.3). Wenn eine Bank beispielsweise einen Kredit an ein Industrieunternehmen vergibt, benötigt es hierzu 8 % Eigenmittel. Da die Eigenmittel in Höhe der von den Kapitalgebern der Bank geforderten Rendite verzinst werden müssen, ist die Bereitstellung von Eigenmitteln für die Bank mit Kosten verbunden.

Gemäß Kreditwesengesetz setzen sich die Eigenmittel einer Bank aus folgenden **Hauptpositionen** zusammen (§ 10 KWG):

- **Hartes Kernkapital**: Das Kapital zeichnet sich dadurch aus, dass es der Bank unbefristet zur Verfügung steht, bei Insolvenz oder Liquidation der Bank an letzter Stelle nachrangig bedient wird und bei Verlusten der Bank vollständig haftet. Zum harten Kernkapital zählen das eingezahlte stimmberechtige Geschäftskapital (z. B. Stammaktien), offen ausgewiesene Rücklagen und anderes Kapital, das die drei genannten Voraussetzungen erfüllt.

- **Zusätzliches Kernkapital**: Diese auch als hybrides Kapital oder Mezzanine-Kapital bezeichneten Instrumente weisen sowohl Eigenkapital- als auch Fremdkapitalelemente auf. Damit Finanzinstrumente als sonstiges Kernkapital von der Bankenaufsicht anerkannt werden, müssen sie folgenden Bedingungen entsprechen: Teilnahme an Verlusten der Bank, Haftung im Fall der Insolvenz oder Liquidation der Bank, dauerhafte Kapitalbereitstellung (mindestens 30 Jahre Laufzeit), begrenzte Tilgungsanreize für die Bank und Wegfall von Zins- und Dividendenzahlungen bei besonderen Belastungen, wobei eine spätere Nachzahlung ausgeschlossen sein muss.

- **Ergänzungskapital**: Das Ergänzungskapital setzt sich aus Finanzinstrumenten zusammen, die eine etwas niedrigere Qualität als das Kernkapital aufweisen. So kann vereinbart sein, dass das Kapital verzinst oder zurückgezahlt werden muss oder im Insolvenzfall noch vor dem Kernkapital bedient wird. Ergänzungskapital sind beispielsweise kumulative stimmrechtslose Vorzugsaktien, Genussrechtsverbindlichkeiten, nachrangige Schuldverschreibungen mit einer Laufzeit von mindestens fünf Jahren und Haftsummenzuschläge bei Genossenschaftsbanken.

- **Drittrangmittel**: Die Finanzinstrumente weisen die niedrigste Qualitätsstufe der zugelassenen Eigenmittel einer Bank auf. Infrage kommen die Nettogewinne der Eigenhandelspositionen (auch wenn noch nicht realisiert), nachrangige Verbindlichkeiten mit einer Laufzeit von mindestens zwei Jahre und so genanntes gekapptes Ergänzungskapital, das bei der Unterlegung von Adress- und operationellen Risiken nicht berücksichtig werden konnte. Die Drittrangmittel können zur Unterlegung von **Marktpreisrisiken** verwendet werden.

Von der Höhe des Kern- und Ergänzungskapitals hängt die Höhe der **Adress- und operationellen Risiken** ab, die eine Bank eingehen kann. Das Kern- und Ergänzungskapital muss mindestens 8 % des Risikovolumens betragen, wobei nachstehende Anforderungen einzuhalten sind:

- Das Kernkapital muss mindestens 4 % ausmachen, davon das harte Kernkapital mindestens 2%.

- Das Ergänzungskapital wird maximal in Höhe des Kernkapitals anerkannt.

Beispiel: Kern- und Ergänzungskapital

Das harte Kernkapital einer Bank beläuft sich auf 3 Mrd. €, das zusätzliche Kernkapital ebenfalls auf 3 Mrd. € und das Ergänzungskapital auf 8 Mrd. €. Da das Kernkapital insgesamt 6 Mrd. € beträgt, wird das Ergänzungskapital auch nur in Höhe von 6 Mrd. € anerkannt. Somit hat die Bank ein verfügbares Eigenkapital von 12 Mrd. €, sodass sie Risiken bis zu einem Volumen von 150 Mio. € eingehen könnte. Denn: 12 Mrd. € sind 8 % von 150 Mrd. €. Das gekappte Ergänzungskapital von 2 Mio. € könnte die Bank sich als Drittrangmittel anerkennen lassen.

Die Adressrisiken einer Bank bestehen in erster Linie aus den Kreditrisiken, also z. B. darin, dass ein Kreditnehmer seine Zinsen und Tilgungen nicht mehr leisten kann. Je nach **Bonität** des Kreditnehmers müssen die Banken weniger oder mehr Eigenmittel vorhalten. Je besser die Bonität ausfällt, umso niedriger ist die Eigenmittelerfordernis. Die Bonität der Kreditnehmer wird mit Ratings externer Agenturen oder mit bankinternen Ratings gemessen. Die Berücksichtigung externer und bankinterner Ratings führt also zu einer stärkeren **Differenzierung der Kreditkonditionen**.

Beispiel: Eigenmittelunterlegung von Bankkrediten

Die notwendigen Mindesteigenmittel für einen Kredit ist das mit 8 % multiplizierte Produkt aus Kreditbetrag und Risikogewicht: Eigenmittel = Kreditbetrag · Risikogewicht · 8 %

Das Risikogewicht hängt vom Rating des Kreditnehmers ab. Beispielsweise gilt für Unternehmen ein Risikogewicht von 50 % bei einem Rating zwischen A+ und A- und von 100 % bei einem Rating zwischen BBB+ und BBB-.

Angenommen, die Bank vergibt einen Kredit in Höhe von jeweils 5 Mio. € an das Unternehmen A und B. A ist mit A- geratet und B mit BBB. Die für die Bank erforderlichen Eigenmittel errechnen sich wie folgt:

Kredit an A: EK = 5 Mio. € · 50 % · 8 % = 200.000 €
Kredit an B: EK = 5 Mio. € · 100 % · 8 % = 400.000 €

Da die Bank den Kredit an B mit deutlich mehr Eigenmittel unterlegen muss und dies mit zusätzlichen Eigenkapitalkosten verbunden ist, wird B einen höheren Kreditzins als A zu zahlen haben.

b) Basel III

Der Baseler Ausschuss für Bankenaufsicht hat verschärfte Regulierungsvorschläge für die Banken veröffentlicht. Diese auch als Basel III bezeichneten Regelungen sollen bis 2019 stufenweise in Kraft treten. Das Europäische Parlament hat die Richtlinie und Verordnung (Capital Requirement Directive IV) verabschiedet, mit denen die Umsetzung von Basel III in der EU erfolgt.

Die **Ziele** von Basel III sind: Stärkung der Widerstandsfähigkeit der Banken gegenüber Schocks aus Stresssituationen, Verbesserung des Risikomanagements und der Führungsstrukturen sowie Erhöhung der Transparenz und Offenlegung der Banken. Um diese Ziele zu erreichen, sieht Basel III **drei Bereiche** vor, für die es strengere oder zusätzliche Vorschriften gibt:

- Höhere risikobasierte Eigenkapitalanforderungen
- Neue Höchstverschuldungsquote
- Neue Mindestliquiditätsstandards

An erster Stelle sind die **höheren Eigenkapitalanforderungen** zu nennen. Die Bankrisiken müssen auch zukünftig mit mindestens 8 % Eigenmittel unterlegt werden. Allerdings ändert sich die Zusammensetzung des Mindestkapitals, und zusätzlich sind mehrere Kapitalpuffer einzubeziehen.

Das **Mindestkapital** setzt sich aus Kernkapital und Ergänzungskapital zusammen. Drittrangmittel werden nicht mehr berücksichtigt. Die Kernkapitalquote steigt auf mindestens 6 %, wovon mindestens 4,5 % hartes Kernkapital sein müssen. Das Ergänzungskapital darf somit nur noch 2 % ausmachen.

Zusätzlich müssen die Banken unterschiedliche **Kapitalpuffer** halten, die ausschließlich aus hartem Kernkapital bestehen: Kapitalerhaltungspuffer, antizyklischer Kapitalpuffer, systemischer Risikopuffer und Puffer für systemrelevante Banken. Der Kapitalerhaltungspuffer hat den Zweck, Verluste in Stressphasen aufzufangen, und kann bis zu 2,5 % betragen. Der antizyklische Kapitalpuffer, der in Wachstumsphasen aufzubauen ist, um im Abschwung Verluste auszugleichen, kann sich in der Regel auf bis zu 2,5 % belaufen. Der systemische Risikopuffer soll langfristigen, nichtzyklischen Systemrisiken entgegenwirken und beträgt zwischen 1 % und in der Regel 3 %. Schließlich müssen systemrelevante Banken, also sehr große und international verflochtene Institute, einen zusätzlichen Kapitalpuffer in Höhe von bis zu 3,5 % vorhalten.

Die **Höchstverschuldungsquote** (Leverage Ratio) führt voraussichtlich ab 2019 zu der Vorgabe einer Verschuldungsgrenze, die risikounabhängig festgelegt wird. Diese

Regelung soll verhindern, dass die Banken trotz der Einhaltung der Eigenkapitalanforderungen eine zu hohe Verschuldung aufbauen. Darüber hinaus bringt Basel III neue **Liquiditätsvorschriften** mit sich. Erstens soll die Einhaltung der Liquiditätsdeckungsquote (Liquidity Coverage Ratio) ab 2015 gewährleisten, dass die hoch liquiden Vermögenswerte der Banken ausreichen, um eine 30-tägige Stressperiode der Refinanzierung zu bewältigen. Zweitens soll ab 2018 die strukturelle Liquiditätsquote (Net Stable Funding Ratio), die sich auf einen Zeitraum von einem Jahr bezieht, einer zu großen Fristeninkongruenz zwischen Aktiva und Passiva entgegenwirken.

3.1.5 Kreditsicherheiten

Ein Kredit ohne Besicherung wird als Blankokredit bezeichnet. Oft jedoch sind Kreditsicherheiten erforderlich. Die Kreditsicherheiten dienen dem Kapitalgeber zur Befriedigung seiner Ansprüche, falls der Schuldner seinen Verpflichtungen nicht nachkommen sollte.

3.1.5.1 Personensicherheiten

Die Personensicherheiten beruhen auf **schuldrechtlichen Ansprüchen** gegenüber Dritten. Das bedeutet, außer dem Schuldner haftet ein Dritter, der Sicherungsgeber, persönlich für die Erfüllung der Kreditverpflichtungen.

***Abbildung 3-1:** Arten von Personensicherheiten*

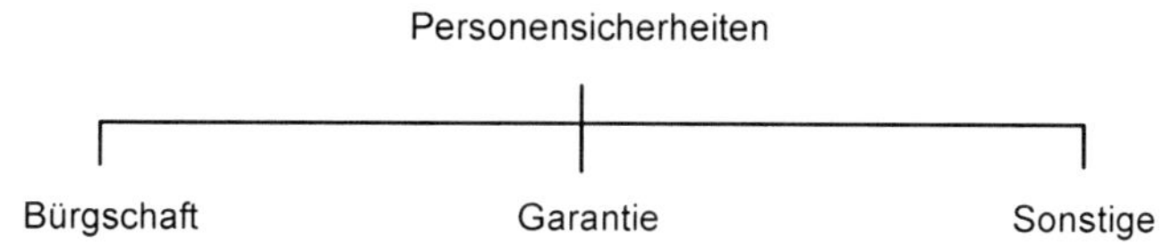

a) Bürgschaft

Die Bürgschaft ist in den §§ 765 ff. BGB geregelt. Sie ist ein Vertrag, durch den sich der Bürge gegenüber dem Gläubiger des Hauptschuldners verpflichtet, **für die Erfüllung der Verbindlichkeiten des Hauptschuldners einzustehen**. Befriedigt der Bürge den Gläubiger, geht die Forderung des Gläubigers gegen den Schuldner auf ihn über.

Die Bürgschaftserklärung bedarf der **Schriftform**. Die Bürgschaftsurkunde muss alle wesentlichen Teile der Bürgschaftserklärung enthalten, insbesondere den Umfang der verbürgten Schuld, die Person des Gläubigers und den Willen, für die Schuld einzustehen. Bei Bürgschaftserklärungen, die **Vollkaufleute** im Rahmen ihres Handelsgewerbes abgeben, ist die Schriftform nicht erforderlich.

Bürgschaften sind **akzessorische Sicherheiten.** Das bedeutet, die Bürgschaft setzt das Bestehen einer Forderung voraus. Bei Wegfall der Forderung erlischt die Bürgschaft.

Die beiden **Grundformen** sind die gewöhnliche und die selbstschuldnerische Bürgschaft:

- **Gewöhnliche Bürgschaft**: Dies ist die übliche Form, wenn der Bürgschaftsvertrag keine besonderen Vereinbarungen enthält. Dem Bürgen steht das Recht zu, vom Gläubiger die Vorausklage gegen den Hauptschuldner zu verlangen (Ausnahme: Vollkaufmann). Hat der Bürge sein Recht auf **Einrede der Vorausklage** wahrgenommen, muss er erst dann zahlen, wenn der Gläubiger eine Zwangsvollstreckung gegen den Hauptschuldner ohne Erfolg versucht hat.
- **Selbstschuldnerische Bürgschaft**: Der Bürge verzichtet auf die Einrede der Vorausklage. Er muss auf Verlangen des Gläubigers sofort Zahlung leisten, wenn der Hauptschuldner seine Verpflichtungen nicht mehr erfüllt. Bei einem Vollkaufmann ist die Bürgschaftsübernahme als Handelsgeschäft stets eine selbstschuldnerische Bürgschaft.

Als **Sonderformen** sind vor allem folgende Bürgschaften zu nennen:

- **Ausfallbürgschaft**: Diese Form ist im BGB nicht gesondert geregelt. Die Haftung des Bürgen ist auf den **nachgewiesenen** Verlust des Gläubigers begrenzt. Der Gläubiger kann den Bürgen erst in Anspruch nehmen, wenn er zuvor Zwangsvollstreckung in das gesamte Vermögen des Hauptschuldners betrieben, alle Sicherheiten verwertet hat und auf diesem Wege nicht voll befriedigt worden ist. Im Gegensatz zur gewöhnlichen Bürgschaft ist der Gläubiger verpflichtet, die erfolglose Zwangsvollstreckung auch ohne Einrede der Vorausklage des Bürgen nachzuweisen.
- **Modifizierte Ausfallbürgschaft**: Der Bürgschaftsvertrag enthält Vereinbarungen darüber, wann der Ausfall als eingetreten gilt – z.B. spätestens 30 Tage nach Zahlungsfälligkeit.
- **Mitbürgschaft**: Mehrere Bürgen haften gesamtschuldnerisch für dieselbe Verbindlichkeit. Jeder Bürge kann mit dem Gesamtbetrag oder mit Teilbeträgen der Verbindlichkeit in Anspruch genommen werden.
- **Nachbürgschaft**: Der Nachbürge haftet dem Gläubiger erst dann, wenn Hauptbürgen oder Vorbürgen keine Zahlungen leisten.
- **Rückbürgschaft**: Der Rückbürge haftet gegenüber dem Hauptbürgen, wenn dieser aufgrund einer Bürgschaft Zahlungen leisten musste. Er haftet für die Ansprüche des Hauptbürgen gegen den Hauptschuldner.
- **Höchstbetragsbürgschaft**: Der Bürge haftet bis zu einer festgelegten Betragsgrenze. Allerdings ist er zusätzlich zur Zahlung der Zinsen, Provisionen und Kosten, die dem Gläubiger entstehen, verpflichtet.

- **Zeitbürgschaft**: Der Bürge haftet nur innerhalb einer bestimmten Frist.

b) Garantie

Der Garantiegeber verpflichtet sich gegenüber dem Garantienehmer, für einen **bestimmten künftigen Erfolg** einzustehen oder das **Risiko eines künftigen Schadens** zu tragen. Der Garantievertrag bedarf im Gegensatz zur Bürgschaft keiner besonderen Form.

Die Abgrenzung zwischen Garantie und Bürgschaft kann im Einzelfall schwierig sein. Ein Bürge kann die Einwendungen und Einreden des Hauptschuldners wie z.B. Verjährung geltend machen, ein Garant jedoch nicht. Des Weiteren ist ein Anhaltspunkt für das Vorliegen einer Garantie, wenn der Versprechende ein Eigeninteresse an der Erfüllung der Hauptverpflichtung hat. Und schließlich stellt die Bürgschaft eine akzessorische Sicherheit dar, während eine Garantie unabhängig vom Bestehen einer Forderung ist.

Garantien sind speziell **im internationalen Handelsverkehr** von Bedeutung. Aus diesem Grunde hat die Internationale Handelskammer in Paris mehrere Richtlinien zur Vereinheitlichung der Garantien verabschiedet.

Beispiele für Garantien, die oft auch von Banken übernommen werden, sind:

- **Lieferungs- und Leistungsgarantie**: Der Garant haftet für die vertragsgemäße Erfüllung des Lieferungs- und Leistungsverpflichteten. Bei Nichterfüllung muss er Schadenersatz zahlen.
- **Zahlungsgarantie**: Diese Form spielt vor allem im Außenhandel eine Rolle. Der Garant gewährleistet dem Exporteur die Zahlung der Schuld, falls der Importeur nicht mehr zahlt.
- **Anzahlungsgarantie**: Diese Garantie kommt bei Geschäften mit längeren Liefer- und Herstellungsfristen zur Anwendung, wenn Anzahlungen üblich sind. Der Garant muss die Anzahlungen zurückerstatten, wenn der Verkäufer seine Leistungsverpflichtungen nicht vertragsgemäß erfüllen kann.
- **Gewährleistungsgarantie**: Der Garant gewährleistet die Lieferung von Waren und Leistungen in der vereinbarten Qualität für eine bestimmte Frist.
- **Bietungsgarantie**: Der Garant verpflichtet sich zum Schadenersatz, falls der Teilnehmer an einer Ausschreibung nach dem Zuschlag seinen Pflichten nicht nachkommt.

c) Sonstige Personensicherheiten

Weitere gebräuchliche Personalsicherheiten sind der Kreditauftrag, der Depotwechsel, der Schuldbeitritt, die Negativerklärung und die Patronatserklärung:

Tabelle 3-3: Sonstige Personensicherheiten

Kreditauftrag	Vertrag gemäß § 778 BGB. Der Auftraggeber (z.B. eine Konzernmutter) weist eine Bank an, einem Dritten (z.B. einer ausländischen Tochtergesellschaft) einen Kredit zu gewähren. Der Auftraggeber haftet dann der Bank für die Verbindlichkeiten des Dritten als Bürge.
Depotwechsel	Der Gläubiger nimmt als Sicherheit einen Wechsel des Schuldners herein. Der Wechsel wird also nicht zur Zahlung eingereicht. Die Wechselsicherung hat für den Gläubiger den Vorteil, dass er aufgrund der Wechselstrenge ausstehende Forderungen schnell eintreiben kann.
Schuldbeitritt	Bei dieser auch als Schuldmitübernahme bezeichneten Sicherheit, verpflichten sich neben dem Hauptschuldner weitere Personen, für die Verbindlichkeit gesamtschuldnerisch zu haften.
Negativerklärung	Der Schuldner verpflichtet sich, sein Vermögen während des Bestehens der Forderung zum Nachteil des Gläubigers ohne dessen vorherige Zustimmung nicht zu verändern. Wenn die Vermögenslage durch Veräußerung, Belastung, Bestellung von Sicherheiten zugunsten Dritter oder Aufnahme von Krediten bei Dritten verschlechtert wird, muss für den Gläubiger ein Ausgleich geschaffen werden.
Patronatserklärung	Sammelbezeichnung für Erklärungen unterschiedlicher Art, die eine Muttergesellschaft gegenüber dem Kreditgeber ihrer Tochtergesellschaft abgibt. Beispielsweise kann die Verpflichtung der Muttergesellschaft darin bestehen, ihre Tochter finanziell ausreichend auszustatten und ihren Einfluss zu nutzen, damit die Verbindlichkeiten fristgerecht beglichen werden.

3.1.5.2 Sachsicherheiten

Im Fall von Sachsicherheiten liegen sachenrechtliche Ansprüche des Sicherungsnehmers vor. Als **Sicherungsmittel** kommen bewegliche Güter, Grundstücke, Forderungen und andere Rechte in Betracht.

Die Sachsicherheiten räumen dem Sicherungsnehmer absolute, gegen jedermann wirkende Rechte ein. Dieser Aspekt ist vor allem bei Insolvenz des Schuldners relevant, weil die anderen Gläubiger kein Zugriffsrecht auf die betreffenden Sicherungsmittel haben.

Abbildung 3-2: Arten von Sachsicherheiten

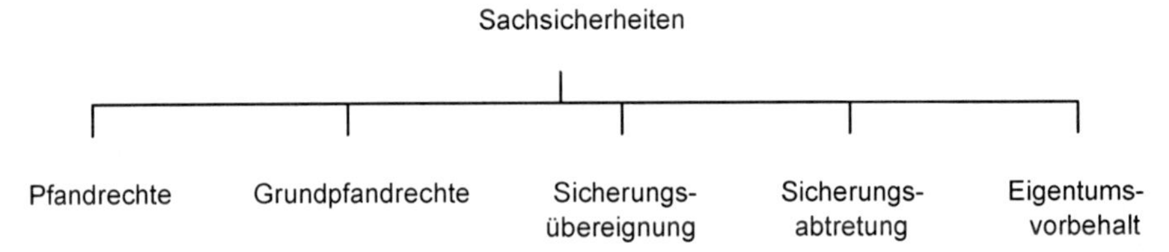

a) Pfandrechte an beweglichen Sachen und Rechten

Bei der Verpfändung erhält der Gläubiger als Sicherungsnehmer ein **Sicherungsrecht** an den Vermögenswerten, die als Pfänder hinterlegt werden; das **Eigentum** an den Vermögenswerten verbleibt beim Sicherungsgeber.

Die **Verpfändung von beweglichen Sachen** (§§ 1204 ff. BGB) setzt die Übergabe des Pfandes an den Gläubiger voraus (Faustpfandprinzip). Daher hat diese Verpfändungsart für die Unternehmensfinanzierung kaum Relevanz. Lediglich im Pfandleihgewerbe ist es üblich, beispielsweise Edelmetalle und Schmuck als Sicherheit zu hinterlegen.

Für die **Verpfändung von Rechten** (§§ 1273 ff. BGB) kommen ausschließlich übertragbare Rechte in Betracht. Beispielsweise kann ein Pfandrecht bestellt werden an Wertpapieren, Forderungen (Bankguthaben, Wechsel, Versicherungsansprüche usw.), Gesellschaftsanteilen, Erbschaften, Grundpfandrechten, Patentrechten und Anwartschaftsrechten. Von Bedeutung ist in erster Linie die Verpfändung von Wertpapieren und Forderungen.

b) Grundpfandrechte

Grundpfandrechte sind Pfandrechte an **unbeweglichen Sachen**. Dazu zählen Grundstücke und grundstücksgleiche Rechte wie Erbbaurechte und Wohnungseigentum. Für die Entstehung des Grundpfandrechts ist seine Eintragung ins **Grundbuch** Voraussetzung. Die Verpfändung erfolgt durch die Bestellung von Hypotheken, Grundschulden oder Rentenschulden:

- **Hypothek** (§§ 1113 ff. BGB): Eine Hypothek ist eine Grundstücksbelastung, die dem Gläubiger der gesicherten Forderung dazu dient, sich aus dem Grundstück zu befriedigen, wenn der Kreditnehmer seine vertraglichen Pflichten nicht erfüllt. Durch die Eintragung in das Grundbuch entsteht ein dinglicher Anspruch an das Grundstück und ein persönlicher Anspruch an den Schuldner. Die Hypothek hat streng **akzessorischen Charakter**, sie ist also abhängig von der Höhe der betreffenden Forderungen.

- **Grundschuld** (§§ 1191 ff. BGB): Eine Grundschuld ist eine Grundstücksbelastung, die die Forderung eines Gläubigers besichert, für den ein dinglicher Anspruch an das Grundstück, aber kein persönlicher Anspruch an den Schuldner besteht. Die Grundschuld ist nicht an den Bestand einer Forderung gebunden (**fiduziarische Sicherheit**). Wegen der großen Flexibilität ist die Grundschuld das am häufigsten verwendete Grundpfandrecht.

- **Rentenschuld** (§§ 1199 ff. BGB): Die Rentenschuld bewirkt, dass regelmäßig ein bestimmter Geldbetrag aus dem Grundstück zu zahlen ist. Als Kreditsicherheit hat die Rentenschuld keine Bedeutung.

c) Sicherungsübereignung

Die Sicherungsübereignung bezieht sich im Allgemeinen auf **bewegliche Sachen** wie Maschinen, Waren und Kraftfahrzeuge. Sie ist gesetzlich nicht geregelt, sondern gewohnheitsrechtlich anerkannt. Die Übereignung kann an den Gläubiger oder an einen Dritten als Treuhänder erfolgen.

Die Sicherungsübereignung entspricht der Eigentumsübertragung gemäß § 929 BGB; erforderlich sind **Einigung** und **Übergabe**. Damit aber der Sicherungsgeber im unmittelbaren Besitz der Sache bleiben kann, wird in der Regel die Übergabe durch die Vereinbarung eines **Besitzkonstituts** gemäß § 930 BGB ersetzt (z.B. Leihe oder Verwahrung).

d) Sicherungsabtretung

Die Sicherungsabtretung wird auch als **Sicherungszession** bezeichnet. Durch den Sicherungsvertrag verpflichtet sich der Schuldner (bisheriger Gläubiger, Zedent), **Forderungen** (z.B. aus Lieferungen und Leistungen) und **andere Rechtsansprüche** (z.B. Gesellschaftsanteile) an den Gläubiger (Zessionar) abzutreten. Die Abtretung verschafft dem Zessionar die uneingeschränkte Rechtsstellung eines Gläubigers.

Abbildung 3-3: Rechtsverhältnisse bei einer Sicherungsabtretung

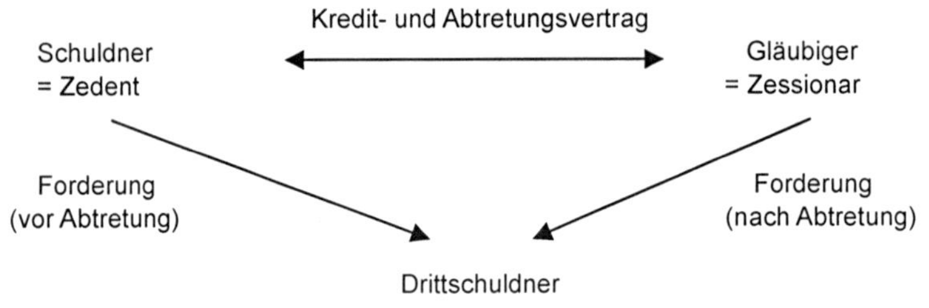

Hinsichtlich des **Abtretungsumfangs** kann differenziert werden zwischen:

- **Einzelabtretung**: Abgetreten wird eine einzelne Forderung.
- **Rahmenabtretung**: Abgetreten werden mehrere Forderungen. Bei einer Globalzession wird der Zessionar bereits bei der Entstehung der Forderungen Gläubiger. Bei der Mantelzession erfolgt die Abtretung erst durch Einreichung von Rechnungskopien oder Forderungsverzeichnissen.

Nach dem Kriterium **Abtretungsanzeige** ist zwischen folgenden Formen der Sicherungsabtretung zu unterscheiden:

- **Stille Zession**: Der Drittschuldner wird über die Abtretung nicht informiert. Er zahlt weiterhin an den Zedenten, der die Zahlungen an den Zessionar weiterleitet.

- **Offene Zession:** Die Abtretung wird dem Drittschuldner angezeigt, sodass dieser mit schuldbefreiender Wirkung nur noch an den Zessionar zahlen kann.

e) Eigentumsvorbehalt

Der Eigentumsvorbehalt stellt eine wichtige Sicherheit im Rahmen von Lieferantenkrediten dar. Hierbei überträgt der Verkäufer das Eigentum an der verkauften Sache unter aufschiebender Bedingung an den Käufer. Der Eigentumsvorbehalt kommt in folgenden **Ausprägungen** vor:

- **Einfacher Eigentumsvorbehalt:** Gemäß § 449 BGB ist der Eigentumsvorbehalt eine Vereinbarung zwischen Käufer und Lieferant, nach der das Eigentum an der gelieferten Ware erst mit vollständiger Bezahlung des Kaufpreises auf den Käufer übergeht. Bis zur Bezahlung sind der Lieferant Eigentümer und der Käufer Besitzer.

- **Verlängerter Eigentumsvorbehalt:** Dadurch bleiben die Interessen des Lieferanten auch dann geschützt, wenn der Käufer die Ware weiterveräußert oder weiterverarbeitet.

- **Weiterveräußerung:** Der Käufer kann die Ware weiterverkaufen unter gleichzeitiger Vorausabtretung der entstehenden Forderung an den Lieferanten.

- **Weiterverarbeitung:** Der Käufer kann die Ware weiterverarbeiten, wobei das Eigentum an den neuen Erzeugnissen abweichend von § 950 BGB auf den Lieferanten übergeht.

- **Erweiterter Eigentumsvorbehalt:** Erweiterte Formen können Kontokorrent- oder Konzernvorbehalt sein. **Kontokorrentvorbehalt:** Der Eigentumsübergang auf den Käufer erfolgt erst, wenn alle Verbindlichkeiten gegenüber dem Lieferanten - auch aus anderen Geschäften - beglichen sind. **Konzernvorbehalt:** Der Kontokorrentvorbehalt wird um Forderungen von Lieferanten erweitert, die dem Konzern angehören.

Der Verkäufer ist zur Übertragung unter Eigentumsvorbehalt berechtigt, wenn er dies bereits im Kaufvertrag oder später mit dem Käufer vereinbart hat. Auch ist die Vereinbarung des Eigentumsvorbehalts in den Allgemeinen Geschäftsbedingungen möglich und üblich.

3.2 Kurzfristige Kredite

Das Kriterium der Kurzfristigkeit bezieht sich auf die Dauer der Kapitalüberlassung. Eine allgemein gültige Abgrenzung zwischen kurz-, mittel- und langfristigen Krediten gibt es nicht. Meistens bezeichnet man eine Laufzeit von **unter einem Jahr** als kurzfristig.

Sowohl die kurzfristigen als auch die mittel- und langfristigen Kredite können in unverbriefter und verbriefter Form begeben werden. Die Unterscheidung richtet sich danach, ob die Kredite in **Effekten** verbrieft sind oder nicht. Unter Effekten versteht man Wertpapiere, die vertretbar (fungibel) und somit handelbar sind.

- **Unverbriefte Kredite**: Diese Kredite sind **nicht** in Effekten verbrieft. Sie stellen die mit Abstand häufigste Art kurzfristiger Kredite dar. Kreditgeber sind in erster Linie Banken und Handelspartner. Hierzu zählen auch Wechselkredite; Wechsel sind zwar Wertpapiere, aber keine Effekten.

- **Verbriefte Kredite**: Die in Effekten verbrieften Kredite heißen **Schuldverschreibungen** (Anleihen oder Obligationen). Als kurzfristige verbriefte Kredite werden in Kapitel C.3.2.3 Commercial Paper vorgestellt. Als Käufer der Schuldverschreibungen und somit als Kreditgeber treten Geldmarktteilnehmer auf (institutionelle Investoren und andere Anleger).

3.2.1 Handelskredite

Als Handelskredite bezeichnet man Lieferantenkredite und Kundenanzahlungen. Kennzeichnend ist, dass

- die Kredite **nicht** von institutionellen Kreditgebern wie z.B. Banken gewährt werden,

- der Schuldner die Kredite im Rahmen seiner laufenden Geschäftsbeziehungen bei der Beschaffung oder dem Absatz von Gütern und Dienstleistungen aufnimmt und

- die Gestaltung der Kreditkonditionen nicht primär an Kostenkalkulationen des Kreditgebers orientiert ist, sondern andere Erwägungen, z.B. Absatz- oder Sicherheitsaspekte, berücksichtigt.

Abbildung 3-4: *Lieferantenkredit und Kundenanzahlung*

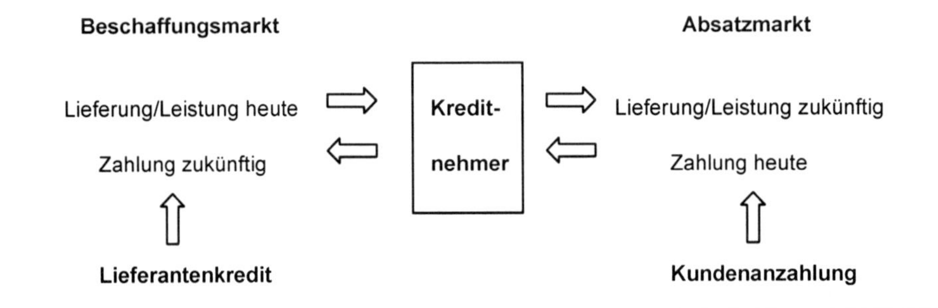

3.2.1.1 Lieferantenkredit

Bei einem Lieferantenkredit gewährt der Verkäufer einer Ware oder Dienstleistung dem Käufer ein **Zahlungsziel**. Der Verkäufer wird zum Kreditgeber, der Käufer zum

Kreditnehmer. Der Käufer muss nicht sofort beim Empfang, sondern erst später Zahlung leisten. Der Kredit besteht folglich nicht in der Vergabe von Geldmitteln, sondern in der Stundung des Kaufpreises. Als **Sicherheit** ist der Eigentumsvorbehalt üblich. Teilweise und vor allem im Auslandsgeschäft kommt auch ein akzeptierter Wechsel in Betracht.

Der Lieferantenkredit stellt aus Sicht der **Verkäufer** ein wesentliches Marketinginstrument dar. In vielen Branchen ist der Lieferantenkredit ein unverzichtbarer Bestandteil der Konditionenpolitik. Die **Käufer** sind oft nur gegen Gewährung eines Lieferantenkredits zum Vertragsabschluss bereit, weil damit für sie mehrere **Vorteile** verbunden sein können:

- Der Käufer hat die Möglichkeit, die Tilgung vollständig oder teilweise durch die bis dahin mit den Gütern erzielten Umsätze zu leisten.
- Der Käufer kann Kreditlinien bei seiner Bank für andere Zwecke verwenden.
- Die Inanspruchnahme des Lieferantenkredits erfolgt weitgehend formlos.

Diesen Vorteilen steht aus Sicht des Käufers als gravierender **Nachteil** die hohe Zinsbelastung gegenüber. Eine typische Formulierung lautet wie folgt: „Zahlbar innerhalb von 7 Tagen mit 2 % Skonto, sonst ohne Abzug innerhalb von 30 Tagen".

Beim **Skonto** handelt es sich im Gegensatz zum Rabatt nicht um einen Preisnachlass. Vielmehr bilden Skonti für den Käufer Zinskosten, die nicht anfallen, wenn er innerhalb der Skontofrist zahlt (Opportunitätskosten).

Die Höhe der Zinskosten eines Lieferantenkredits ist meistens erheblich. Unter der Voraussetzung der vollen Inanspruchnahme des Zahlungsziels kann man zur Ermittlung des Jahreszinssatzes folgende **Näherungsformel** verwenden:

$$\text{Kreditzinssatz} = \frac{\frac{\text{Skonto}}{\text{1-Skonto}} \cdot 360}{\text{Zahlungsziel - Skontofrist}}$$

Beispiel: Lieferantenkredit

Eine Rechnung in Höhe von 5.000 € ist zahlbar innerhalb von 7 Tagen mit 2 % Skonto, sonst ohne Abzug innerhalb von 30 Tagen. Daraus ermittelt sich folgender Jahreszinssatz:

$$\text{Kreditzinssatz} = \frac{\frac{0{,}02}{0{,}98} \cdot 360}{30 - 7} = 31{,}9\,\%$$

Der Zinssatz ist deshalb so hoch, weil der Käufer das Skonto von 100 € (2 % von 5.000 €) zahlen muss, wenn er die Rechnung nicht nach 7, sondern erst nach 30 Tagen begleicht. Somit entstehen Kosten von 100 € für 23 Tage, was auf das Jahr (360 Tage) und den Barpreis (4.900 €) bezogen 31,9 % bedeutet.

3.2.1.2 Kundenanzahlung

Merkmal der Kundenanzahlung ist, dass die Abnehmer einer Ware oder Dienstleistung **Vorauszahlungen** an den Lieferanten leisten. Die Abnehmer zahlen einen Teilbetrag – seltener die Gesamtsumme – vor Erhalt der Ware bzw. Dienstleistung. Im Gegensatz zum Lieferantenkredit ist der Verkäufer Kreditnehmer, während der Käufer als Kreditgeber fungiert.

Tabelle 3-4: Abgrenzung Lieferantenkredit/Kundenanzahlung

Merkmal	**Lieferantenkredit**	**Kundenanzahlung**
Kreditgeber	Verkäufer	Käufer
Kreditnehmer	Käufer	Verkäufer
Geldzufluss	Nein	Ja

Gebräuchlich sind Kundenanzahlungen bei **Auftragsfertigungen** wie im Fall des Baus von Schiffen und Flugzeugen oder der Errichtung von Großanlagen und Immobilien. Auch bei alltäglichen Geschäften, z.B. bei der Buchung von Urlaubsreisen im Reisebüro, werden Vorauszahlungen verlangt.

Die **Vorteile** von Kundenanzahlungen sind je nach Blickwinkel unterschiedlich gelagert. Abhängig von Branchenusancen und Marktstellung des Verkäufers hat der **Kunde** eventuell die Möglichkeit, einen Preisnachlass oder eine Verzinsung für die Anzahlung auszuhandeln. Die größeren Vorteile finden sich jedoch auf Seiten des **Verkäufers**. So reduzieren sich für ihn sowohl das Risiko der Nichtabnahme als auch das Risiko der Nichtzahlung. Zudem fließen dem Verkäufer im Voraus liquide Mittel zu, die er zur Leistungserstellung einsetzen kann.

3.2.2 Kurzfristige Bankkredite

Bei diesen Krediten treten als Kreditgeber **Banken** und **Sparkassen** auf. Daneben können auch andere Institutionen als Kreditgeber fungieren; jedoch sind die Banken und Sparkassen an erster Stellen zu nennen.

3.2.2.1 Kontokorrentkredit

Der Kontokorrentkredit stellt einen Kredit **in laufender Rechnung** dar, den die Banken ihren Kunden gewähren. Die Abwicklung erfolgt über ein Kontokorrentkonto, wobei eine **Kreditlinie** (**Kreditlimit**) eingeräumt wird. Die Banken gewähren die Kredite bis auf weiteres oder bis zu einer vereinbarten Frist, wobei laufende Prolongationen üblich sind.

Kontokorrentkredite eignen sich für den Kreditnehmer als flexibles Instrument, weil er über die Höhe je nach Finanzmittelbedarf verfügen und es zur Erfüllung seiner schwankenden, kurzfristig fälligen Zahlungsverpflichtungen verwenden kann. Nicht ausgeschöpfte Kreditlinien bilden eine Liquiditätsreserve. Folgende **Arten** des Kontokorrentkredits kommen in Betracht:

- **Betriebsmittelkredit (Umsatzkredit)**: Primärer Zweck dieser Kreditart ist es, die Beschaffung von Vorräten und die Zielgewährung an Abnehmer zu finanzieren; die Rückzahlung erfolgt aus den Umsatzerlösen.
- **Saisonkredit**: Als spezieller Betriebsmittelkredit dient er der Deckung des saisonbedingten Liquiditätsbedarfs.
- **Zwischenkredit**: Als Überbrückungskredit dient er der Zwischenfinanzierung langfristiger Darlehen; seine Ablösung erfolgt bei Auszahlung des endgültigen Darlehens.
- **Überziehungskredit**: Hierbei überzieht der Kreditnehmer das vereinbarte Kreditlimit bzw. die vereinbarte Laufzeit (geduldete Überziehung).

Auf dem Kontokorrentkonto werden die Zahlungseingänge laufend mit den Zahlungsausgängen verrechnet. Je nach Kontostand werden Soll- oder Habenzinsen berechnet und mit der periodischen Abschlussrechnung dem Konto belastet bzw. gutgeschrieben.

Abbildung 3-5: Kontokorrentkredit

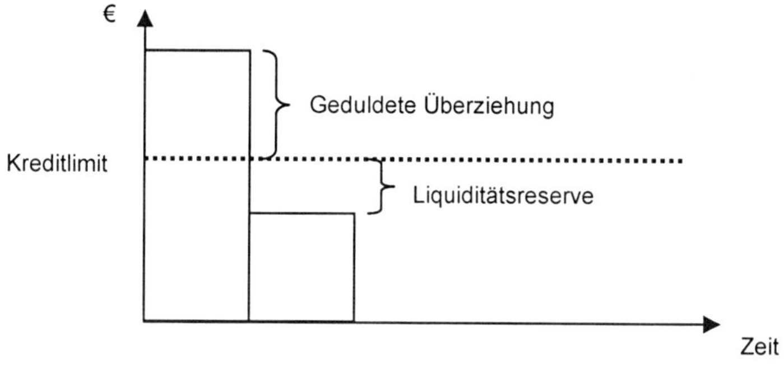

Kontokorrentkredite können **unbesichert** (blanko) oder **besichert** vergeben werden. Unabhängig davon prüfen die Banken die Kreditwürdigkeit und führen eine laufende Kreditüberwachung durch. Wenn die Banken Sicherheiten verlangen, kommen insbesondere Bürgschaften, Pfandrechte, Sicherungsabtretungen und Grundschulden infrage.

Dem Vorteil der Flexibilität stehen die relativ hohen **Kosten** des Kontokorrentkredits gegenüber, die sich wie folgt zusammensetzen können:

- **Sollzinsen**: Sie sind für den in Anspruch genommenen Kreditbetrag zu zahlen. Der Zinssatz gilt bis auf weiteres und ist, sofern keine Kreditprovision berechnet wird, vergleichsweise hoch.
- **Kreditprovision**: Sie dient zur Deckung der Bankkosten aus ihrer Liquiditätshaltung, die für den zugesagten, aber nicht in Anspruch genommenen Betrag (Liquiditätsreserve) notwendig ist. Die Banken berechnen die Kreditprovision entweder als Zuschlag zu den Sollzinsen oder gesondert als Bereitstellungsprovision.
- **Überziehungsprovision**: Zinsen, die zusätzlich zu den Sollzinsen anfallen, wenn der Kreditnehmer Kredite über das vereinbarte Limit oder über den vereinbarten Termin hinaus in Anspruch nimmt (geduldete Überziehung).
- **Sonstige Kosten**: Dazu zählen beispielsweise Entgelte für die Kontoführung und Barauslagen für Porti und fremde Spesen.

3.2.2.2 Lombardkredit

Ein Lombardkredit besteht in der Gewährung eines kurzfristigen Darlehens, das durch die **Verpfändung von beweglichen Sachen und Rechten** gesichert ist. Als lombardfähige Pfandobjekte kommen Vermögenswerte in Betracht, die für eine Übergabe geeignet und werthaltig sind. Dazu zählen vor allem Effekten, Waren, Edelmetalle und Forderungen. Der Gläubiger erhält als Sicherungsnehmer ein **Sicherungsrecht** an den Pfändern, während der Sicherungsgeber **Eigentümer** der verpfändeten Vermögenswerte bleibt.

Der Kreditgeber beleiht die Pfandobjekte nicht in voller Höhe ihres Zeitwertes, sondern nur bis zu einer bestimmten **Beleihungsquote**. Die **Sicherheitsabschläge** sind je nach Risikograd gestaffelt, sodass die Objekte, die mit einem höheren Risiko verbunden sind, einen höheren Risikoabschlag erfahren als die anderen Vermögenswerte. Beispielsweise betragen die Beleihungsquoten bei

- mündelsicheren Schuldverschreibungen bis zu 80 % ihres Kurswertes,
- börsennotierten Aktien bis zu 60 % ihres Kurswertes und
- Waren bis zu 50 % ihres Handelswertes.

Als **Kosten** des Lombardkredits fallen an: Sollzinsen, eventuell Kreditprovision sowie Kosten für die Verwahrung und Verwaltung der Pfänder. Insgesamt gesehen liegen die Kosten in der Regel zwischen denen des Wechseldiskont- und Kontokorrentkredits.

3.2.2.3 Wechseldiskontkredit

Der **Wechsel** ist ein schuldrechtliches Wertpapier, das durch schriftliche Abtretungserklärung (Indossament) übertragen werden kann. Er verbrieft Vermögensrechte, die der jeweilige Wechselinhaber geltend machen kann. Alle, die einen Wechsel ausgestellt, akzeptiert, indossiert oder mit einer Bürgschaft abgesichert haben, haften dem jeweiligen Wechselinhaber als **Gesamtschuldner**.

Die **Einlösung** des Wechsels erfolgt am Verfalltag. Der Inhaber legt den Wechsel dem Bezogenen zur Zahlung vor. Bei Nichteinlösung kann **Wechselprotest** erhoben werden. Dabei handelt es sich um eine öffentliche Urkunde, aus der die Verweigerung der Annahme oder Bezahlung durch den Bezogenen hervorgeht.

Danach kann der Wechselinhaber **Rückgriff** gegen seine Vorleute nehmen. Da alle Wechselverpflichteten gesamtschuldnerisch haften, kann er von einzelnen, mehreren oder allen zusammen Zahlung verlangen.

Beim **Wechseldiskontkredit** handelt es sich um einen kurzfristigen Kredit, den Banken gewähren, indem sie noch nicht fällige **Wechselforderungen** unter Abzug von Zinsen kaufen. Die **Zinsen** entsprechen dem auf den Wechselnennwert bezogenen Abschlag (Diskont), der sich aus dem vereinbarten Zinssatz und der Restlaufzeit ergibt. Der Wechseldiskontkredit hat heute an Bedeutung verloren.

3.2.2.4 Kreditleihe

Bei Kreditleihgeschäften übernimmt die Bank für ihren Kunden eine bedingte oder unbedingte **Zahlungsverpflichtung (Haftung) gegenüber Dritten**. Die Bank stellt also keine liquiden Mittel, sondern ihre eigene Kreditwürdigkeit und ihren guten Namen zur Verfügung, wodurch der Kunde seine Bonität verbessern kann.

Wenn der Kunde seine Verpflichtungen nicht mehr erfüllen kann, muss die Bank Zahlung leisten. Als Entgelt für das Risiko der Bank zahlt der Kunde eine **Provision**, und zwar unabhängig davon, ob die Haftung der Bank zum Tragen kommt oder nicht.

Wegen des Risikos übernimmt die Bank Haftungen nur für Kunden mit einwandfreier Kreditwürdigkeit. Da die Bank ausschließlich bei einem Ausfall des Kunden in Anspruch genommen wird, handelt es sich bei der Kreditleihe für die Bank um eine **Eventualverbindlichkeit**. Die beiden wichtigsten **Formen** der Kreditleihe sind Akzept- und Avalkredit.

a) Akzeptkredit

Die Bank akzeptiert einen von ihrem Kunden auf sie gezogenen Wechsel (**Bankakzept**). Im Außenverhältnis tritt die Bank als Bezogener und Hauptschuldner auf. Im Innenverhältnis verpflichtet sich der Kunde, den Wechselbetrag rechtzeitig vor Fälligkeit auf einem Konto der Bank bereitzustellen.

Der Akzeptkredit dient hauptsächlich der **Finanzierung von Handelsgeschäften**, wobei der Kunde den Wechsel wie folgt verwenden kann:

- Einreichung des Wechsels zum Diskont bei der Akzeptbank. In diesem Fall gewährt die Bank ihrem Kunden sowohl einen Akzept- als auch einen Diskontkredit
- Einreichung des Wechsels zum Diskont bei einem anderen Kreditinstitut
- Weitergabe des Wechsels an den Lieferanten, um die Verbindlichkeiten zu begleichen

b) Avalkredit

Die Bank übernimmt für einen Kunden eine Bürgschaft oder Garantie. **Bürgschaften** gewähren die Banken vor allem für folgende Zwecke:

- **Zollbürgschaften** für Zahlungsstundung der Zollbehörde
- **Frachtstundungsbürgschaften** für Unternehmen mit hohem Bahnfrachtaufkommen
- **Prozessbürgschaften** für Beklagte oder Kläger

Bankgarantien kommen vor als Lieferungs- und Leistungsgarantie, Zahlungs- und Anzahlungsgarantie, Gewährleistungsgarantie und Bietungsgarantie (vgl. Kapitel C.3.1.4.1).

3.2.2.5 Außenhandelskredite

Die Banken stellen im Rahmen der kurzfristigen Außenhandelskredite den Exporteuren bzw. Importeuren Finanzierungen in Form liquider Mittel oder als Kreditleihe zur Verfügung. Dabei kommen insbesondere folgende **Kreditarten** zu Anwendung:

a) Finanzierung auf der Basis von Akkreditiven

Akkreditive dienen der Zahlungssicherung im Außenhandel. Durch ein Akkreditiv verpflichtet sich eine Bank im Auftrag des Importeurs, an den Exporteur Zahlungen zu leisten, wenn dieser der Bank bestimmte Dokumente übergeben hat.

Unter **Dokumenten** (z.B. Frachtbriefe, Rechnungen und Versicherungspapiere) versteht man Papiere, die vor allem den Versand, die Einlagerung, die Versicherung und vertragsmäßige Lieferung der Güter belegen. Die Bank prüft die Ordnungsmäßigkeit der Dokumente. Sind die Dokumente einwandfrei, erfolgt die Auszahlung an den Exporteur. Somit schützt das Akkreditiv den Exporteur davor, ohne Bezahlung zu liefern, und den Importeur davor, ohne Empfang der Güter zu zahlen.

Obwohl das Akkreditiv primär der Zahlungsabwicklung dient, kann es auch **Krediteffekte** enthalten:

- **Akkreditiveröffnung**: Die das Akkreditiv eröffnende Bank gewährt dem **Importeur** einen Eventualkredit, wenn sie darauf verzichtet, dass der Importeur den Akkreditivbetrag auf seinem Bankkonto bereitstellt, bevor sie ihr Schuldversprechen gegenüber dem Exporteur abgibt.
- **Akkreditivbestätigung**: Die Akkreditivbestätigung ist ein Eventualkredit an den **Exporteur**. Die bestätigende Bank haftet zusätzlich zur eröffnenden Bank dem Exporteur für die Zahlung des Akkreditivgegenwertes.

b) Bevorschussung von Dokumenten

Im Fall von **Importvorschüssen** bezahlt der Importeur dadurch, dass die Bank ihm gegen Vorlage der Dokumente einen Kredit gewährt, der durch die Erlöse der zu verkaufenden Waren gedeckt ist.

Bei **Exportvorschüssen** lässt der Exporteur die Exportdokumente von der Bank bevorschussen oder ankaufen. Die Dokumente dienen der Bank als Sicherheit.

c) Wechselkredite

Neben den üblichen Diskont- und Akzeptkrediten treten Wechselkredite im Bereich der Außenhandelsfinanzierung vor allem als Rembours- und Negoziationskredite auf.

Der **Rembourskredit** ist ein Akzeptkredit, den eine Bank unter Obligo der Bank des Importeurs oder einer dritten Bank dem Exporteur gegen Übergabe bestimmter Dokumente gewährt. Der Exporteur erhält folglich einen Wechsel in Form eines **Bankakzepts.** Er kann diesen Wechsel bei der Akzept leistenden Bank oder einem anderen Kreditinstitut diskontieren lassen. Bei Fälligkeit des Akzepts wird der Importeur belastet.

Im engeren Sinne sind **Negoziationskredite** dadurch gekennzeichnet, dass eine Bank vom Exporteur gezogene Tratten, die von Dokumenten begleitet sind, negoziiert (angekauft). Eine **Tratte** ist ein gezogener, aber vom Bezogenen noch nicht akzeptierter Wechsel. Im weiteren Sinne versteht man unter Negoziationskrediten allgemein jeden Ankauf von Außenhandelsdokumenten, und zwar unabhängig von der Wechselunterlegung und Zahlungsbedingung.

3.2.3 Commercial Paper

Commercial Paper sind **kurzfristige Schuldtitel**, mit denen sich die Emittenten Liquidität auf dem Geldmarkt beschaffen können. Dieses Finanzinstrument weist folgende **Merkmale** auf:

- **Verbriefung**: Commercial Paper sind in Form von Schuldverschreibungen verbrieft. Es handelt sich um Wertpapiere, die fungibel sind und gehandelt werden können.

- **Laufzeit**: Die Papiere haben eine kurzfristige Laufzeit. Im Durchschnitt beträgt die Laufzeit nur wenige Monate.
- **Emittent**: Als Emittent der Papiere kommt grundsätzlich jeder Schuldner in Betracht, der einen hohen Fremdkapitalbedarf im kurzfristigen Bereich hat und eine hohe Bonität aufweist. Als Emittenten treten insbesondere Kreditinstitute, Industrie- und Handelsunternehmen sowie öffentliche Haushalte auf.
- **Investoren**: Käufer der Commercial Paper sind in erster Linie institutionelle Anleger wie z.B. Geldmarktfonds.
- **Commercial-Paper-Programm**: Die Programmbedingungen werden zwischen dem Emittenten und den Emissionshäusern, die die Ausgabe arrangieren und die Papiere platzieren, festgelegt. Die Laufzeit des Programms ist nicht befristet; es wird jedoch ein Maximalvolumen vereinbart.
- **Daueremission**: Die Papiere können im Rahmen des Programms bis zum Maximalvolumen revolvierend emittiert werden. Eine Verpflichtung zur Emission besteht nicht.
- **Volumina**: Commercial-Paper-Transaktionen stellen großvolumige Geschäfte dar. Das Gesamtvolumen eines Commercial-Paper-Programms beläuft sich oft auf mehrere Milliarden € oder US-Dollar, und die Mindeststückelung eines Commercial Papers beträgt ca. 50.000 € oder US-Dollar.
- **Verzinsung**: Die Papiere werden meistens auf diskontierter Basis verzinst: Die Investoren zahlen beim Kauf den um den Zinsabzug reduzierten Nennwert und erhalten am Ende der Laufzeit den Nennwert zurückgezahlt. Als Referenzzinssätze dienen Euribor oder Libor (vgl. Kapitel C.3.3.2.2). Je nach Bonität des Emittenten liegt die geforderte Rendite unter oder über dem Referenzzins.

Beispiel: Verzinsung der Commercial Paper

Ein Unternehmen emittiert folgende Commercial Paper: Nennbetrag 50 Mio. €, Laufzeit 60 Tage, Zinssatz Euribor + 0,25 %. Wenn zum Zeitpunkt der Emission der Euribor 5 % beträgt, errechnet sich der Emissionspreis wie folgt:

$$\text{Preis} = \frac{50.000.000}{1 + \frac{5,25 \cdot 60}{100 \cdot 360}} = 49.566.295$$

Der Emissionspreis beläuft sich auf 49.566.295 €, die Rückzahlung auf 50 Mio. €. Somit zahlt der Emittent für 60 Tage 433.705 € Zinsen.

Von der **Grundkonzeption** her entspricht das Commercial-Paper-Programm einem Kontokorrentkredit. Die Emission der einzelnen Papiere gleicht der Inanspruchnahme des Kontokorrentkredits. Der Gesamtbetrag der zu einem Zeitpunkt umlaufenden Papiere darf das Maximalvolumen des Commercial-Paper-Programms, das quasi das Kreditlimit bildet, nicht übersteigen.

Im **Gegensatz** zum Kontokorrentkredit werden Wertpapiere emittiert, sodass als Kreditgeber nicht eine konkrete Bank, sondern Investoren des Geldmarktes auftreten. Die Laufzeit der einzelnen Papiere ist genau festgelegt; beim Kontokorrentkredit hingegen erfolgt die Inanspruchnahme bis auf weiteres. Die Verzinsung der Commercial Paper liegt deutlich unter der des Kontokorrentkredits, während die Volumina um ein Vielfaches größer sind.

Als weiteres Instrument, das den Commercial Paper ähnelt, sind **Medium Term Notes** zu nennen. Bei diesen Papieren handelt es sich ebenfalls um Schuldverschreibungen, die der Emittent im Rahmen einer Daueremission bis zu einem Maximalvolumen ausgeben kann. Allerdings weisen Medium Term Notes eine Laufzeit von mindestens 2 Jahren auf und zählen damit zur mittel- oder langfristigen Finanzierung.

3.3 Mittel- und langfristige Kredite

Entsprechend den kurzfristigen Krediten lassen sich die mittel- und langfristigen Kredite danach differenzieren, ob sie in Effekten verbrieft sind oder nicht. Die unverbrieften Bankkredite sind Gegenstand von Kapitel C.3.3.1, die verbrieften Kredite (Schuldverschreibungen) werden in Kapitel C.3.3.2 vorgestellt. Darüber hinaus gibt es Sonderformen mittel- und langfristiger Kredite (Kapitel C.3.3.3); hierzu zählen Schuldscheindarlehen, Projektfinanzierung und Leasing.

3.3.1 Mittel- und langfristige Bankkredite

Im mittel- und langfristigen Kreditbereich treten die Banken zum einen unmittelbar als Kreditgeber auf; in diesem Fall gewähren sie den Unternehmen Investitionsdarlehen. Zum anderen übernehmen die Banken in Bezug auf öffentliche Kreditprogramme eine Vermittler- und Weiterleitungsfunktion.

3.3.1.1 Investitionsdarlehen

Beansprucht ein Unternehmen einen Investitionskredit, so dienen die Mittel hauptsächlich der Finanzierung des betrieblichen Anlagevermögens. Die **Kreditlaufzeit** liegt schwerpunktmäßig zwischen 5 und 15 Jahren und entspricht oft der geplanten Nutzungsdauer des finanzierten Objekts. Als Sicherheiten kommen vor allem Grundpfandrechte in Betracht.

In Bezug auf die **Tilgung** sind mehrere Möglichkeiten gegeben wie beispielsweise:

- **Tilgung mit jährlich gleichen Raten (Annuitätendarlehen)**: Der jährliche Kapitaldienst für Zinsen und Tilgungen ist während der Kreditlaufzeit konstant. Im Zeitablauf nimmt der Tilgungsanteil zu, während der Zinsanteil sich entsprechend verringert.

- **Tilgung mit jährlich fallenden Raten:** Die jährliche Zahlungsleistung verringert sich im Zeitablauf im Maße des reduzierten Zinsanteils.
- **Tilgung mit tilgungsfreier Zeit:** Die Tilgung des Kredits setzt erst nach einer gewissen Zeit ein.
- **Sondertilgungen:** Der Kreditnehmer kann seine Verbindlichkeit – neben seinen regelmäßigen Raten – durch zusätzliche Tilgungen zurückführen.
- **Endfällige Tilgung (Festdarlehen):** Der Kredit wird in einer Summe am Laufzeitende getilgt. Während der Laufzeit zahlt der Kreditnehmer ausschließlich die Zinsen.

Der **Kreditzinssatz** kann als Festzins oder variabler Zins vereinbart werden. Bei einem Festzins wird der Nominalzinssatz für einen bestimmten Zeitraum oder die gesamte Laufzeit fixiert. Merkmal eines variablen Zinses ist, dass die Zinshöhe schwanken kann, weil die Bank den Kreditzins an die jeweiligen Marktzinsen anpassen kann.

Die **Effektivverzinsung** ist primär von dem Nominalzinssatz, dem Disagio (Differenz zwischen Rückzahlungs- und Auszahlungsbetrag, einschließlich Bearbeitungsgebühren), der Laufzeit, den Zahlungsterminen und den Tilgungsmodalitäten abhängig. Für die Berechnung des Effektivzinssatzes eines Festdarlehens kann man – bei endfälliger Tilgung – folgende **Näherungsformel** heranziehen:

$$r = \frac{z + \frac{D}{n}}{AB}$$

r = Effektivzinssatz
z = Nominalzinssatz
D = Disagio und Gebühren (in %)
n = Gesamtlaufzeit in Jahren
AB = Auszahlung (in %)

Bei anderen Tilgungsvarianten ist in der abgebildeten Formel die Gesamtlaufzeit (n) durch eine mittlere Laufzeit (m) zu ersetzen:

- Tilgung mit jährlich gleichen Raten: $m = \frac{n+1}{2}$
- Tilgung mit tilgungsfreier Zeit: $m = t + \frac{(n-t)+1}{2}$, t = tilgungsfreie Zeit

Großvolumige Kredite werden oft als **Konsortialkredit** (syndizierter Kredit) vergeben. Dabei handelt es sich um ein Darlehen, das mehrere Banken gemeinschaftlich gewähren. Für die Banken hat der Konsortialkredit den Vorteil, dass die Risiken auf mehrere Kapitalgeber verteilt werden können.

Aufgabe 20: Effektivverzinsung von Krediten

3.3.1.2 Öffentliche Kreditprogramme

Diese Finanzprogramme werden von **Bund, Ländern** und **anderen Institutionen** aufgelegt. Die Hilfen bestehen hauptsächlich in **kostengünstigen Darlehen, Bürgschaften** und **Garantien.** Im Fall von Darlehen gewähren die Hauptleihinstitute (z.B. auf Bundesebene die KfW Bankengruppe) die Kredite oft nicht unmittelbar den Unternehmen, sondern mittelbar durch Einschaltung der jeweiligen Hausbanken, die teilweise gleichzeitig mithaften. Die öffentlichen Kreditmittel werden vor allem für folgende **Zwecke** zur Verfügung gestellt: Investitionen, Umweltschutz, Innovationen, Existenzgründungen und Exportförderung.

Als wichtige **Förderinstitute** seien beispielhaft genannt:

- **KfW Bankengruppe:** Kreditprogramme für die mittelständische Wirtschaft, Export- und Projektfinanzierung
- **AKA Bank:** Exportfinanzierung
- **Bürgschaftsbanken:** Bürgschaften und Garantien für Kredite, die die Unternehmen aufgenommen haben

Die Förderprogramme refinanzieren sich aus mehreren Quellen, wobei den **ERP-Mitteln** besondere Bedeutung zukommt. Die Mittel dienen der Förderung der deutschen Wirtschaft. ERP-Kredite werden für Vorhaben gewährt, die von volkswirtschaftlicher Relevanz sind, die Wettbewerbs- und Leistungsfähigkeit der geförderten Unternehmen steigern und einen nachhaltigen wirtschaftlichen Erfolg erwarten lassen.

3.3.2 Schuldverschreibungen

Eine weitere Möglichkeit für die Unternehmen, sich mittel- und langfristiges Fremdkapital zu beschaffen, besteht in der Emission von Schuldverschreibungen. Die folgenden Kapitel erläutern zunächst die wesentliche Merkmale und anschließend die Arten von Schuldverschreibungen.

3.3.2.1 Merkmale

Schuldverschreibungen verbriefen für die Inhaber **Forderungsrechte (Gläubigerrechte).** Die Käufer der Schuldverschreibungen stellen dem Emittenten Fremdkapital zur Verfügung. Synonyme Begriffe sind **Anleihen, Obligationen** und **Bonds.**

Schuldverschreibungen lauten auf einen bestimmten **Nennbetrag,** der sich oft auf über 1 Mrd. € beläuft. Um die Fungibilität und damit den Handel zu erleichtern, wird der

Gesamtbetrag in **Teilschuldverschreibungen** im Nennwert von beispielsweise 100 oder 1.000 € gestückelt.

Nicht nur **Industrie-** und **Handelsunternehmen**, sondern insbesondere auch **Staaten, supranationale Organisationen** (z. B. Weltbank und Europäische Investitionsbank) und **Kreditinstitute** treten als Emittenten von Schuldverschreibungen auf. Dabei stehen ihnen vielfältige Gestaltungsmöglichkeiten offen, die sich durch unterschiedliche Kombinationen mehrerer **Ausstattungsmerkmale** ergeben:

Tabelle 3-5: Ausstattungsmöglichkeiten von Schuldverschreibungen

Merkmal	Ausprägung
Emittent	Öffentliche Schuldverschreibungen: supranationale Organisationen, Staaten, Kommunen, Sondervermögen Bankschuldverschreibungen: Pfandbriefe und sonstige Bankobligationen Industrieobligationen: Schuldverschreibungen von Industrie- und anderen Unternehmen
Emittentenherkunft	Inlandsanleihen: inländischer Emittent Auslandsanleihen: ausländischer Emittent (auch wenn ausländische Tochtergesellschaft eines inländischen Unternehmens)
Währung	Euro-Anleihen Fremdwährungsanleihen: vor allem in US-Dollar
Verzinsung	Festverzinsliche Anleihen: fester Zinssatz für die gesamte Laufzeit der Schuldverschreibung Variabel verzinsliche Anleihen: Änderung des Zinssatzes je nach Marktzinsniveau oder Eintritt vereinbarter Bedingungen
Laufzeit	Mittel- und langfristig: schwerpunktmäßig 3 bis 10 Jahre In seltenen Fällen unbefristet: „ewige Anleihen"
Tilgung und Kündigung	Tilgung: endfällig oder in Teilbeträgen Vorzeitige Kündigung: meistens nach Ablauf einer bestimmten Frist seitens des Emittenten möglich, seltener seitens des Anlegers
Sicherheiten	Öffentliche Schuldverschreibungen unbesichert Patronats- und Negativerklärungen, teilweise Bürgschaften und Garantien Selten Grundpfandrechte Anlegerschutzklauseln: z.B. Einhaltung bestimmter Finanzierungskennzahlen

3.3.2.2 Arten von Schuldverschreibungen

Traditionell und überwiegend werden Schuldverschreibungen als Festzinsanleihen emittiert. Daneben gibt es Floating Rate Notes, Zerobonds und Sonderformen.

Abbildung 3-6: Arten von Schuldverschreibungen

Schuldverschreibungen

- Festzinsanleihen
- Floating Rate Notes
- Zerobonds
- Sonderformen

a) Festzinsanleihen

Diese Form der Schuldverschreibung ist mit einem **festen Zinskupon (fester Nominalzins)** ausgestattet, der für die gesamte Anleihelaufzeit konstant bleibt. Es gilt:

Zinsbindungsdauer = Anleihelaufzeit

Die Zinszahlungen erfolgen im Regelfall jährlich oder halbjährlich nachschüssig. Bei einem Verkauf der Anleihen zwischen den Zinsterminen sind **Stückzinsen** zu berechnen. Stückzinsen sind der Zinsbetrag, der seit dem letzten Zinszahlungstermin aufgelaufen ist. Der Käufer der Anleihe hat die Stückzinsen an den Verkäufer zu entrichten.

Die **Effektivverzinsung** einer Anleiheemission hängt ab von dem Nominalzins, dem Nominalbetrag, dem Emissionspreis, der Laufzeit, den Zahlungsterminen und den Nebenkosten. Der Emissionspreis kann dem Nominalbetrag der Anleihe entsprechen, kann aber auch kleiner oder größer sein. Bei einem Emissionspreis unter pari (unter 100 %) liegt ein **Disagio** vor, bei einer Emission über pari ein **Agio**. Mit der Feineinstellung des Emissionspreises wird die Anleiherendite an den relevanten Marktzins angepasst.

Die von den Anlegern geforderte Anleiherendite (Effektivverzinsung) entspricht dem relevanten Marktzins, d.h. dem Zins für Ausleihungen mit demselben Risiko, derselben Währung und derselben Restlaufzeit. Da der Nominalzins konstant bleibt, ändert sich der **Preis** festverzinslicher Anleihen bei Marktzinsschwankungen: Steigt der Zins, fällt der Anleihekurs und umgekehrt. Zur Berechnung des Preises einer Festzinsanleihe siehe Kapitel B.3.2.2.

b) Floating Rate Notes

Bei diesen **variabel verzinslichen** Schuldverschreibungen, auch als **Floater** bezeichnet, wird der Zinssatz regelmäßig an einen Referenzzins angepasst. Die Neufestsetzung erfolgt meistens in Abständen von 3 oder 6 Monaten. Im Gegensatz zur Festzinsanleihe gilt:

Zinsbindungsdauer < Anleihelaufzeit

Außerdem unterscheiden sich die Floating Rate Notes von den Festzinsanleihen dadurch, dass die Kursschwankungen deutlich geringer sind, weil der Zinssatz periodisch an den Marktzins angeglichen wird. Als **Referenzzinssätze** kommen vor allem Euribor und Libor zur Anwendung:

- **Euribor (Euro Interbank Offered Rate):** Es ist der durchschnittliche Zinssatz, zu dem große Banken anderen großen Banken kurzfristige Kredite anbieten. Er errechnet sich als Durchschnittssatz aus den Meldungen der ca. 30 international tätigen Banken mit dem höchsten Geldmarktumsatz in Euro. An jedem Bankarbeitstag wird jeweils ein Zinssatz für 1 bis 3 Wochen und für 1 bis 12 Monate ermittelt und veröffentlicht.

- **Libor (London Interbank Offered Rate):** Es ist der Durchschnittssatz, zu dem in London ansässige große Banken anderen großen Banken kurzfristige Kredite anbieten. Hier wird an jedem Bankarbeitstag jeweils ein Zinssatz für einen Tag, 1 und 2 Wochen sowie für 1 bis 12 Monate ermittelt und veröffentlicht.

In Abhängigkeit von der Bonität des Emittenten kann der Referenzzins um einen **Spread** korrigiert werden, sodass die Verzinsung der Floating Rate Notes auf dem Niveau des Referenzzinssatzes oder etwas niedriger bzw. höher liegt. Erstklassige Staatsanleihen können beispielsweise einen Zins von Euribor minus 0,25 % aufweisen, während eine Unternehmensanleihe beispielsweise mit Euribor plus 0,5 % ausgestattet wird.

Variabel verzinsliche Anleihen bieten die Möglichkeit der mittel- und langfristigen Kapitalaufnahme zu kurzfristigen Geldmarktsätzen. In Bezug auf die Zinsbelastung des Emittenten sind **drei Szenarien** zu beachten:

1. **Steigende Marktzinsen:** Die Zinsbelastung erhöht sich für den Emittenten.

2. **Fallende Marktzinsen:** Die Zinsbelastung sinkt entsprechend.

3. **Konstante Marktzinsen:** Im Vergleich zur Festzinsanleihe muss der Emittent einen niedrigeren Zinssatz zahlen, wenn eine normale Zinsstruktur herrscht, und einen höheren Zinssatz bei einer inversen Zinsstruktur.

Bei einer **normalen Zinsstruktur** sind die Zinssätze umso höher, je länger die Zinsbindung ist. Dies ist darin begründet, dass die Kapitalgeber, die sich längerfristig festlegen, eine Laufzeitprämie in Form eines höheren Zinssatzes erhalten. Im umgekehrten Fall liegt eine **inverse Zinsstruktur** vor: Die kurzfristigen Zinssätze sind höher als die langfristigen. Eine **horizontale Zinsstruktur** kommt selten vor, so eventuell in einer Übergangsphase.

Abbildung 3-7: Zinsstrukturkurven

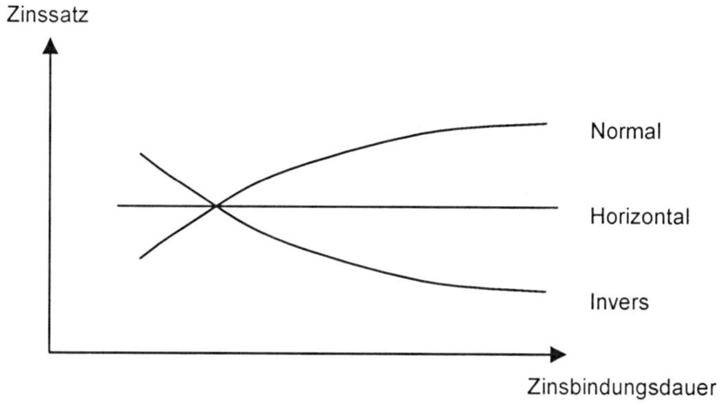

c) Zerobonds

Merkmal der auch als **Nullkuponanleihen** bezeichneten Schuldverschreibungen ist das Fehlen eine Kupons (Zinsscheins). Dennoch handelt es sich um keine unverzinsliche Anleihe, sondern um eine spezielle Form der Festzinsanleihe. Es finden keine laufenden Zinszahlungen statt; vielmehr zahlt der Emittent die Zinsen zusammen mit Zinseszinsen und Emissionsbetrag am Ende der Laufzeit. Dabei sind **zwei Varianten** möglich:

- **Abzinsungsanleihe**: In dieser Variante werden die meisten Zerobonds begeben. Emission der Anleihe zu einem Preis unter Nennwert, d.h. unter 100 %, Rückzahlung zu 100 %.
- **Zuwachsanleihe**: Emission der Anleihe zu 100 %, Rückzahlung zu einem Preis über 100 %.

Die Emission von Zerobonds hat für den Emittenten den **Vorteil**, dass während der Anleihelaufzeit die Liquidität nicht durch Zinszahlungen belastet wird. Der Emittent hat jedoch dafür Sorge zu tragen, dass die nicht gezahlten Zinsen samt Zinseszinsen und Tilgung am Laufzeitende geleistet werden können. In der Bilanz muss er den Emissionsbetrag unter jährlicher Zuschreibung des Zinsaufwandes passivieren.

d) Sonderformen von Schuldverschreibungen

Durch **Variation der Ausstattungsmerkmale** können Schuldverschreibungen auf die Bedürfnisse der Emittenten und Investoren differenziert zugeschnitten werden. Infolgedessen haben sich auf den Kapitalmärkten zahlreiche Sonderformen entwickelt. Obwohl die Options- und Wandelanleihen Gegenstand gesonderter Kapitel sind (vgl. C.3.4.2.4 und C.3.4.2.5), werden sie der Vollständigkeit halber in der Übersicht mit aufgeführt.

Tabelle 3-6: Sonderformen von Schuldverschreibungen

Wandelanleihe	Gewährt das Recht, die Anleihe gegen Aktien zu tauschen
Optionsanleihe	Gewährt das Recht, zusätzlich zur Anleihe Aktien zu kaufen
Doppelwährungsanleihe	Der Emissionsbetrag lautet auf eine andere Währung als die Tilgung
Gewinnschuldverschreibung	Die Verzinsung ist teilweise oder vollständig vom Gewinn abhängig
Indexanleihe	Der Tilgungsbetrag hängt vom Stand eines bestimmten Parameters ab (z.B. von einem Aktienindex oder Preisindex)
Aktienanleihe	Der Emittent hat das Recht, die Anleihe am Ende der Laufzeit entweder zum Nominalbetrag oder mit bestimmten Aktien zurückzuzahlen
Reverse Floater	Der Referenzzins wird von einem Festzinssatz abgezogen (z.B. 10 % – Euribor)
Floater mit Zinsbegrenzung	Der variable Zinssatz ist durch einen Höchstsatz und/oder Mindestsatz begrenzt
Anleihen mit unterschiedlichen Zinssätzen	Kombizins- und Stufenzinsanleihen: anfangs keine oder geringe Verzinsung und später höherer Festzins; Anleihen mit anfangs fester, später mit variabler Verzinsung; Anleihen mit Zinswahlrecht nach einer bestimmten Laufzeit
Anleihen mit Anlegerschutz-klauseln (Covenants)	Der Emittent verpflichtet sich, vereinbarte Finanzkennzahlen oder andere Bedingungen einzuhalten, bei Nichteinhaltung kann z.B. sich die Verzinsung erhöhen oder der Gläubiger kann kündigen

3.3.3 Sonstige mittel- und langfristige Kreditfinanzierung

Die Finanzinstrumente, die nachstehend beschrieben werden, weisen spezifische Besonderheiten auf, die sie sowohl von den üblichen Bankkrediten als auch von den Schuldverschreibungen unterscheiden.

3.3.3.1 Schuldscheindarlehen

Schuldscheindarlehen sind mittel- bis langfristige Großkredite. Die **Kreditbeträge** bewegen sich meistens über 20 Mio. €, die **Laufzeiten** zwischen 1 und 15 Jahren und die **Zinssätze** zwischen denen für Schuldverschreibungen und Bankkrediten. Teilweise bieten die Banken Schuldscheindarlehen auch für mittelständische Unternehmen an, wobei die Mindestvolumina dann bei 50.000 € liegen.

In der Praxis ist es üblich – aber nicht zwingend erforderlich –, dass die Kreditnehmer **Schuldscheine** ausstellen. Die Schuldscheine sind keine Wertpapiere, sondern dienen lediglich als Beweisurkunde, die die Beweislast erleichtern bzw. auf den Schuldner übertragen. Sie haben keine materielle Rechtswirkung, d.h. die Forderung kann auch ohne Schuldschein geltend gemacht werden.

Schuldscheine sind nicht börsenfähig, können aber außerbörslich gehandelt werden. Als Händler und Makler treten hauptsächlich Kreditinstitute auf. Die **Forderungsübertragung** erfolgt durch Abtretung nach den §§ 398 ff. BGB, wobei die Abtretung im Ganzen oder in Teilbeträgen zulässig ist.

In Abhängigkeit von der Refinanzierung lassen sich **zwei Arten** von Schuldscheindarlehen unterscheiden:

1. **Fristenkongruente Refinanzierung**: Das Darlehen wird für die gesamte Laufzeit bei den Kreditgebern platziert. Wird eine Festzinsvereinbarung getroffen, geht der Kreditnehmer kein Zinsänderungsrisiko ein.

2. **Revolvierende Refinanzierung**: Der Kreditnehmer erhält einen kurzfristigen Kredit, der jedoch faktisch dadurch in ein langfristiges Darlehen transformiert wird, dass für die gesamte Laufzeit ständig neue kurzfristige Kredite gewährt werden. Das Zinsänderungsrisiko trägt der Kreditnehmer.

Als **Kreditnehmer** kommen nur Schuldner mit hoher Bonität in Betracht. In erster Linie handelt es sich um öffentliche Haushalte wie Bundesländer und Gemeinden. Daneben treten Industrie- und Handelsunternehmen sowie einige Kreditinstitute als Darlehensschuldner auf. Die **Vorteile** für die Kreditnehmer sind insbesondere darin zu sehen, dass die Schuldscheindarlehen anleihenähnliche niedrige Zinssätze aufweisen, ohne dass Kosten für die Emission, Börsenzulassung, Veröffentlichung und Kurspflege anfallen. Darüber hinaus können die Bedingungen individuell auf die spezifischen Bedürfnisse zugeschnitten werden. Auch werden diese Darlehen normalerweise nicht besichert.

Als **Kreditgeber** fungieren auf dem Schuldscheinmarkt überwiegend Kapitalsammelstellen wie Versicherungsunternehmen, Banken, Fondsgesellschaften, Pensionskassen und Sozialversicherungsträger. Speziell für Versicherungsgesellschaften ist diese Anlageform von Bedeutung, da Schuldscheindarlehen deckungsstockfähig sind. Der **Deckungsstock** umfasst ein gesondertes Vermögen, das die Gesellschaften zur Deckung der Ansprüche ihrer Versicherten bilden müssen und das dem Zugriff anderer Gläubiger entzogen ist.

3.3.3.2 Projektfinanzierung

Bei der Projektfinanzierung handelt es sich um die Finanzierung einer **Projektgesellschaft**, die eigens für ein bestimmtes Investitionsvorhaben gegründet worden ist. Derartige Investitionsvorhaben sind meistens **Großprojekte** wie beispielsweise in den

Bereichen Energieversorgung, Verkehr, Entsorgung, Industrie und Telekommunikation.

In ihrer Grundstruktur ist die Projektfinanzierung durch folgende **Merkmale** charakterisiert:

- Zur Durchführung und Finanzierung des Projekts schließen sich **mehrere Beteiligte** zusammen.
- Es wird eine rechtliche selbstständige **Projektgesellschaft** gegründet.
- Es kommen **verschiedenartige Finanzinstrumente** zum Einsatz: Bankkredite, Schuldverschreibungen, öffentliche Förderprogramme, Private Equity, Derivate und vieles mehr.
- Als **Kapitalnehmer** fungiert ausschließlich die Projektgesellschaft und die **Haftung** ist auf das Vermögen der Projektgesellschaft beschränkt.
- Der Kapitaldienst für Zinsen und Tilgung ist aus dem **Cashflow** des Projekts zu tragen.
- Die insgesamt mit dem Projekt verbundenen **Risiken** werden strukturiert und auf die Beteiligten verteilt.

Die Projekte sind somit als **sich selbst tragende Einheiten** konzipiert. Dadurch kann die Projektfinanzierung vor allem im öffentlichen Sektor helfen, notwendige Infrastrukturmaßnahmen zu realisieren und gleichzeitig die Belastung des Finanzhaushaltes zu begrenzen.

Aufgrund des hohen Kapitalbedarfs, der vielfältigen Aufgaben und der zahlreichen Beteiligten muss der Finanzierungsentscheidung eine intensive Prüfung der technischen und wirtschaftlichen Durchführbarkeit des Vorhabens vorausgehen. In diesem Zusammenhang spielt die Zusammensetzung des Betreiberkonsortiums die entscheidende Rolle. Dem Konsortium gehören mehrere Parteien an, wobei folgende Beteiligte im Vordergrund stehen:

Tabelle 3-7: Betreiberkonsortium eines Großprojekts

Sponsoren	Als Projektinitiatoren gründen sie die Projektgesellschaft und stellen den Großteil des Eigenkapitals zur Verfügung. Sie sind im Allgemeinen für die Errichtung und Betriebsfähigkeit verantwortlich. Initiatoren sind z.B. Staaten und Unternehmen
Projektersteller und Lieferanten	Sie erstellen das Projekt (z.B. Bauunternehmen) oder treten danach als Zulieferer auf (von z.B. Rohstoffen)
Abnehmer	Sie sind die Abnehmer der Produkte der zu finanzierenden Anlage. Der Projekterfolg hängt weitgehend davon ab, welche Verträge mit den Abnehmern über Abnahmemengen, -preise und -laufzeiten geschlossen werden
Banken	Sie prüfen das Finanzierungskonzept und organisieren die Mittelbeschaffung
Versicherungen	Private und staatliche Versicherungsgesellschaften decken die wirtschaftlichen und politischen Risiken teilweise ab
Berater	Wegen der Komplexität sind in der Regel mehrere Berater mit einbezogen, so z.B. spezialisierte Consultingfirmen, Juristen und Wirtschaftsprüfer

3.3.3.3 Leasing

Beim Leasing handelt es sich um die Vermietung oder Verpachtung von Wirtschaftsgütern gegen Entgelt. Den Vertrag schließen der **Leasingnehmer** als Mieter und der **Leasinggeber** als Vermieter über ein **Leasingobjekt** ab. Das Entgelt wird in Form der **Leasingrate** gezahlt.

Abbildung 3-8: Grundstruktur des Leasing

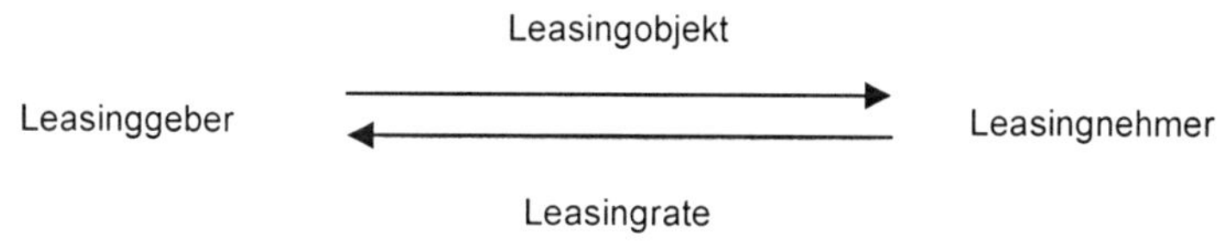

Die beiden Grundformen sind Operate Leasing und Finance Leasing. Diese Begriffe werden im kontinentaleuropäischen und angelsächsischen Raum unterschiedlich definiert. In Deutschland ist folgende Abgrenzung üblich:

- **Operate Leasing**: Kurzfristige Laufzeit der Verträge, typischer Mietvertrag, wechselnde Leasingnehmer, jederzeitiges Kündigungsrecht durch den Leasingnehmer und Leasinggeber unter Einhaltung vereinbarter Fristen, Wartungs- und Instandhaltungspflichten sowie Investitionsrisiko beim Leasinggeber
- **Finance Leasing**: Mittel- bis langfristige Laufzeit der Verträge, atypischer Mietvertrag, kein Kündigungsrecht während der Grundmietzeit, Wartungs- und Instandhaltungspflichten sowie Investitionsrisiko beim Leasingnehmer

Bei einem so verstandenen Operate Leasing geht es in erster Linie um die Nutzung eines vorübergehend benötigten Gegenstands und weniger um Finanzierungszwecke. Unter dem Aspekt der Finanzierung steht das **Finance Leasing** im Vordergrund, weshalb sich die folgenden Ausführungen ausschließlich auf diese Leasingform beziehen.

Die **Finanzierungsfunktion** besteht darin, dass das Finance Leasing als eine Sonderform der mittel- und langfristigen Kreditfinanzierung interpretiert werden kann, wobei

- der Kreditgeber (Leasinggeber) nicht Geldkapital, sondern Realkapital zur Verfügung stellt und
- der Kreditnehmer (Leasingnehmer) nicht Zinsen und Tilgungen, sondern Leasingraten zu zahlen hat.

Die **Finance-Leasing-Verträge** laufen über mehrere Jahre. Während der vereinbarten **Grundmietzeit**, die üblicherweise kürzer als die betriebsgewöhnliche Nutzungsdauer des Objekts ist, sind die Verträge unkündbar. Die **Investitionsrisiken** (Objektrisiken) wie z.B. zufälliger Untergang, Wertminderung und Funktionsunfähigkeit hat der Leasingnehmer zu tragen.

Hinsichtlich der **Vertragsgestaltung** ist außerdem zwischen Voll- und Teilamortisation zu differenzieren. Bei einem **Vollamortisationsvertrag** decken die Leasingraten, die während der Grundmietzeit zu leisten sind, sämtliche Kosten und Gewinnmargen des Leasinggebers. Dazu zählen Anschaffungs- oder Herstellungskosten, Refinanzierungskosten, Service-, Verwaltungs- und Vertriebskosten, Risikokosten, Steuern und Gewinnanteil. Für das Ende der Grundmietzeit können die Vertragspartner verschiedene Möglichkeiten vereinbaren:

- **Kaufoption**: Der Leasingnehmer kann das Objekt nach Ablauf der Grundmietzeit erwerben.
- **Mietverlängerungsoption**: Der Leasingnehmer kann den Leasingvertrag verlängern.
- **Rückgabe**: Der Leasingnehmer kann das Objekt an die Leasinggesellschaft zurückgeben.

In der Praxis überwiegen **Teilamortisationsverträge**. Hierbei ist das Leasingobjekt nach der Grundmietzeit durch die Leasingraten nur teilweise amortisiert. Den Restwert muss der Leasinggeber durch Abschlusszahlung, Anschlussvermietung oder Verkauf des Objekts zu decken versuchen (Restwerthandling).

Durch die stetige Weiterentwicklung der Produkte und durch das Angebot zusätzlicher Serviceleistungen gibt es eine **Vielzahl von Leasingarten**, von denen die wichtigsten in der Tabelle aufgeführt sind:

Tabelle 3-8: Leasingarten

Merkmal	Ausprägungen
Leasingobjekt	**Mobilienleasing**: Vermietung beweglicher Güter, z.B. Kraftfahrzeuge, Büroausstattungen, Produktionsmaschinen sowie Medizin-, Informations- und Kommunikationstechniken **Immobilienleasing**: Vermietung von Grundstücken und Gebäuden, z.B. Geschäfts- und Bürogebäude sowie Produktions- und Lagerhallen
Leasingnehmer	**Gewerbliches Leasing**: Nutzung des Objekts durch Unternehmen, Freiberufler oder Selbstständige zu gewerblichen Zwecken **Öffentliches Leasing**: Nutzung des Objekts durch öffentliche Haushalte wie Länder und Kommunen **Privates Leasing**: Nutzung des Objekts für private Zwecke, insbesondere bei Pkw-Leasing
Leasinggeber	**Herstellerleasing (direktes Leasing)**: Vermietung des Objekts durch den Hersteller oder eine Tochtergesellschaft des Herstellers **Institutionelles Leasing (indirektes Leasing)**: Vermietung des Objekts durch eine herstellerunabhängige Gesellschaft
Leistungsumfang	**Full Service Leasing**: Der Leasinggeber bietet ein komplettes Dienstleistungspaket an: Baudurchführung, Vorfinanzierung, Versicherung, Wartung, Instandhaltung usw. **Net Leasing**: Der Leasinggeber übernimmt außer der Bereitstellung des Objekts keine zusätzlichen Pflichten
Sonderformen	**Spezial-Leasing**: Das Leasingobjekt ist speziell auf die Bedürfnisse des Leasingnehmers zugeschnitten, sodass nach Ablauf der Grundmietzeit eine Weitervermietung oder ein Verkauf an Dritte weitgehend ausgeschlossen ist **Plant Leasing**: Das Leasing besteht aus einer umfassenden Gruppe von Leasingobjekten bis hin zu vollständigen Anlagen **Flotten-Leasing**: Vermietung von Fahrzeugflotten, häufig samt Fuhrpark-Management **Cross Boarder Leasing**: Grenzüberschreitendes Leasing **Revolving Leasing**: Der Leasingnehmer kann durch Austausch des Leasingobjekts den neuesten Entwicklungsstand nutzen **Sale and Lease Back**: Der Leasingnehmer verkauft ein Wirtschaftsgut (vor allem Immobilien), deren Eigentümer er ist, an den Leasinggeber und mietet diese Objekt gleichzeitig wieder. Dadurch kann der Leasingnehmer bisher in dem Objekt gebundenes Kapital freisetzen

Für die **Vorteilhaftigkeit** des gewerblichen Leasing, namentlich im Vergleich zum kreditfinanzierten Kauf, ist von entscheidender Bedeutung, wer das Leasingobjekt steuerlich zu bilanzieren hat – der Leasinggeber oder der Leasingnehmer. Bilanzierungspflichtig ist der wirtschaftliche Eigentümer, also derjenige, der über das betreffende Wirtschaftsgut über die annähernd gesamte Nutzungsdauer hinweg verfügen kann.

Die Leasingverträge sind in aller Regel so gestaltet, dass der Leasingnehmer nicht zum wirtschaftlichen Eigentümer wird und das Leasingobjekt somit vom Leasinggeber bilanziert wird. Um zu gewährleisten, dass das Leasingobjekt der Steuerbilanz des Leasinggebers zuzurechnen ist, müssen folgende **Voraussetzungen** erfüllt sein:

- Bei **Vollamortisationsverträgen**: Die vereinbarte Grundmietzeit muss mindestens 40 % und darf höchstens 90 % der betriebsgewöhnlichen Nutzungsdauer betragen. Ferner muss der Preis für eine bestehende Mietverlängerungs- oder Kaufoption angemessen sein.
- Bei **Teilamortisationsverträgen**: Der Leasinggeber ist an den Wertsteigerungen beteiligt oder trägt die Wertverluste.

Aus Sicht des Leasingnehmers führen diese Regelungen zu einer **bilanzschonenden Finanzierung**. Da kein Bankkredit aufgenommen werden muss, verschlechtert sich nicht die Kapitalstruktur. Darüber hinaus ergeben sich **steuerliche Vorteile**. Denn im Gegensatz zum Bankkredit sind nicht nur die Abschreibungen und Zinsen, sondern die gesamte Leasingrate als Betriebsausgabe abzugsfähig.

Aufgabe 21: Bankkredit oder Leasing

3.4 Mezzanine-Finanzierung

Den verschiedenen Formen der Mezzanine-Finanzierung kommt eine zunehmende Bedeutung zu. Im Folgenden wird zunächst ein Überblick über den Begriff, die Arten und Einsatzmöglichkeiten gegeben Anschließend werden die wichtigsten Mezzanine-Instrumente und die Besonderheiten der Venture-Capital-Finanzierung vorgestellt.

3.4.1 Begriff, Arten und Einsatzmöglichkeiten

Der Begriff **Mezzanine** leitet sich aus dem italienischen „Mezzanino" ab und bezeichnet das Zwischengeschoss in einem Gebäude. Die Instrumente der Mezzanine-Finanzierung bilden eine **Mischform** zwischen Eigenkapital und Fremdkapital (zu den Abgrenzungskriterien zwischen Beteiligungs-, Kredit- und Mezzanine-Finanzierung vgl. Kapitel C.2.1).

Der **Eigenkapitalcharakter** zeigt sich insbesondere dann, wenn unbefristete Laufzeit, erfolgsabhängige Vergütung, Verlustbeteiligung und Nachrangigkeit im Insolvenzfall vereinbart worden sind. Der **Fremdkapitalcharakter** ergibt sich aus der oft befristeten Laufzeit, dem festen Rückzahlungsanspruch und den vereinbarten Zinszahlungen.

Die **Flexibiliät** in der Ausgestaltung des Mezzanine-Kapitals ist sehr groß. Die Finanzierung kann je nach Bedarf so gestaltet werden, dass sie entweder mehr dem Eigenkapital (Equity Mezzanine) oder mehr dem Fremdkapital (Debt Mezzanine) ähnelt.

Abbildung 3-9: Einordnung des Mezzanine-Kapitals

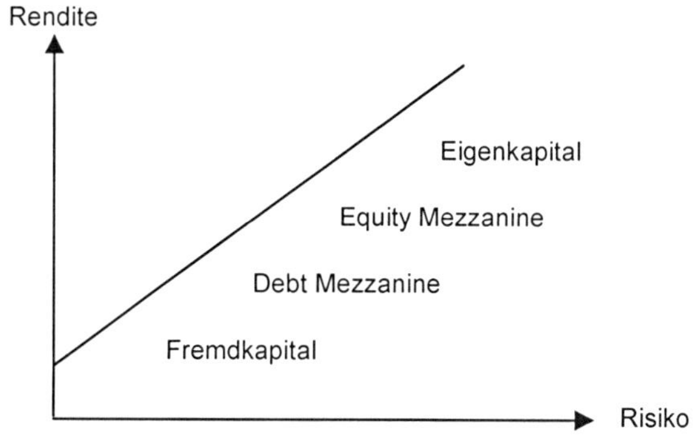

Die Bezeichnung Mezzanine-Kapital reflektiert die **Risiko-** und **Renditesituation**: Sowohl hinsichtlich der Ausfallrisiken als auch hinsichtlich der Renditechancen ist es zwischen Eigen- und Fremdkapital angesiedelt. Meistens steht das Mezzanine-Kapital in Bezug auf die Haftung im Nachrang zum Fremdkapital, aber im Vorrang zum Eigenkapital. Die Renditeerwartungen liegen tendenziell über denen der traditionellen Kreditgeber, jedoch unter denen der Eigenkapitalgeber.

Aufgrund des höheren Risikos der Kapitalgeber werden in aller Regel **Covenants** vereinbart. Darunter versteht man Schutzklauseln oder Verpflichtungsbestimmungen, deren Verletzung oder Verfehlung Sanktionen für den Kapitalnehmer nach sich zieht. Dann hat der Kapitalgeber beispielsweise das Recht, nachträgliche Sicherheiten oder einen höheren Zins zu verlangen oder sogar den Kapitalbetrag zu kündigen. Als Covenants kommen in Betracht:

- **Informationspflichten**: Regelmäßige Bilanzinformationen, Geschäftspläne, Finanzplanungen usw.
- **Verhaltenspflichten**: Zustimmung der Kapitalgeber erforderlich bei größeren Investitionen, Aufnahme von Verbindlichkeiten, Bestellung von Sicherheiten für andere Kapitalgeber, Vermögensveräußerung, Gesellschafterwechsel usw.

- **Einhaltung vereinbarter Kennzahlen (Financial Covenants)**: EBIT, Cashflow, Gewinn, Verschuldungsgrad usw.

Auch in der Gestaltung der **Mezzanine-Verzinsung** zeigt sich der Mischcharakter dieser Finanzierungsform. So kann eine erfolgsunabhängige oder eine erfolgsabhängige Vergütung vorliegen. Bei der erfolgsunabhängigen Vergütung handelt es sich um eine feste Verzinsung oder um eine variable Verzinsung, die sich nach Marktzinsen (z.B. Euribor) richtet. Die erfolgsabhängige Verzinsung orientiert sich an unternehmerischen Bezugsgrößen wie EBIT oder Gewinn. Schließlich kann die Verzinsung sowohl aus einem erfolgsunabhängigen als auch aus einem erfolgsabhängigen Teil bestehen.

Häufiger Bestandteil von Mezzanine-Verträgen ist der so genannte **Equity Kicker**. Ein reeller Equity Kicker gewährt dem Kapitalgeber das Recht, zu einem vereinbarten Zeitpunkt eine Beteiligung an dem Kapitalnehmer zu erwerben. Ein virtueller Equity Kicker hingegen gewährt keine gesellschaftsrechtliche Beteiligung, sondern eine Zusatzvergütung, die im Allgemeinen von der Unternehmensentwicklung abhängt. Der Hauptzweck eines Equity Kickers ist es, die laufenden Finanzierungskosten für den Kapitalnehmer zu senken und zugleich eine höhere Rendite bei positivem Unternehmensverlauf für den Kapitalgeber zu ermöglichen.

Entscheidend ist für ein Unternehmen, das Mezzanine-Kapital aufnehmen will, dass das Kapital die **Bonität** des Unternehmens verbessern kann. Dabei sind vor allem folgende **Kriterien** zugrunde zu legen:

- **Laufzeit**: Voraussetzung ist eine längerfristige Kapitalüberlassung. Die Banken sehen dies als erfüllt an, wenn die Laufzeit des Mezzanine-Kapitals mindestens 5 bis 7 Jahre beträgt.
- **Kündigungsrecht**: Die Kapitalgeber dürfen kein ordentliches Kündigungsrecht haben, beispielsweise auch nicht infolge von Covenants.
- **Nachrangigkeit**: Dies bedeutet, dass zuerst alle nicht nachrangigen Gläubiger bedient werden, bevor die nachrangigen Kapitalgeber ihre Ansprüche geltend machen können. Die Nachrangabrede muss sich zumindest auf den Insolvenzfall beziehen.

Die Mezzanine-Instrumente können verbrieft oder nicht verbrieft sein. Wenn sie in Wertpapieren verbrieft sind, können sie emittiert und gehandelt werden. Im Fall nicht verbriefter Instrumente liegt eine unmittelbare Beziehung zwischen Kapitalgeber und -nehmer vor, wobei auch niedrigere Volumina als bei Wertpapieremissionen darstellbar sind.

- **Verbriefte Mezzanine-Instrumente**: Beispiele sind Vorzugsaktien, Genussscheine, Optionsanleihen, Wandelanleihen, nachrangige Schuldverschreibungen und Gewinnschuldverschreibungen.
- **Nicht verbriefte Mezzanine-Instrumente**: Beispiele sind stille Beteiligungen, partiarische Darlehen, nachrangige Darlehen und Verkäuferdarlehen.

Charakteristische Beispiele für die Finanzierung mit Mezzanine-Kapital sind Unternehmensgründung, Wachstumsfinanzierung, Unternehmen in der Börsenvorstufe, Unternehmensübernahmen, Projektfinanzierung, aber auch die Beschaffung von haftendem Kapital der Kreditinstitute und Versicherungsgesellschaften.

3.4.2 Instrumente der Mezzanine-Finanzierung

Die folgenden Ausführungen beschreiben die wichtigsten Instrumente. Obwohl die Vorzugsaktie in Deutschland eine verbreitete Form der Mezzanine-Finanzierung darstellt, wird sie nicht hier, sondern aus praktischen Gründen im Rahmen der Beteiligungsfinanzierung behandelt (vgl. Kapitel C.2.4.2.2).

3.4.2.1 Stille Gesellschaft

Als stille Gesellschaft (§§ 230 bis 236 HGB) bezeichnet man die Beteiligung mit einer Vermögenseinlage am Handelsgewerbe eines Anderen (des Unternehmensträgers), ohne dass dieses Gesellschaftsverhältnis nach außen hin erkennbar ist. Es gelten folgende **Grundmerkmale**:

- **Rechtsform**: Die Rechtsform, in der das Handelsgewerbe des Unternehmensträgers betrieben wird, kann eine Einzelfirma, Personengesellschaft oder Kapitalgesellschaft sein. Der stille Gesellschafter muss kein Kaufmann sein und kann jede natürliche oder juristische Person sein. Die stille Gesellschaft selbst ist keine Handelsgesellschaft, sondern eine Gesellschaft gem. §§ 705 ff. BGB, wonach die Erreichung eines gemeinsamen Zwecks im Vordergrund steht. Man spricht von einer Innengesellschaft.

- **Vermögenseinlage**: Der stille Gesellschafter beteiligt sich nicht am Betriebsvermögen. Seine Einlage geht in das Vermögen des Geschäftsinhabers über und kann aus jeglichem übertragbaren Vermögenswert bestehen (z.B. aus Bareinlagen, Sacheinlagen, Rechten oder Dienstleistungen).

- **Kapitalcharakter**: Rechtlich stellt die Einlage Fremdkapital dar. Im Insolvenzfall kann der stille Gesellschafter seine Forderung aus der Einlage, soweit sie nicht durch Verluste aufgezehrt ist, als Gläubiger geltend machen.

- **Laufzeit**: Die Laufzeit kann befristet, auflösend bedingt oder unbefristet sein, wobei die Kündigung in der Regel durch den Kapitalgeber oder -nehmer erklärt werden kann.

- **Haftung**: Der stille Gesellschafter haftet nicht gegenüber Dritten, sondern nur im Innenverhältnis bis zur Höhe seiner Einlage. Die Haftung des stillen Gesellschafters für die Verbindlichkeiten des Unternehmens ist auch dann ausgeschlossen, wenn er seine Einlage noch nicht geleistet hat.

- **Gewinn- und Verlustbeteiligung**: Der stille Gesellschafter muss immer am Gewinn des Unternehmens beteiligt sein; eine Verlustbeteiligung kann ausgeschlossen werden. Wird eine Festverzinsung vereinbart, liegt keine stille Gesellschaft, sondern ein Darlehen vor.

- **Informations- und Kontrollrechte**: Der stille Gesellschafter darf eine Abschrift des Jahresabschlusse verlangen und diesen unter Einsicht der Bücher und Papiere prüfen. Er hat jedoch kein Recht zur Geschäftsführung

- **Übertragbarkeit**: Die stille Beteiligung ist als solche nicht übertragbar.

Ein wesentlicher Vorteil der stillen Gesellschaft liegt in der **großen Flexibilität**. So kann im Gesellschaftsvertrag individuell vereinbart werden, welche Rechte der stille Gesellschafter vor allem in Bezug auf die Mitwirkung, Information, Kontrolle und Wertsteigerung hat. Je nach Ausgestaltung kann eine typische oder atypische stille Gesellschaft vorliegen, wobei der Übergang zwischen beiden Formen fließend ist.

Die **typische stille Gesellschaft** ist die vom Gesetzgeber vorgesehene Form. Hierbei müssen folgende **Voraussetzungen** gegeben sein:

- **Mitwirkungsrechte**: Die Rechte des stillen Gesellschafters dürfen nicht wesentlich über die zuvor genannten Rechte (gem. §§ 230 ff. HGB) hinausgehen.

- **Qualifizierter Kredit**: Die Einlage stellt einen qualifizierten Kredit dar und ist bilanziell unter Verbindlichkeiten zu erfassen. Steuerlich betrachtet bezieht der stille Gesellschafter Einnahmen aus Kapitalvermögen.

- **Zweigliedrigkeit**: Die stille Gesellschaft muss zweigliedrig sein. Sie besteht aus zwei Personen. Wenn das Unternehmen weitere stille Gesellschafter aufnehmen will, muss es entsprechend neue Gesellschaften gründen.

Eine **atypische stille Gesellschaft** liegt vor, wenn der Gesellschaftsvertrag von einer dieser Voraussetzungen abweicht. Letztlich entscheidend aber ist das Gesamtbild der wirtschaftlichen Würdigung. Eine atypische stille Gesellschaft kann angenommen werden, wenn mindestens eines der folgenden **Kriterien** gegeben ist:

- **Erweiterte Mitwirkungsrechte**: Der stille Gesellschafter hat weitergehende Kontroll- und Einflussrechte wie z.B. die jederzeitige Einsichtnahme in die Geschäftsbücher und betriebswirtschaftliche Auswertungen, die Einräumung eines Sitzes im Aufsichtsgremium sowie Zustimmungs- und Vetorechte bei bestimmten Entscheidungen der Geschäftsführung. Aber auch der atypische stille Gesellschafter hat kein Recht zur Geschäftsführung oder Vertretung.

- **Beteiligung am Geschäftsvermögen**: Der stille Gesellschafter ist beteiligt am Vermögen einschließlich Firmenwert und stiller Reserven und nimmt somit voll an Steigerungen des Unternehmenswertes teil. In diesem Fall kann es geboten sein, die Einlage als Eigenkapital zu bilanzieren (Einlagen stiller Gesellschafter); steuerlich handelt es sich um Einkünfte aus Gewerbebetrieb.

- **Mehrgliedrigkeit**: In der Innengesellschaft sind mehrere stille Gesellschafter zusammengefasst.

3.4.2.2 Nachrangiges Darlehen

Grundmerkmal von Nachrangdarlehen ist, dass die Gläubiger zumindest im Fall der Insolvenz im Rang nach den übrigen Gläubigern stehen. Das bedeutet, die Ansprüche eines nachrangigen Gläubigers werden erst dann erfüllt, wenn alle anderen nicht nachrangigen Gläubiger befriedigt worden sind. Die Nachrangigkeit kann auch gelten für Vergleich, andere Verfahren zur Abwehr der Insolvenz und Liquidation. Gemäß **Insolvenzordnung** sieht die schrittweise Vermögensverteilung wie folgt aus:

Abbildung 3-10: Vermögensverteilung bei der Insolvenz

	Bruttovermögen (Gesamtvermögen, das der Insolvenzverwalter zu verwerten hat)
–	1. Aussonderung (von Vermögen, das im Eigentum anderer Personen ist)
–	2. Absonderung (von Vermögen, das als Kreditsicherheit dient)
–	3. Kosten des Insolvenzverfahrens (z.B. Kosten des Gerichts und Insolvenzverwalters)
–	4. Masseverbindlichkeiten (aus Geschäften, die im Zuge des Verfahrens noch zu tätigen sind)
–	5. Ansprüche der nicht nachrangigen Gläubiger
=	Insolvenzmasse zur Befriedigung der nachrangigen Kapitalgeber

Typischerweise besteht das Nachrangdarlehen aus zwei Elementen: einem üblichen Darlehen nach §§ 488 ff und der Vereinbarung eines Rangrücktritts (Nachrangklausel). Zu unterscheiden ist zwischen einfachem und qualifiziertem Rangrücktritt:

- **Einfacher Rangrücktritt**: Der Kreditgeber verpflichtet sich zum Rangrücktritt seiner Forderung gegenüber anderen Gläubigern im bereits laufenden Insolvenzverfahren. Insolvenzgläubiger, die keine Vereinbarung mit dem Nachrangkreditgeber geschlossen haben, werden nicht berücksichtigt.

- **Qualifizierter Rangrücktritt**: Der Kreditgeber verpflichtet sich zum Rangrücktritt gegenüber allen anderen Gläubigern und darüber hinaus auf eine Gleichstellung mit den Eigenkapitalgebern. Der Kreditgeber tritt hinter alle bestehende und zukünftige Gläubiger zurück, und seine Forderungen werden erst dann bedient, wenn alle Schulden des Unternehmens beglichen worden sind. Des Weiteren kann die Rückzahlung seines Kredits erst nach Beseitigung der Überschuldungsgefahr erfolgen.

Eine nachrangige Verbindlichkeit bezeichnet man auch als **Subordinated Debt** oder **Junior Debt**, während eine nicht nachrangige Verbindlichkeit **Senior Debt** genannt wird. Da das Risiko des Gläubigers, dass seine Ansprüche nicht oder nicht vollständig befriedigt werden, umso größer ist, je weiter unten er in der Rangfolge steht, erwartet der nachrangige Gläubiger eine **höhere Rendite** als die übrigen Gläubiger. Darüber hinaus können nachrangige Darlehen auch in verbriefter Form aufgenommen werden – dann handelt es sich um **nachrangige Schuldverschreibungen**.

Als **Sonderformen** sind das partiarische Darlehen, die Gewinnschuldverschreibung und das Verkäuferdarlehen zu nennen. Merkmal des **partiarischen Darlehens** und der **Gewinnschuldverschreibung** ist die zumindest teilweise gewinnabhängige Verzinsung. Das **Verkäuferdarlehen** stellt ein speziell für Übernahmefinanzierungen entwickeltes Instrument dar. Hierbei verzichtet der Verkäufer eines Unternehmens vollständig oder teilweise auf die sofortige Bezahlung des Kaufpreises und gewährt über den gestundeten Betrag ein nachrangiges, unbesichertes Darlehen (Seller´s Note oder Vendor Loan).

Zusammenfassend lassen sich für die Nachrangdarlehen folgende **Merkmale** festhalten:

Tabelle 3-9: Merkmale nachrangiger Darlehen

Kreditart	Buchkredite, Schuldscheindarlehen oder Schuldverschreibungen
Haftung bei Insolvenz	Nachrangigkeit
Haftung bei laufenden Verlusten	Beteiligung des Kreditnehmers an den laufenden Verlusten regelmäßig ausgeschlossen, eventuell Zahlungsstundungen in schwierigen Unternehmenssituationen
Sicherheiten	Keine traditionelle Besicherung, eventuell gesonderte Schutzklauseln (Covenants) für den Kapitalgeber
Verzinsung	Gewinnunabhängiger (fester oder variabler) Zinssatz
Laufzeit	Schwerpunktmäßig zwischen 5 und 10 Jahren
Verwaltungsrechte	Keine Stimmrechte etc.
Bilanzierung	Passivierung unter Verbindlichkeiten, eventuell mit einem Nachrangvermerk

3.4.2.3 Genussrechtskapital

Genussrechte beruhen auf einem schuldrechtlichen Vertrag, in dem der Kapitalnehmer dem Kapitalgeber **Vermögensrechte** gewährt, die zum Teil nur Gesellschaftern zustehen. Beispiele für Genussrechte, die auch kombiniert zur Anwendung kommen, sind eine Gewinnbeteiligung, feste oder variable Verzinsung und Bezug von Sach- und Dienstleistungen. Jedoch haben die Genussrechtsinhaber nie unternehmerische Verwaltungsrechte wie z.B. Stimmrechte.

Genussrechte sind nicht an eine bestimmte Rechtsform gebunden – sowohl Kapital- als auch Personengesellschaften können Genussrechte begeben. Des Weiteren können

Genussrechte unverbrieft oder verbrieft sein; werden Genussrechte in Wertpapieren verbrieft, bezeichnet man sie als **Genussscheine**.

Der Gesetzgeber hat den Begriff des Genussrechts nicht abschließend definiert, obwohl er in mehreren Gesetzen Erwähnung findet, so z.B. im Aktiengesetz und Kreditwesengesetz. Infolgedessen haben Unternehmen bei der Ausgestaltung von Genussrechtskapital eine **großen Gestaltungsspielraum**. Bei entsprechender Festlegung der Genussrechtsbedingungen ist es möglich, das Genussrechtskapital wirtschaftlich als Eigenkapital und steuerlich als Fremdkapital zu konzipieren. Dadurch erhöht sich die Bonität des Unternehmens, und gleichzeitig schmälern die zu zahlenden Zinsen den steuerpflichtigen Gewinn.

Für eine Anerkennung als bilanzielles **Eigenkapital** muss das Genussrechtskapital grundsätzlich folgende Voraussetzungen erfüllen: Die Ansprüche der Genussrechtsinhaber sind im Insolvenzfall nachrangig zu befriedigen. Das Genussrechtskapital steht langfristig zur Verfügung (mindestens 5 Jahre). Es ist eine erfolgsabhängige Vergütung vereinbart, und das Genussrechtskapital nimmt bis zur vollen Höhe am Verlust teil. In steuerlicher Hinsicht sind Genussrechte als Eigenkapital einzustufen, wenn eine Beteiligung am Liquidationserlös oder eine kumulative Gewinnbeteiligung besteht. Fehlt eines dieser beider Kriterien, liegt steuerlich **Fremdkapital** vor. In der Zusammenfassung zeichnet sich das Genussrechtskapital durch folgende **Merkmale** aus:

Tabelle 3-10: *Merkmale von Genussrechtskapital*

Haftung bei Insolvenz	Nachrangigkeit
Haftung bei laufenden Verlusten	Die Ausschüttungen können sich reduzieren oder ausfallen. Oft ist ein Nachzahlungsanspruch vereinbart, wodurch die Ausschüttungen in folgenden Gewinnjahren nachgeholt werden. Größere Verluste können zu einer Kürzung oder einem Wegfall des Rückzahlungsanspruchs führen
Sicherheiten	Keine traditionelle Besicherung, eventuell gesonderte Schutzklauseln (Covenants) für den Kapitalgeber
Verzinsung	Fester bzw. variabler Zinssatz und/oder erfolgsabhängige Verzinsung. Die Ausschüttungen schmälern den steuerpflichtigen Gewinn, wenn das Genussrechtskapital als steuerliches Fremdkapital eingestuft ist
Laufzeit	Schwerpunktmäßig zwischen 5 und 10 Jahren
Verwaltungsrechte	Keine Stimmrechte etc.
Bilanzierung	Passivierung unter Eigenkapital, wenn das Genussrechtskapital nachrangig und längerfristig ist, erfolgsabhängig vergütet wird und in voller Höhe am Verlust teilnimmt (in steuerlicher Hinsicht kann es dennoch Fremdkapital sein). Fehlt eines dieser Kriterien, ist Passivierung unter Verbindlichkeiten geboten

3.4.2.4 Optionsanleihe

Bei der Optionsanleihe auf **Aktien** hat der Anleiheinhaber das Recht (aber nicht die Verpflichtung), **zusätzlich** zur Anleihe Aktien des Emittenten zu einem festen Preis zu erwerben. Übt der Anleiheinhaber dieses Recht aus, ist er sowohl Gläubiger als auch Aktionär der emittierenden Gesellschaft. Die **Bestandteile** einer Optionsanleihe sind die Anleihe selbst und der Optionsschein:

- Die **Anleihe** selbst ist im Regelfall eine variabel oder fest verzinste Anleihe mit begrenzter Laufzeit. Das Forderungsrecht aus der Anleihe bleibt auch bei Ausübung des Bezugsrechts bis zum Laufzeitende bestehen; d.h., der Anleihebetrag wird dem Inhaber am Laufzeitende zurückgezahlt.
- Der **Optionsschein (Warrant)** verbrieft das Recht zum Bezug von Aktien des Emittenten zu einem festgelegten Preis.

Zum Zeitpunkt der Emission sind der Anleihe die Optionsscheine beigefügt. Danach besteht die Möglichkeit, die Optionsscheine von der Anleihe zu trennen, sodass es drei verschiedene Börsennotierungen gibt und jedes der drei Instrumente gesondert gehandelt werden kann: die Optionsanleihe mit Optionsschein (Anleihe cum), die Optionsanleihe ohne Optionsschein (Anleihe ex) und der Optionsschein allein.

Bei der Emission von Optionsanleihen sind folgende **Bedingungen** festzulegen:

- **Optionsfrist**: Zeitraum, in der das Optionsrecht (Erwerb von Aktien zum vereinbarten Bezugspreis) ausgeübt werden kann.
- **Bezugsverhältnis**: Gibt an, wie viele Aktien pro Optionsschein bezogen werden können.
- **Bezugspreis (Ausübungspreis)**: Von Anfang an vereinbarter Preis, zu dem der Optionsscheininhaber während der Optionsfrist die Aktien erwerben kann.

Beispiel: Optionsanleihe

Die ABC AG emittiert eine 5-jährige Optionsanleihe zum Nennwert von 200 Mio. € und zu einem Emissionspreis von 110 %. Somit beläuft sich der Emissionserlös auf 220 Mio. € (zu bilanzieren als Verbindlichkeiten = 200 Mio. € und Kapitalrücklage = 20 Mio. €).

Das Gesamtvolumen ist aufgespalten in 200.000 Teilschuldverschreibungen im Nennwert von je 1.000 €. Die Teilschuldverschreibungen werden mit nominal 3 % jährlich verzinst und bei Endfälligkeit zurückgezahlt. Jeder Teilschuldverschreibung ist ein Optionsschein mit dem Recht beigefügt, jederzeit während der gesamten Laufzeit 10 Stückaktien der ABC AG zum Preis von je 15 € zu beziehen. Beträgt der rechnerische Nennwert einer Stückaktie 1 €, können insgesamt 2 Mio. Aktien zu 30 Mio. € erworben werden.

Zusammengefasst gelten für die Optionsanleihe folgende Bedingungen: Optionsfrist = 5 Jahre, Bezugsverhältnis = 1 : 10, Bezugspreis = 15 € pro Aktie.

Entscheidendes Charakteristikum einer Optionsanleihe ist der **Optionsschein**. Der Wert des Optionsscheins setzt sich aus dem inneren Wert und dem Zeitwert der Option zusammen (vgl. auch Kapitel D.4.1.2):

Optionsscheinwert = Innerer Wert + Zeitwert

Wegen des fixierten Bezugspreises hängt der **innere Wert** vom Kurs der zugrunde liegenden Aktie ab. Der innere Wert zeigt an, um wie viel es günstiger ist, die Aktie per Optionsschein statt direkt an der Börse zu kaufen. Können beispielsweise mit einem Optionsschein 10 ABC-Aktien zum Preis von insgesamt 150 € bezogen werden und beläuft sich der Börsenkurs der zehn ABC-Aktien auf 180 €, errechnet sich ein innerer Wert von 30 €. Steigt (fällt) der Aktienkurs, steigt (fällt) auch der Optionsscheinkurs.

Der **Zeitwert** verkörpert die Chance des Optionsscheininhabers, dass der Aktienkurs und folglich auch der Optionsscheinwert während der Restlaufzeit steigen. Für diese Chance ist der Optionsscheinkäufer bereit, eine bestimmte Summe als Zeitwert zu zahlen. Im obigen Beispiel könnte der Optionsscheinkurs somit nicht nur 30 €, sondern 36 € betragen.

Nicht zuletzt ist die **Hebelwirkung** von Optionsscheinen relevant. Sie ist darauf zurückzuführen, dass der Erwerber eines Optionsscheins einen geringeren Kapitaleinsatz benötigt als der Erwerber der Aktien. Im genannten Beispiel sind für den Kauf eines Optionsscheins, der zum Bezug von 10 Aktien berechtigt, 36 € erforderlich, während der Preis für den direkten Kauf von 10 ABC-Aktien 180 € beträgt.

Steigen der Optionsscheinwert und der Gesamtwert der 10 Aktien jeweils um denselben Betrag, z.B. um 9 €, dann ist die relative Veränderung des Optionsscheinwertes größer als die entsprechende Veränderung der Aktienwerte. Mit anderen Worten: In Bezug auf den Kapitaleinsatz erzielt der Optionsscheinkäufer einen prozentual höheren Gewinn als der Aktienkäufer. Der Gewinn des Optionsscheinkäufers beläuft sich auf 25 %, der des Aktienkäufers auf 5 %; dies bedeutet einen **effektiven Hebel** von 5.

Optionsanleihen haben für den **Emittenten** den Vorteil, dass er sich mittel- und langfristiges Fremdkapital zu einem günstigen Zinssatz beschaffen kann. Die Zinssätze sind grundsätzlich niedriger als die konventioneller Anleihen, weil der **Anleiheinhaber** zusätzlich ein Optionsrecht und dadurch die Chance hat, an künftigen Aktienkurssteigerungen zu partizipieren.

Außer der Optionsanleihe auf Aktien gibt es **weitere Formen** von Optionsanleihen, die sich nach Art des Basisinstruments unterscheiden, wie z.B.:

- **Zinsoptionsanleihen**: Die Optionsscheine berechtigen den Inhaber, andere Anleihen zu festen Bedingungen zu kaufen bzw. zu verkaufen oder Ausgleichszahlungen bei Marktzinsänderungen zu verlangen.
- **Devisenoptionsanleihen**: Die Optionsscheine berechtigen den Inhaber, einen Fremdwährungsbetrag zu festen Bedingungen zu kaufen bzw. zu verkaufen.

3.4.2.5 Wandelanleihe

Eine Wandelanleihe ist dadurch gekennzeichnet, dass der Inhaber das Recht (aber nicht die Verpflichtung) hat, seine Schuldverschreibungen zu einem festgelegten Preis in **Aktien des Anleiheemittenten** oder in **Aktien einer anderen Gesellschaft** zu tauschen. Übt der Anleiheinhaber dieses Recht aus, ist er nicht mehr Gläubiger, sondern ausschließlich Aktionär.

Eine Wandelanleihe setzt sich aus zwei **Bestandteilen** zusammen: aus einer verzinslichen Anleihe und einer Kaufoption auf Aktien. Daher ist die Wandelanleihe wie die Optionsanleihe hinsichtlich des Chance-Risiko-Profils als Mischform zwischen Aktien und konventionellen Anleihen angesiedelt. Aus Sicht des Kapitalgebers lassen sich folgende Gemeinsamkeiten und Unterschiede der Options- und Wandelanleihen feststellen, die den **Mezzanine-Charakter** dieser Instrumente verdeutlichen:

Tabelle 3-11: *Kapitalgeber einer Options- oder Wandelanleihe*

Anleihe	Vor Ausübung seines Rechts	Nach Ausübung seines Rechts
Optionsanleihe (Anleihe cum)	Gläubiger	Gläubiger des Anleiheemittenten und zugleich Aktionär des Emittenten
Wandelanleihe	Gläubiger	Aktionär des Anleiheemittenten oder eines anderen Unternehmens, aber nicht mehr Gläubiger

Bei der Emission einer Anleihe sind vor allem folgende **Bedingungen** festzulegen:

- **Wandlungsfrist**: Zeit, in der die Anleihe gewandelt werden kann
- **Wandlungsverhältnis**: Gibt an, wie viele Aktien pro Teilschuldverschreibung bezogen werden können
- **Wandlungsprämie**: Zeigt, um wie viel Prozent der Wandlungspreis über dem Aktienkurs liegt
- **Wandlungspreis**: Preis, zu dem der Anleiheinhaber eine Aktie beziehen kann (durch Wandlungsverhältnis oder Wandlungsprämie vorgegeben)

Der Anleiheinhaber ist jedoch nicht zur Wandlung verpflichtet. Verzichtet er darauf, seine Schuldverschreibungen in Aktien zu tauschen, entspricht seine Stellung der eines üblichen Anleihegläubigers: Er erhält die vereinbarten Zinsen und am Laufzeitende die Rückzahlung.

Auf den Kapitalmärkten gibt es mehrere Arten von Wandelanleihen, und zwar die klassische Wandelanleihe, die Umtauschanleihe und Sonderformen:

Abbildung 3-11: Arten von Wandelanleihen

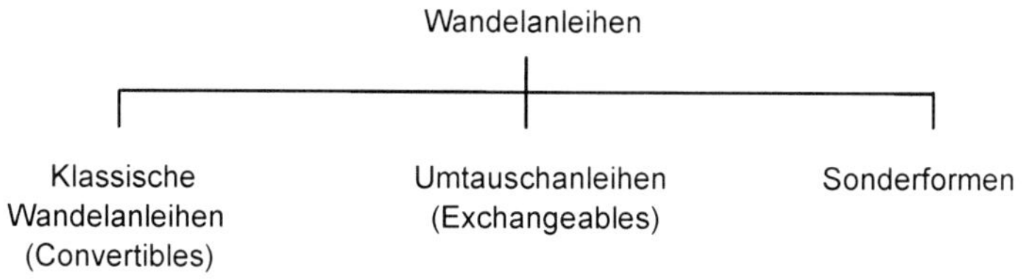

a) Klassische Wandelanleihen (Convertibles)

Bei dieser Anleihenart hat der Inhaber das Recht, seine Teilschuldverschreibungen in Aktien des **Anleiheemittenten** zu wandeln. Aus Sicht des Emittenten findet bei der Wandlung ein Passivtausch statt: Fremdkapital wird durch Eigenkapital ersetzt.

Beispiel: Klassische Wandelanleihe

Die ABC AG emittiert eine 6-jährige Wandelanleihe zum Nennwert von 300 Mio. € und zu einem Emissionspreis von 99 %. Somit beläuft sich der Emissionserlös auf 297 Mio. €.

Das Gesamtvolumen ist aufgeteilt in 300.000 Teilschuldverschreibungen im Nennwert von je 1.000 €. Die Teilschuldverschreibungen werden mit nominal 1,5 % jährlich verzinst und bei Endfälligkeit zurückgezahlt, sofern sie nicht vorher gewandelt wurden.

Der Inhaber kann eine Teilschuldverschreibung während der gesamten Laufzeit in Aktien der **ABC AG** wandeln. Pro 1.000-€-Teilschuldverschreibung erhält er 50 Aktien; dies entspricht einem Wandlungspreis von 20 € pro Aktie. Der Wandlungspreis errechnet sich, indem man den Nennwert der Teilschuldverschreibung (1.000 €) durch 50 Aktien dividiert. Der aktuelle Aktienkurs sei 16 €.

Zusammengefasst gelten für die Wandelanleihe folgende Bedingungen: Wandlungsfrist = 6 Jahre, Wandlungsverhältnis = 1 : 50, Wandlungspreis = 20 € pro Aktie. Die Wandlungsprämie beträgt 25 % und errechnet sich wie folgt:

$$\text{Wandlungsprämie} = \frac{\text{Wandlungspreis} - \text{Aktienkurs}}{\text{Aktienkurs}} = \frac{20-16}{16} = 25\,\%$$

Die klassische Wandelanleihe hat für den Emittenten mehrere **Vorteile:**

- Die **Verzinsung** liegt im Allgemeinen deutlich unter der von Festzinsanleihen, weil den Anleiheinhabern zusätzlich das Wandlungsrecht zusteht.
- Wenn die Anleiheinhaber in Aktien wandeln, muss der Emittent die betreffenden Beträge **nicht zurückzahlen.**
- Mit Wandelanleihen können auch **Wachstumsunternehmen** zu relativ günstigen Konditionen hohe Kapitalvolumina beschaffen, die auf anderen Wegen (z.B. über Bankkredite, Anleihen oder Aktien) nicht darstellbar wären.

- Wandelanleihen bieten die Möglichkeit, Aktien mit einer **Prämie** zu emittieren und somit zu einem höheren Ausgabepreis als bei einer gewöhnlichen Kapitalerhöhung.

Aufgabe 22: Wandelanleihe

b) Umtauschanleihen (Exchangeables)

Im Fall der Umtauschanleihe hat der Inhaber das Recht, seine Schuldverschreibungen in Aktien eines **anderen Unternehmens** zu tauschen. Emittent der Anleihe und Emittent der zu beziehenden Aktien sind also nicht identisch. Aus Sicht des Emittenten findet bei der Wandlung eine Bilanzverkürzung statt: Es verringern sich das Fremdkapital auf der Passivseite und das Finanzvermögen auf der Aktivseite.

Beispiel: Umtauschanleihe

Die ABC AG emittiert eine 5-jährige Wandelanleihe zum Nennwert und Emissionspreis von 100 Mio. €. Die Anleihe ist aufgeteilt in 20.000 Teilschuldverschreibungen im Nennwert von je 5.000 €. Die Teilschuldverschreibungen werden mit 2,5 % verzinst und bei Endfälligkeit zurückgezahlt, sofern sie nicht vorher umgetauscht wurden.

Der Inhaber kann eine Teilschuldverschreibung während der gesamten Laufzeit in Aktien der **XYZ AG** umtauschen. Pro 5.000-€-Teilschuldverschreibung erhält er 200 Aktien; dies entspricht einem Wandlungspreis von 25 € pro Aktie.

Umtauschanleihen bieten dem Emittenten zunächst die gleichen **Vorteile** wie klassische Wandelanleihen (relativ niedrige Verzinsung und eventuell keine Rückzahlung). Darüber hinaus kann er auf diese Weise größere **Beteiligungen**, die er an anderen Unternehmen hält, **veräußern.** Dabei dürfte der erzielte Verkaufserlös meistens höher als bei einem direkten Verkauf am Kapitalmarkt sein. Denn erstens liegt der Wandlungspreis in der Regel über dem aktuellen Marktwert, zweitens kann der Aktienkurs bei einem Direktverkauf unter Druck geraten, und drittens wird sich nicht für jedes große Aktienpaket einen Abnehmer finden lassen, der den gewünschten Preis zahlt.

c) Sonderformen)

Sonderformen sind Pflichtanleihen und bedingte Anleihen. Im Fall eine **Pflichtanleihe** (Mandatory Convertible bzw. Mandatory Exchangeable) ist der Anleiheinhaber während oder am Ende der Laufzeit verpflichtet, seine Teilschuldverschreibungen in Aktien zu wandeln. **Bedingte Wandelanleihen** (Contingent Convertible Bonds) sind Anleihen, die bei Eintritt eines vorher festgelegten Auslösers (Trigger, z. B. Unterschreiten einer bestimmten Eigenkapitalquote) zwangsläufig in Aktien gewandelt werden.

3.4.3 Private Equity und Venture Capital

Private Equity und Venture Capital stellen Finanzierungskonzepte dar, die sich mehrerer der zuvor beschriebenen Instrumente der Beteiligungs-, Kredit- und Mezzanine-Finanzierung bedienen.

3.4.3.1 Begriffsabgrenzung

Private Equity heißt wörtlich privates Eigenkapital, und **Venture Capital** bedeutet Wagniskapital. Generell zählt dazu die Bereitstellung von befristeten Finanzmitteln durch spezialisierte Kapitalgeber außerhalb der Börse. Eine einheitliche Begriffsabgrenzung gibt es jedoch nicht. Dies ist darauf zurückzuführen, dass der Kreis der Kapitalnehmer, Kapitalgeber und Finanzinstrumente unterschiedlich weit gezogen werden kann. Der Bundesverband Deutscher Kapitalbeteiligungsgesellschaften (BVK) sieht Private Equity als den Oberbegriff an, der auch Buy-out-Finanzierungen einbezieht, während Venture Capital die Bereitstellung von Eigenkapital mit Ausnahme von Buy-outs umfasst. In der wissenschaftlichen Literatur findet sich schwerpunktmäßig folgende Abgrenzung:

Tabelle 3-12: Abgrenzung zwischen Private Equity und Venture Capital

Kriterium	Private Equity	Venture Capital
Ziel-/ Portfoliounternehmen	Reife und größere Unternehmen	Kleine und mittlere Unternehmen jeglichen Alters
Finanzierungsvolumen	Höher	Niedriger
Beteiligungsquote	Mehrheits- und Minderheitsbeteiligungen	Minderheitsbeteiligungen
Finanzierungsphasen	Wachstum, Buy-outs, IPO-Vorbereitung, Spin-offs, Replacement und Sanierung	Seed, Start-up und Wachstum
Finanzierungsarten	Offene Beteiligung, typische und atypische stille Gesellschaft, Nachrangdarlehen und anderes Mezzanine-Kapital	Offene Beteiligungen, typische stille Gesellschaft und Nachrangdarlehen
Investoren	Institutionelle Anleger, meistens indirekt über Private-Equity-Fonds	Banken, Versicherungs- und Industrieunternehmen, öffentliche Einrichtungen, Stiftungen und Privatpersonen

Als **Zielunternehmen** bezeichnet man Gesellschaften, die grundsätzlich als Kapitalnehmer infrage kommen, während **Portfoliounternehmen** Gesellschaften sind, bei denen bereits eine Beteiligung besteht.

Wie die Tabelle zeigt, investieren **Private-Equity-Gesellschaften** höhere Kapitalbeträge in größeren Unternehmen, die schon länger auf dem Markt sind, sodass vor allem Finanzierungen in späteren Lebenszyklusphasen in Betracht kommen. **Venture-Capital-Gesellschaften** stellen Kapitalhilfen für kleine und mittlere Unternehmen in allen Lebenszyklusphasen zur Verfügung. In beiden Fällen erhalten die Portfoliounternehmen haftendes Kapital, das zeitlich befristet ist, und meistens zusätzlich eine Managementunterstützung:

- **Befristete Bereitstellung** heißt, dass das Kapital dem Portfoliounternehmen meistens für einen begrenzten Zeitraum zur Verfügung steht. Dieser Zeitraum beträgt mehrheitlich zwischen 1 Jahr und 10 Jahren. Oft kann die exakte Laufzeit nicht von Anfang an fixiert werden, weil Aus- und Rückzahlungen je nach wirtschaftlicher Lage erfolgen.
- **Haftendes Kapital** bedeutet, dass die Mittel erstens nicht banküblich besichert sind und zweitens im Insolvenz- und/oder Verlustfall haften. In diesem Sinne zählen hierzu Beteiligungen und Mezzanine-Kapital, wobei der Schwerpunkt auf offenen Beteiligungen, stillen Beteiligungen und nachrangigen Darlehen liegt.
- Die **Managementunterstützung**, die der Kapitalgeber dem Kapitalnehmer gewährt, ist ein zentrales Merkmal dieser Finanzierungsformen. Dadurch soll ein Wertzuwachs (Added Value) erzielt werden. Die Einflussmöglichkeiten des Kapitalgebers können differenziert gestaltet werden. Sie reichen von einer eher passiven Mitwirkung in Form regelmäßiger Ergebniskontrollen bis hin zu einer aktiven Beratung, Betreuung und Steuerung der Unternehmensführung.

3.4.3.2 Kapitalgeber

Die Kapitalgeber und Finanzierungsstrukturen unterscheiden sich danach, ob es sich um Private Equity oder um Venture Capital handelt, wobei die Grenzen auch fließend sein können.

a) Private-Equity-Fonds
Das grundsätzliche **Hauptziel** von Private-Equity-Fonds ist, eine möglichst hohe Rendite zu erreichen, wobei diese Rendite nicht nur aus laufenden Erträgen, sondern auch aus Sonderausschüttungen, Provisionen und dem späteren Verkauf der Beteiligung erwirtschaftet werden soll.

Die Fonds, die in Deutschland oft die Rechtsform einer vermögensverwaltenden GmbH & Co. KG haben, werden von **Managern** (Initiatoren, General Partner) geleitet. Die Manager beziehen für ihre Tätigkeiten eine Verwaltungsgebühr (Management Fee) in Höhe von 1 bis 3 % des gezeichneten Kapitalvolumens und in der Regel eine Gewinnbeteiligung, falls die realisierte Fondsrendite eine vorab vereinbarte Zielgröße (Hurdle Rate) übersteigt. Die **Investoren** (Limited Partners) sind als Kommanditisten beteiligt und sind vor allem institutionelle Anleger wie Banken, Investmentgesellschaften, Privatpersonen und Stiftungen. Sie verpflichten sich, das von ihnen zugesagte Kapitalvolumen zu zahlen, das je nach Bedarf vom Management abgerufen wird.

Zur Limitierung ihres Ausfallrisikos setzen die Private-Equity-Gesellschaften unterschiedliche Instrumente ein:

- **Risikostreuung**: Eine Private-Equity-Gesellschaft investiert nicht nur in ein, sondern in mehrere Unternehmen. Zudem kann sich das Gesamtportfolio aus mehreren Fonds zusammensetzen, die nach verschiedenen Kriterien gegliedert sind, z.B. nach Branchen, Regionen oder Phasen.
- **Kontroll- und Mitspracherechte**: Die vereinbarten Rechte gehen über die von reinen Kreditgebern hinaus. Meistens sind die Private-Equity-Gesellschaften Haupt- bzw. Mehrheitsgesellschafter der Portfoliounternehmen.
- **Stufenweise Kapitalzuführung**: Die Finanzmittel werden nicht in einer Summe, sondern gestaffelt vergeben. Die Auszahlung der Teilbeträge erfolgt, wenn bestimmte Ziele, Kennziffern oder sonstige Bedingungen (Covenants) erfüllt worden sind.
- **Co-Venturing**: Zwei oder mehr Private-Equity-Gesellschaften finanzieren gemeinsam ein Portfoliounternehmen. Dadurch verteilen sich die Risiken auf mehreren Schultern.

b) Venture-Capital-Geber

Die wichtigste Gruppe unter den Kapitalgebern bilden die Kreditinstitute. Daneben treten wie bei Private Equity Pensionsfonds, Versicherungsgesellschaften, Industrieunternehmen, Stiftungen und Privatpersonen als Finanziers auf. Dabei kann das Kapital dem Portfoliounternehmen (Kapitalnehmer) auf dem informellen oder formellen Venture-Capital-Markt zur Verfügung gestellt werden:

***Abbildung 3-12:** Informeller und formeller Venture-Capital-Markt*

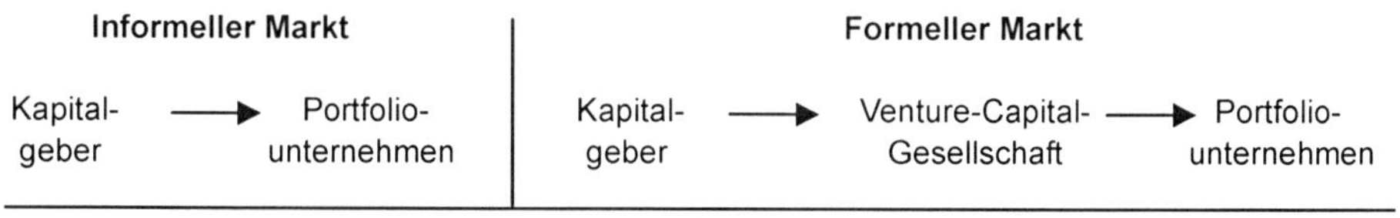

Auf dem **informellen Venture-Capital-Markt** erhält das Unternehmen die Finanzmittel unmittelbar von Verwandten, Freunden, Industriebetrieben und Business Angels. Industrielle Investoren beabsichtigen mit der Überlassung von Corporate Venture Capital nicht nur eine finanziell orientierte Beteiligung, sondern auch den frühzeitigen Einblick in neue technische Entwicklungen oder die Sicherung von Zuliefer- und Komplementärprodukten. Unter Business Angels versteht man private Investoren, die neben der Renditeerzielung ein besonderes Interesse an der langfristigen positiven

Entwicklung des Zielunternehmens haben. Folglich unterstützen sie die Unternehmen zusätzlich mit Know-how, Erfahrung und Kontakten.

Der überwiegende Teil der Venture-Capital-Finanzierung erfolgt auf dem **formellen Markt**. In diesem Fall fungiert die Venture-Capital-Gesellschaft als Intermediär zwischen den ursprünglichen Kapitalgebern und dem Portfoliounternehmen. Die Venture-Capital-Gesellschaften treten mit unterschiedlichen Bezeichnungen und Zielsetzungen auf:

- **Kapitalbeteiligungsgesellschaften**: Diese Gesellschaften sind wie Private-Equity-Gesellschaften erwerbswirtschaftlich orientiert. Im Gegensatz zu Private Equity werden prinzipiell nur Minderheitsbeteiligungen eingegangen, und die Beträge fallen deutlich niedriger aus. Die Gesellschaften sind entweder unabhängig oder zählen zu einem Konzern.
- **Unternehmensbeteiligungsgesellschaften**: Sie unterliegen dem Gesetz über Unternehmensbeteiligungsgesellschaften. Ihr Zweck ist der Erwerb, das Halten, die Verwaltung und die Veräußerung von Unternehmensbeteiligungen. Das Gesetz unterscheidet zwischen offenen Beteiligungsgesellschaften, die jedem Investor zugänglich sind, und integrierten Beteiligungsgesellschaften, die als Tochtergesellschaften in einen Konzern eingebunden sind. Als Rechtsform für die Beteiligungsgesellschaften sind ausschließlich die AG, GmbH, KG oder KGaA zugelassen, wobei das Mindestkapital 1 Million € betragen muss.
- **Wagniskapitalbeteiligungsgesellschaften**: Sie sind Unternehmen, die von der Bundesanstalt für Finanzdienstleistungsaufsicht (BaFin) als Wagniskapitalbeteiligungsgesellschaft nach dem Wagniskapitalbeteiligungsgesetz und nicht gleichzeitig als Unternehmensbeteiligungsgesellschaft anerkannt sind. Zielsetzung des Gesetzes war es, jungen, mittelständischen Unternehmen den Zugang zu Wagniskapital zu erleichtern, indem den Wagniskapitalbeteiligungsgesellschaften Steuervorteile in Form von Gewerbesteuerbefreiung und Verlustabzugsmöglichkeiten gewährt werden. Da die EU-Kommission diese Steuererleichterungen nicht genehmigt hat, ist bislang keine einzige Wagniskapitalbeteiligungsgesellschaft gegründet worden.
- **Mittelständische Beteiligungsgesellschaften**: Sie sind gemeinnützige Selbsthilfeeinrichtungen der Wirtschaft und gewähren mittelständischen Unternehmen Kapitalhilfen in Form von offenen und stillen Beteiligungen. Die Gesellschaften werden von Verbänden, Kammern und Kreditinstituten getragen.

3.4.3.3 Finanzierungsphasen

Private-Equity- und Venture-Capital-Gesellschaften finanzieren Unternehmen in allen Lebenszyklusphasen. Allerdings konzentrieren sich die Private-Equity-Fonds auf größere, etablierte Unternehmen und auf Buy-outs, während Venture Capital eher für kleine und mittlere Unternehmen jeglichen Alters in Betracht kommt, wobei hier der Schwerpunkt auf den früheren Phasen liegt.

Abbildung 3-13: Lebenszyklusphasen und außerbörsliche Finanzierung

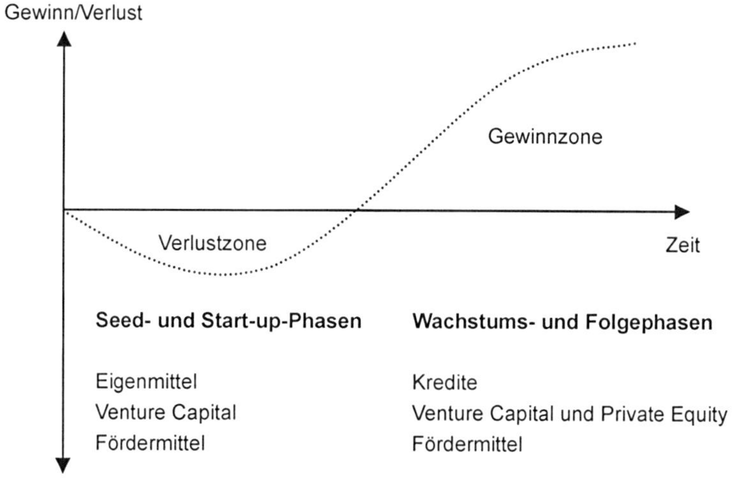

a) Seed, Start-up und Wachstum

Die Finanzierung in den Seed- und Start-up-Phasen bildet einen Schwerpunkt der Geschäftstätigkeit der Venture-Capital-Gesellschaften, während in der Wachstumsphase sowohl Venture Capital als auch Private Equity zum Einsatz kommen.

In der **Seed-Phase** benötigt das Unternehmen Kapital hauptsächlich für die Konzeption des Geschäftsmodells, Forschung und Entwicklung, Marktanalysen und Vorbereitung der Gründung. Neben den Eigenmitteln der Unternehmer kommen Venture Capital und Finanzhilfen, die z. B. von der KfW und anderen Förderbanken zur Verfügung gestellt werden, in Betracht. Die Finanzierung ist in dieser Phase hoch riskant, da noch keine Unternehmensgeschichte existiert und der künftige kommerzielle Erfolg kaum abschätzbar ist.

Die **Start-up-Finanzierung** kann mit dem Begriff Gründungsfinanzierung gleichgesetzt werden. Die zu finanzierenden Prozesse bestehen primär in der Firmengründung, Erstellung des Businessplans, Personalfindung, Aufbau der Vertriebskanäle, Vorbereitung und Aufnahme der Produktion sowie der Markteinführung des Produkts. Die Aufwendungen übersteigen die Erträge, und das Unternehmen erwirtschaftet Verluste. Folglich sind die Risiken ebenfalls noch hoch, sodass die gleichen Finanzierungsquellen wie in der Seed-Phase relevant sind.

Charakteristisch für die **Wachstumsphase** ist, dass das Unternehmen seine Produkte auf dem Markt erfolgreich eingeführt hat, die Zuwachsraten der Absätze steigen und Gewinne erzielt werden können. Zu finanzieren sind die Erweiterung der Produktionskapazitäten und Vertriebskanäle sowie die Anpassung der Führungs- und Informationssysteme. In dieser Phase spielen üblicherweise Kredite eine große Rolle. Klein- und Mittelbetriebe nehmen zusätzliches Venture Capital auf. Größere Unternehmen erhalten Private Equity, um neue Märkte erschließen oder Firmenübernahmen finanzieren zu können.

b) Buy-outs

Im Fall eines Buy-outs geht es um die Finanzierung von Gesellschafterwechsel. Das durchschnittliche Finanzierungsvolumen von Buy-outs ist deutlich höher als das der zuvor beschriebenen Phasen. **Verkäufer** können z. B. die bisherigen Alleininhaber des Zielunternehmens oder beteiligte Familienmitglieder sein, des Weiteren die Gesellschafter einer OHG, KG oder GmbH sowie Großaktionäre. Als **Käufer** treten insbesondere Private-Equity-Gesellschaften auf. Zur Finanzierung setzen sie nicht nur Eigenkapital, sondern auch Mezzanine-Kapital und Kredite ein.

Bei einem **Leveraged-Buy-out** wird die Kreditfinanzierung speziell eingesetzt, um den Financial-Leverage-Effekt zu nutzen. Das bedeutet, die Eigenkapitalrentabilität soll dadurch gesteigert werden, dass der Verschuldungsgrad optimiert wird (vgl. Kapitel A.2.1.2). Die zusätzlichen Verbindlichkeiten hat das Zielunternehmen zu tragen, und zwar mit allen Risken, die damit verbunden sein können.

Die Private-Equity-Gesellschaften beschaffen sich in der Regel die Mehrheit der Stimmrechte beim Portfoliounternehmen; teilweise kommen auch Minderheitsbeteiligungen infrage. Ein **Management-Buy-out** liegt vor, sofern das bisherige Management kapitalmäßig beteiligt ist – auch wenn es sich um einen niedrigen Kapitalanteil handelt. Damit sollen die Motivation und das Engagement der Führungskräfte gefördert und Informationsasymmetrien zwischen der Private-Equity-Gesellschaft und dem Management reduziert werden.

c) Weitere Finanzierungsanlässe

Weitere wichtige Anlässe der Finanzierung beziehen sich in erster Linie auf Private Equity und sind folgendermaßen gekennzeichnet:

- **Restrukturierungsfinanzierung**: Die Private-Equity-Gesellschaften beteiligen sich an Unternehmen, um sie zu reorganisieren und neu aufzustellen.
- **Spin-off-Finanzierung**: Ein Spin-off ist die Ausgliederung eines Bereichs (Sparte, Abteilung usw.) aus einem Unternehmen oder einem Konzern. Käufer sind häufig das bisherige Bereichsmanagement gemeinsam mit Private-Equity-Gesellschaften, sodass es sich um eine Form des Management-Buy-out handeln kann.
- **Replacement-Finanzierung**: Kauf von Unternehmensanteilen einzelner Gesellschafter, die aus dem Unternehmen ausscheiden wollen.

- **Turnaround-Finanzierung**: Es ist eine Finanzierung zur nachhaltigen Sanierung des Zielunternehmens.
- **Bridge-Finanzierung**: Mithilfe einer Überbrückungsfinanzierung wird dem Zielunternehmen Kapital zur Vorbereitung und Durchführung eines Börsengangs zur Verfügung gestellt.

d) Exitkanäle

Als Exit (Divestment) bezeichnet man die Möglichkeiten, mit denen die Kapitalbeziehungen zwischen Venture-Capital- bzw. Private-Equity-Gesellschaft einerseits und Portfoliounternehmen andererseits beendet werden können. Die Wahl der Exitstrategie ist aus Sicht der Beteiligungsgesellschaft entscheidend für den finanziellen Erfolg des Investments. Allerdings ist mit einzubeziehen, dass der anfangs geplante Weg nicht immer gangbar ist, weil die gewünschte Entwicklung nicht eingetreten ist oder die Rahmenbedingungen sich geändert haben. Nicht selten müssen der Zeitpunkt des Exits verschoben oder sogar **Totalverluste** hingenommen werden. Die wichtigsten Kanäle sind:

- **Buy-back**: Die Beteiligungsgesellschaften verkaufen ihre Anteile an die ursprünglichen oder aktuellen Mitgesellschafter oder an das Management des Portfoliounternehmens. Für das Portfoliounternehmen und seine Anteilseigner liegt der Vorteil in der Wiedergewinnung der Unabhängigkeit. Nachteilig wirkt sich die starke Liquiditätsbelastung aus.
- **Rückzahlung von Mezzanine-Kapital**: Die Portfoliounternehmen zahlen stille Beteiligungen zurück oder tilgen nachrangige Darlehen, die ihnen von den Beteiligungsgesellschaften zur Verfügung gestellt worden sind.
- **Trade Sale**: An die Stelle der Private-Equity- bzw. Venture-Capital-Geber treten strategische Investoren. Hierbei handelt es sich um Zulieferer, Abnehmer, andere befreundete Unternehmen oder Großunternehmen. Diese Investoren sind eher langfristig orientiert und betrachten den Kauf als Ergänzung ihrer Geschäftstätigkeit.
- **Secondary Purchase**: Die Beteiligungen werden an andere Finanzinvestoren verkauft, vor allem an andere Private-Equity-Gesellschaften oder Hedge-Fonds.
- **Initial Public Offering**: Ein IPO stellt die idealtypische Ausstiegsvariante dar. Die Kapitalgeber trennen sich von ihren Beteiligungen, indem sie ihre Anteile am Portfoliounternehmen im Zusammenhang mit einem Börsengang veräußern (vgl. Kapitel C.2.4.4). Ferner eröffnet sich für die Beteiligungsgesellschaften dadurch die Möglichkeit, ihre Aktien einige Zeit nach dem IPO an der Börse zu verkaufen.

4 Innenfinanzierung

Die Innenfinanzierung dient wie die Außenfinanzierung der Beschaffung liquider Mittel. Die Bedeutung der Innenfinanzierung wird oft unterschätzt: Allein die Selbst-, Abschreibungs- und Rückstellungsfinanzierungen machen den Großteil des Finanzierungsvolumens deutscher Unternehmen aus (vgl. Kapitel C.1.3).

4.1 Wesen der Innenfinanzierung

Bei der Innenfinanzierung fließen dem Unternehmen liquide Mittel zu bzw. werden liquide Mittel freigesetzt, die auf **Prozesse im Unternehmen selbst** zurückzuführen sind. Diese sind entweder die betriebsgewöhnlichen Umsatzprozesse oder Vermögensumschichtungsprozesse, die zu Kapitalfreisetzungen außerhalb der üblichen Umsatzprozesse führen. Die **Voraussetzungen** der Innenfinanzierung sind:

- **Erstens** fließen dem Unternehmen in einer Periode liquide Mittel zu, die aus dem betriebsüblichen Umsatzprozess oder aus Vermögensumschichtungen stammen.
- **Zweitens** steht dem Zufluss an liquiden Mitteln in derselben Periode kein zahlungswirksamer Aufwand gegenüber.

Die Innenfinanzierung resultiert somit einerseits aus Umsatzprozessen, die zur **Überschussfinanzierung** führen, und andererseits aus Kapitalfreisetzungsprozessen, die eine **Umschichtungsfinanzierung**, d.h. eine Finanzierung aus Vermögensumschichtung, ermöglichen:

Abbildung 4-1: Arten der Innenfinanzierung

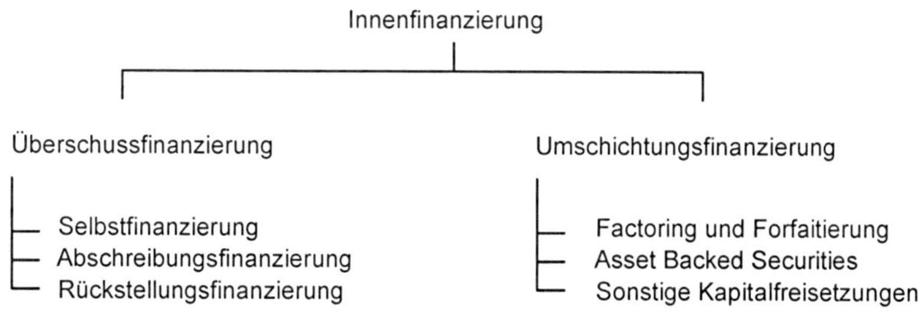

4.2 Überschussfinanzierung

Im Rahmen der Überschussfinanzierung erwirtschaftet das Unternehmen die liquiden Mittel über die **üblichen Umsatzprozesse**. Ausgangsgröße für die Ermittlung des Überschusses einer Periode sind die Erträge aus betriebsgewöhnlichen Umsatzprozessen. Im Fall eines Industrie- oder Handelsunternehmens sind dies primär die Umsatzerlöse. Voraussetzung ist, dass diese Erträge zu Einzahlungen geführt haben. Von den Erträgen (Umsatzerlösen) sind die auszahlungswirksamen Aufwendungen und die ausgeschütteten Gewinne abzuziehen. Das Ergebnis bildet den Überschuss, den das Unternehmen in der betrachteten Periode als liquide Mittel selbst geschaffen hat.

Abbildung 4-2: *Bedingungen der Überschussfinanzierung*

Der auf diese Weise definierte Periodenüberschuss setzt sich aus Abschreibungen, Rückstellungen und Gewinneinbehaltung zusammen. Da eine enge Beziehung zum Cashflow-Begriff besteht (vgl. Kapitel A.2.2.3), bezeichnet man die Überschussfinanzierung auch als **Cashflow-Finanzierung**.

4.2.1 Selbstfinanzierung

Die Selbstfinanzierung entsteht durch die **Einbehaltung von Gewinnen** (**Gewinnthesaurierung**). Wenn Gewinne nicht in Form von Ausschüttungen an die Gesellschafter oder von Steuern an die Finanzbehörden als Zahlungsströme abfließen, kann das Unternehmen sie für Finanzierungszwecke einsetzen. Die Selbstfinanzierung ist gleichzeitig Innen- und Eigenfinanzierung. Dabei kann man zwischen offener und stiller Selbstfinanzierung unterscheiden.

4.2.1.1 Offene Selbstfinanzierung

Merkmal der offenen Selbstfinanzierung ist, dass sie aus dem **Jahresabschluss** des Unternehmens ersichtlich ist. Sie erfolgt aus dem **versteuerten Gewinn**. Das Volumen der offenen Selbstfinanzierung erhöht im Fall von Einzelfirmen und Personenhandelsgesellschaften (OHG und KG) die betreffenden Kapitalkonten, sofern keine Entnahmen vorliegen, und im Fall von Kapitalgesellschaften (GmbH, UG, AG, KGaA und SE) und Genossenschaften die Gewinnrücklagen und eventuell den Gewinnvortrag.

Beispiel: Bilanzielle Auswirkung der offenen Selbstfinanzierung

Die ABC AG hat einen Jahresüberschuss (Gewinn nach Steuern) von 50 Mio. € erzielt. Davon sollen 30 Mio. € als Dividende ausgeschüttet und 20 Mio. € in die Gewinnrücklagen eingestellt werden.

Außerdem hat die Gesellschaft im betrachteten Geschäftsjahr eine Aktienemission durchgeführt. Emittiert wurden 5 Mio. Stückaktien zu einem rechnerischen Nennwert von je 1 € und zu einem Ausgabepreis von je 10 €, sodass das Grundkapital um 5 Mio. € und die Kapitalrücklage um 45 Mio. € steigen. Die Rückstellungen und Verbindlichkeiten haben sich nicht verändert. Die Geschäftsvorfälle äußern sich auf der Passivseite der Bilanz wie folgt:

Mio. €	Jahresanfang	Jahresende	Selbstfinanzierung
Grundkapital	28	33	
Kapitalrücklage	62	107	
Gewinnrücklagen	55	75	20
Bilanzgewinn	0	30	

Das Volumen der offenen Selbstfinanzierung beläuft sich auf insgesamt 20 Mio. €. Die Aktienemission zählt nicht zur Selbst-, sondern zur Beteiligungsfinanzierung.

Darüber hinaus erhöht der zur Gewinnausschüttung vorgesehene Betrag (Bilanzgewinn) als **temporäre Selbstfinanzierung** die liquiden Mittel. Schüttet das Unternehmen den Gewinn zum Jahresende aus, kann es im Jahresdurchschnitt mit ungefähr der Hälfte des auszuschüttenden Gewinns arbeiten. Dieser Betrag steigt, wenn sich der Zeitpunkt der Ausschüttung in das folgende Jahr hinein verschiebt. In Einzelfirmen und Personengesellschaften reduziert sich der Betrag durch Privatentnahmen während des Jahres.

Aufgabe 23: Selbst-, Beteiligungs- und Eigenfinanzierung

4.2.1.2 Stille Selbstfinanzierung

Bei der stillen Selbstfinanzierung handelt es sich um eine Gewinneinbehaltung, die aus dem Jahresabschluss eines Unternehmens **nicht ersichtlich** ist. Ausgangspunkt sind die **stillen Reserven** (stillen Rücklagen), die das Unternehmen durch Bilanzierungs- und Bewertungsmaßnahmen bilden kann. Wenn der Jahresgewinn in der Handels- und Steuerbilanz gleich hoch ist, unterliegen die stillen Reserven erst bei ihrer Auflösung der Ertragsteuer. Deshalb erfolgt die stille Selbstfinanzierung aus dem **unversteuerten Gewinn.**

Stille Reserven entstehen auf der **Aktivseite** durch Nichtaktivierung oder durch zu niedrige Bewertung von Vermögensgegenständen und auf der **Passivseite** durch zu hohe Wertansätze. Dabei können die stillen Rücklagen freiwillige Ermessensreserven oder gesetzlich vorgeschriebene Zwangsreserven sein.

Im Jahr der Bildung bewirken die stillen Reserven eine Schmälerung des ausgewiesenen Gewinns, womit zwei positive Auswirkungen für die Liquidität des Unternehmens verbunden sein können. Erstens muss weniger Gewinn an die Anteilseigner ausgeschüttet werden. Und zweitens kann das Unternehmen seine Ertragsteuern reduzieren.

Hinsichtlich des letzten Aspekts ist aber zu beachten, dass es sich insgesamt gesehen (bei konstanten Steuersätzen) nicht um eine Steuerersparnis handelt, sondern um eine **Steuerstundung.** Denn die spätere Auflösung der stillen Reserven (durch Zeitablauf, Wertkorrektur oder Veräußerung) führt zu einer Erhöhung des Gewinns und der Steuerbelastung. Dieser Effekt ist ein spezifischer Vorteil der stillen gegenüber der offenen Selbstfinanzierung, weil die Steuerstundung einen **Liquiditäts- und Zinsgewinn** darstellt.

Da jedoch nicht alle stillen Reserven liquiditätswirksam sind, darf die stille Selbstfinanzierung nicht mit der **Bildung stiller Reserven** gleichgesetzt werden. Beispielsweise zählen die im HGB vorgeschriebenen Wertsteigerungsreserven zwar zu den stillen Reserven, aber nicht zur stillen Selbstfinanzierung.

Beispiel: Wertsteigerungsreserve

Ein Grundstück ist in der Bilanz eines Unternehmens mit seinen Anschaffungskosten von 3 Mio. € erfasst. Der aktuelle Marktwert beträgt 5 Mio. €. Die nicht realisierten stillen Reserven machen folglich 2 Mio. € aus. Sie sind aber nicht als stille Selbstfinanzierung zu klassifizieren, weil dem Unternehmen hieraus keine liquiden Mittel zufließen.

Die stille Selbstfinanzierung einer Periode kann auf zwei **Maßnahmen** basieren:

1. **Unterbewertung von Vermögensgegenständen** durch Nichtaktivierung, zu niedrige Anschaffungs- oder Herstellungskosten bzw. zu hohe Abschreibungen. Beispiel: Abschreibung eines Fahrzeugs mit 15.000 €, tatsächlicher Wertverlust in diesem Jahr nur 12.000 € – das Potenzial der stillen Selbstfinanzierung beträgt 3.000 €.

2. **Überbewertung von Passiva**, speziell durch eine zu hohe Bewertung von Rückstellungen. Beispiel: Bildung von Prozesskostenrückstellungen über 20.000 €; im nächsten Jahr zeigt sich, dass nur 14.000 € erforderlich waren – das Potenzial der stillen Selbstfinanzierung beträgt 6.000 €.

Das Potenzial der Selbstfinanzierung bedeutet nicht zwangsläufig einen realisierten Finanzierungseffekt. **Voraussetzung für den Finanzierungseffekt** ist, dass dem

Unternehmen durch die genannten Maßnahmen in der betrachteten Periode liquide Mittel zufließen, denen kein zahlungswirksamer Aufwand gegenübersteht.

Dies wird erstens dadurch realisiert, dass die zu hohen Abschreibungen bzw. Rückstellungen als Kostenbestandteile bei der **Preiskalkulation** der Produkte Berücksichtigung finden. Kann das Unternehmen die Produkte zu einem Preis verkaufen, der mindestens die gesamten Kosten deckt, dann fließen die gebildeten Abschreibungen und Rückstellungen über die Verkaufserlöse in liquider Form in das Unternehmen zurück.

Zweitens finden die entsprechenden **Auszahlungen** nicht in der betrachteten Periode statt. Im Fall der Abschreibungen war die Auszahlung für die Vermögensgegenstände in einer früheren Periode, im Fall der Rückstellungen wird die Auszahlung überhaupt nicht oder in einer späteren Periode zu einem niedrigerem Betrag anfallen.

Drittens führen eine **Nichtaktivierung** oder zu niedrige **Anschaffungs- oder Herstellungskosten**, die eine Unterbewertung von Halb- und Fertigerzeugnissen, Vorräten und selbst erstellten Vermögensgegenständen bewirken, zu einem niedrigeren auszuweisenden Periodengewinn, wodurch eventuell eine Steuerstundung erreicht wird.

4.2.1.3 Beurteilung der Selbstfinanzierung

Im Vergleich zur Außenfinanzierung (Beteiligungs-, Kredit- und Mezzanine-Finanzierung) weist die offene und stille Selbstfinanzierung aus Sicht des Unternehmens einige Vorteile, aber auch Nachteile auf. Die Beurteilung lässt sich anhand der traditionellen finanzwirtschaftlichen Ziele Rentabilität, Liquidität, Sicherheit und Unabhängigkeit strukturieren (vgl. Kapitel A.2). Zusätzlich sind hier gesamtwirtschaftliche Aspekte mit einzubeziehen.

a) Rentabilität

Die Selbstfinanzierung verursacht **keine Kapitalbeschaffungskosten** wie beispielsweise Emissionskosten, die bei Aktien und Schuldverschreibungen anfallen, und **keine Zinskosten**. Ferner hat die stille Selbstfinanzierung einen positiven Rentabilitätseffekt, weil die Mittel, die aufgrund der **Steuerstundung** zusätzlich zur Verfügung stehen, nicht verzinst werden müssen.

Da jedoch die durch offene und stille Selbstfinanzierung gewonnene Liquidität der Kontrolle externer Kapitalgeber entzogen ist, besteht die Gefahr, dass das Unternehmen die Mittel in **weniger rentable Projekte** investiert. Die offene Selbstfinanzierung hat darüber hinaus den Nachteil, dass der einbehaltene Gewinn durch **Ertragsteuern** verringert wird. Im Gegensatz zur Kreditfinanzierung kann der Leverage-Effekt nicht genutzt werden.

b) Liquidität

Der Vorteil der Selbstfinanzierung liegt insbesondere in der **Vermeidung von Liquiditätsabflüssen** durch Zinsen, Gewinnausschüttungen, Steuerzahlungen und

Tilgungen. Unter dem Liquiditätsaspekt wirkt sich auch die Steuerstundung im Rahmen der stillen Selbstfinanzierung positiv aus.

Nachteilig ist, dass der **Zufluss liquider Mittel eng begrenzt** ist. Eine offene Selbstfinanzierung ist nur insoweit möglich, als Gewinne erstens erzielt und zweitens nicht ausgeschüttet werden. Und eine kontinuierliche stille Selbstfinanzierung ist nur dann gewährleistet, wenn laufend neue stille Reserven gebildet werden, die in ihrer Höhe über der Reservenauflösung liegen.

c) Sicherheit

Ein weiterer wesentlicher Vorteil der Selbstfinanzierung besteht in der **Stärkung der Eigenkapitalbasis.** Das Eigenkapital insgesamt setzt sich aus dem in der Bilanz ausgewiesenen Eigenkapital und aus den stillen Rücklagen zusammen; die Selbstfinanzierung erhöht beide Komponenten. Ein hoher Eigenkapitalanteil wirkt sich positiv auf die Unternehmensbonität aus und folglich auch auf die Bereitschaft externer Investoren, dem Unternehmen Kapital zu überlassen.

Die gleiche Wirkung haben die Bildung und Auflösung stiller Rücklagen zur Steuerung der Dividendenpolitik. Eine über die Jahre **kontinuierliche Gewinnausschüttung** verbessert grundsätzlich die Kreditwürdigkeit und das Emissionsstanding eines Unternehmens.

Demgegenüber könnte die – bereits unter dem Kriterium der Rentabilität angesprochene – fehlende externe Kontrolle die Unternehmensverantwortlichen dazu verleiten, die auf dem Wege der Selbstfinanzierung beschafften Mittel in relativ **risikobehaftete Investitionen** anzulegen.

Im Zusammenhang mit den stillen Reserven ist eine zusätzliche Gefahr zu beachten. Die **bilanzpolitische Gestaltung des Jahresabschlusses** beruht zum Großteil darauf, in welchem Maße das Unternehmen stille Reserven bildet bzw. auflöst. Die Maßnahmen können zu verzerrten Daten und Kennzahlen führen, wodurch die Aussagefähigkeit des Jahresabschlusses erheblich eingeschränkt wird. Dies bezieht sich auch auf die internen Entscheidungsträger: Unter Umständen werden stille Reserven da vermutet, wo überhaupt keine mehr vorhanden sind.

d) Unabhängigkeit

In Bezug auf das Ziel, die unternehmerische Dispositionsfreiheit zu erhalten, ist die Selbstfinanzierung der Außenfinanzierung überlegen. Dies ist durch folgende **Vorteile** der Selbstfinanzierung bedingt:

- Für die Mittelbeschaffung sind keine **externen Kapitalgeber** erforderlich, die Einfluss auf die unternehmerischen Entscheidungen ausüben könnten.
- Da das Unternehmen kein Beteiligungskapital aufnimmt, kann es zu keinen **Machtverschiebungen** innerhalb der Gesellschafterstruktur kommen.

- Da das Unternehmen keine Kredite aufnimmt, muss es keine externen **Vorgaben über die Mittelverwendung** beachten und auch keine **Kreditsicherheiten** stellen.
- Schließlich erlaubt die Selbstfinanzierung eine **flexiblere Konditionenpolitik** beim Absatz der betrieblichen Produkte, weil das Unternehmen – im Gegensatz zur Außenfinanzierung – bei seinen Verkaufspreisen auf eine Kapitalverzinsung vorübergehend verzichten kann.

e) Gesamtwirtschaftliche Auswirkungen

In gesamtwirtschaftlicher Sichtweise ist auf weitere **Nachteile** der Selbstfinanzierung hinzuweisen. Die Bedenken beziehen sich darauf, dass die durch die Selbstfinanzierung gebundenen Mittel den Investoren des Kapitalmarktes entzogen werden und somit nicht mehr der Lenkungsfunktion des Kapitalmarktzinses unterliegen. In der Folge reduziert sich das dem Markt zur Verfügung stehende Kapital und es besteht die Gefahr, dass das Kapital nicht in denjenigen Bereichen investiert wird, die den größten volkswirtschaftlichen Nutzen erwarten lassen.

4.2.2 Finanzierung aus Abschreibungen

Abschreibungen erfassen die Wertminderung von Vermögensgegenständen in einer Periode und sind daher ein Aufwands- bzw. Kostenfaktor. Darüber hinaus haben Abschreibungen Finanzierungseffekte. Hinsichtlich der Finanzierungseffekte von Abschreibungen lassen sich zwei Formen unterscheiden: der Kapitalfreisetzungseffekt und der Kapazitätserweiterungseffekt.

4.2.2.1 Kapitalfreisetzungseffekt

Voraussetzung für die Finanzierung aus Abschreibungsgegenwerten ist, dass das Unternehmen die Abschreibungen bei der Kalkulation seiner Verkaufspreise als Kosten mit einbezieht. Wenn die Abschreibungen „verdient" werden (Verkaufspreis eines Produkts ist mindestens so hoch wie seine Selbstkosten), können die Abschreibungen über die Umsatzerlöse als Einzahlungen in das Unternehmen zurückfließen. Die **Wirkungskette** sieht dann wie folgt aus:

Abbildung 4-3: *Wirkungskette für die Abschreibungsfinanzierung*

Buchung der Abschreibungen → Erfassung der Abschreibungen als Produktkosten → Umsatzerlöse aus dem Verkauf der Produkte → Rückfluss der Abschreibungen als Einzahlungen

Sofern das Unternehmen die als Einzahlungen zugeflossenen Abschreibungsgegenwerte nicht in derselben Periode beispielsweise für eine erforderliche Ersatzbeschaffung des Abschreibungsobjekts reinvestieren muss, stehen sie als **freie liquide Mittel** zur Verfügung. Bisher in einem Vermögensgegenstand gebundenes Kapital wird also in Höhe der verdienten Abschreibungen freigesetzt.

Auf diesem Weg kann das Unternehmen das Abschreibungsobjekt in einem späteren Jahr **ersetzen**, ohne dass es Kapital von außen aufzunehmen braucht. Die liquiden Mittel müssen aber nicht notwendigerweise bis zur späteren Ersatzbeschaffung angespart werden; vielmehr wird das Unternehmen die Beträge auch für andere Zwecke verwenden. Die Ersatzbeschaffung des betreffenden Abschreibungsobjekts kann dann mit den Abschreibungsgegenwerten anderer Vermögensgegenstände finanziert werden.

Das **Kapitalfreisetzungsvolumen** hängt zum wesentlichen Teil von dem Abschreibungsverlauf und der Abschreibungsmethode ab:

- **Abschreibungsverlauf**: Die Abschreibungen können kontinuierlich über das Jahr erfolgen oder einmalig am Jahresende. Bei einem kontinuierlichen Abschreibungsverlauf ergibt sich eine höhere durchschnittliche Kapitalfreisetzung.
- **Abschreibungsmethode**: Die wichtigsten Methoden sind die degressive, lineare und kombinierte degressiv-lineare Abschreibung. Die degressive Abschreibung hat einen stärkeren Kapitalfreisetzungseffekt als die lineare. Am stärksten jedoch ist der Effekt durch die degressiv-lineare Abschreibung, weil der Wechsel von degressiv auf linear in dem Jahr erfolgt, in dem der lineare Abschreibungsbetrag erstmals höher als der degressive ist.

Zusätzlich ergibt sich ein **indirekter Liquiditätseffekt**, weil die Abschreibungen den Periodengewinn mindern und auf diese Weise ebenfalls die Grundlage für die Steuerzahlungen und Gewinnausschüttungen reduzieren.

Unter der Voraussetzung, dass nur die tatsächliche, verbrauchsgerechte Wertminderung als Abschreibungen in die Selbstkosten der Produkte eingerechnet werden, entspricht das Volumen der Finanzierung aus Abschreibungsgegenwerten dem Teil der Abschreibungen, der die **tatsächliche Wertminderung** des betreffenden Vermögensgegenstandes widerspiegelt. Der Teil der Abschreibungen, der die tatsächliche Wertminderung übersteigt, zählt zur stillen Selbstfinanzierung.

4.2.2.2 Kapazitätserweiterungseffekt

Den Kapazitätserweiterungseffekt bezeichnet man auch als **Lohmann-Ruchti-Effekt**. Erstmals diskutiert wurde dieser Sachverhalt jedoch in einem Briefwechsel zwischen Marx und Engels.

Durch den Kapazitätserweiterungseffekt kann ein Unternehmen allein dadurch, dass es die freigesetzten Abschreibungsgegenwerte sofort in anderes Anlagevermögen reinvestiert, seine **Periodenkapazität**, d.h. die Anzahl der Vermögensgegenstände und der damit hergestellten Produkte, erhöhen. Folglich können aufgrund des Kapazitätserweiterungseffekts **Erweiterungsinvestitionen** durchgeführt werden.

Beispielsweise hat ein Unternehmen zu einem bestimmten Zeitpunkt 10 homogene Maschinen zum Wert von je 1.000 € und einer Nutzungsdauer von je 4 Jahren angeschafft. Jede Maschine erzeugt dieselbe Anzahl von Produkten. Die Maschinen werden linear abgeschrieben – die jährliche Abschreibung beträgt also 250 € –, wobei das Unternehmen jeweils am Jahresende die Abschreibungsgegenwerte in gleichartige Maschinen zum selben Preis reinvestiert und abgeschriebene Maschinen kostenfrei verschrottet. Restbeträge werden angespart und zum Kauf neuer Maschinen verwendet. Daraus resultiert folgende Entwicklung:

Beispiel: Kapazitätserweiterungseffekt

Jahr	Anfangsbestand (Maschinen)	Abschreibungen (€/Jahr))	Kauf am Jahresende (Maschinen)	Restbetrag (€)	Abgang am Jahresende (Maschinen)
1	10	2.500	2	500	0
2	12	3.000	3	500	0
3	15	3.750	4	250	0
4	19	4.750	5	0	10
5	14	3.500	3	500	2
6	15	3.750	4	250	3
7	16	4.000	4	250	4
8	16	4.000	4	250	5
9	15	3,750	4	0	3
10	16	4.000	4	0	4

Die Periodenkapazität steigt aufgrund des Kapazitätserweiterungseffekts über den Anfangsbestand von 10 Maschinen hinaus, sodass mehr Produkte erzeugt werden können. Langfristig pendelt sich der Bestand auf 16 Maschinen ein, was einer Kapazitätserweiterung von 60 % entspricht.

Das obige Beispiel geht von mehreren **Prämissen** aus:

- Die mit der Kapazitätserweiterung verbundenen zusätzlichen Zahlungsverpflichtungen (z. B. für Material, Lager und Personal) müssen anderweitig finanzierbar sein.

- Die Reinvestitionen werden zu einem Zeitpunkt am Jahresende bzw. unmittelbar zu Beginn des Folgejahres durchgeführt.
- Die Maschinen sind gleichartig, verändern sich nicht durch technischen Fortschritt und weisen konstante Wiederbeschaffungskosten auf.
- Es handelt sich um lineare Abschreibungen, die voll verdient sind, die Abschreibungsdauer entspricht der Nutzungsdauer, und die hergestellten Produkte können alle verkauft werden.
- Zinseffekte aus der Anfangsfinanzierung, aus dem unterjährigen Rückfluss von Abschreibungsgegenwerten und aus dem Ansparen der Restbeträge werden nicht berücksichtigt.

Unter diesen Prämissen kann man den Kapazitätserweiterungseffekt mit folgender **Formel** errechnen:

$$\text{Kapazitätsmultiplikator} = \frac{2}{1+\frac{1}{n}}$$

n = einheitliche Nutzungsdauer

Die Formel zeigt, dass der Kapazitätserweiterungseffekt unter den genannten Prämissen ausschließlich von der **Nutzungsdauer der Vermögensgegenstände** abhängt. Theoretisch – aber nicht in der Praxis – ist eine Verdopplung der Periodenkapazität möglich. Im vorhergehenden Beispiel beläuft sich die Nutzungsdauer auf 4 Jahre, woraus sich ein Multiplikator von 1,6 ermittelt. Folglich steigt die Maschinenanzahl von 10 auf 16 und die Periodenkapazität (Anzahl der hergestellten Produkte) erhöht sich entsprechend.

Änderungen in den Prämissen bewirken eine Verstärkung oder Abschwächung des Kapazitätserweiterungseffekts. Beispielsweise führen degressive Abschreibung, technischer Fortschritt und Verzinsung der noch nicht investierten Abschreibungsbeträge zu einer Verstärkung des Effekts. Demgegenüber tritt eine Abschwächung des Effekts ein, wenn die Anschaffungen zeitlich gestreut werden, die Wiederbeschaffungskosten steigen und Absatzmarktrestriktionen vorliegen.

Aufgabe 24: Abschreibungsfinanzierung

4.2.3 Finanzierung aus Rückstellungen

Rückstellungen haben nicht nur bilanzielle und steuerliche Auswirkungen, sondern auch finanzielle. Um diese Zusammenhänge zu verdeutlichen, konzentrieren sich die folgenden Darstellungen zunächst auf das Wesen von Rückstellungen und danach auf den Finanzierungseffekt von Pensionsrückstellungen.

4.2.3.1 Merkmale und Arten von Rückstellungen

Der **Rückstellungsbegriff** kann in zweierlei Hinsicht definiert werden, und zwar statisch oder dynamisch. Nach der **statischen Betrachtungsweise** sind Rückstellungen ungewisse Verbindlichkeiten. Die später eintretende Verpflichtung gegenüber Dritten ist hinsichtlich ihrem Verpflichtungsgrund, ihrer Höhe und/oder ihrem Fälligkeitstermin unsicher. Nach der **dynamischen Betrachtungsweise** sind Rückstellungen Aufwendungen, die in der betrachteten Periode verursacht worden sind, aber erst in einer späteren Periode wahrscheinlich zu Auszahlungen oder Mindereinzahlungen führen. In dieser Definition dienen Rückstellungen der periodengerechten Aufwandszuordnung.

Für die Behandlung der Rückstellungen im **handelsrechtlichen Jahresabschluss** sind vor allem die §§ 249, 266 und 253 HGB von Bedeutung. § 249 Abs. 1 HGB nennt die zulässigen Rückstellungen:

- Rückstellungen für **ungewisse Verbindlichkeiten**: Rückstellungen für Pensionen, Steuern, Jahresabschlusskosten, Prozesskosten, Garantieverpflichtungen, Eventualverbindlichkeiten aus Bürgschaften usw.
- Rückstellungen für **drohende Verluste aus schwebenden Geschäften**: Ein schwebendes Geschäft ist dadurch charakterisiert, dass ein abgeschlossener Vertrag von noch keiner der Vertragsparteien erfüllt worden ist (z.B. Termingeschäfte).
- Rückstellungen für unterlassene Aufwendungen für **Instandhaltungen und Abraumbeseitigung**: Die Instandhaltung muss im folgenden Geschäftsjahr innerhalb von drei Monaten nachgeholt werden, die Abraumbeseitigung innerhalb von zwölf Monaten.
- Rückstellungen für **Gewährleistungen**: Die Leistungen werden ohne rechtliche Verpflichtung erbracht.

Gemäß § 266 Abs. 3 sind die Rückstellungen in der **Bilanz** auf der Passivseite mit drei Unterpositionen auszuweisen: Rückstellungen für Pensionen und ähnliche Verpflichtungen, Steuerrückstellungen und sonstige Rückstellungen. Sie sind Gewinn erhöhend aufzulösen, wenn der Grund für die Rückstellungsbildung entfallen ist.

Rückstellungen sind nach § 253 Abs. 1 in Höhe des nach vernünftiger kaufmännischer Beurteilung notwendigen Erfüllungsbetrages anzusetzen, soweit keine Abzinsung nach § 253 Abs. 2 vorgeschrieben ist. Der notwendige **Erfüllungsbetrag** ist zu jedem Bilanzstichtag zu ermitteln und muss zukünftige Preis- und Kostensteigerungen berücksichtigen. Rückstellungen mit einer Restlaufzeit von mehr als einem Jahr sind auf ihren **Barwert** abzuzinsen.

Entsprechend der Abschreibungsfinanzierung beruht die **Finanzierungswirkung** darauf, dass die über die Umsatzerlöse zurückgeflossenen Rückstellungsaufwendungen in derselben Periode nicht mit Auszahlungen verbunden sind. Vielmehr führen die Rückstellungen erst in einer späteren Periode zu Auszahlungen (bzw.

Mindereinzahlungen). Da die Rückstellungen zum Fremdkapital zählen, handelt es sich bei der Rückstellungsfinanzierung um eine Form der **Innenfinanzierung** und **Fremdfinanzierung.**

Unabhängig von der Gewinnverwendung sind für die Finanzierungswirkung die Höhe und Laufzeit der Rückstellungen relevant:

- Je **höher** das Rückstellungsvolumen, umso stärker ist der Finanzierungseffekt. Bewusst überhöhte Rückstellungen jedoch zählen zur stillen Selbstfinanzierung.
- Je **länger** der Zeitraum zwischen Bildung einerseits und Inanspruchnahme bzw. Auflösung andererseits, umso stärker ist der Effekt.

Da die **Pensionsrückstellungen** langfristiger Natur sind und in deutschen Unternehmen ein hohes Volumen aufweisen, sind sie für Finanzierungszwecke von besonderer Bedeutung. Daneben können auch **kurzfristige Rückstellungsarten** wie z.B. Garantierückstellungen das Finanzierungspotenzial nachhaltig erhöhen, weil sich durch die Überlappung der jährlichen Neubildungen und Auflösungen ein Bodensatz bildet, der dem Unternehmen längerfristig zur Verfügung steht.

4.2.3.2 Pensionsrückstellungen

Mit einer **Pensionszusage** verpflichtet sich ein Arbeitgeber, seinen Arbeitnehmern eine Alters-, Hinterbliebenen- oder Invalidenversorgung zu gewähren. Das Unternehmen muss vom Zeitpunkt der Zusage an Rückstellungen bilden, sodass sich die Pensionsrückstellungen in dem Zeitraum zwischen Zusage und Eintritt des Versorgungsfalls (Anwartschaftszeit) erhöhen. Der angesammelte **Bestand** der Pensionsrückstellungen wird auf der Passivseite der Bilanz ausgewiesen. Da es sich um Ansprüche der Arbeitnehmer handelt, sind die Pensionsrückstellungen dem **Fremdkapital** zuzurechnen.

Die Berechnung der Pensionsrückstellungen muss nach anerkannten versicherungsmathematischen Grundsätzen erfolgen. Da die Rückstellungen in Höhe des notwendigen **Erfüllungsbetrages** anzusetzen sind, müssen erwartete Lohn-, Gehalts- und Rentenentwicklungen mit einbezogen werden. Zudem sind die Pensionsrückstellungen **abzuzinsen.** Grundsätzlich sind Pensionsrückstellungen einzeln zu bewerten. Zu Vereinfachungszwecken dürfen sie nach § 253 Abs. 2 auch pauschal mit dem Marktzinssatz für eine Restlaufzeit von 15 Jahren abgezinst werden. Dieser Zinssatz wird von der Deutschen Bundesbank ermittelt und monatlich bekannt gegeben.

Hat ein Unternehmen ein **Deckungsvermögen** gebildet, um damit ausschließlich seine Verpflichtungen aus Pensionszusagen zu erfüllen, so sind diese Vermögensgegenstände (z. B. Wertpapiere) mit den Pensionsrückstellungen gemäß § 246 Abs. 2 HGB zu saldieren. Das Deckungsvermögen ist mit dem beizulegenden Zeitwert zu bewerten. Übersteigt der Zeitwert des Deckungsvermögens den Barwert der Pensionsverpflichtungen, wird der Saldo auf der Aktivseite der Bilanz als „Aktiver Unterschiedsbetrag aus der Vermögensverrechnung" ausgewiesen.

Die **Stärke des Finanzierungseffekts** von Pensionsrückstellungen hängt von folgenden **Einflussgrößen** ab: vom Verhältnis zwischen Rückstellungsbildung und Pensionszahlung und von der Art der Gewinnverwendung.

Abbildung 4-4: Einflussgrößen auf den Finanzierungseffekt von Pensionsrückstellungen

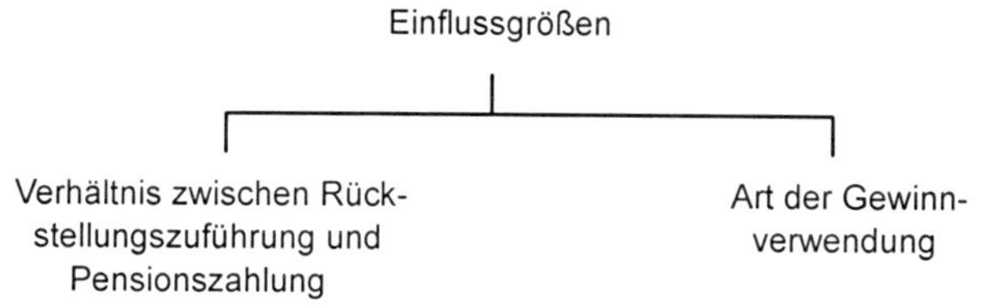

a) Verhältnis zwischen Rückstellungszuführung und Pensionszahlung

Die Zuführungen zu den Pensionsrückstellungen können in einer Periode größer, gleich oder kleiner sein als die Pensionszahlungen in derselben Periode.

- Der Finanzierungseffekt ist besonders **hoch**, wenn ein Unternehmen Pensionszusagen neu einführt. Der Bestand an Pensionsrückstellungen wächst, solange höhere Beträge gebildet als ausgezahlt werden.
- Sind die Zuführungen so hoch wie die Auszahlungen, ergibt sich **kein zusätzlicher Finanzierungseffekt**. Da sich aber der Bestand an Pensionsrückstellungen nicht verändert, steht dieses Volumen dem Unternehmen dauerhaft als finanzielle Mittel zur Verfügung.
- Übertreffen die Pensionszahlungen die Zuführungen, werden dem Unternehmen liquide Mittel **entzogen**.

b) Art der Gewinnverwendung

Der Finanzierungseffekt hängt davon ab, in welchem Maße das Unternehmen infolge der Rückstellungen in der betrachteten Periode Steuerzahlungen und Gewinnausschüttungen verringern und somit das **Innenfinanzierungsvolumen** erhöhen kann. Die Zuführung von Rückstellungen bewirkt jedoch bei konstanten Steuersätzen keine endgültige Steuerersparnis. Stattdessen handelt es sich um eine **Steuerstundung**. Dies lässt sich wie folgt verdeutlichen:

1. Im Jahr der Rückstellungsbildung erhöhen sich die Aufwendungen um den betreffenden Betrag. Ist dieser Betrag steuerlich abzugsfähig, schmälert er als Betriebsausgaben den zu versteuernden Gewinn, sodass **weniger Ertragsteuern** (Einkommen- bzw. Körperschaftsteuer sowie Gewerbesteuer) zu zahlen sind.

2. Die Auszahlungen bzw. Mindereinzahlungen in den zukünftigen Perioden werden mit den Erträgen aus der Auflösung der Rückstellung verrechnet. Wäre keine Rückstellung gebildet worden, würden diese Zahlungen als Betriebsausgaben den steuerpflichtigen Gewinn reduzieren.

3. Aufgrund von 1. und 2. liegt insgesamt gesehen keine Steuerersparnis, sondern lediglich eine **Steuerstundung** vor. Da die Steuerstundung zinslos ist, hat das Unternehmen außer der Finanzierungswirkung zusätzlich einen positiven Rentabilitätseffekt.

Die folgende Aufgabe zeigt, in welchem Maße die Finanzierungswirkung der Rückstellungsbildung von der Entscheidung über die Gewinnverwendung abhängt.

Aufgabe 25: Finanzierungseffekt von Pensionsrückstellungen

Zusammengefasst äußert sich die **Finanzierungswirkung von Pensionsrückstellungen** wie folgt:

- Bei vollständiger Gewinneinbehaltung beschränkt sich der Finanzierungseffekt auf die Einsparung (genauer: Stundung) von Ertragsteuern.
- Bei gleichzeitiger Gewinneinbehaltung und Gewinnausschüttung besteht der Finanzierungseffekt in der Einsparung von Ertragsteuern und in der Vermeidung von Gewinnausschüttungen.
- Bei vollständiger Gewinnausschüttung ist der Finanzierungseffekt am höchsten und entspricht der gesamten Rückstellungsbildung.
- Der Finanzierungseffekt, der durch die in einer Periode zusätzlich erwirtschafteten Finanzmittel erzielt wird, verringert sich durch die Pensionsauszahlungen, die in derselben Periode stattfinden.

4.3 Umschichtungsfinanzierung

Den zweiten Bereich der Innenfinanzierung bildet die Umschichtungsfinanzierung. Sie stellt eine Finanzierung aus **Vermögensumschichtungen** dar, die Kapitalfreisetzungen **außerhalb des üblichen Umsatzprozesses** bewirken. Vermögensumschichtung bedeutet, dass Sachgüter, Finanzwerte und immaterielle Güter durch Verkauf in liquide Mittel transformiert werden. Ein Beispiel ist der Verkauf eines nicht betriebsnotwendigen Grundstücks.

In der Bilanz äußert sich die Umschichtungsfinanzierung, wenn der Verkaufspreis dem Buchwert entspricht, zunächst als **Aktivtausch**: An die Stelle der verkauften Vermögensgegenstände treten liquide Mittel in Form von Bankguthaben. Verwendet das Unternehmen anschließend die liquiden Mittel, um Schulden zu tilgen, führt dies zu einer **Bilanzverkürzung** und zu einer Erhöhung der Eigenkapitalquote.

Die Vermögensumschichtung kann sich auch auf die Überschussfinanzierung auswirken, nämlich dann, wenn der Verkaufspreis des Vermögensgegenstands nicht mit seinem Buchwert übereinstimmt, sodass Verkaufsgewinne oder -verluste entstehen.

Nachfolgend werden Factoring und Forfaitierung, Asset Backed Securities und weitere wichtige Instrumente der Umschichtungsfinanzierung beschrieben.

4.3.1 Factoring und Forfaitierung

Beiden Verfahren ist gemeinsam, dass es sich um den Verkauf von Forderungen handelt. Davon abgesehen gibt es sowohl in der Konzeption als auch im Anwendungsbereich der Verfahren deutliche Unterschiede.

4.3.1.1 Factoring

Factoring ist der **laufende Verkauf von kurzfristigen Geldforderungen** aus Lieferungen und Leistungen an einen Factor (Factoringgesellschaft, Factoringinstitut). Die Geldforderungen entstehen dadurch, dass ein Unternehmen seinen Kunden (Drittschuldnern) ein Zahlungsziel und somit einen **Lieferantenkredit** einräumt. Forderungen, die für das Factoring in Betracht kommen, haben meistens eine maximale Laufzeit von 90 Tagen.

Das (echte) Factoring ist ein **Kaufgeschäft und kein Kreditgeschäft**. Das Unternehmen verpflichtet sich, seine Forderungen zum Kauf anzubieten und an den Factor abzutreten. Der Factor ist verpflichtet, das Angebot anzunehmen und den vereinbarten Kaufpreis zu zahlen. Der Factor ist Inhaber der Forderungen und für die gekauften Forderungen buchführungspflichtig. Gesetzliche Grundlagen sind die §§ 433, 437, 438 und 398 BGB. Die wichtigsten **Arten** sind:

- Echtes und unechtes Factoring
- Full Service Factoring und Inhouse Factoring
- Export- und Importfactoring
- Stilles und offenes Factoring

Beim **echten Factoring** übernimmt der Factor das Ausfallrisiko, d.h. das Risiko, dass der Drittschuldner seine Verpflichtungen nicht erfüllt. Hier liegt ein tatsächlicher Forderungsverkauf (True Sale) vor, und nur das echte Factoring zählt zur Umschichtungsfinanzierung. Beim **unechten Factoring** verbleibt das Ausfallrisiko beim Unternehmen und wird nicht an den Factor verkauft. Das unechte Factoring ist eine Form der kurzfristigen Kreditfinanzierung.

In Deutschland wird fast ausnahmslos das echte Factoring praktiziert. Daher beziehen sich die folgenden Darstellungen ausschließlich auf das echte Factoring.

Die Grundform ist das **Full Service Factoring** (Standardfactoring). Hierbei übernimmt der Factor alle Funktionen, die beim Factoring möglich sind, nämlich Finanzierung, Delkredere und Dienstleistungen. Falls dem Unternehmen treuhänderisch weiterhin das Debitorenmanagement zugeordnet ist, handelt es sich um ein so genanntes **Inhouse Factoring.** Da es kostengünstiger als das Full Service Factoring ist, wählen die meisten deutschen Unternehmen das Inhouse Factoring.

Exportfactoring ist dadurch gekennzeichnet, dass ein inländischer Exporteur die Leistungen eines ausländischen Factors für grenzüberschreitende Geschäfte in Anspruch nimmt. Im Fall des **Importfactoring** handelt es sich um Geschäfte, bei denen ein ausländischer Exporteur die Leistungen eines deutschen Factors in Anspruch nimmt.

Im **stillen Factoring** (nicht notifiziertes, verdecktes Factoring) informiert das Unternehmen den Drittschuldner nicht über den Forderungsverkauf. Der Drittschuldner zahlt somit weiterhin an das Unternehmen, das den erhaltenen Betrag unverzüglich an den Factor weiterleiten muss. Auch kann vereinbart sein, dass das Unternehmen die Zahlungseingangskonten an den Factor abtritt oder verpfändet. Beim **offenen Factoring** (notifiziertes Factoring) informiert das Unternehmen den Drittschuldner durch Rechnungsaufdruck oder Notifikationsschreiben über den Forderungsverkauf. Der Drittschuldner kann mit befreiender Wirkung nur an den Factor zahlen. Das offene Factoring ist das heute übliche Verfahren.

Abbildung 4-5: Ablauf des offenen Factoring

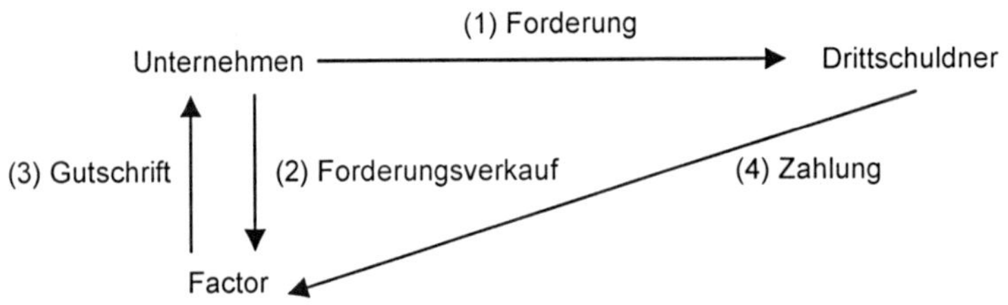

Wie bereits erwähnt, kann ein Unternehmen drei **Funktionen** in Anspruch nehmen, die der Factor anbietet: Finanzierungsfunktion, Delkrederefunktion (Übernahme des Ausfallrisikos) und Dienstleistungsfunktionen (Durchführung des Debitorenmanagements):

Abbildung 4-6: Factoringfunktionen

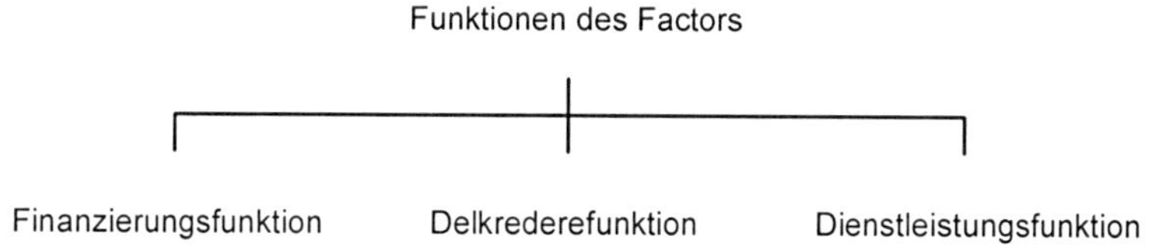

a) Finanzierungsfunktion

Der **Finanzierungseffekt** beruht darauf, dass in den Forderungen gebundenes Kapital freigesetzt wird, indem der Factor die Forderungen kauft und dem Unternehmen Liquidität zur Verfügung stellt. Dabei kann der Factor – je nach Vereinbarung – die Forderungen entweder sofort nach Rechnungsstellung oder zum durchschnittlichen Fälligkeitstag oder erst zum Fälligkeitstag erwerben. Die stärkste Finanzierungswirkung hat die erste Variante. Sobald das Unternehmen die Rechnungen eingereicht hat, bevorschusst der Factor die Forderungen bis zur Fälligkeit. Für diesen Vorschuss muss das Unternehmen **Sollzinsen** zahlen (z.B. Euribor + 4 %).

Die **Bevorschussungsquote** beläuft sich auf maximal 90 % des Rechnungsbetrages. Die restlichen 10 % (Kaufpreiseinbehalt) schreibt der Factor einem **Sperrkonto** gut, um sich gegen mögliche Zahlungsminderungen des Drittschuldners aufgrund von Mängelrügen, Gegenforderungen, Skonti, Boni etc. abzusichern. Sobald der Drittschuldner seine Zahlungen ungekürzt geleistet hat, kann das Unternehmen über die gesperrte Summe verfügen. Der Kaufpreiseinbehalt stellt also keine Kosten für das Unternehmen dar.

b) Delkrederefunktion

Im Rahmen der Delkrederefunktion trägt die Factoringgesellschaft das **Kreditausfallrisiko**. Wenn der Drittschuldner seinen Zahlungsverpflichtungen bis zu einer vorher bestimmten Frist (in der Regel 120 Tage nach Fälligkeit) nicht nachkommt, geht der Forderungsausfall vollständig zulasten des Factors, wobei der Factor gegenüber dem Unternehmen auf Regressansprüche verzichtet. Dafür erhält der Factor eine **Delkredereprovision.**

Mittels entsprechender Vertragsgestaltung kann die Factoringgesellschaft versuchen, ihre Ausfallrisiken zu **reduzieren**. Von besonderer Bedeutung sind Risikostreuung, Veritäts- und Bonitätsprüfungen sowie Limite:

- **Risikostreuung:** Das Unternehmen ist verpflichtet, während der Vertragslaufzeit alle Forderungen aus Lieferungen und Leistungen oder geschlossene Forderungspakete (z.B. eines bestimmten Drittschuldnerkreises) abzutreten. Dadurch soll verhindert werden, dass das Unternehmen eine Vorauswahl tätigt und hauptsächlich vom Ausfall gefährdete Forderungen verkauft.

- **Veritätsprüfung**: Die Verität bezeichnet den rechtlichen Bestand und die Werthaltigkeit einer Forderung. Veritätsrisiken kommen für die Factoringgesellschaft spätestens dann zum Tragen, wenn das Unternehmen seine Zahlungsverpflichtungen nicht mehr erfüllen kann.
- **Bonitätsprüfungen**: Die Factoringgesellschaft führt vorab eine Prüfung der Kreditwürdigkeit und laufend eine Überwachung der Bonität der Drittschuldner und – wegen der Veritätsrisiken – nicht zuletzt auch des Unternehmens durch.
- **Limite**: Die Factoringgesellschaft vereinbart mit dem Unternehmen, bis zu jeweils welchem Höchstbetrag sie die Forderungen pro Drittschuldner erwirbt.

c) Dienstleistungsfunktion

Factoringgesellschaften bieten den Unternehmen ein umfassendes **Debitorenmanagement** an. Dazu gehören insbesondere die Debitorenbuchhaltung, das Inkasso- und Mahnwesen und die Bonitätsprüfung der Drittschuldner. Im Übrigen ist der Factor als Inhaber der Forderungen gesetzlich verpflichtet, die Debitorenbuchhaltung zu führen. Das Entgelt für die Dienstleistungen erhebt die Factoringgesellschaft in der Regel zusammen mit der Delkredereprovision als **Factoringgebühr**. In der Mehrzahl bewegt sich die Factoringgebühr unter 1 % vom Factoringumsatz. Die Höhe der Gebühr ist abhängig vor allem von

- den beim Factor in Anspruch genommenen Leistungen,
- der Höhe der Rechnungsbeträge,
- der Zahl und Bonität der Drittschuldner sowie
- der Eigenschaft der von dem Unternehmen verkauften Waren und Dienstleistungen.

d) Beurteilung des Factoring

Aus dem Blickwinkel des Unternehmens (Factoringkunde) kann man das Factoring im Vergleich zu **Kontokorrentkrediten (Betriebsmittelkrediten) von Banken** beurteilen. Dabei zeigen sich in Bezug auf die traditionellen finanzwirtschaftlichen Ziele einige Vorteile, aber auch Nachteile.

Rentabilitätsziel:

Ein Vorteil des Factorings ist die Einsparung von **Verwaltungskosten** durch die Übertragung von Dienstleistungsfunktionen auf den Factor. Auch ist der **Zinsaufwand** grundsätzlich niedriger als beim Kontokorrentkredit. Ein Nachteil ist, dass der **Leverage-Effekt** nicht zum Tragen kommt. Nachteilig wirken sich auch die relativ hohen **Factoringgebühren** aus. Außerdem können zusätzliche Kosten entstehen wie z.B. für Limitprüfungen und Implementierung der neuen Systeme (Buchhaltung etc.).

Ein direkter Vergleich der vom Factor in Rechnung gestellten Zinsen mit den entsprechenden Bankzinsen ist aber oft nicht möglich, weil die Factoringgesellschaften die Zinshöhe über die Factoringgebühr steuern können. Das bedeutet, niedrigere Zinsen werden durch höhere Gebühren ausgeglichen und umgekehrt.

Liquiditätsziel:

Ein Unternehmen kann sich sowohl per Factoring als auch per Betriebsmittelkredit Liquidität beschaffen. **Beide Instrumente** haben den **Vorteil**, dass das Unternehmen die Liquidität dazu verwenden kann, Lieferanten unter Nutzung von Skonti zu bezahlen und Kunden Zahlungsziele einzuräumen.

Der spezifische Vorteil des Factorings besteht in dem **potenziell höheren Finanzierungsvolumen.** Dass ein Unternehmen mit Factoring mehr Liquidität als mit Betriebsmittelkrediten beschaffen kann, ist darauf zurückzuführen, dass es beim Factoring im Gegensatz zum Kontokorrentkredit – im Rahmen der vereinbarten Limite pro Drittschuldner – kein starres Gesamtlimit gibt. Steigen die Umsätze und Forderungen, erhöht sich auch das mögliche Factoringvolumen.

Sicherheitsziel:

Übernimmt der Factor mit der Forderungsübertragung auch die Delkrederefunktion, ist der Factoringkunde bis zum vereinbarten Debitorenlimit von **Kreditausfallrisiken** befreit. Der Factor trägt das volle Risiko der Zahlungsunfähigkeit des Drittschuldners. Dies stellt einen entscheidenden Vorteil des Factorings dar, nicht zuletzt auch im Exportgeschäft.

Das Unternehmen könnte statt des Factoring-Delkrederevertrages für seine gewährten Lieferantenkredite eine **Kreditversicherung** abschließen. Eine derartige Kreditversicherung hat gegenüber dem Factoring zwei Nachteile. Erstens tritt sie nur dann ein, wenn Nachweise über bestimmte Voraussetzungen vorliegen (z.B. über die Zahlungsunfähigkeit des Schuldners). Zweitens muss der Versicherungsnehmer gemäß der vereinbarten Selbstbeteiligung einen Teil des Ausfallvolumens selbst tragen.

Des Weiteren besteht für das Unternehmen die Möglichkeit, die über das Factoring beschaffte Liquidität zur Rückzahlung von Verbindlichkeiten zu verwenden. Dies führt zu einer Erhöhung der Eigenkapitalquote und somit zu einer **geringeren Krisenanfälligkeit**. Demgegenüber erhöht ein Kontokorrentkredit die Verbindlichkeiten.

Unabhängigkeitsziel:

Zu einer Einschränkung der unternehmerischen Dispositionsfreiheit kann es in erster Linie dann kommen, wenn das Unternehmen **Dienstleistungsfunktionen** auf die Factoringgesellschaft übertragen hat. Werden beispielsweise Debitorenbuchhaltung und Bonitätsprüfung von der Factoringgesellschaft durchgeführt, begibt sich das Unternehmen in ein Abhängigkeitsverhältnis, das zu beenden großer organisatorischer, finanzieller und personeller Anstrengungen bedarf.

Zusätzlich können Probleme entstehen, wenn der Factor das **Inkasso- und Mahnwesen** übernimmt. Für das Unternehmen sind persönliche Beziehungen zu wichtigen Kunden oft die Grundlage für eine langfristige, vertrauensvolle Zusammenarbeit. Undifferenziert versendete Mahnungen und inflexible Vorgehensweisen bergen somit großes Konfliktpotenzial in sich.

4.3.1.2 Forfaitierung

Forfaitierung ist der **regresslose Verkauf mittel- und langfristiger, besicherter Exportforderungen**. Forderungsverkäufer (Forfaitist) sind Exporteure, während als Forderungskäufer (Forfaiteur) Banken oder spezielle Forfaitierungsinstitute auftreten. Im Gegensatz zum Factoring bezieht sich die Forfaitierung auf einzelne Forderungen, die der Forfaiteur individuell ankauft.

Regressloser Verkauf heißt, dass der Forfaiteur kein Rückgriffsrecht auf den Exporteur hat, wenn der Schuldner (Importeur) nicht zahlt. Der Forfaiteur trägt das volle **Ausfallrisiko**, und zwar unabhängig davon, ob der Zahlungsausfall durch die individuelle Bonität des Importeurs oder durch die wirtschaftlichen und politischen Verhältnisse des Importlandes verursacht ist. Der Exporteur haftet lediglich für den rechtlichen Bestand der Forderung und für Mängel der gelieferten Produkte.

Damit der Importeur keine Einwendungen aus dem Grundgeschäft gegen den Forfaiteur geltend machen kann, werden abstrakte, vom Grundgeschäft losgelöste Forderungen forfaitiert. Daher werden zur Absicherung meistens Akkreditive und teilweise Solawechsel eingesetzt.

Das **Akkreditiv** ist hier das wichtigste Besicherungsinstrument. Die das Akkreditiv eröffnende Bank des Importeurs gibt eine Zahlungsverpflichtungserklärung gegenüber dem Exporteur ab, die die Zahlung an den Exporteur beinhaltet, sobald dieser die Nachweise über die vertragskonforme Lieferung erbracht hat.

Im Fall des **Solawechsels** sind der Importeur Wechselaussteller und der Exporteur Wechselnehmer. Mit Weitergabe des Wechsels an den Forfaiteur schließt der Exporteur seine wechselrechtliche Haftung aus. Der Importeur muss zur Sicherung seines Zahlungsversprechens eine Bankgarantie oder Bankbürgschaft stellen.

Zusammenfassend lassen sich zwischen Factoring und Forfaitierung folgende **Hauptunterschiede** feststellen:

Tabelle 4-1: Vergleich von Factoring und Forfaitierung

	Factoring	Forfaitierung
Forderungsumfang	Forderungspakete	Einzelforderungen
Forderungslaufzeit	Kurzfristig	Mittel- und langfristig
Drittschuldner	In- und Ausland	Ausland
Sicherheiten	Unbesichert	Akkreditive, Solawechsel und Banksicherheiten
Auszahlung	Sperrbetrag mindestens 10 %	Ohne Sperrbetrag
Dienstleistungsfunktion	Factor kann Dienstleistungsfunktionen gegen Entgelt übernehmen	Forfaiteur übernimmt keine Dienstleistungsfunktion
Delkrederefunktion	Factor trägt das Ausfallrisiko nur beim echten Factoring	Forfaiteur trägt immer das volle Ausfallrisiko

4.3.2 Asset Backed Securities (True-Sale-ABS)

In der Praxis gibt es vielfältige Konstruktionen, die unter der Bezeichnung **Asset Backed Securities (ABS)** zusammengefasst werden. Im Wesentlichen lassen sich zwei Arten unterscheiden: True-Sale- und synthetische Transaktionen.

True-Sale-ABS stellen eine weitere Form des Forderungsverkaufs und somit der Liquiditätsbeschaffung dar. **Synthetische ABS** haben dagegen keine primären Liquiditätseffekte durch Umschichtung zum Inhalt, sondern die Übertragung und den Handel von Kreditrisiken. Auf die synthetischen Asset Backed Securities geht Kapitel D.5.4 ein. Gegenstand der folgenden Ausführungen sind ausschließlich die True-Sale-ABS.

4.3.2.1 Wesen und Struktur

Bei Asset Backed Securities handelt es sich um **durch Forderungen gesicherte Wertpapiere**. Verzinsung und Tilgung der Wertpapiere werden aus dem Cashflow der Forderungen bestritten.

Die ABS-Grundstruktur ist dadurch gekennzeichnet, dass ein Unternehmen als **Originator** Forderungen regresslos an eine für diesen Zweck gegründete Gesellschaft (**Zweckgesellschaft**) verkauft. Zur Refinanzierung emittiert diese Gesellschaft **Wertpapiere** – im Regelfall Schuldverschreibungen –, die von **Investoren** erworben werden. Letztlich sind es also die Investoren, die die Liquidität zur Verfügung stellen und meistens auch die Risiken übernehmen.

Abbildung 4-7: Grundstruktur von True-Sale-ABS

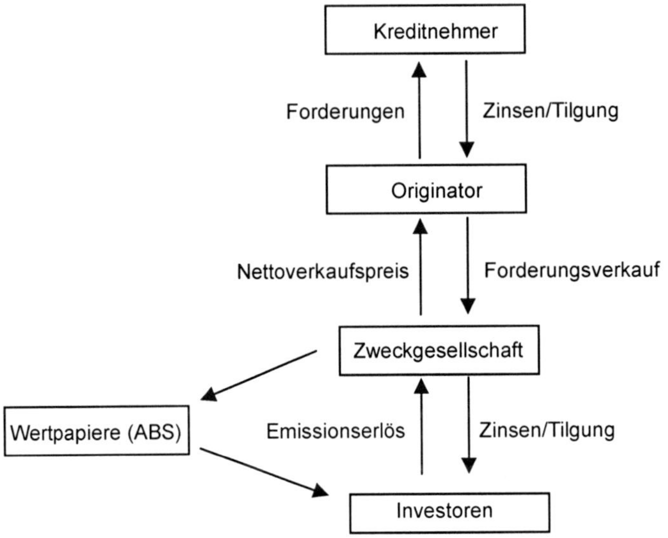

Die Abbildung veranschaulicht das Beziehungsgeflecht im Rahmen einer ABS-Transaktion. Als **Hauptelemente** sind zu nennen: Originator, Kreditnehmer, Zweckgesellschaft, Wertpapiere und Investoren.

a) Originator

Der Originator ist das Unternehmen, das die Forderungen verkauft. Er bildet das **zentrale Element** im ABS-System. Als Originator können grundsätzlich alle Unternehmen fungieren, die über einen höheren Forderungsbestand aus Kreditgeschäften und Umsatzerlösen verfügen. In Betracht kommen hauptsächlich Kreditinstitute, Leasinggesellschaften, Kreditkartenunternehmen und größere Industrie-, Dienstleistungs- und Handelsunternehmen.

Der **primäre Zweck** des Forderungsverkaufs besteht in der Beschaffung liquider Mittel zu günstigen Konditionen und in der Eliminierung von Kreditrisiken. Damit die Kreditrisiken nicht bilanzwirksam bleiben, muss ein regressloser Forderungsverkauf, ein **True Sale**, vorliegen. Sowohl die zivilrechtliche Forderungsinhaberschaft als auch das wirtschaftliche Eigentum gehen wie beim Factoring auf den Forderungskäufer über. Der Originator haftet also nicht bei einem Forderungsausfall. Umgekehrt zählen die Forderungen bei Insolvenz der Originators nicht zur Insolvenzmasse.

Oft nimmt der Originator zugleich die Aufgaben eines **Service-Agenten** (Servicer) wahr. Somit verbleiben bei ihm das Debitorenmanagement (Kreditwürdigkeitsprüfung und Kreditüberwachung, Debitorenbuchhaltung, Mahnwesen und Forderungsinkasso), die Weiterleitung der Zahlungseingänge sowie das Reporting an Investoren, Treuhänder und Ratingagenturen.

In der Regel fungiert eine Bank als **Arranger** (Arrangeur, Underwriter). Gemeinsam mit dem Originator plant, strukturiert und organisiert er die ABS-Transaktion. Seine wichtigsten Aufgaben sind: Beratung im Zusammenhang mit dem Aufbau der Transaktion, der Auswahl der zu verkaufenden Forderungen und der Errichtung der Zweckgesellschaft, Kontakt mit den Ratingagenturen sowie Mitwirkung bei Erstellung der Dokumentation und Emission der Wertpapiere.

b) Kreditnehmer

Die Kreditnehmer sind **Schuldner des Originators.** Der Originator verkauft die Forderungen meistens in Form der stillen Zession, sodass die Kreditnehmer ihre Zahlungsverpflichtungen weiterhin mit schuldbefreiender Wirkung an den Originator leisten. Als Forderungen kommen z.B. Forderungen aus Ratenkrediten, Leasingverträgen, Lieferantenkrediten oder Dienstleistungen infrage.

Die Kreditnehmer spielen für die Bewertung der Asset Backed Securities eine entscheidende Rolle. Denn die Zins- und Tilgungszahlungen für die Wertpapiere sind aus den künftigen Rückflüssen der Forderungen und eventueller Sicherheiten zu leisten. Daher hängt die Bonität der Wertpapiere zum Großteil von der **Bonität des verkauften Forderungspools** ab. Charakteristisch für einen geeigneten Pool sind insbesondere eine große Anzahl von gleichartigen, abtretbaren und leicht trennbaren Forderungen mit zuverlässig prognostizierbaren Cashflows. Des Weiteren sollte ein ausreichend hoher Excess Cashflow (Excess Spread) gegeben sein: Die Differenz aus dem Cashflow, den der Originator erhält, und dem Cashflow, den er zu zahlen hat, muss ausreichen, um zumindest alle Kosten der ABS-Transaktion zu decken.

c) Zweckgesellschaft

Die auch als **Special Purpose Vehicle (SPV)** bezeichnete Gesellschaft tritt als Erwerber der Forderungen und Emittent der Wertpapiere auf. Sie wird vom Originator oder Arranger als rechtlich insolvenzferne, selbstständige Einheit gegründet. **Insolvenzfern** bedeutet, dass die Zweckgesellschaft so zu gestalten ist, dass eine Insolvenz unwahrscheinlich ist. Durch die Insolvenzferne soll gewährleistet werden, dass die von der Zweckgesellschaft gekauften Forderungen uneingeschränkt zur Bedienung der Ansprüche der Investoren zur Verfügung stehen. Die **Selbstständigkeit** ist entscheidend für das Zustandekommen eines regresslosen Verkaufs, weil die Zweckgesellschaft nicht zum Konsolidierungskreis des Originators zählen darf.

Die Bonität der Zweckgesellschaft ist für die Einstufung der Wertpapiere irrelevant. Aus diesem Grunde ist die Zweckgesellschaft sowohl finanziell als auch sachlich nur mit der notwendigen Mindestausstattung versehen. Umfangreichere Aufgaben müssen daher der Originator und andere Beteiligte wahrnehmen.

d) Wertpapiere

Die Zweckgesellschaft emittiert die **Wertpapiere (Asset Backed Securities)**, um den Forderungskauf zu finanzieren. Als Wertpapiere kommen vor allem Floating Rate Notes und Commercial Paper in Betracht. Zur Platzierung der Papiere bei den Investoren wird meistens ein Emissionskonsortium beauftragt.

Der Erfolg einer ABS-Transaktion hängt von der Rendite-Risiko-Struktur der Papiere ab. Um diese Struktur entsprechend den Marktbedürfnissen zu gestalten, stehen mehrere, miteinander kombiniert einsetzbare **Mittel zur Bonitätsverbesserung** (Credit Enhancement) zur Verfügung. Diese Instrumente bestimmen zusammen mit der Bonität des verkauften Forderungspools die Qualität der Wertpapiere. Im Einzelnen handelt es sich um Zusagen des Originators oder Externer, Emissionsübersicherung und Subordinationsstruktur.

Im Rahmen von **Liquiditäts-, Garantie- und Rückkaufzusagen** garantiert der Originator oder ein anderes Unternehmen (z.B. eine Bank bzw. eine Versicherungsgesellschaft) die Erfüllung der Zahlungsverpflichtungen und steht für Forderungsausfälle ein. Wenn der Originator solche Zusagen macht (Selbstbehalt), verbleibt ihm ein entsprechendes Restrisiko.

Die **Emissionsübersicherung** hat den Zweck, die erforderliche Liquidität auch dann aus den verkauften Forderungen sicherzustellen, wenn Zahlungen verspätet eingehen oder ausfallen. Zum einen kann ein Reservefonds gebildet werden, indem Barreserven aufgebaut werden oder das insgesamt verkaufte Forderungsvolumen über dem Nominalwert der emittierten Wertpapiere liegt. Zum anderen kann der Reservefonds durch den oben erwähnten Excess Cashflow und durch vorzeitige Kredittilgungen aufgefüllt werden.

Merkmal der **Subordinationsstruktur** ist, dass die ABS-Emission in zwei oder mehr Tranchen mit unterschiedlicher Bonität aufgespalten ist, beispielsweise in ein Senior-Tranche A, eine Mezzanine-Tranche B, eine Junior-Tranche C und eine First-Loss-Tranche (auch Equity-Tranche genannt). Die Tranchen stehen in einer Rangfolge, nach der die Zahlungen zu leisten sind.

Zahlungsausfälle und Verzögerungen gehen zunächst zulasten der First-Loss-Tranche, dann zulasten von C, danach von B und erst am Schluss von A. Wegen des höheren Risikos ist die Rendite von C höher als die von B und die Rendite von B höher als die von A. Umgekehrt ist das Rating von A besser als von das von B und das von C. Die First-Loss-Tranche, die das höchste Risiko aufweist, wird nicht geratet.

Beispiel: Subordinationsstruktur

Tranche	Rating	Volumen
Senior	AAA	600 Mio. €
Mezzanine	A	150 Mio. €
Junior	BB	34 Mio. €
First Loss (Equity)	Ohne	16 Mio. €

Aus der Tabelle ist ersichtlich, dass sich das gesamte Emissionsvolumen auf 800 Mio. € beläuft, wobei der Großteil aus der Tranche mit bestem Rating besteht (Triple A). Mit den Zahlungsrückflüssen aus dem Forderungspool wird diese Tranche zuerst bedient, anschließend die übrigen Tranchen in der angegebenen Reihenfolge (Wasserfallprinzip). Die First-Loss-Tranche macht 2 % des Volumens aus, sodass die Käufer von Wertpapieren der Junior-Tranche erst dann von Forderungsausfällen betroffen wären, wenn diese 2 % übersteigen.

Eine wichtige Rolle im ABS-Prozess spielen **Ratingagenturen** (zum Rating vgl. Kapitel C.3.1.3). Sie beurteilen die Bonität der Wertpapiere, wobei sie nicht nur die Qualität und Struktur der Einzelforderungen bewerten, sondern auch die Sicherungsmittel und Prozesse sowie alle relevanten Beteiligten.

Festzuhalten bleibt, dass für das Rating von Asset Backed Securities nicht nur die Bonität des Originators, sondern primär die Qualität des Forderungsbündels und der Gesamtkonstruktion ausschlaggebend ist. Folglich können die Papiere – insbesondere der Senior-Tranche – ein **besseres Rating als der Originator** aufweisen, sodass die vom Markt geforderte Verzinsung der Papiere niedriger als der Zins ist, den der Originator zahlen müsste.

e) Investoren

Als wichtigste Gruppe unter den ABS-Investoren sind die **institutionellen Anleger** zu nennen. Diese Fondsgesellschaften, Kreditinstitute und Versicherungsunternehmen dürfen die **Risiken** von Asset Backed Securities nicht vernachlässigen, wie die Finanzkrise der Jahre 2007 und folgende zeigte (vgl. Kapitel D.5.5). Dennoch stellen ABS für die Investoren eine Alternative zu den klassischen Schuldverschreibungen wegen folgender **Vorteile** dar:

1. **Qualität**: Mithilfe der Gestaltung des Forderungspools und der Sicherungsmittel lassen sich Wertpapiere mit höchster Bonität konstruieren. Die überwiegende Mehrzahl der ABS-Emissionen verfügt über das beste Rating (Triple A). Dieses Rating entspricht der Bewertung erstklassiger Staatsanleihen; gleichwohl liegt die Verzinsung über der von Staatsanleihen.

2. **Flexibilität:** ABS-Emissionen lassen sich individuell auf die Bedürfnisse der Investoren abstimmen. Flexibel festgelegt werden speziell Laufzeiten (kurz-, mittel oder langfristig), Zinsbasis (fest oder variabel), Risiken (geringes, mittleres oder höheres Risiko) und Renditen (niedrige, mittlere oder höhere Verzinsung). Ferner besteht für ABS mit hohem Emissionsvolumen im Normalfall ein liquider Sekundärmarkt, auf dem ein Investor die Papiere kaufen und verkaufen kann.

Die **Treuhänder** (Trustees) vertritt die Interessen der Investoren. Sie überwachen den ABS-Prozess und primär die ordnungsgemäße Abwicklung der Zahlungen. Außerdem verwaltet sie die Sicherheiten für die Investoren. Daneben gibt es **Datentreuhänder**, deren Aufgabe es ist, eine unberechtigte Weitergabe von persönlichen Daten der Schuldner zu verhindern.

4.3.2.2 Vorteile für den ABS-Originator

Asset Backed Securities gewinnen auf den Finanzmärkten immer mehr an Bedeutung. Dies ist nicht zuletzt den Vorteilen zu verdanken, die sich dem Unternehmen bieten, das die Forderungen als Originator verkauft.

Abbildung 4-8: Vorteile des ABS-Originators

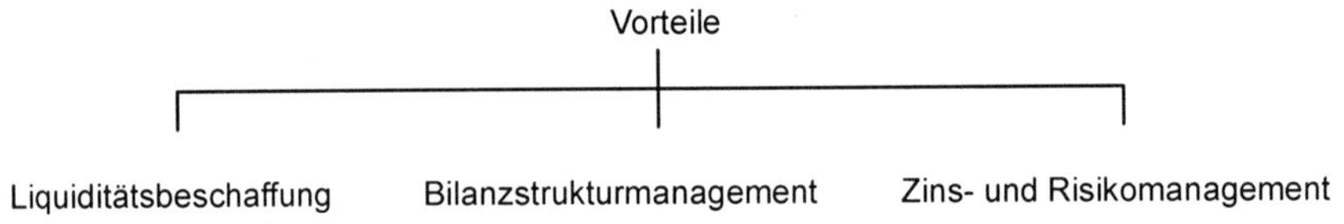

a) Liquiditätsbeschaffung

Der Originator beschafft sich durch den Forderungsverkauf liquide Mittel, indem er **Kapital freisetzt**, das in den Forderungen gebunden ist. Der Finanzierungseffekt ist umso stärker, je länger die Laufzeit der Forderungen ist. Dem Originator fließt jedoch nicht der gesamte Nominalbetrag der Forderungen, sondern nur der **Nettoverkaufspreis** zu. Dieser Preis errechnet sich aus dem Nominalbetrag der Forderungen, vermindert um Kosten- und Risikoabschläge.

Da die Emission traditioneller Schuldverschreibungen einen sehr hohen Kapitalbedarf voraussetzt, haben die meisten Unternehmen nicht die Möglichkeit, sich auf diesem Wege mit Liquidität zu versorgen. Somit ist ein zusätzlicher Vorteil der Asset Backed Securities darin zu sehen, dass auch die Unternehmen, die bislang Kredite ausschließlich bei ihrer Bank aufnehmen konnten, als Originator **indirekten Zugang zum Kapitalmarkt** haben.

b) Bilanzstrukturmanagement

Der erste Vorteil bezieht sich auf die Verbesserung der **Kapitalstruktur**. Der Originator kann die erhaltene Liquidität zur Rückzahlung von Verbindlichkeiten einsetzen und den Verschuldungsgrad (Fremdkapital zu Eigenkapital) verringern. Infolge dieser Bilanzverkürzung reduzieren sich sein Zinsaufwand und seine Gewerbesteuerbelastung.

Für den Originator besteht auch die Möglichkeit, mit Asset Backed Securities seine **Aktivstruktur** zu optimieren. So setzt er durch den Verkauf von Forderungen Kapital frei, das er für Investitionen in höher verzinste oder risikoärmere Aktiva verwenden kann (Aktivtausch).

Des Weiteren helfen Asset Backed Securities bei der Gestaltung der **horizontalen Bilanzstruktur**. Besteht Fristeninkongruenz zwischen Aktiva und Passiva, indem beispielsweise die Forderungen eine längere Laufzeit als die Verbindlichkeiten aufweisen, kann das Unternehmen längerfristige Forderungen verkaufen und durch die Gewährung kürzerfristiger Kredite ersetzen.

Asset Backed Securities stellen ein flexibles Instrument des Bilanzstrukturmanagements vor allem für **Kreditinstitute** dar. Das Geschäftspotenzial eines Kreditinstitutes wird durch die Höhe seiner Eigenmittel begrenzt, weil sich die Eigenmittel auf mindestens 8 % des bestehenden Risikovolumens belaufen müssen. Folglich kann sich eine Bank, sobald ein kritisches Volumen erreicht ist, durch die Veräußerung von Forderungen und Kreditrisiken Freiräume für die Vergabe von neuen Krediten verschaffen.

c) Zins- und Risikomanagement

Da die Bonität der Asset Backed Securities nicht nur von der Qualität des Originators, sondern von der Qualität des Forderungspools und der Gesamtstruktur abhängt, lässt sich ein Rating erzielen, das deutlich besser als das des Originators ist. Auf diese Weise helfen Asset Backed Securities dem Originator, seine **Zinskosten** zu senken.

Weitere Vorteile ergeben sich für den Originator im Rahmen des **Risikomanagements**. Von Bedeutung sind in erster Linie folgende Auswirkungen:

- **Kreditausfallrisiko**: Durch den regresslosen Verkauf der Forderungen geht das Kreditrisiko vom Originator auf die Investoren über.
- **Liquiditätsrisiko**: Da die liquiden Mittel dem Originator bereits heute zufließen, besteht für ihn keine Gefahr mehr, wenn die Zahlungen seiner Kreditnehmer in der Zukunft nicht fristgerecht erfolgen sollten.
- **Zinsänderungsrisiko**: Beseitigt sind erstens das Risiko gestiegener Zinsen für mögliche Kreditaufnahmen und das Risiko gesunkener Zinsen für die Wiederanlage künftiger Einzahlungen. Zweitens kann das Zinsänderungsrisiko, das auf die Fristeninkongruenz zwischen Aktiva und Passiva zurückzuführen ist, eliminiert werden.

4.3.2.3 ABS im Vergleich zu Factoring

Factoring und True-Sale-ABS weisen einige Gemeinsamkeiten, aber auch deutliche Unterschiede auf. Die wichtigsten Vergleichsmerkmale sind in der Tabelle wiedergegeben.

Tabelle 4-2: Vergleich zwischen Factoring und True-Sale-ABS

Merkmal	Factoring	True-Sale-ABS
Gemeinsamkeiten:		
Finanzierungsart	Umschichtungsfinanzierung	Umschichtungsfinanzierung
Kapitalfreisetzung	Durch Forderungsverkauf	Durch Forderungsverkauf
Weitergabe des Kreditrisikos	Ja, falls echtes Factoring	Ja
Bilanzwirkung beim Verkäufer	Bilanzentlastung	Bilanzentlastung
Unterschiede:		
Verkäufer	Unternehmen aus Industrie, Dienstleistung und Handel	Unternehmen jeglicher Art, auch Kreditinstitute
Käufer	Factoringgesellschaft	Investoren indirekt über eine Zweckgesellschaft
Forderungsart	Forderungen aus Lieferungen und Leistungen	Forderungen jeglicher Art
Forderungslaufzeit	Kurzfristig	Kurz-, mittel- und langfristig
Volumen des verkauften Forderungspools	Primär kleineres und mittleres Volumen	Primär größeres Volumen
Beleihungsgrenze pro Forderung	80 bis 90 %	Hundertprozentige Beleihung, falls kein Selbstbehalt vorliegt
Forderungsverbriefung	Keine Verbriefung	Vor allem Schuldverschreibungen und Commercial Paper
Dienstleistungsfunktion des Forderungskäufers	Durch Factoringgesellschaft möglich	Keine

4.3.3 Sonstige Kapitalfreisetzungen

Die zuvor beschriebenen Umschichtungsfinanzierungen in Form von Factoring, Forfaitierung und Asset Backed Securities bewirken wie die im Folgenden dargestellten Instrumente eine Freisetzung gebundenen Kapitals. Diese sonstigen Kapitalfreisetzungen resultieren aus dem Verkauf von Gütern und Finanztiteln sowie aus Rationalisierungsmaßnahmen.

Abbildung 4-9: Finanzierungseffekte durch Kapitalfreisetzungen

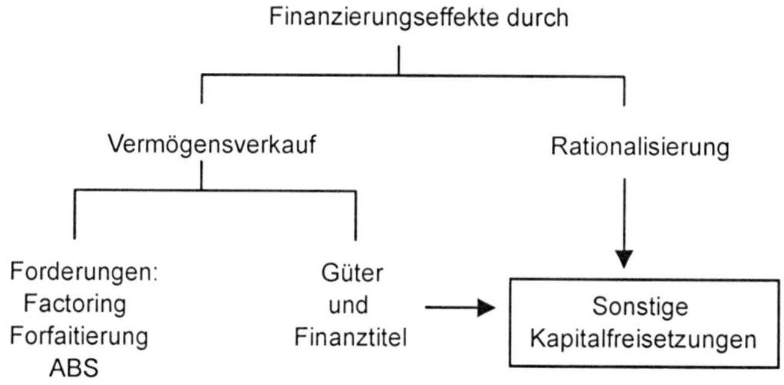

4.3.3.1 Verkauf von Gütern und Finanztiteln

Ein Unternehmen kann seine Periodenliquidität erhöhen, indem es Vermögen veräußert. Es kann Sachgüter, immaterielle Güter und Finanzvermögen verkaufen. Beispiele hierfür sind:

- **Sachgüter**: Grundstücke und Gebäude, Maschinen, Betriebs- und Geschäftsausstattung und Vorräte
- **Immaterielle Güter**: Patente, Lizenzen und Nutzungsrechte
- **Finanztitel**: Beteiligungen, Schuldverschreibungen und Aktien

Beim Verkauf der Aktiva kann es sich um betriebsnotwendige und nicht betriebsnotwendige Vermögensteile, um freiwillige und erzwungene Vorgehensweisen sowie um Anlagevermögen und Umlaufvermögen handeln.

Der Verkaufspreis der Vermögensteile muss nicht immer der Höhe des Buchwertes entsprechen. Vor allem bei Notverkäufen, die zur Aufrechterhaltung der Zahlungsfähigkeit erforderlich sind, besteht die Gefahr, dass Vermögensgegenstände unter Buchwert und dadurch mit **Verlust** veräußert werden müssen. Wenn hingegen in den Vermögensgegenständen **stille Reserven** enthalten sind, werden diese Reserven durch den Verkauf aufgelöst, und das Unternehmen erzielt einen Gewinn. Es kann dann nicht über den gesamten zugeflossenen Verkaufspreis verfügen, sondern nur über den Nettobetrag, der nach Abzug der Ertragsteuern übrig bleibt.

Die Ertragsteuern stehen dem Unternehmen jedoch als Liquidität zur Verfügung, solange sie noch nicht abgeführt sind. Daraus resultiert ein **zusätzlicher Liquiditäts-**

effekt, wenn das Unternehmen Gewinne aus dem Verkauf von Gütern des Anlagevermögens in den **Sonderposten mit Rücklageanteil** eingestellt hat (war handelsrechtlich bis 2009 erlaubt). Diese Rücklage schmälert gemäß § 6b Einkommensteuergesetz den steuerlichen Gewinn der betreffenden Periode. Der Veräußerungsgewinn ist erst in späteren Perioden zu versteuern, sodass eine Steuerstundung vorliegt.

Beispiel: Bilanzielle Auswirkung eines Vermögensverkaufs

Ein Firmenwagen ist in der Bilanz unter der Position Fuhrpark mit einem Buchwert von 10.000 € erfasst.

Aktiva	Bilanz vor Verkauf (in Tsd. €)		Passiva
Übrige Aktiva	430	Eigenkapital	220
Fuhrpark	130	Fremdkapital	480
Liquide Mittel	140		
Aktiva gesamt	700	Passiva gesamt	700

Da das Unternehmen den Firmenwagen nicht mehr benötigt, wird er zum Buchwert von 10.000 € verkauft. Der Wert des Fuhrparks reduziert sich um 10.000 €, während sich die liquiden Mittel um denselben Betrag erhöhen. Es liegt also ein Aktivtausch vor, und die Passivseite ändert sich nicht.

Aktiva	Bilanz nach Verkauf (in Tsd. €)		Passiva
Übrige Aktiva	430	Eigenkapital	220
Fuhrpark	120	Fremdkapital	480
Liquide Mittel	150		
Aktiva gesamt	700	Passiva gesamt	700

Eine spezielle Form der Kapitalfreisetzung ermöglicht das **Sale and Lease Back**. Hierbei veräußert das Unternehmen betriebsnotwendige Gegenstände des Anlagevermögens an eine Leasinggesellschaft und mietet sie gleichzeitig wieder zurück. Diese Vorgehensweise eignet sich vor allem bei Wirtschaftsgütern, die langfristig Kapital binden (z.B. Immobilien und technische Anlagen). Das Unternehmen kann die durch den Verkauf freigesetzte Liquidität für andere Investitionen oder zur Tilgung von Verbindlichkeiten verwenden und dennoch die verkauften Gegenstände nutzen. Allerdings ist zu beachten, dass das Unternehmen für die gesamte Nutzungsdauer des Leasingobjekts Leasingraten zahlen muss, die bei einem Vollamortisationsvertrag sämtliche Kosten der Leasinggesellschaft decken müssen.

4.3.3.2 Finanzierungseffekt durch Rationalisierung

Rationalisierung hat den **Zweck**, eine bestimmte Leistung mit einem geringeren Zeit- und Kosteneinsatz zu erzielen. Der **Finanzierungseffekt** besteht darin, in der betrachteten Periode Einzahlungen zu erhöhen, Einzahlungen vorzuverlegen, Auszahlungen zu senken und/oder Auszahlungen zu verschieben. Maßnahmen hierzu sind in mehreren **Unternehmensbereichen** möglich:

- **Beschaffung**: Reduzierung des Einkaufslagers für Vorräte durch Synchronisation des Materialbedarfs zwischen Beschaffung und Produktion (z.B. Just-in-Time-Lieferung)
- **Produktion**: Reduzierung der Zwischen- und Endlager der Erzeugnisse durch Optimierung der Fertigungsprozesse
- **Absatz**: Reduzierung der Kreditlaufzeiten bei Zielverkäufen
- **Verwaltung**: Ausgliederung von Funktionen, die externe Dienstleister effizienter wahrnehmen können (Outsourcing)

Bei all diesen Maßnahmen sind mögliche **Sekundärwirkungen** zu beachten, die die Liquiditätsvorteile überlagern können. Beispielsweise besteht die Gefahr, dass das Just-in-Time-Konzept bei verspäteter Lieferung Produktionsstörungen verursacht und die Verkürzung der Fristen von Zielverkäufen den Kundenerwartungen nicht entspricht.

Teil D:

Derivate

1 Wesen von Finanzderivaten

Derivative Instrumente zählen zu den wichtigsten Produkten, die sich in den vergangenen Jahrzehnten auf den Finanzmärkten weltweit durchgesetzt haben. Sie sind sowohl für Investitions- als auch für Finanzierungsentscheidungen von großer Bedeutung.

In diesem Kapitel werden zunächst die wesentlichen Merkmale und Arten von Finanzderivaten und anschließend die Besonderheiten des Derivatehandels dargestellt.

1.1 Merkmale und Arten

Derivativ heißt abgeleitet. **Hauptmerkmal** der Finanzderivate ist, dass ihr Preis mittelbar oder unmittelbar vom Preis des zugrunde liegenden Basiswertes abhängt. Der Preis eines Derivats steigt oder fällt, wenn sich der Preis des Basiswertes (z.B. einer Aktie) verändert.

Abbildung 1-1: *Finanzderivate und ihre Basiswerte*

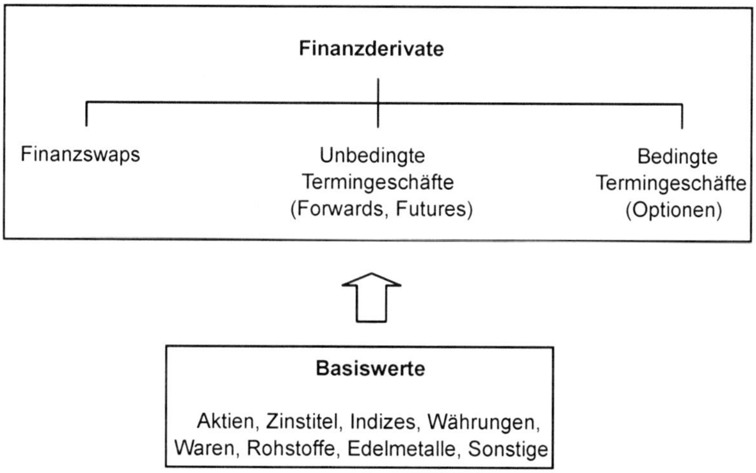

Es gibt drei **Grundformen** von Finanzderivaten: Swaps, unbedingte Termingeschäfte (Forwards und Futures) sowie bedingte Termingeschäfte (Optionen). **Basiswerte** (Underlying) können Finanzinstrumente, aber auch Waren, Rohstoffe, Edelmetalle, Wetter, Immobilien usw. sein.

Die Grundformen der Finanzderivate lassen sich anhand der beiden Kriterien Termingeschäfts- und Verpflichtungscharakter voneinander abgrenzen. Bei einem **Termingeschäft** vereinbaren die Vertragspartner bereits heute, welches Finanzinstrument in der Zukunft (z.B. in 6 Monaten) der eine Partner liefert und welchen Preis der andere Partner dafür in der Zukunft zahlt. Hinsichtlich des **Verpflichtungscharakters** lassen sich die Derivate danach unterscheiden, ob beide Partner zur Lieferung bzw. Zahlung verpflichtet sind (unbedingtes Geschäft) oder nur der Verkäufer (bedingtes Geschäft).

Bei einem **Finanzswap** tauschen die Partner Zahlungsströme, beispielsweise fixe gegen variable Zinszahlungen. Es handelt sich um kein Termingeschäft, aber um ein Derivat. Gleichzeitig liegt ein unbedingtes Derivategeschäft vor, weil beide Parteien gleichermaßen zur Erfüllung verpflichtet sind. Es bestehen ein symmetrisches Rechte-Pflichten-Verhältnis und eine lineare Preisfunktion, d.h. der Gewinn des einen geht zulasten des anderen Partners.

Beispiel: Finanzswap

Das Unternehmen ABC schließt mit seiner Bank einen 3-jährigen Swapvertrag über 10 Mio. € ab. Während dieser Zeit muss das Unternehmen an die Bank Zinsen in Höhe des jeweiligen 6-Monats-Euribor zahlen und erhält im Gegenzug von der Bank fest 5 % (jeweils bezogen auf den Nominalbetrag von 10 Mio. €). Beläuft sich der Euribor anfangs auf 4 %, erzielt das Unternehmen einen Gewinn und die Bank einen Verlust. Diese Gewinn-Verlust-Situation kehrt sich um, falls der Euribor in den 3 Jahren über 5 % steigen sollte.

Unbedingte Termingeschäfte gleichen den Swaps in Bezug auf den Verpflichtungscharakter: Auch hier liegen ein symmetrisches Rechte-Pflichten-Verhältnis und eine lineare Preisfunktion vor. Im Gegensatz zu Swaps handelt es sich um Termingeschäfte, d.h. der Abschluss erfolgt heute, die Erfüllung in der Zukunft.

Beispiel: Unbedingtes Termingeschäft

Das Unternehmen ABC schließt mit seiner Bank ein unbedingtes Devisentermingeschäft ab. Es kauft 1 Mio. US-Dollar ($), wobei die Zahlungen erst in 3 Monaten erfolgen sollen. Beläuft sich der heutige Terminkurs auf 0,9 Mio. €, finden in 3 Monaten folgende Transaktionen statt: Das Unternehmen erhält von der Bank 1 Mio. $ und zahlt dafür 0,9 Mio. €. Hat sich bis dahin der Dollarkurs gegenüber dem Euro verschlechtert, sodass für 1 Mio. $ z.B. nur 0,85 Mio. € zu zahlen sind, bedeutet dies für das Unternehmen einen Verlust von 50.000 € und für die Bank einen entsprechend hohen Gewinn.

Bedingte Termingeschäfte bezeichnet man als **Optionen.** Diese Geschäfte beinhalten für den Optionskäufer das Recht, aber nicht die Verpflichtung, später den Basiswert zu vorab vereinbarten Bedingungen zu kaufen oder zu verkaufen. Während der Käufer ein Wahlrecht hat, muss der Verkäufer liefern bzw. zahlen, wenn es der Käufer verlangt. Dafür zahlt der Käufer dem Verkäufer eine Optionsprämie. Bei Optionen handelt es sich somit um asymmetrische und nicht lineare Termingeschäfte.

Beispiel: Bedingtes Termingeschäft

Das Unternehmen ABC benötigt in 3 Monaten 1 Mio. $. Das Unternehmen tätigt mit seiner Bank ein Devisenoptionsgeschäft zum Kauf von 1 Mio. $ zu 0,9 Mio. €. Dafür zahlt das Unternehmen seiner Bank eine Optionsprämie. Steigt der Dollarkurs, wird das Unternehmen in 3 Monaten die Option ausüben. Sinkt der Dollarkurs, lässt das Unternehmen die Option verfallen und deckt sich in 3 Monaten günstiger am Kassamarkt ein. Sein Verlust ist somit auf die Optionsprämie begrenzt.

Als **Basiswerte** spielen vor allem die **Finanzinstrumente** eine große Rolle. Im Fall von **Aktien** handelt es sich um die Aktien ausgewählter Unternehmen. Von den **Indizes** sind in erster Linie Aktienindizes (z.B. DAX) und Anleihenindizes (z.B. REX) zu nennen. Als **Zinstitel** kommen vielfältige Formen in Betracht: Zinssätze (z.B. Euribor), Schuldverschreibungen (z.B. Bundesanleihen) und Kredite. Derivate, die sich auf **Währungen** beziehen, dienen insbesondere der Devisenkurssicherung.

Gliedert man die Finanzderivate nach den **Basiswerten**, lassen sich die fünf Arten Aktien-, Index-, Zins-, Kredit- und Währungsderivate unterscheiden. In Kombination mit den drei Grundformen ergibt sich die Tabelle, die jene Finanzderivate enthält, die im Rahmen dieses Kapitels beschrieben werden. Es handelt sich bei weitem nicht um alle, sondern nur um einige wichtige derivative Finanzinstrumente.

Tabelle 1-1: Arten von Finanzderivaten

Art des Derivats	**Finanzswap**	**Unbedingtes Termingeschäft**	**Bedingtes Termingeschäft**
Aktienderivat			Aktienoption
Indexderivat		DAX-Future	DAX-Option
Zinsderivat	Zinsswap	Bund-Future, Forward Rate Agreement	Swaption, Cap, Floor, Collar
Kreditderivat	Total Return Swap		Credit Default Swap
Währungsderivat	Währungsswap, Zins- und Währungsswap	Outrightgeschäft	Devisenoption

1.2 Derivatehandel

Die spezifische Stärke derivativer Instrumente besteht in ihrer **Flexibilität**: Die Derivate bieten schnelle und kostengünstige Möglichkeiten der Rentabilitäts- und Risikosteuerung, ohne dass Liquiditätsumschichtungen bei Bilanzpositionen nötig sind (**Bilanzunwirksamkeit**). Beispielsweise kann ein Unternehmen ein bestehendes Aktiendepot gegen künftige Kurssenkungen absichern, ohne die Aktien verkaufen zu müssen. Zudem kann das Unternehmen die Derivate unbegrenzt kombinieren und auf seine individuellen Bedürfnisse zuschneiden. Daher bieten Finanzderivate ein breites Anwendungsspektrum. Unternehmen setzen sie vor allem für folgende **Zwecke** ein:

- **Absicherung (Hedging)**: Absicherung bestehender oder geplanter Positionen gegenüber Markt- und Ausfallrisiken

- **Spekulation (Trading)**: Nutzung von Preisunterschieden zur Erzielung eines Gewinns aufgrund von Markterwartungen; durch den Einsatz von Derivaten kann ein hohes Volumen mit relativ geringem Kapitaleinsatz bewegt werden (Hebelwirkung)

- **Arbitrage**: Nutzung von Preisdifferenzen zwischen verschiedenen Märkten und Produkten zur gleichen Zeit, insbesondere zwischen Kassa- und Derivatemarkt

- Derivate können außerhalb oder an einer Börse gehandelt werden. **Außerbörsliche Geschäfte** bezeichnet man als OTC-Geschäfte (Over-the-Counter-Geschäfte). Kauf und Verkauf der Derivate finden per Telefon und Computer statt. In der Praxis haben OTC-Derivate eine noch größere Bedeutung als die an der Börse gehandelten Instrumente. Vor allem in Banken besteht der überwiegende Teil des eigenen Derivatevolumens aus OTC-Geschäften.

Der Handel von Derivaten an einer **Börse** hat den Vorteil der höheren Transparenz, Liquidität und Sicherheit. Die Transparenz resultiert aus der Kontrolle des Handels und aus der Veröffentlichung der Börsenpreise. Liquidität bedeutet, dass es den Börsenteilnehmern im Allgemeinen jederzeit möglich ist, Derivate zu kaufen und zu verkaufen. Um dies zu gewährleisten, sind bestimmte Standardisierungen erforderlich (z.B. feste Preisspannen und Laufzeiten). Die höhere Sicherheit soll durch Minimierung der Risiken, die den Marktteilnehmern durch den Ausfall einer Vertragspartei entstehen können, erreicht werden. Dazu gibt es für die Börsen verschiedene **Sicherungseinrichtungen**:

- **Börsenteilnehmer**: Als direkte Marktteilnehmer sind nur Banken, Wertpapierhäuser und Makler zugelassen, sofern sie ausreichendes Eigenkapital und Garantien als Sicherheiten stellen.

- **Zentraler Kontrahent**: Die Börse selbst tritt als Vertragspartner jeweils zwischen Käufer und Verkäufer, sodass keine unmittelbare Rechtsbeziehung zwischen Käufer und Verkäufer besteht.

- **Margins**: Sobald sich für einen Marktteilnehmer eine Zahlungsverpflichtung aus seiner Position ergibt, muss er bei der Börse Sicherheitsleistungen in bar oder in Wertpapieren hinterlegen.

Derivate können grundsätzlich an Kassa- und Terminbörsen gehandelt werden. Dabei beschränken sich die **Kassabörsen** meistens auf Optionsscheine und Zertifikate. Weltweit dominieren eindeutig die **Terminbörsen**, von denen die Eurex eine der größten ist. Die **Eurex** (European Exchange) wird gemeinsam von Deutsche Börse AG und SIX Swiss Exchange betrieben. Sie ist eine **Computerbörse**, d.h. sowohl Handel als auch Clearing (Abwicklung und Abrechnung der Geschäfte) erfolgen voll elektronisch. Die Marktteilnehmer – Banken, Wertpapierhäuser und Makler – sind mit ihren Handelsterminals unabhängig von ihrem Standort direkt an die Eurex angeschlossen.

2 Finanzswaps

Der Begriff **Swap** (to swap = tauschen) hat auf den Finanzmärkten unterschiedliche Bedeutungen. So bezeichnet der Swapsatz auch die Differenz zwischen Termin- und Kassakurs von Devisen, und Devisenswapgeschäfte bedeuten den gleichzeitigen Abschluss eines Devisenkassa- und eines Devisentermingeschäfts.

Nachfolgend geht es um eine andere Form von Swapgeschäften, nämlich um **Finanzswaps**. Zu den Finanzswaps zählen Zins-, Währungs- und kombinierte Zins- und Währungsswaps. Allen Formen ist gemeinsam, dass es sich um außerbörsliche Derivate handelt.

2.1 Zinsswap

Auf Zinsswaps entfällt das höchste Volumen aller außerbörslichen Finanzderivate. Die nachstehenden Ausführungen sollen verdeutlichen, warum Zinsswaps heute wichtige Instrumente der Unternehmensfinanzierung sind.

2.1.1 Charakteristika

Ein Zinsswap ist die vertragliche Vereinbarung zwischen zwei Partnern, Zinszahlungen mit unterschiedlicher Zinsbasis, bezogen auf einen Kapitalbetrag in einer Währung für eine bestimmte Laufzeit, zu tauschen. Charakteristisch ist, dass die Beteiligten keine Kapitalvolumina, sondern nur unterschiedliche Zinszahlungen tauschen.

Abbildung 2-1: Merkmale von Zinsswaps

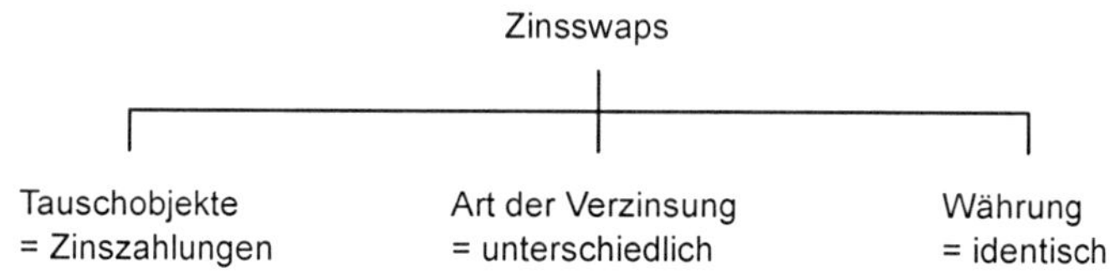

Je nach Art der Verzinsung liegt ein Basis- oder Kuponswap vor. Bei einem **Basisswap** tauschen die Parteien zwei variable Zinszahlungsströme, beispielsweise 6-Monats-

Euribor gegen 6-Monats-Libor oder 3-Monats-Euribor gegen 6-Monats-Euribor. Die wichtigere Form ist der **Kuponswap**. Hierbei tauschen die Parteien eine feste gegen eine variable Zinsbasis. Wenn als variabler Zinssatz z.B. Euribor verwendet wird, ergeben sich folgende Zahlungsströme:

Abbildung 2-2: Grundstruktur des Zinsswaps

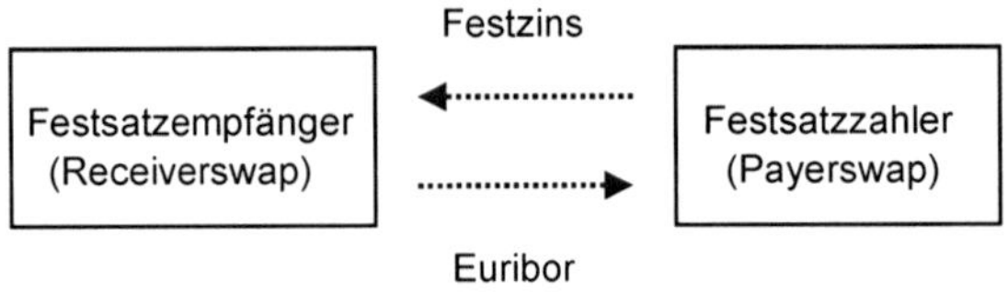

Anhand dieses Kuponswaps lässt sich ein Grundprinzip der Derivate verdeutlichen, nämlich die Duplikation. **Duplikation** (Zerlegung) heißt, dass Derivate immer durch andere Finanzinstrumente nachgebildet werden können. Beispielsweise ist der Receiverswap durch folgende Kassageschäfte duplizierbar: Aufnahme eines Euribor-Kredits und Anlage des Betrags zum Festzins.

Wenn ein Unternehmen diese **Kassageschäfte** realisiert, erhöht sich seine Bilanzsumme. Es handelt sich um **bilanzwirksame Transaktionen**. Nimmt das Unternehmen beispielsweise einen variabel verzinslichen Kredit über 2 Mio. € auf (Passivgeschäft) und investiert diese Summe in den Kauf einer Festzinsanleihe (Aktivgeschäft), steigen Aktiva und Passiva um jeweils 2 Mio. €. Die Bilanz wird aufgebläht und der Verschuldungsgrad verschlechtert sich infolge der zusätzlichen Kreditaufnahme.

Das Unternehmen kann dieselbe Wirkung durch einen Swap erreichen, jedoch mit dem Vorteil, dass sich der Swap nicht mit seinem gesamten Nominalvolumen in der Bilanz niederschlägt. Daher bezeichnet man Swaps – wie auch andere Derivate – als **nicht bilanzwirksame Geschäfte**.

Zinsswaps haben Laufzeiten von einem Jahr und mehr, d.h. sie sind eher **langfristige Instrumente**. Der zugrunde liegende **Nominalbetrag** (mindestens etwa 1 Mio. €) wird nicht getauscht, sondern dient als Bezugsgröße für die Ermittlung der Zinszahlungen.

Beispiel: Ermittlung der Zinsswap-Zahlungen

Der Euribor sei in einem Jahr konstant 4 %, als Festzins werden 5 % vereinbart. Bei einem Nominalbetrag von 10 Mio. € muss der Festzinsempfänger an den Festzinszahler in diesem Jahr insgesamt 400.000 € zahlen, während der Festzinszahler an den Festzinsempfänger insgesamt 500.000 € leistet.

Im Allgemeinen werden die Zinsen nachschüssig beglichen, so z.B. der Festzins nach einem Jahr, der 3-Monats-Euribor nach Ablauf eines Quartals und der 6-Monats-

Euribor nach Ablauf eines Halbjahres. Fallen die Festzins- und variablen Zinszahlungen auf denselben Termin, erfolgt in der Regel nur ein **Ausgleich des Spitzenbetrags**.

Aufgabe 26: Zinsswap-Zahlungen

Quotierung bedeutet Preisfestlegung. Im Fall von Zinsswaps bezieht sich die Quotierung auf die Höhe des Festzinssatzes (Swapsatzes). Zinsswaps quotieren in Prozent p.a. mit Geld- und Briefsätzen, die von der Swaplaufzeit und dem variablen Zins abhängen. Dieser Referenzzins ist meistens Euribor oder Libor für 3 oder 6 Monate.

Beispiel: Quotierung von Zinsswaps

Es liegt eine normale Zinsstruktur vor, was bedeutet, dass die Swapsätze mit zunehmender Laufzeit steigen. Eine Bank quotiert auf Basis des 6-Monats-Euribor folgende Zinsswaps:

Laufzeit	Geld	Brief
1 Jahr	4,54	4,57
3 Jahre	5,00	5,03
5 Jahre	5,39	5,42

Die Bank ist somit beispielsweise in Bezug auf 3-jährige Zinsswaps bereit, gegen Erhalt des 6-Monats-Euribor einen Festzins von 5,00 % zu zahlen bzw. gegen Erhalt eines Festzinses von 5,03 % den 6-Monats-Euribor zu zahlen. Die Differenz von 0,03 Prozentpunkten (3 Basispunkte) stellt die Handelsmarge der Bank dar.

2.1.2 Einsatzmöglichkeiten von Zinsswaps

Zinsswaps erlauben es den Marktteilnehmern, die Art der Verzinsung bei Bedarf jederzeit zu wechseln und sich auf diese Weise flexibel an die erwartete Zinsentwicklung anzupassen. Der Swapmarkt ist in den gängigen Zinssätzen, Währungen und Laufzeiten so liquide, dass Swaps jederzeit gekauft und verkauft werden können.

Der entscheidende **Vorteil** von Zinsswaps besteht darin, dass ein Unternehmen den Zinscharakter von Bilanzpositionen wechseln kann, ohne die betreffende Bilanzposition selbst zu verändern. So kann mithilfe von Swaps aus einem festverzinslichen ein variabel verzinslicher Kredit konstruiert werden, wobei das Unternehmen weder den Festsatzkredit kündigen noch einen variabel verzinslichen Kredit aufnehmen muss.

Die Zinsswaps eignen sich in erster Linie zur Steuerung im Rahmen des **Aktiv- und Passivmanagements**. Ein Unternehmen kann mit einem Aktivswap seine künftigen Zinserträge absichern oder erhöhen und mit einem Passivswap seine künftigen Zinskosten begrenzen oder verringern.

Abbildung 2-3: Anwendungen von Zinsswaps

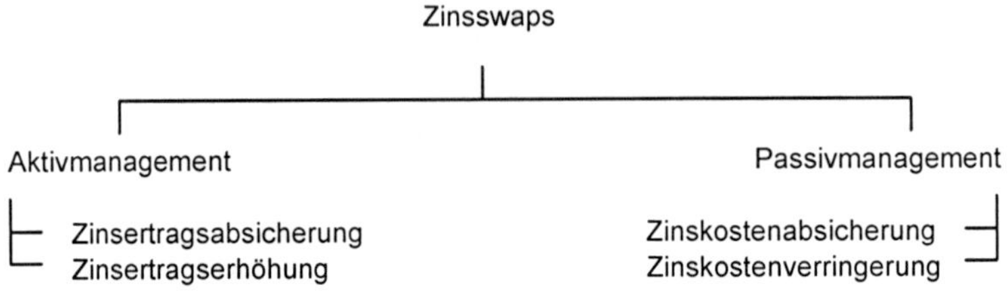

2.1.2.1 Aktivmanagement

Das Unternehmen tauscht künftige **Zinserträge**, die es aufgrund von **Forderungen** erwartet. Da sich die Tauschvorgänge auf Zinsen für Aktiva (Forderungen) beziehen, handelt es sich um Aktivswaps. Möglich sind sowohl der Tausch von variablen Zinssätzen in feste als auch der Tausch von festen Zinssätzen in variable.

Tausch von variabel in fest:

Ein Unternehmen hat für 2 Mio. € eine **variabel verzinsliche Anleihe** (Floating Rate Note, Floater) erworben. Die Restlaufzeit der Anleihe beträgt 3 Jahre. Der Floater wird mit dem 6-Monats-Euribor verzinst, d.h. der Emittent passt den Zinssatz der Anleihe alle 6 Monate an den aktuellen Geldmarktzins an.

Da das Unternehmen mit fallenden Marktzinsen rechnet, möchte es von einer variablen in eine feste Verzinsung wechseln. Eine Möglichkeit wäre, den Floater zu verkaufen und stattdessen eine Festzinsanleihe zu erwerben. Diese Transaktionen wären mit Kosten vor allem in Form von Bank- und Börsenprovisionen verbunden.

Das Unternehmen erzielt denselben Effekt (Tausch von variabel in fest), wenn es mit seiner Bank einen 3-jährigen **Zinsswap** vereinbart, wobei für den Swap keine Transaktionskosten anfallen. Der Zinsswap ist so gestaltet, dass die Bank an das Unternehmen einen Festzins (z.B. jährlich 5 %) zahlt und das Unternehmen an die Bank variable Zinsen in Höhe des Euribor, die es aus dem Floater bedient.

Beispiel: Receiverswap in Verbindung mit einem Floater

Das Unternehmen schließt einen **Receiverswap** ab, es ist Festzinsempfänger. Aufgrund der Kombination aus Kassageschäft (Floater) und Derivategeschäft (Zinsswap) verbleibt ihm per saldo ein **Festzinsertrag**. Daraus resultieren zwei **Vorteile**:

- **Absicherung**: Das Unternehmen sichert sich während der Swaplaufzeit gegen künftige Zinssenkungen ab, weil es den Floater-Euribor an die Bank weiterleitet und im Gegenzug den vereinbarten Festzins erhält. Das Risiko eines fallenden Euribor trägt die Bank; das Unternehmen erhält einen fixierten Zins in Höhe des Swapsatzes.

- **Ertragssteigerung**: Wenn eine normale Zinsstruktur gegeben ist, liegen die langfristigen Zinssätze über den kurzfristigen. Da es sich beim Swapsatz um einen langfristigen Zins und beim Euribor um einen kurzfristigen Geldmarktzins handelt, kann das Unternehmen seine künftigen Zinserträge durch den Tausch erhöhen, sofern die Geldmarktzinsen nicht deutlich steigen.

Sollte das Unternehmen den Swap nicht mehr benötigen, kann es den Swap zum aktuellen Marktpreis verkaufen.

Beispielsweise hat ein Unternehmen vor einiger Zeit Floater erworben. Die Verzinsung beläuft sich auf 6-Monats-Euribor plus 0,25 %. Die Restlaufzeit des Floaters beträgt 3 Jahre. Da das Unternehmen fallende Geldmarktzinsen befürchtet, möchte es sich mit einem festen Zins für die Restlaufzeit absichern.

Das Unternehmen schließt mit seiner Bank folgenden Zinsswap ab: Es zahlt an die Bank einen variablen Zins in Höhe des 6-Monats-Euribor und erhält von der Bank einen Festzins von 5,00 %. In jedem der restlichen 3 Jahre sehen die Zinszahlungsströme für das Unternehmen folgendermaßen aus:

Das Unternehmen erhält aus dem Floater	Euribor + 0,25 %
Das Unternehmen erhält aus dem Swap	5,00 %
Das Unternehmen zahlt aus dem Swap	Euribor
Das Unternehmen erhält per saldo	5,25 %

Obwohl das Unternehmen den Floater nicht verkauft, erzielt es wegen des zusätzlichen Swapgeschäfts im Endeffekt einen festen Zinsertrag von 5,25 % p.a.

Tausch von fest in variabel:

Ein Unternehmen hat vor einigen Jahren **festverzinsliche Anleihen** gekauft. Obwohl ein Zinsanstieg erwartet wird, will das Unternehmen die Anleihe nicht veräußern, sondern künftige Kursverluste mittels eines Zinsswaps ausgleichen. Das Unternehmen schließt mit seiner Bank einen Zinsswap ab, wonach es an die Bank feste Zinsen zahlt und von der Bank variable Zinsen (z.B. Euribor) erhält.

Beispiel: Payerswap in Verbindung mit einer Festzinsanleihe

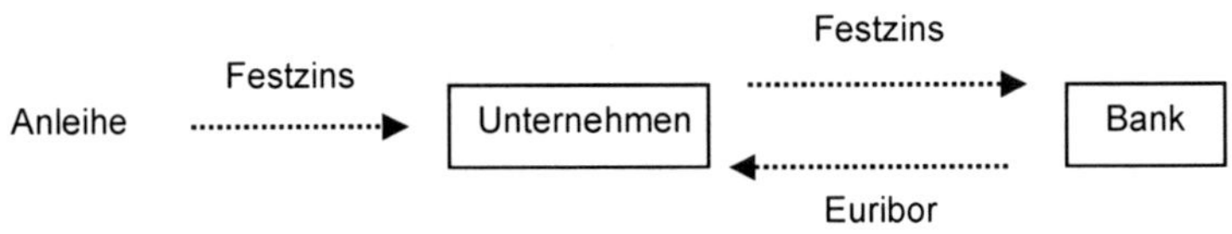

Insgesamt betrachtet hat das Unternehmen einen festen Zinsertrag in einen variablen getauscht, sodass es an steigenden Marktzinsen partizipieren wird. Buchwertverluste, die sich bei der Festzinsanleihe aufgrund des höheren Zinsniveaus ergeben, kann das Unternehmen mit den höheren Swapeinzahlungen kompensieren.

2.1.2.2 Passivmanagement

Das Unternehmen tauscht künftige **Zinsaufwendungen**, die es für **Verbindlichkeiten** zu zahlen hat. Da sich der Tausch auf Zinsen für Passiva (Verbindlichkeiten) bezieht, liegt ein Passivswap vor. Analog zu den Aktivswaps ist ein Tausch sowohl von variabel in fest als auch von fest in variabel möglich. Ziel kann die Begrenzung künftiger Zinsbelastungen oder die Verringerung der Zinskosten sein.

Tausch von variabel in fest:

Ein Unternehmen hat bei seiner Bank einen **variabel verzinslichen Kredit** über 4 Jahre aufgenommen. Als Zins wurde der 6-Monats-Euribor vereinbart. Bei einer normalen Zinsstruktur ist dieser Kredit günstiger als ein Festzinskredit, falls der Euribor während der Kreditlaufzeit weitgehend konstant bleibt oder sinkt.

Rechnet das Unternehmen z.B. nach Ablauf eines Jahres jedoch mit einer Zinssteigerung, kann es von einem variablen in einen Festzins wechseln, ohne den Kredit kündigen zu müssen. Es vereinbart mit einer Bank einen Swap, wonach das Unternehmen einen Festsatz zahlt und im Gegenzug den 6-Monats-Euribor erhält. Infolgedessen kann es Zinserhöhungen, die aus dem in Anspruch genommenen variabel verzinslichen Kredit resultieren, neutralisieren.

Darüber hinaus besteht die Chance, durch die Kombination eines variablen Kredits mit einem Swap einen insgesamt geringeren Zinssatz zu erzielen, als es bei einem Festzinskredit möglich wäre.

Beispiel: Payerswap in Verbindung mit variabel verzinslichem Kredit

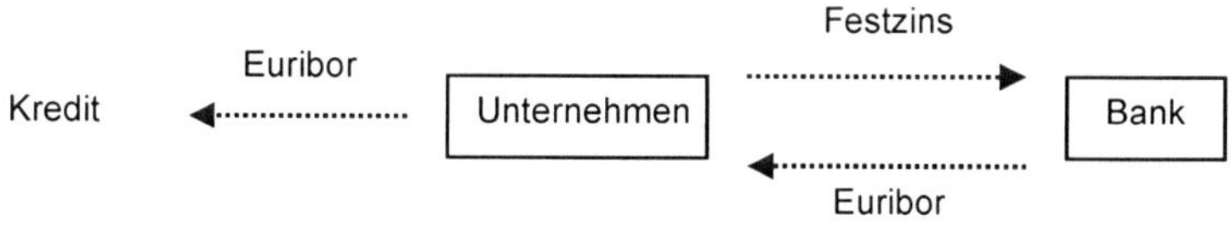

Beispielsweise hat ein Unternehmen vor einem Jahr einen 4-jährigen Kredit zu einem Zinssatz von 6-Monats-Euribor plus 1 % aufgenommen. Nach einem Jahr befürchtet das Unternehmen, dass die Zinsen steigen werden. Um seine künftige Zinsbelastung zu begrenzen, vereinbart es mit einer Bank für 3 Jahre folgenden Zinsswap: Das Unternehmen erhält Euribor und zahlt als Festzins 5,03 %. Aus Sicht des Unternehmens ergeben sich in den 3 Jahren nachstehende Zahlungsströme:

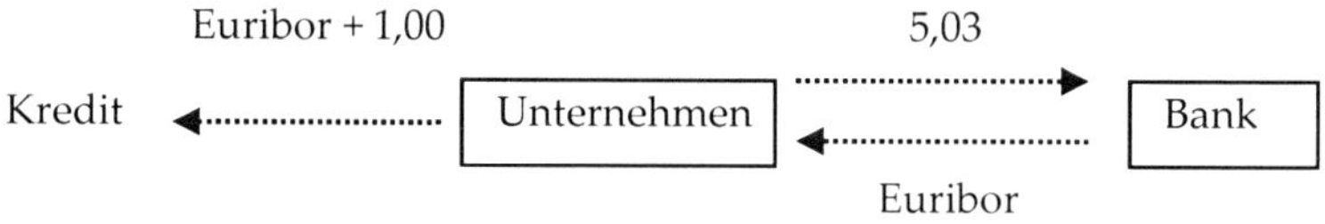

Das Unternehmen zahlt für den Kredit	Euribor + 1,00 %
Das Unternehmen erhält aus dem Swap	Euribor
Das Unternehmen zahlt aus dem Swap	5,03 %
Das Unternehmen zahlt per saldo	6,03 %

Unter Berücksichtigung des Swap beläuft sich die Zinsbelastung auf einen festen Satz von insgesamt 6,03 % pro Jahr. Gegebenenfalls gelingt dem Unternehmen gleichzeitig eine Zinskostenreduzierung, und zwar dann, wenn der Zins von 6,03 % niedriger als der Zins für einen Festsatzkredit ist (synthetischer Festsatzkredit).

Hinweis: Im vorhergehenden Beispiel zur Absicherung künftiger Zinserträge gilt ein Swapsatz von 5,00 % (Geld), in diesem Beispiel von 5,03 % (Brief). Da 5,00 % der Zins ist, den die Bank zahlt, und 5,03 % der Zins, den die Bank erhält, stellt die Differenz von 0,03 Prozentpunkten die Marge der Bank dar.

Tausch von fest in variabel:

Ein Unternehmen hat einen **Festzinskredit** aufgenommen. Zusätzlich tauscht es den Festzins mit einem Swap in einen variablen Zins.

Beispiel: Receiverswap in Verbindung mit festverzinslichem Kredit

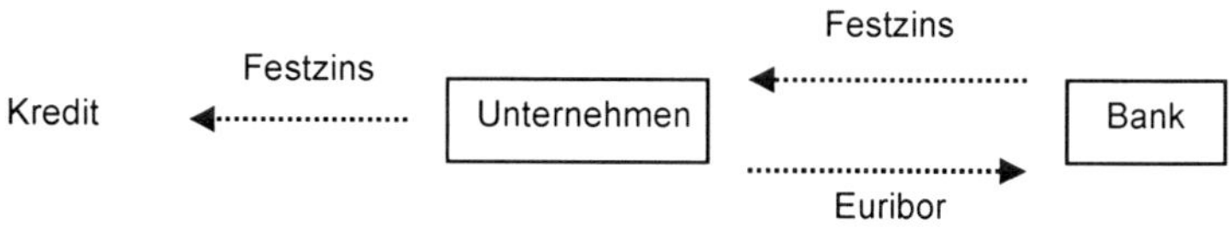

Der Abschluss dieses Receiverswaps kann auf zwei unterschiedliche Erwartungen zurückzuführen sein. Zum einen rechnet das Unternehmen mit fallenden Geldmarktzinsen. Zum anderen lohnt sich der Swap selbst bei konstanten oder leicht steigenden Geldmarktzinsen:

- **Konstanter Geldmarktzins:** Durch den Swap kann das Unternehmen seine Zinskosten reduzieren, wenn eine normale Zinsstruktur vorliegt.
- **Steigender Geldmarktzins:** Es ist die Zinsbelastung für die gesamte Laufzeit zu berücksichtigen. Folglich kann dieser Swap auch dann insgesamt von Vorteil sein, wenn der zu zahlende Geldmarktzins für einige Perioden über dem erhaltenen Festzins liegt.

Die Möglichkeit, mit einem Swap die Zinsbelastung zu verringern, nutzen in starkem Maße auch Staaten wie z.B. Deutschland. Da die staatliche Finanzagentur entsprechende Swapgeschäfte tätigt, kann der Bund weiterhin lang laufende Bundesanleihen emittieren und dennoch von niedrigen Geldmarktzinsen profitieren.

2.1.3 Ermittlung des Marktwertes von Zinsswaps

Der Marktwert eines Zinsswaps ist zum Zeitpunkt des Vertragsabschlusses null, wenn die Konditionen – Festzins und variabler Zins – marktgerecht sind. **Marktzinsänderungen** führen zu folgenden Auswirkungen auf den Swapwert:

- **Receiverswap:** Der Marktwert wird positiv bei fallenden Zinsen, weil der Festsatzempfänger aus dem bestehenden Swap einen höheren Zins als den aktuellen Marktzins erhält.
- **Payerswap:** Der Marktwert wird positiv bei steigenden Zinsen, weil der Festsatzzahler einen niedrigeren Zins als den aktuellen Marktzins zahlen muss.

Beispielsweise schließt ein Unternehmen einen Zinsswap ab, wobei es den Festzins empfängt und den variablen Zins zahlt (**Receiverswap**). Für den Swap gelten folgende Konditionen: Nominalbetrag = 1 Mio. €, Laufzeit = 4 Jahre, Festzins = 7 %, variabler Zins = 3-Monats-Euribor.

Nach einem Jahr sei das Zinsniveau gefallen: Zinssatz für 4-jährige Swaps = 6,50 % für 3-jährige Swaps = 6,25 %. Nach Ablauf dieses Jahres kann der (gestiegene) Swapmarktwert mithilfe eines **fiktiven Gegenswap** ermittelt werden. Um den Swap für die Restlaufzeit neutralisieren zu können, müsste das Unternehmen einen 3-jährigen Payerswap abschließen.

Für die restlichen 3 Jahre vereinnahmt das Unternehmen aus dem Receiverswap 7 % und zahlt aus dem (fiktiven) Payerswap 6,25 %. Daraus errechnet sich ein jährlicher Überschuss von 0,75 % bzw. 7.500 €. Um den Swapmarktwert zu bestimmen, wird dieser jährliche Überschuss von 7.500 € mit Zerobond-Zinssätzen diskontiert. Der Marktwert des Swaps entspricht dann der Summe der Barwerte:

Jahr	Überschuss (€)	Zerobond-Zinssatz (%)	Zerobond-Abzinsungsfaktor	Überschuss-Barwert (€)
1	7.500	5,50	0,9479	7.109
2	7.500	5,92	0,8913	6.685
3	7.500	6,29	0,8328	6.246
Summe				20.040

Der Swapmarktwert beläuft sich in diesem Beispiel auf 20.040 €. Für eine genauere Berechnung müssten zusätzlich die Differenzen zwischen den variablen Zinszahlungen berücksichtigt werden, indem man die Differenzbeträge bis zum nächsten Zinsfestsetzungstermin ermittelt und auf den Bewertungsstichtag abzinst.

2.2 Weitere Swapformen

Neben den Zinsswaps gibt es weitere wichtige Swapformen. Die nachstehend beschriebenen Instrumente sind Währungsswaps und Zins-/Währungsswaps.

2.2.1 Währungsswap

Bei einem Währungsswap handelt es sich um den Tausch von Zinszahlungen und Kapitalbeträgen in unterschiedlicher Währung. Teilweise verzichten die Swappartner auf den Tausch des Kapitalbetrags. Die Art der Verzinsung ist identisch, getauscht werden also nur variable gegen variable Zinssätze oder feste gegen feste Zinssätze.

Abbildung 2-4: Merkmale von Währungsswaps

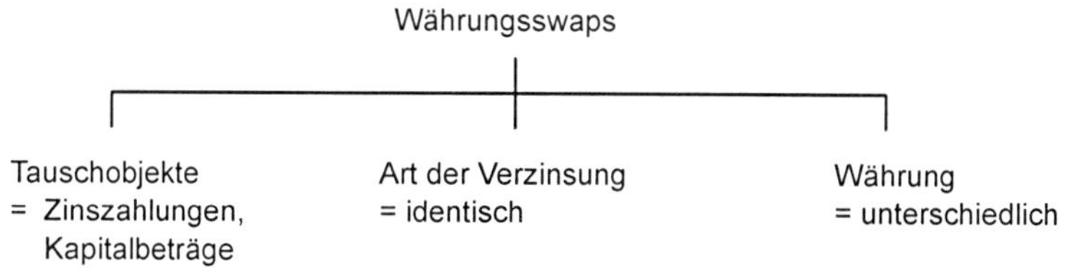

Charakteristisch ist außerdem, dass sich Währungsswaps auf ein hohes Volumen und eine längere Laufzeit beziehen. Wie die Zinsswaps lassen sich auch die Währungsswaps für eine Vielzahl von Einsatzmöglichkeiten nutzen.

Anhand des Währungsswaps soll nachfolgend die **Nutzung komparativer Kostenvorteile** durch Arbitrage verdeutlicht werden: Zwei Swappartner können sich durch einen Währungsswap Kapital zu einem Zins beschaffen, der für beide niedriger als der Zins ist, den sie ohne Swap zahlen müssten. Die Nutzung solcher Kostenvorteile durch Arbitrage stand zu Beginn der Swapmarktentwicklung als Hauptmotiv der Teilnehmer im Vordergrund. Für eine derartige Arbitrage mit Währungsswaps müssen folgende **Voraussetzungen** erfüllt sein:

- Zwischen den Swappartnern besteht ein Bonitäts- bzw. Standingunterschied, sodass der von ihnen zu zahlenden Kreditzinssatz unterschiedlich hoch ist.
- Die Differenz zwischen den Zinssätzen beider Unternehmen in einer Währung muss kleiner sein als die Zinsdifferenz in der anderen Währung.
- Beide Partner benötigen Mittel in derselben Höhe, Verzinsungsart und Laufzeit, aber in unterschiedlicher Währung.

Beispielsweise benötigt ein amerikanisches Unternehmen A 8 Mio. € und ein deutsches Unternehmen B 10 Mio. US-Dollar ($). Der Kapitalbedarf soll jeweils durch Aufnahme eines 4-jährigen Festzinskredits gedeckt werden. Aufgrund der unterschiedlichen Bonitäten gelten folgende Kreditzinssätze:

	Kredit in $	Kredit in €	Wunsch
Unternehmen A	7,0	8,0	€
Unternehmen B	6,0	6,5	$
Zinsdifferenz	1,0	1,5	

Ohne Swap müsste das amerikanische Unternehmen A einen 4-jährigen Kredit über 8 Mio. € zu 8 % aufnehmen, das deutsche Unternehmen B einen 4-jährigen Kredit über 10 Mio. $ zu 6 %. Zusammen beliefen sich die Zinskosten auf jährlich 14 %.

Mit Swap können beide Unternehmen ihre Zinskosten reduzieren und zugleich eine Wechselkurssicherung vornehmen. Die beiden Unternehmen vereinbaren deshalb einen Währungsswap. Sie tauschen Zinszahlungen und Kapitalbeträge, wobei jeweils ein Kassawechselkurs von 1,25 $ pro 1 € gilt. Die Transaktionen lassen sich **drei Phasen** zuordnen, nämlich den Eröffnungs-, Zins- und Schlusstransaktionen.

Eröffnungstransaktionen: Unternehmen A nimmt bei seiner Bank einen festverzinslichen Kredit über 10 Mio. $ zu 7 % auf. Unternehmen B lässt sich von seiner Bank einen Kredit über 8 Mio. € zu 6,50 % gewähren. Insgesamt betragen die Zinskosten nunmehr 13,5 %, was eine Ersparnis von 0,50 Prozentpunkten bedeutet.

Die Partner beschaffen sich also jeweils Mittel in einer anderen Währung, als sie letztlich benötigen. Deshalb tauschen die Partner anschließend die Währungsbeträge zum Kassawechselkurs.

Beispiel: Eröffnungstransaktionen bei einem Währungsswap

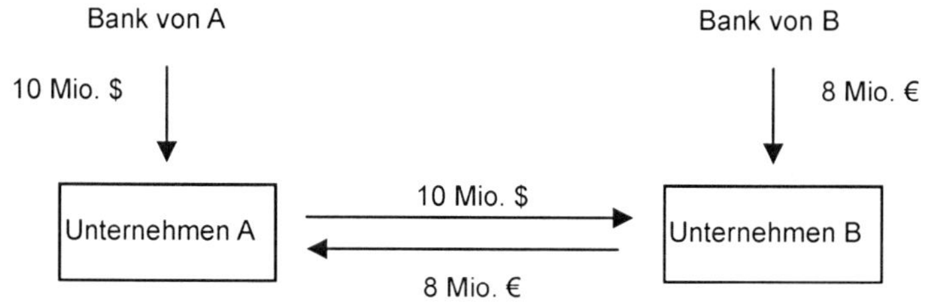

Zinstransaktionen: A und B tauschen während der Swaplaufzeit Zinszahlungen. Sie vereinbaren, dass A an B 6,50 % in € zahlt und B an A 5,75 % in $. Die Zinszahlungen werden auf Basis des ursprünglichen Kassawechselkurses umgerechnet.

Beispiel: Zinstransaktionen bei einem Währungsswap

Schlusstransaktionen: Am Ende der Vertragslaufzeit (nach 4 Jahren) tauschen A und B die Währungsbeträge wieder und zahlen die Kredite an die Banken zurück. Auch für diese Tauschaktionen wird der Wechselkurs bereits bei Abschluss des Swapvertrages in Höhe des ursprünglichen Kassakurses festgelegt.

Beispiel: Schlusstransaktionen bei einem Währungsswap

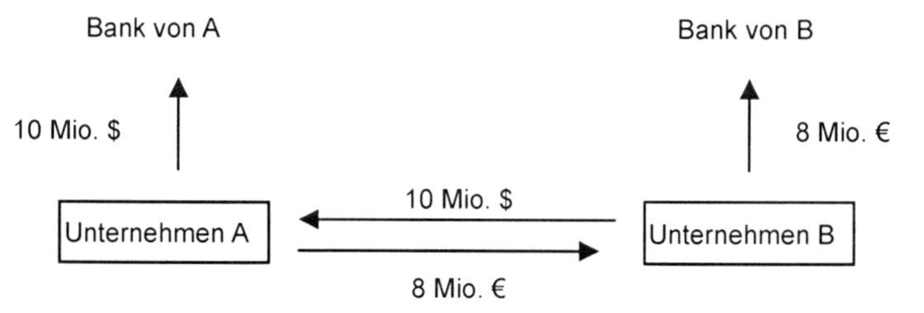

Dank dieses Währungsswaps können sowohl Unternehmen A als auch Unternehmen B ihre Zinskosten um jeweils 0,25 Prozentpunkte verringern; darüber hinaus werden Währungsrisiken abgesichert:

	Unternehmen A	Unternehmen B
Zins ohne Swap	8,00 %	6,00 %
Zins mit Swap	7,00 + 6,50 – 5,75 = 7,75 %	6,50 + 5,75 – 6,50 = 5,75 %
Zinsersparnis	0,25 %	0,25 %

Im Beispiel wird der Zinsnutzen hälftig auf die beiden Swappartner verteilt. Die tatsächliche Verteilung hingegen kann je nach Marktsituation unterschiedlich sein.

2.2.2 Zins-/Währungsswap

Eine weitere Art des Swaps bildet der kombinierte Zins-/Währungsswap. Hierbei handelt es sich um eine Kombination aus Zinsswap und Währungsswap. Die Partner tauschen wie beim Währungsswap Zinsen und Kapitalbeträge in unterschiedlicher Währung und wie beim Zinsswap feste gegen variable Zinssätze:

Abbildung 2-5: Merkmale kombinierter Zins-/Währungsswaps

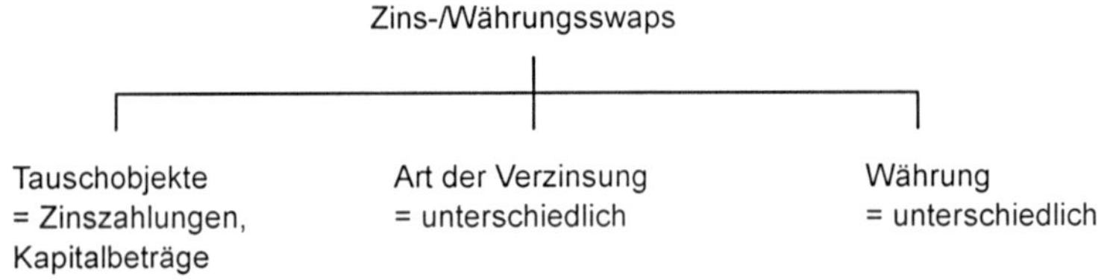

Ein amerikanisches Unternehmen A benötigt 100 Mio. € mit fester Verzinsung und ein deutsches Unternehmen B 125 Mio. $ mit variabler Verzinsung, jeweils für 10 Jahre. Der Kapitalbedarf soll jeweils durch die Emission einer 10-jährigen Anleihe gedeckt werden. Aufgrund der unterschiedlichen Bonitäten gelten folgende Anleihenzinssätze:

	Floater in $	Festinsanleihe in €	Wunsch
Unternehmen A	Libor + 1,25 %	6,75 %	€ und fest
Unternehmen B	Libor + 1,00 %	6,25 %	$ und variabel
Zinsdifferenz	0,25 %	0,50 %	

Ohne Swap müsste das amerikanische Unternehmen A eine 10-jährige Festzinsanleihe über 100 Mio. € zu 6,75 % emittieren, das deutsche Unternehmen B eine 10-jährige Floating-Rate-Note (Floater) über 125 Mio. $ zu Libor + 1,00 %. Zusammen beliefen sich die Zinskosten auf jährlich Libor + 7,75 %.

Mit Swap können beide Unternehmen ihre Zinskosten reduzieren und zugleich eine Wechselkurssicherung vornehmen. Die beiden Unternehmen vereinbaren deshalb einen kombinierten Zins-/Währungsswap. Sie tauschen Zinszahlungen und Kapitalbeträge, wobei jeweils ein Kassawechselkurs von 1,25 $ pro 1,00 € gilt. Die Transaktionen lassen sich wiederum **drei Phasen** zuordnen:

Eröffnungstransaktionen: Unternehmen A emittiert einen Floater über 125 Mio. $ zu Libor + 1,25 %. Unternehmen B emittiert eine Festzinsanleihe über 100 Mio. € zu 6,25 %. Insgesamt betragen die Zinskosten nunmehr Libor + 7,50 %, was eine Ersparnis von 0,25 Prozentpunkten bedeutet. Anschließend tauschen die Unternehmen die Währungsbeträge zum Kassakurs.

Beispiel: Eröffnungstransaktionen bei einem Zins-/Währungsswap

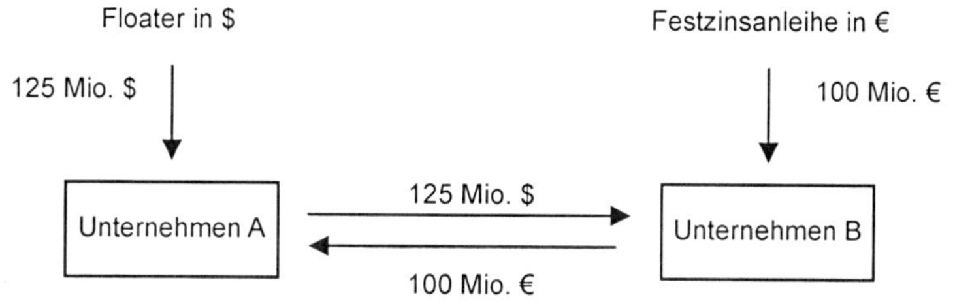

Zinstransaktionen: A und B tauschen während der Swaplaufzeit Zinszahlungen. Sie vereinbaren, dass A an B 5,40 % in € zahlt und B an A Libor in $. Die Zinszahlungen werden auf Basis des ursprünglichen Kassawechselkurses umgerechnet.

Beispiel: Zinstransaktionen bei einem Zins-/Währungsswap

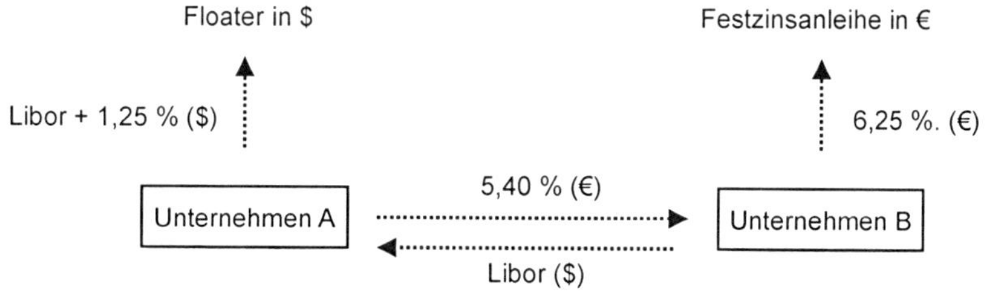

Schlusstransaktionen: Am Ende der Vertragslaufzeit (nach 10 Jahren) tauschen A und B die Währungsbeträge wieder und zahlen die Beträge an die Anleihengläubiger

zurück. Auch für diese Tauschaktionen wird der Wechselkurs bereits bei Abschluss des Swapvertrages in Höhe des ursprünglichen Kassakurses festgelegt.

Beispiel: Schlusstransaktionen bei einem Zins-/Währungsswap

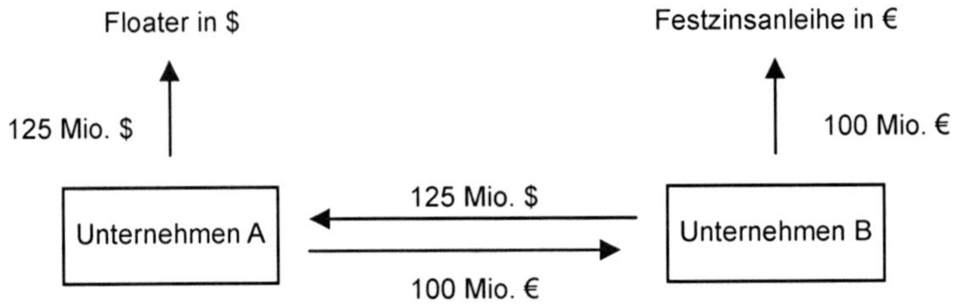

Dank dieses Währungsswaps können sowohl Unternehmen A als auch Unternehmen B ihre Zinskosten verringern; darüber hinaus werden Währungsrisiken abgesichert:

	Unternehmen A	**Unternehmen B**
Zins ohne Swap	6,75 %	Libor + 1,00 %
Zins mit Swap	Libor + 1,25 + 5,40 – Libor = 6,65 %	6,25 – 5,40 + Libor = Libor + 0,85 %
Zinsersparnis	0,10 %	0,15 %

3 Unbedingte Termingeschäfte

Merkmal unbedingter Termingeschäfte ist, dass sowohl Käufer als auch Verkäufer des Derivats zur späteren Zahlung bzw. Lieferung verpflichtet sind – es besteht ein **symmetrisches Rechte-Pflichten-Verhältnis**. Mathematisch betrachtet liegt eine **lineare Preisfunktion** vor. Dies bedeutet, der Preis des Derivats ändert sich in konstanten Raten, wenn sich der Preis des zugrunde liegenden Basiswertes ändert. Dadurch entspricht der Gewinn des Käufers dem Verlust des Verkäufers und umgekehrt.

Abbildung 3-1: *Derivat mit linearer Preisfunktion*

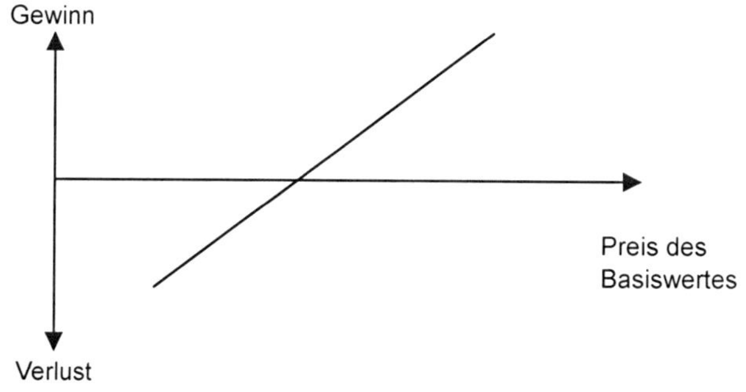

Unbedingte Termingeschäfte werden außerbörslich (OTC) oder börslich gehandelt. Außerbörsliche unbedingte Termingeschäfte heißen **Forwards**, und börsliche unbedingte Termingeschäfte sind **Futures**.

3.1 Forwards

Im Rahmen der unbedingten OTC-Transaktionen kommt den Devisentermingeschäften und Forward Rate Agreements eine große Bedeutung zu.

3.1.1 Devisentermingeschäft

Ein Unternehmen, das ein Devisentermingeschäft tätigt, hat vor allem das Ziel, die aus künftigen Wechselkursschwankungen resultierenden Risiken abzusichern. Ein Instrument hierfür ist das so genannte Outrightgeschäft (Sologeschäft).

Bei einem **Outrightgeschäft** handelt es um ein außerbörsliches, unbedingtes Devisentermingeschäft, das ein Unternehmen im Allgemeinen mit seiner Bank abschließt. Ein Importeur kauft und ein Exporteur verkauft später fällige Fremdwährungsbeträge. Dabei vereinbaren Unternehmen und Bank bereits heute den **Terminkurs**, zu dem die Währungen später gewechselt werden.

Beispielsweise hat ein deutscher **Importeur** Waren über 100.000 $ gekauft. Lieferung und Zahlung der Waren sollen in 6 Monaten erfolgen. Da der Dollarkurs bis in 6 Monaten steigen kann, besteht für den Importeur ein Wechselkursrisiko. Um dieses Risiko abzusichern, schließt er mit seiner Bank nachstehendes Outrightgeschäft ab: Kauf von 100.000 $ per Termin zum Kurs von 90.000 €.

Beispiel: Outrightgeschäft

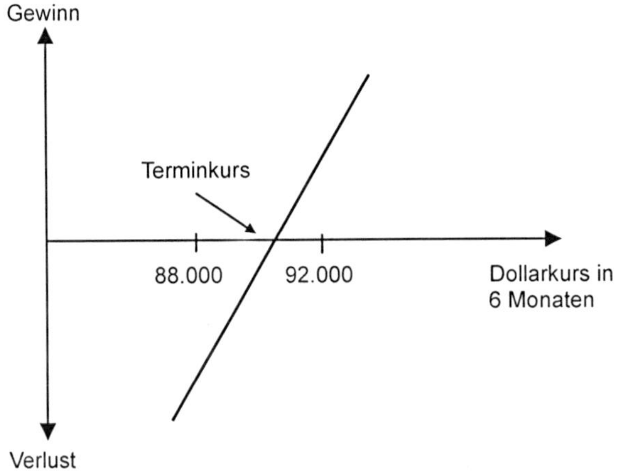

In 6 Monaten ist der Importeur verpflichtet, das Termingeschäft zu erfüllen: Er erhält von der Bank 100.000 $ und zahlt dafür 90.000 €. Je nach Kassakursentwicklung des Dollar lassen sich für den Importeur zwei unterschiedliche Ergebnissituationen darstellen:

- **Gestiegener Dollarkurs** (auf z.B. 92.000 €): Der Abschluss des Devisentermingeschäfts hat sich für den Importeur im Nachhinein als richtig erwiesen. Hätte er keine Kurssicherung betrieben, müsste er 100.000 $ zu 92.000 € beschaffen. Da er sich mit dem Termingeschäft einen Kurs von 90.000 € gesichert hat, erzielt er einen (Opportunitäts-)Gewinn von 2.000 €.

- **Gesunkener Dollarkurs** (auf z.B. 88.000 €): Der Importeur muss aufgrund des Devisentermingeschäfts 2.000 € mehr als am Kassamarkt zahlen. Der (Opportunitäts-)Verlust beträgt 2.000 €.

3.1.2 Forward Rate Agreement

Ein Forward Rate Agreement (FRA) ist ein Termingeschäft auf einen Zinssatz. Nachfolgend werden das Wesen, die Anwendung und der FRA-Satz beschrieben.

3.1.2.1 Wesen von Forward Rate Agreements

Forward Rate Agreements sind Termingeschäfte, mit denen sich künftige **Zinssätze** bereits heute fixieren lassen. Daher zählen Forward Rate Agreements zu den Zinsderivaten. Zwei Parteien legen zum heutigen Zeitpunkt (t_0) einen Zinssatz (FRA-Satz) fest, der nach einer bestimmten Vorlaufperiode (t_0 bis t_1) für die Dauer einer bestimmten FRA-Periode (abgesicherte Referenzperiode t_1 bis t_2) für einen bestimmten Nominalbetrag gelten soll.

Abbildung 3-2: Zeitlicher Ablauf eines FRA

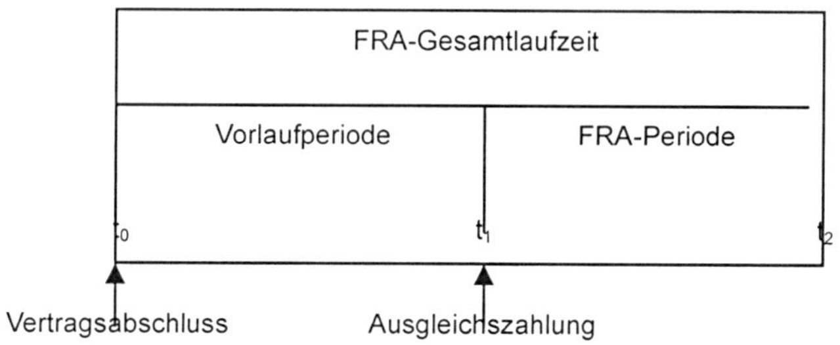

Bei Vertragsabschluss vereinbaren die Partner außerdem einen variablen **Referenzzins** (z.B. 3-Monats-Euribor). Zu Beginn der Referenzperiode wird das FRA durch **Ausgleichszahlungen** von einem der beiden Partner erfüllt:

- Referenzzins ist **höher** als FRA-Satz: Der Verkäufer des FRA leistet die Ausgleichszahlung an den Käufer.

- Referenzzins ist **niedriger** als FRA-Satz: Der Käufer muss den Ausgleichsbetrag an den Verkäufer zahlen.

Abbildung 3-3: Zahlungsverpflichtungen bei einem FRA

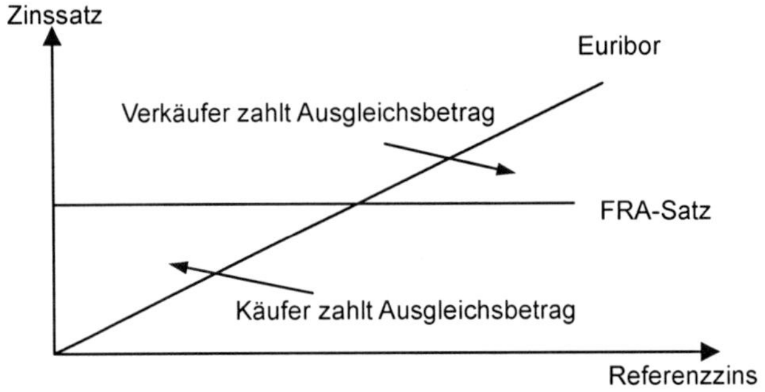

Forward Rate Agreements haben in der Regel eine **Gesamtlaufzeit** (Vorlauf- und FRA-Periode) von bis zu 24 Monaten. Die Laufzeiten sind also deutlich niedriger als bei Zinsswaps. Zur Kennzeichnung der Laufzeit wird jeweils die Monatszahl für die Länge der Vorlaufperiode und der Gesamtlaufzeit angegeben, z.B. 3 x 9 („drei gegen neun"). In diesem Fall beträgt die Vorlaufperiode 3 Monate, die Gesamtlaufzeit 9 Monate; die eigentliche FRA-Periode macht somit 6 Monate aus.

3.1.2.2 Anwendung von Forward Rate Agreements

Mit einem FRA-Vertrag kann ein Unternehmen bestehende oder geplante Geldanlagen und Kreditaufnahmen gegenüber **Zinsänderungsrisiken absichern**; daneben kann ein FRA der **Spekulation** dienen:

- **FRA-Käufer**: Sichert sich gegenüber steigenden Marktzinsen ab (Kreditverpflichtung) oder spekuliert auf steigende Zinsen (offene Long-Position).
- **FRA-Verkäufer**: Sichert sich gegenüber fallende Zinsen ab (Geldanlage) oder spekuliert auf fallende Zinsen (offene Short-Position).

Forward Rate Agreements beziehen sich grundsätzlich auf **großvolumige Geschäfte.** Beispielsweise beabsichtigt ein Unternehmen, in 2 Monaten einen 3-monatigen Kredit über 10 Mio. € aufzunehmen. Der Kreditzins beläuft sich auf 3-Monats-Euribor plus 1,0 %. Da das Unternehmen steigende Geldmarktzinsen befürchtet, möchte es sich das derzeitige niedrigere Zinsniveau sichern. Dazu kauft das Unternehmen bei seiner Bank ein FRA mit folgender Ausstattung:

Kauf eines FRA:	2 x 5
Nominalbetrag:	10 Mio. €
FRA-Satz:	4,5 %
Referenzzins:	3-Monats-Euribor
Abschlusstag:	1. Februar
Beginn der Vorlaufperiode:	3. Februar
Fixingtag:	1. April
Ausgleichszahlung:	3. April
FRA-Periode:	3. April bis 2. Juli (91 Tage)

Die Vorlaufperiode beginnt grundsätzlich 2 Geschäftstage nach Vertragsabschluss. Ebenfalls 2 Geschäftstage liegen zwischen dem Fixing, d.h. dem Tag der Zinsfeststellung, und dem Beginn der FRA-Periode.

Beim Fixing am 1. April liege der 3-Monats-Euribor mit 5,0 % über dem FRA-Satz von 4,5 %. Dann erhält das Unternehmen für die FRA-Periode von seiner Bank die Zinsdifferenz von 0,5 Prozentpunkten bezogen auf den Nominalbetrag von 10 Mio. €. Da die Ausgleichszahlung bereits zu Beginn der FRA-Periode am 3. April erfolgt, wird die Zahlung nach folgender **Formel** abgezinst:

$$\text{Ausgleichszahlung} = \frac{\frac{(\text{Referenzzins} - \text{FRASatz}) \cdot \text{Nominalbetrag} \cdot \text{Tage}}{100 \cdot 360}}{1 + \frac{\text{Referenzzins} \cdot \text{Tage}}{100 \cdot 360}}$$

$$= \frac{\frac{(5{,}0 - 4{,}5) \cdot 10\,\text{Mio.}\,€ \cdot 91}{36000}}{1 + \frac{5{,}0 \cdot 91}{36000}} = 12481{,}14$$

Den Betrag in Höhe von 12.481,14 € hat die Bank als FRA-Verkäufer an das Unternehmen als FRA-Käufer zu zahlen. Auf diese Weise werden die gestiegenen Finanzierungskosten des Unternehmens vollständig aufgefangen. Wäre der Referenzzins bis zum 1. April unter den FRA-Satz gefallen, hätte das Unternehmen einen Ausgleich an die Bank zahlen müssen; dem hätten gleich hohe Opportunitätsgewinne aufgrund der geringen Zinskosten gegenüber gestanden.

Der Ausgleichsbetrag entspricht zum Zeitpunkt der Zahlung am 3. April dem **FRA-Marktwert.** Soll der Marktwert beispielsweise per 3. März ermittelt werden, ist dieser Betrag mit dem 1-Monats-Euribor nochmals abzuzinsen.

Die Absicherung des Grundgeschäftes (hier: Kreditaufnahme mit dem Risiko steigender Zinsen) erfolgt also immer durch den Abschluss einer **gegenläufigen Position** (hier: FRA mit dem Risiko fallender Zinsen). Insgesamt betrachtet hat das Unternehmen den Kreditzins auf 5,5 % festgeschrieben (FRA-Satz von 4,5 % plus Spread von 1,0 %). Die Zinskosten sind dann – je nach Euribor – wie folgt:

Euribor	Ohne FRA	Mit FRA = Euribor + Spread + Ausgleich
3,5 %	4,5 %	5,5 % = 3,5 % + 1,0 % + 1,0 %
4,0 %	5,0 %	5,5 % = 4,0 % + 1,0 % + 0,5 %
4,5 %	5,5 %	5,5 % = 4,5 % + 1,0 % + 0,0 %
5,0 %	6,0 %	5,5 % = 5,0 % + 1,0 % – 0,5 %
5,5 %	6,5 %	5,5 % = 5,5 % + 1,0 % – 1,0 %

Als außerbörsliche Termingeschäfte haben Forward Rate Agreements den **Vorteil**, dass sie sich entsprechend den jeweiligen Anforderungen der Marktteilnehmer individuell gestalten lassen. So können insbesondere Volumina, Währungen und Laufzeiten maßgeschneidert angepasst werden. Die Neutralisierung des FRA ist durch Abschluss eines Gegengeschäfts jederzeit möglich.

3.1.2.3 FRA-Satz

Die Höhe des FRA-Satzes hängt in erster Linie vom Verlauf der **Zinsstrukturkurve** ab: Der FRA-Satz entspricht dem aus der Zinsstrukturkurve ermittelten Terminsatz (impliziter Forwardsatz). Bei einer normalen Zinsstrukturkurve liegen die FRA-Sätze über den aktuellen Marktzinssätzen, bei einer inversen darunter.

Der implizite Forwardsatz lässt sich rechnerisch durch **Duplikation** darstellen. Mit Bezug auf das vorhergehende Beispiel sei angenommen, das Unternehmen kaufe ein FRA 2 x 5 und sichere damit den Kreditzins nach oben ab. Dasselbe Ergebnis kann durch folgende Kassamarkttransaktionen erreicht werden: a) Aufnahme eines 5-monatigen Kredits zum 5-Monats-Euribor und b) Anlage des Betrags in den ersten 2 Monaten zum 2-Monats-Euribor. Der FRA-Satz errechnet sich aus dem Zinsaufwand minus Zinsertrag dieser Kassageschäfte bezogen auf 10 Mio. €. Für den FRA-Satz gilt folgende **Formel**:

$$\text{FRA-Satz} = \left(\frac{1 + \frac{\text{Zins Gesamtlaufzeit} \cdot \text{Tage Gesamtlaufzeit}}{100 \cdot 360}}{1 + \frac{\text{Zins Vorlaufperiode} \cdot \text{Tage Vorlaufperiode}}{100 \cdot 360}} - 1 \right) \cdot \frac{100 \cdot 360}{\text{Tage FRA-Periode}}$$

Bei der **Preisfestlegung** quotieren die Banken unterschiedliche FRA-Sätze. Deren Höhe hängt von Geld und Brief sowie von der Länge der Vorlauf- und FRA-Perioden ab.

Beispiel: FRA-Quotierung

Eine Bank quotiert folgende FRA-Sätze:

FRA	Geld	Brief
1 x 4	4,41	4,44
2 x 5	4,47	4,50
3 x 6	4,51	4,54
3 x 9	4,60	4,63

Ein Unternehmen, das z.B. ein FRA 2 x 5 bei der Bank kauft, sichert sich in 2 Monaten für 3 Monate einen Zinssatz von 4,50 %. Einem Unternehmen, das zum selben Zeitpunkt ein FRA 2 x 5 verkauft, garantiert die Bank 4,47 %. Die Differenz von 0,03 Prozentpunkten ist die Marge der Bank.

Aufgabe 27: Forward Rate Agreement

3.2 Futures

Financial Futures sind standardisierte Finanzterminkontrakte, die an **Börsen** gehandelt werden. Beide Vertragsparteien sind **verpflichtet**,

- eine bestimmte Menge des zugrunde liegenden Finanzinstruments (**Basiswert**)
- zu einem im Voraus fixierten Preis (**Futurepreis**)
- an einem festgelegten späteren Zeitpunkt (**Liefertag**)
- abzunehmen (**Käufer des Futures**)
- oder zu liefen (**Verkäufer des Futures**).

Da der Abschluss eines Futures sowohl für den Käufer als auch für den Verkäufer verpflichtenden Charakter hat, müssen beide Parteien **Margins** hinterlegen. Deren Zweck ist es, die aus einer offenen Position entstandenen Risiken abzudecken. Deshalb richtet sich der Marginbetrag nach der Höhe des Verlustes, der von einem Börsentag auf den anderen möglich ist. Die Margins können in bar oder in Wertpapieren erbracht werden und sind täglich anzupassen:

- **Initial Margin**: Diese Einschusszahlung ist bei Eröffnung einer Futureposition sowohl vom Käufer als auch vom Verkäufer zu leisten.
- **Tägliche Marginanpassung**: Am Ende eines Handelstages wird der Gewinn bzw. Verlust einer Futureposition für diesen Tag ermittelt. Gewinne werden der Position gutgeschrieben, während Verluste der Position belastet werden.

Ein wesentlicher **Vorteil** des Börsenhandels besteht darin, dass die Marktteilnehmer ihre eingenommenen Kauf- und Verkaufspositionen dank der hohen Liquidität jederzeit durch entsprechende Gegengeschäfte **glattstellen** können. Auf diese Weise brauchen sie nicht bis zur tatsächlichen Erfüllung des Kontraktes in Form der Lieferung oder Abnahme zu warten.

Zur Verdeutlichung der Funktionsweise von Financial Futures werden im Folgenden zwei Eurex-Futures vorgestellt, und zwar der Bund-Future und der DAX-Future.

3.2.1 Bund-Future

Der Eurex-Bund-Future zählt wie der Zinsswap und das Forward Rate Agreement zu den Zinsderivaten. **Basiswert** ist hier eine langfristige Schuldverschreibung des Bundes. Da der Future im Gegensatz zu den beiden anderen Instrumenten an einer Börse gehandelt wird, sind Standardisierungen erforderlich, die sich in folgenden **Kontraktspezifikationen** niederschlagen:

Tabelle 3-1: Kontraktspezifikationen des Bund-Futures (Quelle: Eurex)

Basiswert	Langfristige Schuldverschreibung des Bundes mit einer Restlaufzeit von 8 ½ bis 10 ½ Jahren und einem Nominalzins von 6 %
Kontraktgröße	100.000 €
Erfüllung	Lieferung und Bezahlung entsprechender Anleihen
Laufzeit	Bis zu 9 Monaten
Preisnotierung	In Prozent vom Nominalwert mit zwei Nachkommastellen
Preisintervall	Tickgröße 0,01 % (10 €)
Schlussabrechnungspreis	Volumengewichteter Durchschnitt der Preise der letzten Abschlüsse
Letzter Handelstag	2 Börsentage vor dem jeweiligen Liefertag
Liefertag	10. Kalendertag des Liefermonats

3.2.1.1 Basiswert und Preisbildung

Dem Bund-Future liegt eine idealtypische langfristige Schuldverschreibung des Bundes mit einem Zinssatz von 6 % und einem Nominalvolumen von 100.000 € zugrunde. Sie wird als **idealtypisch** bezeichnet, weil eine solche Schuldverschreibung mit exakt den genannten Bedingungen meistens überhaupt nicht existiert.

Aus diesem Grund kann der Verkäufer eines Bund-Futures zwischen mehreren **lieferbaren Anleihen** wählen. Dabei handelt es sich um vergleichbare Anleihen, deren Preis anhand eines Konvertierungsfaktors in der Weise bestimmt wird, dass ihre Renditen der 6-prozentigen Nominalverzinsung der idealtypischen Schuldverschreibung entsprechen. Die günstigste lieferbare Anleihe heißt **Cheapest-to-Deliver (CtD)**.

Der **theoretisch richtige Preis** des Bund-Futures hängt von mehreren Faktoren ab, und zwar insbesondere vom Preis des Basiswertes (genauer: vom Preis der Cheapest-to-Deliver-Anleihe). Darüber hinaus sind die **Cost-of-Carry** von Bedeutung. Darunter versteht man die Finanzierungskosten abzüglich Zinsertrag, die sich beim Erwerb des Basiswertes ergeben würden. Somit lautet die **Formel** für den theoretisch richtigen Preis des Bund-Futures:

$$P_{BUND} = P_{BASIS} + (r \cdot (P_{BASIS} + S)) - Z_{BASIS}$$

P_{BUND} = Preis des Bund-Futures
P_{BASIS} = Preis des Basiswertes (CtD-Anleihe)
r = Risikofreier Zinssatz für die Restlaufzeit des Bund-Futures
S = Beim Erwerb des Basiswertes zu zahlende Stückzinsen
Z_{BASIS} = Entgangener Zinsertrag aus dem Basiswert

Die **Finanzierungskosten** hängen vom Zinssatz für die Restlaufzeit des Futures ab, also von einem kurzfristigen Zins. Demgegenüber hängt der entgangene **Zinsertrag** vom Nominalzins der Bundesanleihe ab, also von einem langfristigen Zins. Infolgedessen liegt der Preis des Bund-Futures bei einer **normalen Zinsstruktur** unter dem Preis des Basiswertes und bei einer **inversen Zinsstruktur** über dem Preis des Basiswertes. Die Differenz zwischen Futurepreis und Preis des Basiswertes bezeichnet man als **Basis**.

Die **Preisnotierung** des Bund-Futures erfolgt entsprechend den Anleihenkursen an der Kassabörse in Prozent vom Anleihennennwert. Die kleinstmögliche Preisänderung ist 0,01 Prozentpunkte, was einem Tickwert von 10 € entspricht (0,01 % von 100.000 €).

Die **Laufzeit** der Futures beträgt maximal 9 Monate mit 3-monatigen Intervallen. Die Lieferung erfolgt jeweils am 10. Tag der Monate März, Juni, September oder Dezember. Das bedeutet beispielsweise, dass ein Käufer, der einen Kontrakt im Februar eines Jahres abschließen will, zwischen den drei Liefermonaten März, Juni oder September wählen kann.

Beispiel: Bund-Future

Der Preis für Bund-Futures mit Liefermonat Juni beläuft sich am 14. Februar auf 109,84 %. Angenommen sei, die CtD-Anleihe entspreche genau der fiktiven Schuldverschreibung. Dann folgt daraus, dass der Verkäufer eines Futures am 10. Juni Anleihen im Nominalbetrag von 100.000 € zum dann gültigen Kurs zu liefern hätte, während der Käufer eines Futures am 10. Juni 109,84 % von 100.000 €, d.h. 109.840 € (zuzüglich der aufgelaufenen Stückzinsen) zu zahlen hätte. Beträgt der Kurs der gelieferten Anleihen 111.000 €, würde der Käufer einen Gewinn in Höhe von 1.160 € erzielen. Der Verlust des Verkäufers wäre genauso hoch.

3.2.1.2 Anwendung des Bund-Futures

Mit Bund-Futures kann ein Unternehmen mehrere Zwecke verfolgen. Aus der Vielzahl der Einsatzmöglichkeiten werden nachstehend die Spekulation und Absicherung beschrieben.

Spekulation:

In diesem Fall gehen Marktteilnehmer offene Positionen ein, um durch die Nutzung von Preisänderungen Gewinne zu erzielen. Dabei warten Käufer und Verkäufer im Allgemeinen nicht bis zum letzten Handelstag, sondern stellen sich zur Vermeidung der Erfüllung vorzeitig glatt:

- **Long Future:** Die Käufer von Bund-Futures setzen auf sinkende langfristige Zinsen und somit auf steigende Anleihen- und Futurepreise.
- **Short Future:** Die Verkäufer von Bund-Futures setzen auf steigende langfristige Zinsen und somit auf sinkende Anleihen- und Futurepreise.

Zur Spekulation sind Futures nicht zuletzt deshalb geeignet, weil nur relativ geringe Margins als Sicherheitsleistungen erforderlich sind, sodass eine starke Hebelwirkung möglich ist.

Am 14. Februar hat der Juni-Bund-Future z.B. einen Preis von 109,84 %. Pro Future hat ein Investor anfangs eine Margin von 1.400 € zu hinterlegen. Verändert sich der Futurepreis zu seinen Ungunsten, muss er Nachschusszahlungen leisten.

Ein Investor rechnet für die nächsten Wochen mit steigenden Kapitalmarktzinsen und fallenden Futurepreisen. Deshalb verkauft er 15 Kontrakte und zahlt eine Margin von insgesamt 21.000 €.

Die Erwartungen des Investors bestätigen sich: Der Futurepreis hat sich am 30. März auf 109,32 % verringert. Er stellt sich glatt, indem er 15 Futures zum Preis von je 109,32 % kauft. Daraus resultiert folgender Gewinn: 52 Ticks · 10 € · 15 Futures = 7.800 €, d.h. 37 % der Einschusszahlung.

Absicherung (Hedging):

Bund-Futures erlauben die Absicherung von Kassapositionen in langfristigen Schuldverschreibungen gegen **Zinsänderungsrisiken.** So kann ein Investor mit dem Verkauf von Bund-Futures (Short Hedge) ein bestehendes Anleihenportfolio gegen Zinssteigerungen und damit gegen Kursverluste absichern. Mit dem Kauf von Bund-Futures (Long Hedge) kann er ein künftiges Portfolio oder einen geplanten Leerverkauf gegen Zinssenkungen und damit gegen Kurssteigerungen absichern.

Für die Absicherung ist die **Hedge Ratio** entscheidend. Sie gibt Auskunft darüber, wie viele Futures abgeschlossen werden müssen, um ein Anleihenportfolio abzusichern. Das einfachste Verfahren ist die **Nominalwertmethode.** Danach errechnet sich die

Anzahl der Futures, indem man den Nominalwert der Kassaposition und den Nominalwert eines Futures ins Verhältnis setzt:

$$\text{Hedge Ratio} = \frac{\text{Nominalwert Kassaposition}}{\text{Nominalwert Future}}$$

Der Nominalwert (die Kontraktgröße) eines Eurex-Bund-Futures beträgt 100.000 €. Wenn das Anleihenportfolio einen Nominalwert von 5 Mio. € hat, müsste der Investor 50 Kontrakte abschließen.

Beispielsweise verfügt ein Investor im Februar über ein Portfolio mit Bundesanleihen im Nominalwert von 5 Mio. €, die er im September verkaufen möchte. Im Februar sind der Kurs der Anleihen 123,15 %, während der Preis des Bund-Futures (der CtD-Anleihe) 122,54 % beträgt. Um sein Portfolio gegen Kursverluste zu sichern, muss er eine gegenläufige Futureposition einnehmen, d.h. er verkauft 50 Futures.

Bis September sind die Zinsen tatsächlich gestiegen, wodurch der Anleihenkurs auf 118,75 % und der Futurepreis auf 117,50 % gefallen sind. Er stellt seine Futureposition glatt, wodurch sich im September folgende Situation ergibt:

Anleihen: Kurs im Februar = 6.157.500 €, Kurs im September = 5.937.500 €, Kursverlust = 220.000 €.

Futures: Verkauf im Februar zu 122,54 %, Kauf im September zu 117,50, Gewinn = 504 Ticks · 10 € · 50 Futures = 252.000 €.

Der Investor kann den Verlust aus dem Anleihenportfolio durch den Gewinn bei den Futures mehr als ausgleichen. Er erzielt einen Überschuss von 32.000 €, weil er zu viele Futures abgeschlossen hat und übersichert ist. Wäre hingegen der Anleihenkurs bis zum September gestiegen, würde diesem Kursgewinn ein deutlich höherer Verlust aus dem Futuregeschäft gegenüberstehen.

Folglich hat die Nominalwertmethode den **Nachteil**, dass sie nicht die unterschiedlichen Sensitivitäten der Kassaposition und des Futures auf Zinsänderungen berücksichtigt. Je niedriger der Festzinssatz ist, umso stärker ist die Zinsempfindlichkeit der Anleihe. Damit kann die Kursänderung der Anleihe erheblich von der Preisänderung des Futures abweichen.

Bessere Ergebnisse lassen sich insbesondere mit der **Basispunktmethode** erzielen. Dabei wird für die Kassaposition (Anleihenportfolio) und die Cheapest-to-Deliver-Anleihe errechnet, wie stark deren Preise auf eine Marktzinsänderung von 0,01 Prozentpunkten (1 Basispunkt) reagieren. Die Anzahl der abzuschließenden Futures ermittelt sich nunmehr folgendermaßen:

$$\text{Hedge Ratio} = \frac{\text{Nominalwert Kassaposition}}{\text{Nominalwert Future}} \cdot \frac{\text{BPW Kassaposition}}{\text{BPW CtD}} \cdot \text{KF der CtD}$$

BPW = Basispunktwert
CtD = Cheapest-to-Deliver-Anleihe
KF = Konvertierungsfaktor

Der **Konvertierungsfaktor** ist der Preis einer Festzinsanleihe bei einem Marktzins von 6 %, dividiert durch 100. So bedeutet ein Konvertierungsfaktor von z B. 0,799131, dass die CtD-Anleihe einen deutlich unter 6 % liegenden Zinskupon aufweist und einen Preis von 79,9131 % hat.

Beispielsweise sei der absolute Basispunktwert für die Kassaposition 0,038 und für die CtD-Anleihe 0,035. D.h. die Veränderung des Preises der Kassaposition bzw. der CtD-Anleihe beträgt 0,038 bzw. 0,035 Prozentpunkte, wenn sich der Marktzins um 0,01 Prozentpunkte ändert. Bei einem angenommenen Konvertierungsfaktor der CtD-Anleihe von 0,799131 errechnet sich für das vorhergehende Absicherungsbeispiel folgende Kontraktzahl:

$$\text{Hedge Ratio} = \frac{5.000.000}{100.000} \cdot \frac{0{,}038}{0{,}035} \cdot 0{,}799131 = 43{,}4$$

Der Investor verkauft im Februar 43 Futures. Der Gewinn aus der Futureposition ist nunmehr 504 Ticks · 10 € · 43 Futures = 216.720 €. Damit wird der Kursverlust aus dem Anleihenportfolio nahezu vollständig ausgeglichen.

3.2.2 DAX-Future

Dem DAX-Future liegt als Basiswert ein Index zugrunde, nämlich der **Deutsche Aktienindex**. Die **Kontraktspezifikationen** der Eurex sind:

Tabelle 3-2: Kontraktspezifikationen des DAX-Futures (Quelle: Eurex)

Basiswert	Deutscher Aktienindex (DAX)
Kontraktwert	25 € pro Indexpunkt
Erfüllung	Barausgleich (Cash Settlement)
Laufzeit	Bis zu 9 Monaten
Preisnotierung	In Punkten mit einer Nachkommastelle
Preisintervall	Tickgröße 0,5 Punkte (12,50 €)
Schlussabrechnungspreis	Wert des DAX am letzten Handelstag
Letzter Handelstag	3. Freitag des Fälligkeitsmonats
Erfüllungstag	1. Börsentag, der dem letzten Handelstag folgt

3.2.2.1 Basiswert und Preisbildung

Basiswert ist der **DAX**. Ein Indexpunkt entspricht einem Wert von 25 €. Da der DAX keine physische Größe ist, erfolgt die Verrechnung nach Ende der Laufzeit **in bar** (Cash Settlement, Barausgleich). Der **Käufer** eines DAX-Futures muss die Differenz zwischen dem vereinbarten Preis und dem niedrigeren Schlussabrechnungspreis (Final Settlement Price) begleichen, während der **Verkäufer** die Differenz zwischen dem vereinbarten Preis und dem höheren Schlussabrechnungspreis zahlen muss.

Beispiel: Barausgleich beim DAX-Future

Ein Unternehmen kauft einen DAX-Future zum Preis von 8.000 Punkten. Der Kontraktwert bezieht sich auf 200.000 € (8.000 · 25 €). Bei Laufzeitende – z.B. 2 Monate später – beträgt der DAX 7.800 Punkte. Daraus folgt, dass dem Unternehmen insgesamt 200 Punkte · 25 € = 5.000 € belastet worden sind. Hätte es jedoch den DAX-Future zu 8.000 verkauft, wären ihm per saldo 5.000 € gutgeschrieben worden.

Der **Preis** des Eurex-DAX-Futures liegt in der Regel über dem jeweiligen DAX-Stand. Dies ist durch die **Cost-of-Carry** bedingt: Da der Anleger DAX-Futures erwirbt, entstehen keine Finanzierungskosten für den Gegenwert des erforderlichen Kassageschäftes (d.h. für den Kauf von Aktien über 200.000 €). Die Futureposition ist attraktiver als die Kassamarkttransaktion, sodass der Futurepreis einen Aufschlag gegenüber dem DAX aufweist. Die Finanzierungskosten reduzieren sich in diesem Fall nicht durch Erträge aus dem Basiswert (z.B. Dividenden), weil solche Erträge beim DAX als Performance-Index bereits eingerechnet sind.

Beispiel: Preisbildung beim DAX-Future

Der Terminpreis = Kassapreis + Cost-of-Carry. Der DAX steht bei 8.000 Punkten. Die Laufzeit eines DAX-Futures beträgt 60 Tage. Der Zinssatz für 2-Monatsgeld sei 3,0 %. Damit errechnet sich für diesen DAX-Future ein Preis von 8.040 Punkten:

$$\text{Futurepreis} = 8.000 + \frac{3{,}0 \cdot 8.000 \cdot 60}{100 \cdot 360} = 8.040$$

3.2.2.2 Anwendung des DAX-Futures

Im Folgenden wird der Einsatz zu Spekulations- und Absicherungszwecken beschrieben. Dabei ist zu berücksichtigen, dass sowohl die Käufer als auch die Verkäufer **Margins** zu leisten haben, die wegen der stärkeren Volatilität des DAX höher als beim Bund-Future sind.

Spekulation:

Der Anleger hält eine offene Position, um bei einem Steigen bzw. Sinken des Aktienindexes Gewinn zu erzielen. Die mögliche Rendite ist im Vergleich zur Kassaposition aufgrund der Hebelwirkung deutlich größer. Dabei ist meistens beabsichtigt, nicht bis zum letzten Handelstag zu warten, sondern sich vorzeitig glattzustellen:

- **Long Future**: Die Käufer von DAX-Futures setzen auf einen steigenden Aktienindex.
- **Short Future**: Die Verkäufer von DAX-Futures setzen auf einen fallen Aktienindex.

Am 14. Februar beläuft sich der DAX z.B. auf 7.966 Punkte, während der Juni-DAX-Future einen Preis von 8.000 Punkten hat. Ein Investor rechnet mit allgemein steigenden Aktienkursen und kauft deshalb 5 DAX-Futures. Als Einschusszahlung muss er eine Margin von 9.000 € pro Future hinterlegen, insgesamt also 45.000 €. Da er mit diesem Betrag ein Volumen von 1 Mio. € bewegt (8.000 · 25 € · 5 Futures), ergibt sich eine starke Hebelwirkung.

Die Erwartungen des Investors bestätigen sich: Bis zum 30. März sind der DAX auf 8.120 und der DAX-Future auf 8.148 gestiegen. Er stellt sich glatt, indem er 5 Futures zum Preis von je 8.148 verkauft. Daraus resultiert folgender Gewinn: 148 Punkte · 25 € · 5 Futures = 18.500 €, d.h. 41 % der Einschusszahlung.

Absicherung (Hedging):

Der Einsatz von DAX-Futures kann ein Aktienportfolio gegenüber **allgemeinen Aktienkursänderungen** absichern (Hedging systematischer Risiken). Ein Investor kann mit dem **Verkauf** von DAX-Futures (Short Hedge) ein bestehendes Aktienportfolio gegen Kursverluste absichern. Mit dem **Kauf** von DAX-Futures (Long Hedge) kann er den zukünftigen Kauf eines Portfolios gegenüber bis dahin steigenden Aktienkursen absichern.

Da die Zusammensetzung des Aktienportfolios in der Regel nicht genau dem DAX entspricht, wird sich die Wertentwicklung des Portfolios von der des Indexes unterscheiden. Dieser Abweichung kann man mit so genannten **Beta-Faktoren** Rechnung tragen. Das **Beta** drückt die Sensibilität einer Aktie oder eines Aktienportfolios gegenüber dem gesamten Markt, d.h. hier im Verhältnis zum DAX, aus:

- **Beta > 1:** Die Aktie bzw. das Portfolio reagiert stärker als der DAX.
- **Beta = 1:** Die Sensibilität der Aktie bzw. des Portfolios gleicht dem DAX.
- **Beta < 1:** Die Aktie bzw. das Portfolio reagiert schwächer als der DAX.

Die **Anzahl** der abzuschließenden Futures ermittelt sich dann folgendermaßen:

$$\text{Hedge Ratio} = \frac{\text{Betagewichteter Portfoliowert}}{\text{DAX} \cdot 25}$$

Beispielsweise seien am 14. Februar der DAX 7.966 Punkte und der DAX-Future 8.000 Punkte. Ein Investor hält an diesem Tag folgendes Aktienportfolio:

Aktie	Anzahl	Kurs	Marktwert	Beta	Betagewichteter Wert
A-Aktie	4.000	39	156.000	1,1935	186.186
B-Aktie	7.000	52	364.000	0,9595	349.258
C-Aktie	9.000	25	225.000	1.1622	261.495
Gesamt			745.000	1,0697	796.939

Um das Portfolio gegen Kursverluste aufgrund allgemeiner Marktrisiken abzusichern, muss der Investor eine gegenläufige Futureposition aufbauen, d.h. er verkauft 4 DAX-Futures. Die erforderliche Kontraktzahl errechnet sich aus der Hedge Ratio:

$$\frac{796939}{7966 \cdot 25} = 4 \text{ Futures}$$

Wenn bis zum 30. März der DAX auf 7.700 und der DAX-Future auf 7.728 fallen sollten, sieht die Gewinn- und Verlustsituation des Investors wie folgt aus:

Aktien: Unter der Annahme, dass sich der Portfoliowert im Vergleich zum DAX gemäß dem Porfolio-Beta (1,0697) verringert hat, ergibt sich ein Verlust von 26.611 €: Marktwert am 14. Februar = 745.000 €, Marktwert am 30. März = 718.389 €.

Futures: Am 14. Februar Verkauf von 4 DAX-Futures zu je 8.000, am 30. März Glattstellung durch Kauf von 4 DAX-Futures zu je 7.728. Daraus ergibt sich ein Gewinn von 27.200 € = 272 Punkte · 25 € · 4 Futures.

Der Kursverlust des Aktienportfolios wird vollständig durch den Gewinn beim Futuregeschäft ausgeglichen. Wären dagegen die Aktienkurse gestiegen, stände diesem Gewinn ein etwa gleich hoher Verlust beim Futuregeschäft gegenüber.

4 Optionen

Optionen zählen wie Forwards und Futures zu den Termingeschäften, weil Vertragsabschluss und Erfüllung zeitlich auseinander fallen. Im Gegensatz zu Forwards und Futures handelt es sich bei Optionen um **bedingte Termingeschäfte**, weil der Optionskäufer das Recht auf, aber nicht die Pflicht zur Erfüllung hat. Die folgenden Abschnitte beschreiben zunächst das Wesen von Optionen und anschließend die Aktien- und Aktienindexoptionen sowie die wichtigsten Zinsoptionen.

4.1 Wesen von Optionen

Das Wesen der Optionen soll anhand des Begriffs, der Grundpositionen und des Optionspreises verdeutlicht werden.

4.1.1 Begriff und Grundpositionen

Eine Option ist ein Vertrag zwischen zwei Parteien: dem Käufer und dem Verkäufer. Der **Käufer der Option** erwirbt gegen Zahlung des Optionspreises das Recht,

- ein bestimmtes Finanzinstrument (Basiswert, z.B. Aktien)
- in einer festgelegten Menge (Kontraktgröße, z.B. 100 Aktien)
- innerhalb einer bestimmten Frist (amerikanische Option) oder zu einem festgelegten Zeitpunkt (europäische Option)
- zu einem im Voraus vereinbarten Preis (Basispreis, Ausübungspreis)
- zu kaufen (Kaufoption, Call) oder zu verkaufen (Verkaufsoption, Put).

Der Käufer, auch Inhaber der Option genannt, hat also ein Wahlrecht, aber keine Verpflichtung. Dagegen hat der **Verkäufer der Option** die Pflicht, den Basiswert zum vereinbarten Basispreis zu verkaufen bzw. zu kaufen, sobald der Käufer sein Recht in Anspruch nimmt, d.h. die Option ausübt. Dafür erhält der Verkäufer, auch Stillhalter der Option genannt, vom Käufer den Optionspreis (Optionsprämie).

Entsprechend den Financial Futures kommt es bei den Optionen meistens nicht zur tatsächlichen Erfüllung der Kontrakte, weil sich die Parteien vor Fristablauf glattstellen oder die Käufer ihre Option verfallen lassen. Im Gegensatz zu den Futures besteht bei den Optionen ein **asymmetrisches Rechte-Pflichten-Verhältnis**: Während der Käufer keiner Erfüllungspflicht unterliegt und die Option verfallen lassen kann, geht der Verkäufer eine Verpflichtung ein.

Der Käufer einer Option nimmt eine **Long-Position** ein. Kauft er eine Kaufoption, handelt es sich um einen Long Call; kauft er eine Verkaufsoption, liegt ein Long Put vor. Der Verkäufer einer Option nimmt eine **Short-Position** ein. Verkauft er eine Kaufoption, handelt es sich um einen Short Call; verkauft er eine Verkaufsoption, liegt ein Short Put vor. Infolgedessen sind mit Optionen vier **Grundpositionen** möglich.

Tabelle 4-1: Grundpositionen bei Optionen

Kaufoption (Call)		Verkaufsoption (Put)	
Kauf einer Kaufoption (Long Call)	**Verkauf einer Kaufoption (Short Call)**	**Kauf einer Verkaufsoption (Long Put)**	**Verkauf einer Verkaufsposition (Short Put)**
Käufer hat das Recht, den Basiswert zum vereinbarten Basispreis zu kaufen	Verkäufer hat die Pflicht, den Basiswert zum vereinbarten Basispreis zu verkaufen, falls der Call ausgeübt wird	Käufer hat das Recht, den Basiswert zum vereinbarten Basispreis zu verkaufen	Verkäufer hat die Pflicht, den Basiswert zum vereinbarten Basispreis zu kaufen, falls der Put ausgeübt wird
Erwartungshaltung per Verfalltag: stark steigender Preis des Basiswertes	Erwartungshaltung per Verfalltag: stagnierender, leicht fallender oder leicht steigender Preis des Basiswertes	Erwartungshaltung per Verfalltag: stark fallender Preis des Basiswertes	Erwartungshaltung per Verfalltag: stagnierender, leicht steigender oder leicht fallender Preis des Basiswertes
Maximaler Gewinn: unbegrenzt	Maximaler Gewinn: begrenzt auf vereinnahmten Optionspreis	Maximaler Gewinn: begrenzt auf Basispreis abzüglich Optionspreis	Maximaler Gewinn: begrenzt auf vereinnahmten Optionspreis
Maximaler Verlust: begrenzt auf Optionspreis	Maximaler Verlust: unbegrenzt	Maximaler Verlust: begrenzt auf Optionspreis	Maximaler Verlust: begrenzt auf Basispreis abzüglich Optionspreis

Die vier Grundpositionen werden im Folgenden am **Beispiel von Aktienoptionen** analysiert: Basiswert = ABC-Aktie, Basispreis = 40 €, Optionspreis = 3 €. Aus Vergleichsgründen sei unterstellt, dass der Optionspreis für die Kauf- und Verkaufsoption identisch ist und dass die Positionen bis zum Fälligkeitstag gehalten werden.

(1) Kauf einer Kaufoption (Long Call)

Der Käufer der Kaufoption ist berechtigt, die ABC-Aktie zum Basispreis von 40 € zu erwerben. Dafür zahlt er bei Vertragsabschluss an den Verkäufer der Kaufoption den Optionspreis von 3 €. Welchen Gewinn bzw. Verlust der Käufer realisiert, hängt davon ab, wie sich der Kurs der ABC-Aktie entwickelt.

Der Käufer profitiert von **stark steigenden Aktienkursen**. Sein **maximaler Gewinn** ist unbegrenzt, weil der Aktienkurs theoretisch gegen unendlich streben kann. Erhöht sich der Aktienkurs bis zum Verfalltermin beispielsweise auf 47 €, könnte er die Aktie zu 40 € vom Optionsverkäufer erwerben und an der Kassabörse zu 47 € veräußern. Sein Gewinn wäre somit 4 € (7 € Kursgewinn minus 3 € Optionspreis). Die **Gewinnschwelle** beläuft sich auf 43 € (40 € Basispreis plus 3 € Optionspreis), und der **maximale Verlust** ist begrenzt auf den gezahlten Optionspreis von 3 €.

Beispiel: Long-Call-Position am Fälligkeitstermin

Aktienkurs	Ergebnis pro Aktie	Optionspreis	Gesamtergebnis
39	0	–3	–3
40	0	–3	–3
41	1	–3	–2
42	2	–3	–1
43	3	–3	0
44	4	–3	1
45	5	–3	2
46	6	–3	3
47	7	–3	4

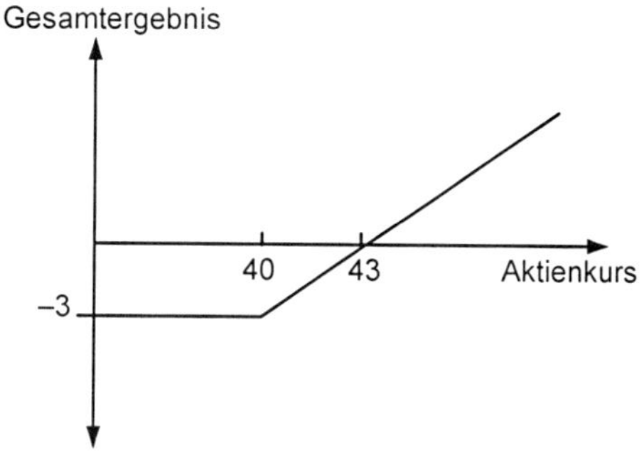

(2) Verkauf einer Kaufoption (Short Call)

Der Verkäufer der Kaufoption hat die Pflicht, die ABC-Aktie zum Preis von 40 € auf Verlangen des Käufers zu liefern. Als Entgelt erhält er von dem Käufer den Optionspreis über 3 €.

Der Verkäufer einer Kaufoption erwartet per Verfalltag **stagnierende, leicht sinkende oder auch leicht steigende Aktienkurse**, weil dann der Käufer die Option verfallen lässt. Seine Gewinn- und Verlustsituation stellt sich spiegelbildlich zu der des Käufers der Kaufoption dar: Der **maximale Gewinn** ist auf die Höhe des vereinnahmten Optionspreises begrenzt, die **Gewinnschwelle** beläuft sich wiederum auf 43 € und der **maximale Verlust** ist theoretisch unbegrenzt.

Beispiel: Short-Call-Position am Fälligkeitstermin

Aktien-kurs	Ergebnis pro Aktie	Options-preis	Gesamt-ergebnis
39	0	3	3
40	0	3	3
41	–1	3	2
42	–2	3	1
43	–3	3	0
44	–4	3	–1
45	–5	3	–2
46	–6	3	–3
47	–7	3	–4

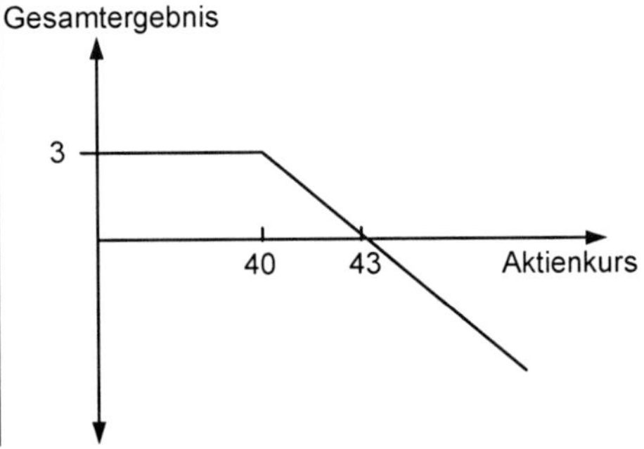

(3) Kauf einer Verkaufsoption (Long Put)

Der Käufer der Verkaufsoption erwirbt gegen Zahlung des Optionspreises von 3 € das Recht, die ABC-Aktie zum Basispreis von 40 € zu verkaufen. Dieses Recht wird er bei Aktienkursen unter 40 € ausüben, weil er die Aktien zu einem niedrigeren Börsenkurs kaufen und zu einem höheren Basispreis verkaufen kann.

Der Käufer profitiert von **stark fallenden Aktienkursen**. Sein **maximaler Gewinn** beträgt 37 € (40 € Basispreis minus 3 € Optionspreis) und auch die **Gewinnschwelle** liegt bei 37 €. Der **maximale Verlust** ist auf den Optionspreis von 3 € begrenzt.

Beispiel: Long-Put-Position am Fälligkeitstermin

Aktien-kurs	Ergebnis pro Aktie	Options-preis	Gesamt-ergebnis
33	7	–3	4
34	6	–3	3
35	5	–3	2
36	4	–3	1
37	3	–3	0
38	2	–3	–1
39	1	–3	–2
40	0	–3	–3
41	0	–3	–3

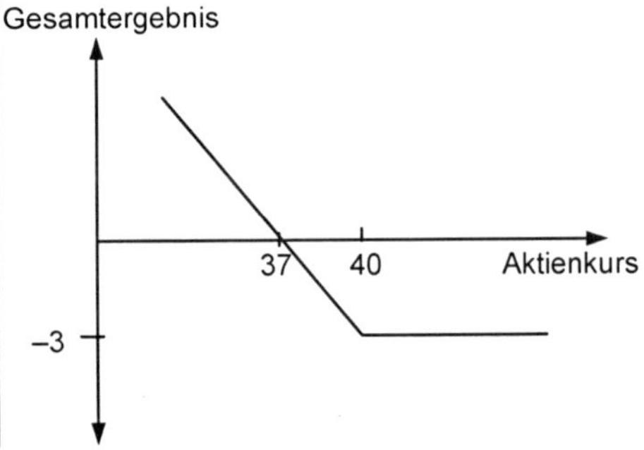

(4) Verkauf einer Verkaufsoption (Short Put)

Der Verkäufer der Verkaufsoption muss die ABC-Aktie zu 40 € kaufen, wenn der Käufer seine Option ausübt. Als Ausgleich für diese Verpflichtung zahlt der Käufer ihm den Optionspreis von 3 €. Sinkt der Kurs der Aktie unter 40 €, wird der Verkäufer in Anspruch genommen werden. Er muss die Aktie zum Basispreis von 40 € abnehmen, während der Börsenkurs niedriger ist.

Der Verkäufer rechnet per Verfalltag mit **stagnierenden, leicht steigenden oder auch leicht sinkenden Aktienkursen**. Sein **maximaler Gewinn** ist der vereinnahmte Optionspreis von 3 €, die **Gewinnschwelle** liegt bei 37 € (40 € Basispreis minus 3 € Optionspreis) und sein **maximaler Verlust** beläuft sich ebenfalls auf 37 €.

Beispiel: Short-Put-Position am Fälligkeitstermin

Aktienkurs	Ergebnis pro Aktie	Optionspreis	Gesamtergebnis
33	–7	3	–4
34	–6	3	–3
35	–5	3	–2
36	–4	3	–1
37	–3	3	0
38	–2	3	1
39	–1	3	2
40	0	3	3
41	0	3	3

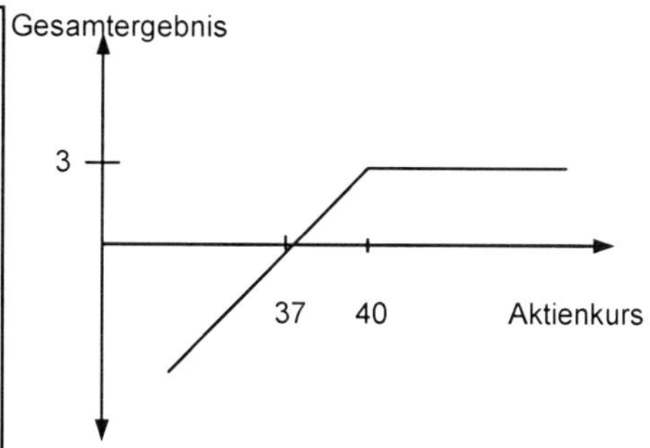

4.1.2 Optionspreis

Der Käufer muss den Optionspreis dem Verkäufer zahlen (synonymer Begriff für den Optionspreis ist die **Optionsprämie**). Dieser Preis stellt für den Käufer den maximalen Verlust und für den Verkäufer den maximalen Gewinn dar.

4.1.2.1 Komponenten

Die Komponenten des Optionspreises sind der innere Wert und der Zeitwert:

Optionspreis = Innerer Wert + Zeitwert

Innerer Wert:

Die Differenz zwischen dem aktuellen Preis des Basiswertes und dem Basispreis der Option gibt darüber Auskunft, ob die Option einen inneren Wert hat oder nicht. Ist der Basiswert z.B. eine Aktie, dann gilt:

- **Kaufoption (Call)**: Innerer Wert = Aktienkurs – Basispreis
- **Verkaufsoption (Put)**: Innerer Wert = Basispreis – Aktienkurs

Betragen beispielsweise im Fall einer Kaufoption der Kurs der zugrunde liegenden Aktie 47 € und der Basispreis der Option 40 €, ermittelt sich ein innerer Wert von 7 €. Da der Käufer einer Option nicht verpflichtet ist, die Option auszuüben, kann der innere Wert **nie negativ** werden. Zusammengefasst gilt:

Tabelle 4-2: Innerer Wert von Call und Put

Basiswertkurs und Basispreis	Call hat:	Call ist:	Put hat:	Put ist:
Basiswertkurs > Basispreis	Inneren Wert	Im Geld (in-the-money)	Keinen inneren Wert	Aus dem Geld (out-of-the-money)
Basiswertkurs = Basispreis	Keinen inneren Wert	Am Geld (at-the-money)	Keinen inneren Wert	Am Geld (at-the-money)
Basiswertkurs < Basispreis	Keinen inneren Wert	Aus dem Geld (out-of-the-money)	Inneren Wert	Im Geld (in-the-money)

Zeitwert:

Wenn die Option noch eine Restlaufzeit aufweist, bildet der Zeitwert die zweite Komponente des Optionspreises. Dieser Wert entspricht der Differenz zwischen Optionspreis und innerem Wert:

Zeitwert = Optionspreis − Innerer Wert

Abbildung 4-1: Innerer Wert und Zeitwert eines Call

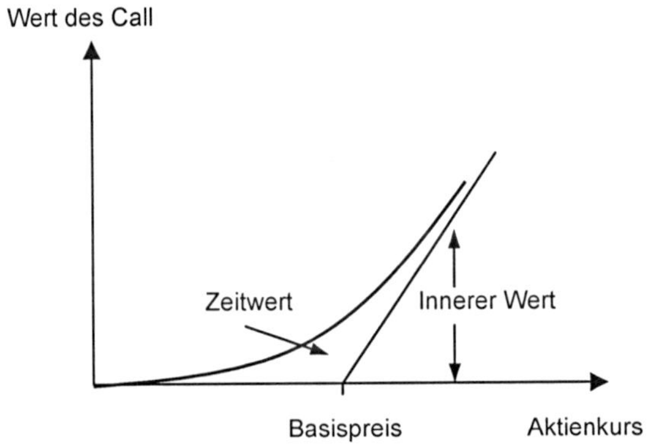

Der Zeitwert verkörpert die **Chance**, dass sich der Preis des Basiswertes und die übrigen Faktoren während der verbleibenden Optionslaufzeit zugunsten des Optionskäufers entwickeln. Daneben wird der Zeitwert durch die Cost-of-Carry (vor allem Finanzierungskosten) und eventuelle Dividendenzahlungen während der Laufzeit der Option bestimmt. Am Verfalltag der Option ist der Zeitwert 0 €. Der Zeitwert ist dann am höchsten, wenn die Option am Geld ist. Je weiter die Option aus dem Geld oder im Geld liegt, desto geringer wird der Zeitwert.

4.1.2.2 Bestimmungsfaktoren des theoretischen Optionspreises

Wenn die Option noch eine Restlaufzeit aufweist, hängt der Optionspreis von folgenden **Bestimmungsgrößen** ab:

Tabelle 4-3: Bestimmungsfaktoren für den Preis von Call und Put

Preis des Call ist umso höher:	Preis des Put ist umso höher:
Je höher der Preis des Basiswertes	Je niedriger der Preis des Basiswertes
Je niedriger der Basispreis der Option	Je höher der Basispreis der Option
Je höher die Volatilität des Basiswertes	Je höher die Volatilität des Basiswertes
Je länger die Restlaufzeit der Option	Je länger die Restlaufzeit der Option
Je niedriger die Dividende des Basiswertes	Je höher die Dividende des Basiswertes
Je höher der Zinssatz für die Restlaufzeit	Je niedriger der Zinssatz für die Restlaufzeit

- **Preis des Basiswertes und Basispreis**: Die Differenz zwischen dem Preis des Basiswertes (z.B. Aktienkurs) und dem Basispreis hat einen wesentlichen Einfluss auf den Optionspreis. Der Optionspreis ist umso höher, je größer der innere Wert ist. Zugleich beeinflusst diese Differenz den Zeitwert. So ist der Zeitwert bei einer am Geld liegenden Option am höchsten.
- **Volatilität des Basiswertes**: Die Volatilität ist ein Maß für die Schwankungsbreite des Basiswertpreises. Je stärker die Kursschwankungen sind, desto größer ist die Chance des Optionskäufers, dass sich seine Erwartungen (z.B. steigende Aktienkurse) während der Optionslaufzeit erfüllen, und desto größer ist das Risiko des Verkäufers. Der Optionspreis ist daher umso höher, je stärker die Volatilität ist.
- **Restlaufzeit der Option**: Je länger die Restlaufzeit ist, desto größer ist die Chance des Optionskäufers, dass sich seine Erwartungen bis zum Fälligkeitstag erfüllen, und desto größer ist das Risiko des Verkäufers. Der Optionspreis ist daher umso höher, je länger die Restlaufzeit ist.
- **Dividenden auf den Basiswert**: Bilden Aktien den Basiswert, so ist zu beachten, dass die Dividende ausschließlich der Inhaber der Aktie erhält und nicht der Inhaber der Option. Bei einer Kaufoption (Call) ist der Optionspreis tendenziell umso geringer, je höher die Dividendenzahlungen sind. Bei einer Verkaufsoption (Put) ist der Optionspreis tendenziell umso höher, je höher die Dividendenzahlungen sind.
- **Risikofreier Zinssatz**: Der Käufer einer Kaufoption muss die zum Erwerb des Basiswertes erforderliche Zahlung erst am Erfüllungstag leisten. Bis dahin kann er den entsprechenden Betrag zum risikofreien Zinssatz anlegen. Der Käufer der Verkaufsoption hat für das Bereithalten des Basiswertes Refinanzierungskosten bzw. entgangene Zinserträge in derselben Höhe. Je größer der Zinssatz für die Restlaufzeit der Option ist, umso höher ist der Preis einer Kaufoption und umso niedriger ist der Preis einer Verkaufsoption.

4.1.2.3 Sensitivitätskennzahlen

Die Sensitivitätskennzahlen (Risikokennzahlen) geben darüber Auskunft, in welchem Maß der Optionspreis von den zuvor beschriebenen Bestimmungsfaktoren abhängt. Zusätzlich wird die wichtige Kennzahl Omega beschrieben.

- **Delta**: Die Kennzahl beschreibt, wie stark sich der Optionspreis bei einer kleinen Veränderung das Basiswertpreises ändert. Beispielsweise bedeutet bei Aktienoptionen ein Delta von 0,5, dass der Optionspreis (beim Call) um etwa 0,5 € steigt, wenn sich der Aktienkurs um 1 € erhöht.

  Aus dem Geld liegende Optionen weisen ein Delta betraglich kleiner als 0,5 auf; das Delta strebt gegen 0 bei weit aus dem Geld liegenden Optionen.

  Am Geld liegende Optionen weisen ein Delta von betraglich etwa 0,5 auf.

  Im Geld liegende Optionen weisen ein Delta betraglich größer als 0,5 auf; das Delta strebt gegen 1 bei tief im Geld liegenden Optionen.

  Das Delta bewegt sich bei Long-Call-Optionen zwischen 0 und 1, bei Long-Put-Optionen zwischen –1 und 0. Für die entsprechenden Short-Positionen gelten die umgekehrten Vorzeichen. Die Kenntnis von Delta ist vor allem für die Absicherung von Basiswertpositionen wichtig.

- **Gamma**: Die Kennzahl beschreibt, wie sich das Options-Delta bei einer kleinen Veränderung des Basiswertpreises ändert. Gamma ist für Long-Call- und Long-Put-Positionen positiv, für Short-Call- und Short-Put-Positionen negativ. Gamma ist am höchsten, wenn die Option am Geld ist und unmittelbar vor dem Verfall steht.

- **Theta**: Die Kennzahl beschreibt, wie stark sich der Optionspreis bei abnehmender Restlaufzeit verringert. Bei langer Restlaufzeit der Option sinkt der Optionspreis schwächer als bei kurzer Restlaufzeit.

- **Vega**: Die Kennzahl beschreibt, wie stark sich der Optionspreis bei kleinen Veränderungen der Volatilität ändert. Das Vega ist umso größer, je länger die Restlaufzeit ist. Das höchste Vega tritt bei Optionen auf, die am Geld liegen.

- **Rho**: Die Kennzahl beschreibt, wie stark sich der Optionspreis bei einer kleinen Veränderung des Zinssatzes ändert. Beispielsweise ist das Rho einer Call-Option auf Aktien größer oder gleich 0, d.h. mit steigendem Zinssatz erhöht sich der Preis des Calls. Demgegenüber ist das Rho einer Put-Option auf Aktien in der Regel negativ.

- **Omega**: Die Kennzahl beschreibt den **effektiven Hebel** und somit die Elastizität einer Option. Der Optionskäufer erzielt im Verhältnis zum eingesetzten Kapital einen prozentual höheren Gewinn (aber auch einen prozentual höheren Verlust) als der Anleger, der eine entsprechende Kassaposition (z.B. Aktien) hält.

$$\text{Omega} = \frac{\frac{\text{Änderung des Optionspreises}}{\text{Optionspreis}}}{\frac{\text{Änderung des Basiswertpreises}}{\text{Basiswertpreis}}} = \frac{\text{Basiswertpreis}}{\text{Optionspreis}} \cdot \text{Delta}$$

4.2 Aktien- und Aktienindexoptionen

Die folgenden Instrumente haben gemeinsam, dass es sich um Produkte der Eurex und somit um börsliche Optionen handelt. Unterschiedlich ist der Basiswert: Die Aktienoptionen haben Aktien großer Unternehmen als Basiswert, während der Aktienindexoption der DAX zugrunde liegt.

4.2.1 Aktienoptionen

Um einen börsenmäßigen Handel gewährleisten zu können, sind die Vertragsbedingungen der Eurex-Aktienoptionen standardisiert. Die wesentlichen **Kontraktspezifikationen** sind:

Tabelle 4-4: Kontraktspezifikationen deutscher Aktienoptionen (Quelle: Eurex)

Basiswert	Aktien großer Unternehmen
Kontraktgröße	Maximal 100 Aktien
Ausübung	Lieferung und Bezahlung der Aktien
Optionslaufzeit	Maximal 5 Jahre
Ausübungszeit	Laufend (amerikanische Option)
Optionspreisintervall	Generelle Tickgröße 0,01 €
Letzter Handelstag	3. Freitag des Verfallmonats
Erfüllungstag	2 Börsentage nach Ausübung

4.2.1.1 Merkmale der Eurex-Aktienoptionen

Die **Kontraktgröße** bedeutet, dass der Optionskäufer das Recht hat, mit einem Kontrakt z. B. 100 Aktien des betreffenden Unternehmens zum vereinbarten Basispreis zu kaufen oder zu verkaufen.

Beispiel: Kauf von Aktienoptionen

Die Option auf die ABC-Aktie weist bei einem Basispreis von 40 € einen Optionspreis von 3 € auf. Der Optionskontrakt bezieht sich auf 100 Aktien. Kauft ein Investor eine Kaufoption, erwirbt er das Recht auf Lieferung von 100 ABC-Aktien zum Gesamtpreis von 4.000 €. Dafür zahlt er eine Optionsprämie von insgesamt 300 €.

Ein Anleger begründet durch den Kauf oder Verkauf einer Option eine neue Position (Eröffnungstransaktion). Anschließend hat der **Käufer (Inhaber)** der Option drei Möglichkeiten:

1. **Ausüben:** Der Käufer kann Eurex-Aktienoptionen jederzeit ausüben (amerikanische Option), d.h. die Lieferung oder Abnahme der Aktien verlangen. In der Praxis jedoch wird die überwiegende Zahl der Kontrakte nicht ausgeübt, weil die meisten Anleger ihre Optionspositionen während der Laufzeit glattstellen oder am Ende verfallen lassen.

2. **Glattstellen:** Der Optionsinhaber stellt seine Position glatt, indem er vor Verfall der Option einen entgegengesetzten Kontrakt abschließt und als Closing kennzeichnet. Hat er als Eröffnungstransaktion eine Kaufoption erworben, muss er eine Kaufoption derselben Serie verkaufen. Besteht die Eröffnungstransaktion im Kauf einer Verkaufsoption, muss er eine Verkaufsoption derselben Serie verkaufen.

3. **Verfallen lassen:** Der Käufer lässt sein Recht verfallen, wenn er seine Option aufgrund der für ihn ungünstigen Kursentwicklung weder glattgestellt noch ausgeübt hat. In dieser Situation erleidet der Käufer einen Verlust in Höhe der gezahlten Optionsprämie. Da die Optionen eine begrenzte Laufzeit haben, arbeitet die Zeit gegen den Käufer und für den Verkäufer.

Dem **Verkäufer (Stillhalter)** einer Option stehen nur zwei Alternativen offen. Entweder stellt er seine Position während der Optionslaufzeit glatt, oder er wartet, ob die Option vom Käufer ausgeübt wird oder nicht:

1. **Glattstellen:** Der Verkäufer einer Kaufoption stellt sich glatt, indem er eine Kaufoption derselben Serie kauft. Der Verkäufer einer Verkaufsoption stellt sich glatt, indem er eine entsprechende Verkaufsoption kauft. Auch hier muss der jeweilige Kauf als Closing gekennzeichnet sein.

2. **Halten:** Die Chance des Stillhalters ist, dass der Käufer die Option nicht ausübt, wodurch der Stillhalter seinen maximal möglichen Gewinn erzielt – nämlich in Höhe der erhaltenen Optionsprämie. Wenn der Käufer die Option ausübt, ist der Stillhalter verpflichtet, im Fall einer Kaufoption die Aktien zu liefern bzw. im Fall einer Verkaufsoption die Aktien abzunehmen.

Wegen der hohen Risiken, die der Optionsverkäufer eingeht, muss er bei der Eurex **Sicherheitsleistungen (Margins)** in bar oder in Wertpapieren hinterlegen.

Eurex-Aktienoptionen **unterscheiden** sich wesentlich

- von Optionsscheinen, die Aktiengesellschaften in Verbindung mit Optionsanleihen emittieren (vgl. Kapitel C.3.4.2.4), und
- von Optionsscheinen, die Banken und Wertpapierhäuser als eigenständige Papiere emittieren.

Die wichtigsten Unterscheidungsmerkmale zeigt die folgende Tabelle:

Tabelle 4-5: Vergleich unterschiedlicher Optionen

Kriterium	Eurex-Aktienoption	Optionsschein von Optionsanleihen	Optionsschein
Wertpapier	Kein Wertpapier	Wertpapier	Wertpapier
Emission	Keine Emission	Anleihe mit Optionsscheinen	Nur Optionsscheine
Emittent	Kein Emittent	Betreffendes Unternehmen	Banken
Optionsrecht	Kauf und Verkauf bestimmter Aktien	Kauf von Aktien des Emittenten	Barausgleich in Höhe der Differenz zwischen dem Preis des Basiswertes und dem vereinbarten Basispreis
Laufzeit	Maximal 5 Jahre	Mittel- und langfristig	Kurz- und mittelfristig
Handel	Eurex (Terminbörse)	Kassabörse und OTC	Kassabörse und OTC
Preisstellung	Durch mehrere Market Maker	Durch Marktteilnehmer	Durch Emittenten
Risiken	Preisänderungsrisiken	Preisänderungsrisiken und Risiko, dass sich die Bonität des Emittenten verschlechtert	Preisänderungsrisiken und Risiko, dass der Emittent ausfällt

4.2.1.2 Anwendung der Eurex-Aktienoptionen

Die Anwendungsmöglichkeiten der Aktienoptionen sind vielfältig. Von besonderer Bedeutung sind Spekulation, Absicherung und Verbesserung der Portfoliorendite.

Spekulation:

Wenn ein Anleger mit stark steigenden Kursen bestimmter Aktien rechnet, kann er Kaufoptionen erwerben (Long Call). Geht seine Erwartung in Erfüllung, erhöht sich der Preis der Kaufoption prozentual stärker als der zugrunde liegende Aktienkurs. Aufgrund dieser Hebelwirkung ist die Wertsteigerung des eingesetzten Kapitals (Optionspreis) größer als bei einem Aktienerwerb (Kaufpreis). Im Fall von starken Aktienkurssenkungen eröffnet der Kauf von Verkaufsoptionen (Long Put) überdurchschnittliche Gewinnchancen.

Absicherung:

Aktienoptionen können zur Absicherung von Marktpreisrisiken eingesetzt werden. Beispielsweise kann ein Investor ein bestehendes Portfolio von ABC-Aktien durch den **Kauf von Verkaufsoptionen (Long Put)** absichern:

- Der Investor hat durch den Long Put das Recht, seine Aktien zum vereinbarten Basispreis zu verkaufen, auch wenn der Aktienkurs unter diesen Basispreis sinkt.
- Falls der Investor seine Aktien selbst bei sinkenden Aktienkursen behalten möchte, kann er die Long-Put-Position zu einem gestiegenen Optionspreis verkaufen und mit dem Gewinn aus dem Optionsgeschäft den Kursrückgang seines Aktienportfolios teilweise ausgleichen.

Im Allgemeinen verändert sich der Optionspreis nicht im gleichen Maße wie der Aktienkurs. Verringert sich beispielsweise der Aktienkurs um 1 € und der Preis der entsprechenden Put-Option erhöht sich nur um 0,50 €, reicht es nicht aus, zur Absicherung von 100 Aktien einen Long-Put-Kontrakt über 100 Aktien abzuschließen. Deshalb ist die unterschiedliche Sensitivität des Optionspreises und des Aktienkurses zu berücksichtigen. Dies kann mithilfe der Sensitivitätskennzahlen Delta und Gamma erfolgen.

Verbesserung der Portfoliorendite:

Über den **Verkauf einer Kaufoption (Short Call)** besteht die Möglichkeit, die Rendite eines Portfolios, das aus ABC-Aktien besteht, zu erhöhen. Stagniert der Aktienkurs, wird der Käufer des Call die Option nicht ausüben, sodass der Verkäufer des Call den Optionspreis als Zusatzgewinn vereinnahmen kann. Fallen die Aktienkurse, verringert sich der Verlust in Höhe des Optionspreises. Jedoch ist der durch Kurssteigerungen mögliche Gewinn begrenzt.

Aufgabe 28: Aktienoption

4.2.2 DAX-Option

Der DAX-Option liegt analog zum DAX-Future als Basiswert der **Deutsche Aktienindex (DAX)** zugrunde. Im Einzelnen gelten nachstehende **Kontraktspezifikationen**:

Tabelle 4-6: Kontraktspezifikationen der DAX-Option (Quelle: Eurex)

Basiswert	Deutscher Aktienindex (DAX)
Kontraktgröße	5 € pro Indexpunkt
Ausübung	Barausgleich (Cash Settlement)
Optionslaufzeit	Bis zu 5 Jahren
Ausübungstag	Letzter Handelstag (europäische Option)
Preisnotierung	In Punkten mit einer Nachkommastelle
Optionspreisintervall	Tickgröße 0,1 Punkte (0,50 €)
Letzter Handelstag	3. Freitag des Verfallmonats
Erfüllungstag	1. Börsentag, der dem letzten Handelstag folgt

4.2.2.1 Merkmale der Eurex-DAX-Option

Ein **Indexpunkt** hat einen Wert von 5 €. Kauft ein Anleger z.B. eine DAX-Option mit einem Basispreis von 8.000 Punkten zu einem Optionspreis von 10 Punkten, dann erwirbt er einen Kontrakt über ein Volumen von 40.000 € mit einem Einsatz von 50 €.

Da der DAX keine physische Größe ist, erfolgt die Erfüllung am Ende der Optionslaufzeit (europäische Option) durch **Barausgleich**:

- Der **Käufer einer DAX-Kaufoption** hat das Recht, sich die Differenzpunkte multipliziert mit 5 € auszahlen zu lassen, wenn der DAX am Ausübungstag **über** dem vereinbarten Basispreis liegt.
- Der **Käufer einer DAX-Verkaufsoption** erwirbt das Recht, sich die Differenzpunkte multipliziert mit 5 € auszahlen zu lassen, wenn der DAX am Ausübungstag **unter** dem Basispreis liegt.
- Der **Verkäufer der DAX-Optionen** übernimmt jeweils die Verpflichtung, den Ausgleichsbetrag zu zahlen. Dafür erhält er vom Käufer den Optionspreis.

Die **Laufzeiten** der DAX-Optionen betragen wie bei den Eurex-Aktienoptionen bis zu 5 Jahren. Im Gegensatz zu den Aktienoptionen sind die DAX-Optionen **europäischer Art**: Der Käufer kann von seinem Recht nur am Ausübungstag Gebrauch machen. Ansonsten muss er die Option verfallen lassen oder sich vorher glattstellen. Für den Verkäufer hat die europäische Option den Vorteil, dass die Option nicht vorzeitig ausgeübt werden kann; daher kann er über die gesamte Optionslaufzeit fest disponieren.

4.2.2.2 Anwendung der Eurex-DAX-Option

Auch für die DAX-Optionen kommen mehrere **Einsatzfelder** in Betracht wie beispielsweise Spekulation, Absicherung und Verbesserung der Portfoliorendite.

Spekulation:

Der **Kauf** von DAX-Optionen ermöglicht es, allgemeine Markttendenzen zu nutzen. Das Risiko ist für den Käufer auf den eingesetzten Optionspreis beschränkt. Der Gewinn ist beim Kauf einer DAX-Kaufoption theoretisch unbegrenzt und beim Kauf einer DAX-Verkaufsoption auf die Differenz zwischen Basispreis und Optionspreis begrenzt.

Beispielsweise erwartet ein Anleger allgemein stark steigende Aktienkurse. Deshalb kauft er 25 DAX-Optionen zu einem Optionspreis von je 17,2 Punkten. Insgesamt zahlt er somit eine Optionsprämie von17,2 Punkte · 5 € · 25 Kontrakte = 2.150 €. Eine Woche später ist der DAX tatsächlich gestiegen. Somit hat sich auch der Optionspreis erhöht, und zwar auf 29,5. Der Anleger stellt sich glatt, indem er 25 DAX-Optionen zu diesem Preis verkauft. Sein Gewinn errechnet sich wie folgt: 12,3 Punkte · 5 € · 25 Kontrakte = 1.537,50 €, d.h. 71,5 % seines Kapitaleinsatzes.

Absicherung:

Ziel kann sein, ein **bestehendes** Aktienportfolio gegen einen fallenden Gesamtmarkt oder den Kauf eines **geplanten** Aktienportfolios gegen einen steigenden Gesamtmarkt abzusichern. So kann sich ein Investor gegen die Gefahr allgemein fallender Aktienkurse sichern, indem er DAX-Verkaufsoptionen erwirbt (Long Put). Den zukünftigen Kauf von Aktien kann er mit dem Kauf von DAX-Kaufoptionen (Long Call) gegenüber einem bis dahin steigenden Kursniveau absichern.

Da ein Aktienportfolio in der Regel nicht exakt der Zusammensetzung des DAX entspricht, muss für eine wirksame Absicherung des Marktrisikos der **Beta-Faktor** berücksichtigt werden (vgl. Kapitel D.3.2.2.2).

Verbesserung der Portfoliorendite:

Hält ein Investor ein diversifiziertes Aktienportfolio und erwartet er einen stagnierenden Aktienmarkt, kann er mit dem Verkauf von DAX-Kaufoptionen seine Rendite verbessern. Denn bei stagnierenden Kursen wird der Käufer seine Option nicht ausüben, wodurch der Verkäufer seinen Ertrag dank der vereinnahmten Optionsprämie erhöhen kann.

4.3 Zinsoptionen

Zinsoptionen sind bedingte Derivate, denen als Basiswert ein **Zinstitel** zugrunde liegt. Dabei handelt es sich im Fall des Cap, Floor und Collar um einen Geldmarktzins wie z.B. Euribor oder Libor und im Fall der Swaption um einen Zinsswap. Alle genannten Derivate haben als gemeinsames Merkmal, dass sie als OTC-Produkte außerbörslich gehandelt werden.

4.3.1 Cap, Floor und Collar

Die drei Zinsderivate können als verbundene oder separate Instrumente auftreten. Als **verbundene Instrumente** sind sie fest mit anderen Finanzprodukten verknüpft. Beispiele hierfür sind Kredite, Floating Rate Notes und Sparformen mit Zinsober- und/oder Zinsuntergrenze. Gegenstand der folgenden Ausführungen sind jedoch die **separaten Instrumente**. Diese sind als typische Finanzderivate vom Grundgeschäft losgelöst. Sie können zwischen Käufer und Verkäufer frei vereinbart und gehandelt werden.

4.3.1.1 Cap

Der Cap (Deckel) ist eine Vereinbarung über eine **Zinsobergrenze**. Diese Zinsgrenze bezieht sich auf einen **Referenzzins** (z.B. 6-Monats-Euribor), ein bestimmtes **Nominalvolumen** (z.B. 1 Mio. €) und eine feste **Laufzeit** (bis zu 30 Jahren).

Long Cap:

Long Cap heißt Kauf eines Cap. Der **Käufer eines Cap** erwirbt das Recht, vom Verkäufer eine Ausgleichszahlung zu verlangen, wenn der Referenzzinssatz am Zinsfeststellungstermin (Fixingtag) über der vereinbarten Zinsobergrenze liegt. Dafür zahlt er an den Verkäufer des Cap eine **Optionsprämie**. Ist der Referenzzins am Fixingtag kleiner oder gleich Zinsobergrenze, findet keine Ausgleichszahlung statt.

Der **Gewinn** der Long-Cap-Position ist theoretisch unbegrenzt: Je stärker der Referenzzins steigt, umso größer sind die Ausgleichszahlungen, die der Käufer vom Verkäufer erhält. Der maximale **Verlust** des Käufers ist auf die Höhe der gezahlten Optionsprämie begrenzt. Die Ausgleichszahlung findet am Ende der jeweiligen Zinsperiode statt und errechnet sich gemäß nachstehender **Formel**:

$$\text{Ausgleichszahlung} = \frac{(\text{Referenzzins} - \text{Zinsobergrenze}) \cdot \text{Betrag} \cdot \text{Tage}}{100 \cdot 360}$$

Abbildung 4-2: Long-Cap-Position

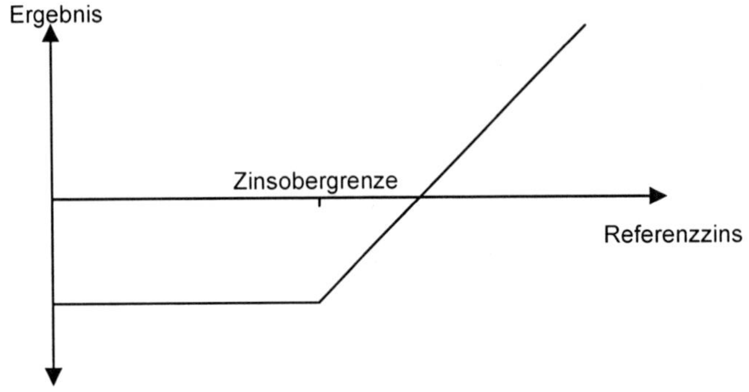

Die **Quotierung der Cappprämien** richtet sich nach Geld und Brief. Beispielsweise quotiert eine Bank einen Cap (Laufzeit 3 Jahre, Zinsobergrenze 5 %, Referenzzins 6-Monats-Euribor) wie folgt: 0,20 % (Geld) zu 0,24 % (Brief).

Diese Preisfestlegung bedeutet, dass ein Käufer für den Cap bei Vertragsbeginn eine **Einmalprämie** von 0,24 % – bezogen auf den Nominalbetrag – zu zahlen hat. Auf der anderen Seite ist die Bank bereit, einen derartigen Cap von einem Verkäufer zu erwerben, indem sie eine Prämie von 0,20 % zahlt. Die Differenz von 4 Basispunkten bildet die Handelsspanne der Bank.

Die Prämie kann auch als **annualisierte Prämie** vereinbart werden. Dieser jährlich zu zahlende Wert beträgt bei einem 3-jährigen Cap nicht ein Drittel der Einmalprämie, sondern liegt in Abhängigkeit vom Zinsniveau höher.

Der Kauf von Caps eignet sich insbesondere zur **Zinsabsicherung für Kreditnehmer**, die einen variabel verzinslichen Kredit aufgenommen haben, um an künftigen Zinssenkungen zu partizipieren, und gleichzeitig einen Höchstzinssatz festschreiben wollen, um ihre Zinsbelastung in Grenzen zu halten.

Ein Unternehmen hat z.B. einen endfälligen, variabel verzinslichen Kredit über 10 Mio. € aufgenommen. Als Zinssatz wurde der 6-Monats-Euribor vereinbart. Für die Restlaufzeit von 3 Jahren will das Unternehmen seine Zinsbelastung auf maximal 5 % festschreiben. Gleichzeitig möchte es von zukünftigen Zinssenkungen profitieren. Deshalb kauft das Unternehmen von einer Bank am 1. Oktober 2010 nachstehenden Cap:

Nominalbetrag:	10 Mio. €
Zinsobergrenze (Cap):	5,00 % p.a.
Referenzzins:	6-Monats-Euribor
Laufzeit:	3 Jahre
Beginn der Zinsperioden:	Jeweils 1. April und 1. Oktober
Fixingtag:	Jeweils 2 Geschäftstage vor Beginn der Zinsperioden
Einmalige Prämie:	1,24 % vom Nominalbetrag

Das Unternehmen zahlt die Prämie von 124.000 € bei Vertragsbeginn. Beim ersten Fixing am 30. März 2011 sei Euribor 4,90 %; eine Ausgleichszahlung findet nicht statt. Sollte Euribor beim zweiten Fixing am 29. September 2011 gleich 5,12 % sein, wird eine Ausgleichszahlung ermittelt. Diesen Betrag muss die Bank am Ende der folgenden Zinsperiode (am 1. April 2012) an das Unternehmen zahlen.

Da das Unternehmen die Ausgleichszahlung erst am Ende der Absicherungsperiode erhält, wird der Betrag (0,12 % von 10 Mio. € für 182 Tage) nicht abgezinst. Somit errechnet sich eine Ausgleichszahlung in Höhe von 6.066,67 €:

$$\text{Ausgleichzahlung} = \frac{(5{,}12 - 5{,}0) \cdot 10.000.000 \cdot 182}{100 \cdot 360} = 6.066{,}67$$

Short Cap:

Der **Verkäufer des Cap** muss gegen Erhalt der Prämie einen Ausgleichsbetrag zahlen, wenn der Referenzzinssatz am Fixingtag über der vereinbarten Zinsobergrenze liegt. Der maximale **Gewinn** der Short-Cap-Position entspricht der vereinnahmten Optionsprämie. Hingegen ist der **Verlust** unbegrenzt, weil der Referenzzins theoretisch gegen unendlich streben kann.

Abbildung 4-3: *Short-cap-Position*

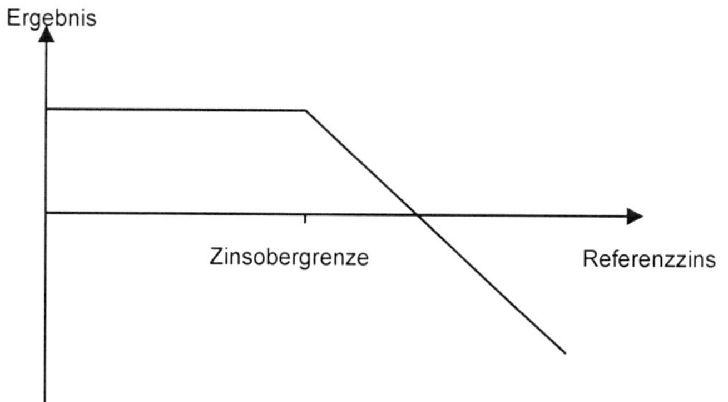

4.3.1.2 Floor

Der Floor (Boden) ist eine Vereinbarung über eine **Zinsuntergrenze**. Der Käufer eines Floor erwirbt das Recht, vom Verkäufer eine Ausgleichszahlung zu verlangen, wenn der Referenzzinssatz am Fixingtag unter der vereinbarten Zinsuntergrenze liegt. Dafür zahlt er an den Verkäufer des Floor eine Optionsprämie. Ist der Referenzzins am Fixingtag größer oder gleich der Zinsuntergrenze, findet keine Ausgleichszahlung statt.

Der Kauf von Zinsfloors eignet sich in erster Linie zur **Absicherung gegen fallende Zinsen**. So kann ein Investor seine variabel verzinsten Anlagen auf ein gewünschtes Mindestzinsniveau festschreiben. Gleichzeitig partizipiert der Investor unbegrenzt an steigenden Zinssätzen.

Abbildung 4-4: Long-Floor- und Short-Floor-Position

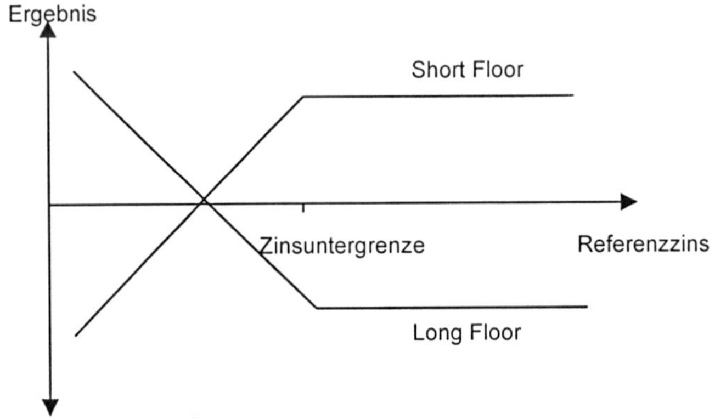

4.3.1.3 Collar

Unter einem Collar (Kragen) versteht man die vertragliche Vereinbarung über eine **Zinsobergrenze und Zinsuntergrenze**. Der Collar bildet also eine Kombination aus Cap und Floor.

Der **Käufer eines Collar** (Long Collar) ist sowohl Käufer eines Cap als auch Verkäufer eines Floor. Der Kauf eines Collar eignet sich vor allem für **Kreditnehmer**, die für ihre variablen Zinsverpflichtungen eine feste Bandbreite – z.B. zwischen 3,75 % und 4,5 % – vorgeben und gleichzeitig die Absicherungskosten verringern wollen:

- Durch den **Kauf des Cap** begrenzt der Kreditnehmer gegen Zahlung einer Prämie seine variablen Zinsverpflichtungen nach oben, beispielsweise auf eine Zinsobergrenze von 4,5 %.

- Durch den gleichzeitigen **Verkauf des Floor** verzichtet er zwar auf die Chance, an Zinssenkungen unter die vereinbarte Zinsuntergrenze von z.B. 3,75 % hinaus zu partizipieren. Aufgrund der Prämie jedoch, die er mit dem Verkauf des Floor vereinnahmt, kann er seine Prämienbelastung insgesamt reduzieren.

Abbildung 4-5: Long Collar in Verbindung mit variabel verzinslichem Kredit

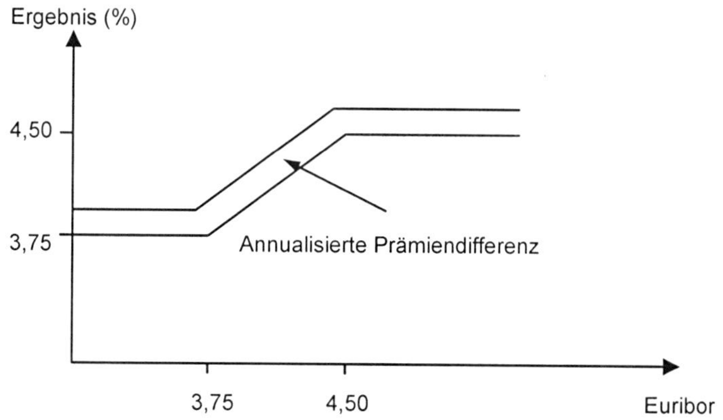

Die Prämiendifferenz zwischen der zu zahlenden Cap- und der erhaltenen Floorprämie erhöht zwar seine Finanzierungskosten (siehe die annualisierte, d.h. jährliche, Prämiendifferenz in der Abbildung). Unter Umständen aber können die Zinsgrenzen so festgelegt werden, dass der Collar für den Käufer sogar kostenfrei ist – in diesem Fall handelt es sich um einen **Zero Cost Collar**.

Der **Verkäufer eines Collar** (Short Collar) ist gleichzeitig Verkäufer eines Cap und Käufer eines Floor. Der Verkauf kommt hauptsächlich für Investoren infrage, die ihre variabel verzinslichen Anlagen gegen einen Zinsrückgang kostengünstig absichern wollen und dafür bereit sind, auf Zinserträge über einen Höchstsatz hinaus zu verzichten.

Aufgabe 25: Finanzierungseffekt von Pensionsrückstellungen

4.3.2 Swaption

Bei der Swaption handelt es sich um die **Option auf einen Swap**. Der Käufer einer Swaption erwirbt heute das Recht, später in einem Zinsswap einen Festzins zu den vorab vereinbarten Konditionen zu zahlen bzw. zu empfangen. Dafür zahlt er dem Verkäufer die Optionsprämie. Somit gibt es zwei **Formen** der Swaption:

- **Payerswaption (Put)**: Der Käufer der Swaption ist berechtigt, in Zukunft den vereinbarten Festzins zu zahlen und den variablen Zins zu empfangen. Die Payerswaption dient der Absicherung gegen steigende Zinsen.
- **Receiverswaption (Call)**: Der Käufer ist berechtigt, in Zukunft den vereinbarten Festzins zu empfangen und den variablen Zins zu zahlen. Die Receiverswaption dient der Absicherung gegen fallende Zinsen.

Abbildung 4-6: Payer- und Receiverswaption

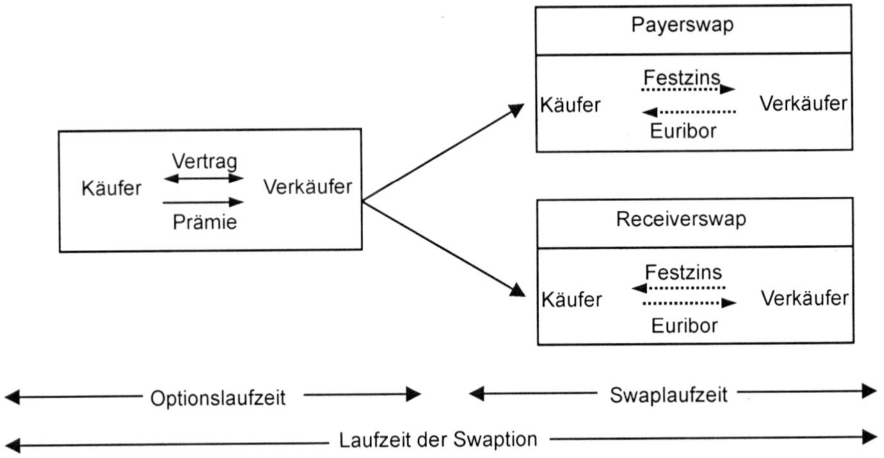

Swaptions haben oft eine Laufzeit von bis zu 10 Jahren und länger, wobei die Optionslaufzeit in der Regel maximal 1 Jahr beträgt. Die Ausübung der Option kann als Swap Settlement oder Cash Settlement erfolgen. Beim **Swap Settlement** tritt der Käufer tatsächlich in den Swap ein, während beim **Cash Settlement** Ausgleichszahlungen in Höhe der Differenz zwischen dem aktuellen Festzins und dem fixierten Swapsatz (Basispreis) stattfinden.

Der Käufer der Swaption kann zum Starttermin des Zinstausches entscheiden, ob er den vereinbarten Zinssatz nutzen oder die Swaption verfallen lassen will. Swaptions eignen sich daher insbesondere zur **Absicherung** der Zinssätze künftiger Kreditaufnahmen und Kapitalanlagen, und zwar wenn

- der Termin der Kreditaufnahme oder Kapitalanlage noch nicht feststeht bzw.
- die Kreditaufnahme oder Kapitalanlage generell ungewiss ist, sodass auch unklar ist, ob das Unternehmen den Swap benötigen wird oder nicht.

Aufgabe 29: Swaption

5 Kreditderivate

Kreditderivate stellen Instrumente dar, mit denen die Kapitalgeber und andere Marktteilnehmer (Sicherungsnehmer) **Kreditrisiken** und zum Teil **Zinsänderungsrisiken** aus Krediten, Anleihen und weiteren Positionen auf Sicherungsgeber übertragen können. Die ursprünglichen Kreditbeziehungen zwischen den Kapitalgebern und ihren Schuldnern werden weder verändert noch neu begründet, und das Forderungsvolumen bleibt in der Bilanz des Sicherungsnehmers. **Ziel** des Sicherungsnehmers ist es, sich gegen Risiken, die in seinen Forderungen enthalten sind, abzusichern. Tritt der Schadensfall ein, erhält er vom Sicherungsgeber Ausgleichszahlungen.

Diese **Ausgleichszahlungen** orientieren sich an den Preisänderungen des Referenzaktivums. Das Referenzaktivum, z.B. eine Anleihe, weist ein Risiko auf, das dem des Risikoaktivums, nämlich des zugrunde liegenden Kreditgeschäfts, entspricht.

Kreditderivate trennen das Kreditrisiko von dem zugrunde liegenden Geschäft, nämlich dem Kreditgeschäft. Somit wird das separierte Kreditrisiko handelbar gemacht. Die Handelbarkeit setzt ein bestimmtes Maß an **Standardisierung** voraus. Dazu dienen beispielsweise die Musterrahmenverträge der International Swap and Derivatives Association (ISDA).

Die **Grundformen** der Kreditderivate sind Total Return Swaps, Credit Default Swaps und Credit Linked Notes. Durch die Kombination aus Credit Default Swaps und Credit Linked Notes lassen sich **synthetische Asset Backed Securities** bilden. Die Grundformen der Kreditderivate und die synthetischen Asset Backed Securities stehen im Mittelpunkt der folgenden Ausführungen.

5.1 Total Return Swap

Ein Total Return Swap ist dadurch gekennzeichnet, dass Sicherungsnehmer und Sicherungsgeber Zinsen und Wertveränderungen während der Laufzeit des Swaps periodisch tauschen. Der **Sicherungsnehmer** zahlt die Zinsen und Wertsteigerungen aus

dem Referenzaktivum (z.B. einer Anleihe), während der **Sicherungsgeber** den von Anfang an vereinbarten (meist variablen) Zins und die Wertverluste zahlt. Daneben zahlt der Sicherungsgeber noch eine Risikoprämie aufgrund des eigenen Ausfallrisikos.

Abbildung 5-1: Total Return Swap

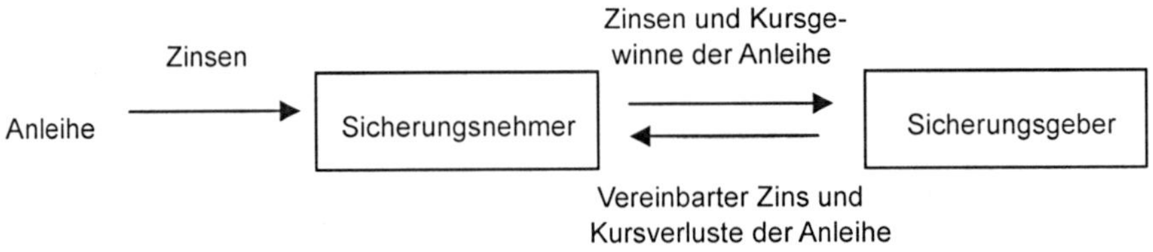

Im Endeffekt tauschen die Swappartner den Ertrag eines risikobehafteten Basisinstruments mit dem Ertrag einer Anleihe, deren Emittent der Sicherungsgeber ist. Für den Sicherungsnehmer besteht jedoch zusätzlich das Risiko, dass der Sicherungsgeber seine Zahlungsverpflichtungen nicht erfüllen kann. Dabei verkauft der Sicherungsnehmer nicht nur das **Kreditrisiko**, sondern auch das **Marktrisiko**, das in den möglichen Kursverlusten der Referenzanleihe aufgrund von Marktzinsänderungen besteht.

5.2 Credit Default Swap

Der Sicherungsgeber leistet bei Eintritt eines bestimmten Schadensereignisses (Credit Event) einen **Ausgleich** an den Sicherungsnehmer. Dafür erhält der Sicherungsgeber eine **Prämie**. Die Höhe der Prämie hängt ab von der Bonität des Referenzschuldners, von der Bonität des Sicherungsgebers, der Vertragslaufzeit, der Definition des Schadensereignisses und anderen Faktoren. Da die Struktur dieses Derivats einer Option entspricht, findet man auch die Bezeichnung Credit Default Option.

Abbildung 5-2: Credit Default Swap

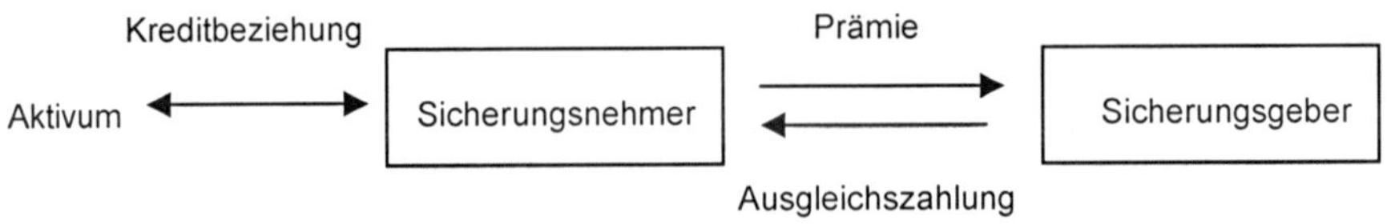

Beim Vertragsabschluss müssen die Parteien das **Schadensereignis**, auf das sich das Kreditrisiko bezieht, definieren. Als solche Credit Events kommen z.B. in Betracht: Insolvenz des Referenzschuldners, Moratorium (Zahlungsaufschub), Zahlungsausfall nach Ablauf einer Frist, Schuldenrestrukturierung (z.B. Reduzierung der Zahlungsverpflichtungen) oder bewusste Nichterfüllung von Zahlungsverpflichtungen.

Die Abwicklung erfolgt durch physische Lieferung oder Ausgleichszahlung:

- **Physische Lieferung (Physical Settlement)**: Der Sicherungsgeber erhält das Referenzaktivum und zahlt dem Sicherungsnehmer den Nominalwert.
- **Ausgleichszahlung (Cash Settlement)**: Die Zahlung erfolgt in Form eines fest vereinbarten Betrages oder in Höhe der Differenz zwischen Nominalwert des Referenzaktivums und dem Restwert nach Eintritt des Schadensereignisses.

Da der Sicherungsnehmer nur bei Eintritt des Schadensereignisses Leistungen erhält, ist er lediglich gegen **Kreditrisiken** und – im Gegensatz zum Total Return Swap – nicht gegen Marktrisiken abgesichert.

5.3 Credit Linked Note

Hierbei handelt es sich um eine **Anleihe**, die der Sicherungsnehmer emittiert und der Sicherungsgeber erwirbt. Die Anleihe weist die gleichen Besonderheiten und Risiken auf wie das Basisinstrument (z.B. ein Kreditportfolio). Der Sicherungsgeber übernimmt sowohl das Kreditrisiko des Referenzaktivums als auch das Kreditrisiko des Emittenten.

Tritt das definierte Schadensereignis nicht ein, tilgt der Sicherungsnehmer die Schuldverschreibung am Laufzeitende zum Nominalwert. Falls es zum Schadensereignis kommt, zahlt er die Anleihe innerhalb einer festgelegten Frist zurück, wobei vom Nominalwert ein **Ausgleichsbetrag** abgezogen wird, der beispielsweise der Differenz zwischen Nominal- und Restwert des Referenzaktivums entspricht.

Abbildung 5-3: Credit Linked Note

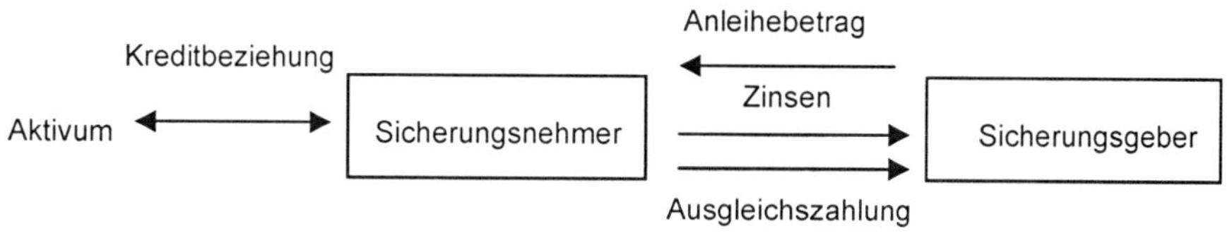

Im Vergleich zu einer traditionellen Anleihe besteht die Besonderheit der Credit Linked Note in der **Art der Rückzahlung**, weil deren Höhe davon abhängt, ob das

Kreditereignis eintritt oder nicht. Infolgedessen handelt es sich bei der Credit Linked Note um eine **Kombination** aus Credit Default Swap und Anleihe:

- **Entsprechend** möglicher Ausprägungen des Total Return Swap werden das Kreditrisiko und das Marktrisiko abgesichert.
- **Entgegen** eines Total Return Swap und eines Credit Default Swap leistet der Sicherungsgeber seine Zahlungen in Höhe des Anleihebetrages im Voraus. Dadurch ist der Sicherungsnehmer vor einem späteren Ausfall des Sicherungsgebers geschützt.

5.4 Synthetische Asset Backed Securities

Mit synthetischen ABS können wie bei den True-Sale-ABS (vgl. Kapitel C.3.3.2) Kreditrisiken in Wertpapieren **verbrieft** werden. Die Risiken werden von Investoren gegen eine entsprechende Verzinsung übernommen: Je höher das Risiko, umso höher ist die erwartetet Rendite. Im Gegensatz zu den True-Sale-ABS steht nicht die Beschaffung liquider Mittel im Vordergrund, sondern die **Übertragung von** und der **Handel mit Kreditrisiken**.

Der Originator (z.B. eine Bank) überträgt die Kreditrisiken aus einem Forderungspool mithilfe von **Credit Default Swaps** direkt an Investoren und/oder an eine Zweckgesellschaft. Im Gegensatz zu True-Sale-ABS erfolgt kein Forderungsverkauf – vielmehr verbleiben die Forderungen in der Bilanz des Originators. Die Zweckgesellschaft emittiert **Credit Linked Notes (ABS)**, die von weiteren Investoren erworben werden, und legt den Emissionserlös am Kapitalmarkt an.

Abbildung 5-4: *Synthetische ABS*

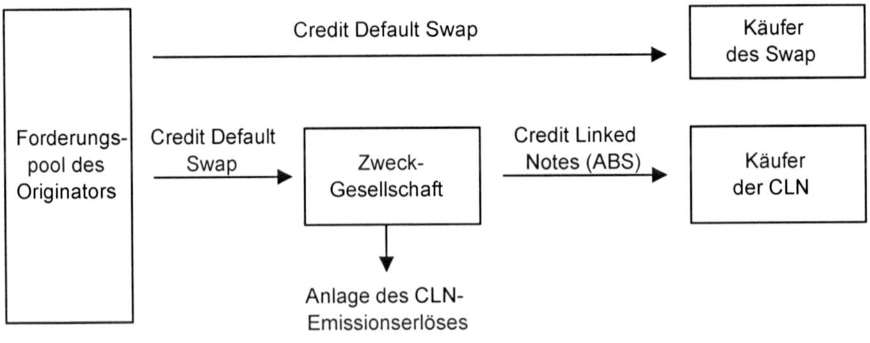

5.5 Ursachen der Finanzkrise

Die internationale Finanz- und Wirtschaftskrise begann im Jahr 2007 als so genannte Subprime-Krise in den USA. Die risikoreiche Nutzung von Kreditderivaten ist nur eine Ursache. Die Abbildung führt weitere wichtige Elemente auf, die für die Entstehung und Ausbreitung der Krise von Bedeutung waren (vgl. auch Kapitel C.4.3.2).

Abbildung 5-5: *Elemente der Finanzkrise*

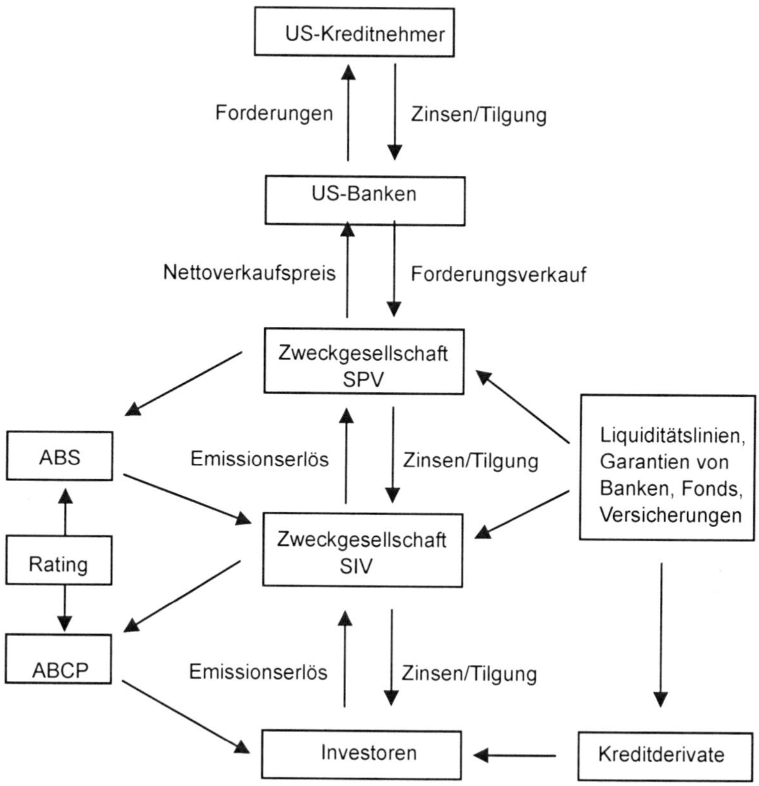

Das niedrige Zinsniveau auf dem US-Markt für Immobilienkredite in den Jahren vor 2007 führte zu einer starken Nachfrage insbesondere seitens **privater Immobilienkäufer**. Gleichzeitig ermöglichten es die Instrumente der Verbriefung und des Risikotransfers, dass die **Banken** sowohl sich günstig refinanzieren als auch ihre Risiken verringern konnten. Die Kredite wurden als **Asset Backed Securities (ABS)** über **Zweckgesellschaften (Special Purpose Vehicle, SPV)** verkauft. Zudem konnten die

Risiken über **Kreditderivate** weitergereicht werden. Aufgrund dessen stieg das Interesse auf der Kreditnachfrage- und Kreditangebotsseite. Es folgte ein rasantes Wachstum des US-Immobilienmarktes und der Immobilienpreise.

Die niedrigen Anfangszinsen der Kredite, Kreditfinanzierungen von über 100 Prozent des Immobilienwertes und unzureichende Kreditwürdigkeitsprüfungen führten dazu, dass auch Kreditnehmer mit geringer Bonität Finanzierungen erhielten (Subprime-Kredite). Der Begriff **Subprime** basiert auf einer im anglo-amerikanischen Bereich weit verbreiteten Ratingskala (Scoring). Diese Skala reicht von 350 bis 850 Punkte. Je höher die Punktzahl, umso besser ist die Bonität des Kreditnehmers. Bei Subprime-Krediten werden weniger als 620 Punkte erreicht.

Ab 2005 erlosch der Boom des US-Immobilienmarktes, u.a. aufgrund der wieder erhöhten Zinsen. Es traten immer häufiger Fälle von Zahlungsverzug und Kreditausfall auf. Zusätzlich wirkte sich der Angebotsüberhang negativ auf die Immobilienpreise und somit auf den Wert der Kreditbesicherung aus.

Da die US-Banken ihre Kredite über Verbriefungen und Kreditderivate weitergereicht hatten, waren letztlich die **Investoren** von den Zahlungsverzögerungen und -ausfällen betroffen. Die Investoren verteilen sich international und sind Banken, Fondsgesellschaften, Versicherungsunternehmen und andere institutionelle Anleger. Auf diese Weise weitete sich die US-Immobilienkrise auf die anderen Länder aus.

Eine oft betonte Ursache der Krise ist das unzureichende **Portfolio- und Risikomanagement** der Investoren. Außerdem haben sich die Investoren häufig auf die Bewertung der **Ratingagenturen** verlassen. Die Ratingagenturen wiederum standen in einem Interessenkonflikt, weil sie sowohl bei der Strukturierung der Transaktionen als auch bei der Bewertung der auf diese Weise strukturierten Papiere eingebunden waren.

Verstärkt wurde die Krise durch ein weiteres charakteristisches Instrument: das **Structured Investment Vehicle (SIV)**. Die Besonderheit dieser Form der Zweckgesellschaft besteht darin, dass sie kurzfristige Wertpapiere emittiert **(Asset Backed Commercial Paper, ABCP)** und damit den Kauf von längerfristigen Asset Backed Securities finanziert. Sie betreibt folglich eine Fristentransformation. Außerdem ist für das SIV kennzeichnend, dass ihm die Banken, die das SIV als Arrangeure gegründet haben, **Liquiditätslinien** für den Fall zur Verfügung stellen, dass es vorübergehend Liquidität benötigt. Die Linien beliefen sich in der Regel auf maximal 10 Prozent des erworbenen Wertpapiervolumens.

Im Zuge der Bonitätsverschlechterung der ABCP waren die Investoren nicht mehr bereit, nach Laufzeitende dieser kurzfristigen Papiere neue ABCP zu erwerben. Da das SIV aber seine längerfristig erworbenen ABS refinanzieren musste, hatten die Sponsorenbanken die zugesagte und schließlich – wegen der wirtschaftlichen und politischen Zwänge – doch die insgesamt erforderliche Liquidität zur Verfügung zu stellen.

Insgesamt betrachtet sind nicht zuletzt die **Banken** von der Finanzkrise unmittelbar betroffen: Sie sind Käufer der ABS, ABCP und Kreditderivate sowie Kreditlinien- und Garantiegeber der Zweckgesellschaften und Kreditderivate. Da die Banken diese Risiken und Verluste mit ihrem Eigenkapital auffangen mussten, reduzierte sich der Spielraum für die Vergabe neuer Kredite. Zusätzlich entwickelte sich eine Vertrauenskrise im Interbankenmarkt. Die Banken gaben sich gegenseitig keine Kredite mehr, sodass die Liquidität am Geldmarkt fast versiegte. Auf diese Weise hat die US-Immobilienkrise zu einer Bankenkrise, danach zu einer Finanzkrise und schließlich zu einer weltweiten Wirtschaftskrise geführt.

Teil E:

Aufgaben und Lösungen

1 Aufgaben

1.1 Übersicht über die Aufgaben

1. Rentabilitätskennzahlen
2. Cashflow-Ermittlung
3. Economic Value Added
4. Kostenvergleichsrechnung
5. Gewinnvergleichsrechnung
6. Rentabilitätsvergleichsrechnung
7. Kapitalwertmethode
8. Methode des internen Zinssatzes
9. Annuitätenmethode
10. Auswahlproblem
11. Dynamische Investitionsrechnungsverfahren
12. Ertragswertverfahren
13. WACC-Verfahren
14. Price Earning to Growth Ratio
15. Preis einer Festzinsanleihe
16. Effective Duration
17. Portfoliotheorie
18. Beteiligungsfinanzierung einer GmbH
19. IPO
20. Effektivverzinsung von Krediten
21. Bankkredit oder Leasing
22. Wandelanleihe
23. Selbst-, Beteiligungs- und Eigenfinanzierung
24. Abschreibungsfinanzierung
25. Finanzierungseffekt von Pensionsrückstellungen
26. Zinsswap-Zahlungen
27. Forward Rate Agreement
28. Aktienoption
29. Swaption

1.2 Aufgabenstellungen

Aufgabe 1: Rentabilitätskennzahlen

Für ein Unternehmen gelten in einem Jahr folgende Daten:

Durchschnittliches Eigenkapital	2.500.000 €
Durchschnittliches Fremdkapital	3.500.000 €
Gewinn	300.000 €
Umsatz	12.500.000 €
Fremdkapitalzinssatz	8 %

Wie hoch sind Eigenkapital-, Gesamtkapital- und Umsatzrentabilität?

Aufgabe 2: Cashflow-Ermittlung

Für die operativen Ergebniskomponenten eines Unternehmens gelten folgende Jahresplanwerte (in Mio. €):

Abschreibungen (nicht in den übrigen Kosten enthalten) 1,2; Allgemeine Verwaltungskosten 2,3; Ergebnis aus Beteiligungen und Wertpapieren 0,3; Herstellungskosten des Umsatzes 4,2; Investitionen in das Anlagevermögen 1,1; sonstige betriebliche Aufwendungen 1,1; sonstige betriebliche Erträge 0,4; Umsatzerlöse 11,3; Vertriebskosten 1,2.

In den Herstellungs-, Vertriebs- und Verwaltungskosten sind langfristige Rückstellungen in Höhe von 0,5 Mio. € enthalten. Die Zinszahlungen betragen 0,7 Mio. €. Beim Nettoumlaufvermögen findet keine Veränderung statt. Die Ertragsteuern belaufen sich auf 30 %.

a) Wie hoch sind: Bruttoergebnis vom Umsatz, EBITDA, EBIT, NOPAT, Brutto-Cashflow und freier Cashflow?

b) Die Schulden sollen um 0,8 Mio. € verringert werden. Welcher Betrag steht dann für Gewinnausschüttungen zur Verfügung?

Aufgabe 3: Economic Value Added

Für das EVA-Konzept sind folgende Kennzahlen grundlegend:

$$\text{Geschäftsrendite} = \frac{\text{Betriebsergebnis}}{\text{Geschäftsvermögen}}$$

$$\text{EVA} = (\text{Geschäftsrendite} - \text{Kapitalkostensatz}) \cdot \text{Geschäftsvermögen}$$

Das Betriebsergebnis ist das operative Ergebnis vor Zinsen und nach Steuern (Net Operating Profit After Tax, NOPAT). Das Geschäftsvermögen ist das jahresdurchschnittliche Vermögen, das das Betriebsergebnis erwirtschaftet (Net Operating Assets, NOA). Hierzu zählen also nicht z.B. Anlagen im Bau und stillgelegte Maschinen. Der Kapitalkostensatz entspricht der von den Kapitalgebern geforderten Rendite.

Für ein Unternehmen gilt: Betriebsergebnis = 45 Mio. €; Geschäftsvermögen = 300 Mio. €; Kapitalkostensatz = 12 %.

Wie hoch ist der EVA und was sagt dieser Wert aus?

Aufgabe 4: Kostenvergleichsrechnung

Für ein Unternehmen stehen die Investitionsmöglichkeiten A und B zur Auswahl. Die Investition A hat Anschaffungskosten in Höhe von 140.000 € und eine voraussichtliche Nutzungsdauer von 10 Jahren. Sie erstellt 8.000 Leistungseinheiten pro Jahr. Dabei entstehen variable Kosten in Höhe von 29.000 €. Die sonstigen fixen Kosten betragen 7.000 € je Jahr.

Die Anschaffung der Investition B führt zu Anschaffungskosten von 100.000 €. Die voraussichtliche Nutzungsdauer beträgt 8 Jahre. Die Maschine erstellt 6.000 Leistungseinheiten je Jahr. Dabei entstehen variable Kosten in Höhe 27.000 €. Die sonstigen fixen Kosten je Jahr betragen 10.000 €.

Die Abteilung Kostenrechnung des Unternehmens hat den kalkulatorischen Zinssatz mit 10 % festgelegt.

Bestimmen Sie die vorteilhaftere der beiden Investitionen nach Maßgabe der Kostenvergleichsrechnung.

Aufgabe 5: Gewinnvergleichsrechnung

Es sind die Investitionsmöglichkeiten A und B gegeben. Die Investition A weist Anschaffungskosten in Höhe von 80.000 €, eine voraussichtliche Nutzungsdauer von 5 Jahren und sonstige fixe Kosten je Jahr in Höhe von 10.800 € auf. Sie erstellt 8.000 Leistungseinheiten je Jahr. Die dabei entstehenden variablen Kosten betragen 20.000 €.

Die Investition B verursacht ebenfalls Anschaffungskosten in Höhe von 80.000 € und hat eine voraussichtliche Nutzungsdauer von 5 Jahren. Die sonstigen fixen Kosten je Jahr betragen 15.800 € und die variablen Kosten 20.000 €. Dabei wurden 10.000 Leistungseinheiten je Jahr zugrunde gelegt.

Der Investition A ist ein Erlös von jährlich 55.000 € und der Investition B ein Erlös von jährlich 56.500 € zuzurechnen. Der kalkulatorische Zins beträgt 8 %.

Welches Investitionsobjekt ist aufgrund der Gewinnvergleichsrechnung vorteilhaft?

Aufgabe 6: Rentabilitätsvergleichsrechnung

Welches der in der Aufgabe 5 beschriebenen Investitionsobjekte ist nach der Rentabilitätsvergleichsrechnung gemäß Nettorendite und Bruttorendite vorzuziehen?

Aufgabe 7: Kapitalwertmethode

Ein Unternehmen plant, eine Produktionsanlage zu erwerben. Die Investition verursacht Anschaffungskosten in Höhe von 1.500.000 €. Die voraussichtliche Nutzungsdauer der Anlage beträgt 3 Jahre. Während dieser 3 Jahre werden die folgenden Einzahlungsüberschüsse erwartet: in t_1 400.000 €, in t_2 700.000 € und in t_3 800.000 €. Der Diskontierungszinssatz beträgt 8 %. Ein Liquidationserlös am Ende der 3. Periode ist nicht zu erwarten.

Ermitteln und interpretieren Sie den Kapitalwert K_0 dieser Investition.

Aufgabe 8: Methode des internen Zinssatzes

Die Anschaffungskosten einer Maschine betragen 114.000 € und deren Nutzungsdauer 4 Jahre. Die Investition bewirkt am Ende der ersten 3 Jahre jeweils Einzahlungsüberschüsse in Höhe von 30.000 €. Am Ende der Nutzungsdauer wird ein Einzahlungsüberschuss in Höhe von 45.000 € erwartet.

Ermitteln Sie die interne Verzinsung dieser Investition.

Aufgabe 9: Annuitätenmethode

Es stehen zwei Investitionsobjekte zur Auswahl. Das Objekt A weist eine Nutzungsdauer von 4 Jahren auf und wird durch die folgenden Zahlungsströme charakterisiert: Die Anschaffungskosten in t_0 betragen 300.000 €. Während des Nutzungszeitraumes von t_1 bis t_4 werden jährlich nachschüssig Einzahlungsüberschüsse in Höhe von 120.000 € erwartet.

Das Objekt B hat eine Nutzungsdauer von 2 Jahren. Die Anschaffungskosten in t_0 betragen 150.000 €. Während des Nutzungsdauer von t_1 bis t_2 werden jährlich nachschüssig Einzahlungsüberschüsse in Höhe von 115.000 € erwartet.

Bei beiden Objekten ist am Ende der Nutzungsdauer kein Liquidationserlös gegeben. Der Diskontierungszinssatz beträgt 12 %.

Beurteilen Sie die beiden Objekte in Bezug auf ihre Vorteilhaftigkeit nach Maßgabe der Annuitätenmethode. Diskutieren Sie das Ergebnis.

Aufgabe 10: Auswahlproblem

Beurteilen Sie die Vorteilhaftigkeit der in Aufgabe 9 beschriebenen Investitionsobjekte auf Basis des vollständigen Vorteilhaftigkeitsvergleichs.

Aufgabe 11: Dynamische Investitionsrechnungsverfahren

Der geplante Kauf einer Produktionsanlage führt zu Anschaffungskosten von 280.000 €. Die geforderte Mindestverzinsung beträgt 12 %. Die Nutzungsdauer beläuft sich auf 3 Jahre. Für die Nutzungsdauer sind folgende Einzahlungsüberschüsse geplant: 1. Jahr 70.000 €, 2. Jahr 280.000 € und 3. Jahr 20.000 €.

a) Errechnen und interpretieren Sie den Kapitalwert dieser Investition.

b) Ermitteln Sie den internen Zinssatz.

c) Wie hoch ist die Annuität (bei dem Zinssatz von 12 %)?

d) Der Sollzins beträgt 12 %, der Habenzins 4%. Wie hoch sind – unter Annahme des Kontenausgleichsgebots – der Vermögensendwert und der kritische Sollzinssatz?

Aufgabe 12: Ertragswertverfahren

Ein Investor beabsichtigt, ein wachstumsstarkes Unternehmen zu 100 % zu erwerben. Der Investor erwartet eine Eigenkapitalverzinsung von 15 %. Nach 5 Jahren will er das Unternehmen für 100 Mio. € verkaufen. Aus Sicht des Investors handelt es sich also um eine begrenzte Nutzungsdauer.

Für die kommenden 5 Jahre ist der Ertragsüberschuss aus dem betriebsnotwendigen Vermögen wie folgt geplant: im 1., 2. und 3. Jahr jeweils 0 €, im 4. Jahr 5 Mio. € und im 5. Jahr 10 Mio. €. Außerdem soll nach 3 Jahren das nicht betriebsnotwendige Vermögen mit einem Überschuss von 1,2 Mio. € verkauft werden.

Wie hoch ist der heutige Unternehmenswert (Ertragswert)?

Aufgabe 13: WACC-Verfahren

Für ein Unternehmen gelten folgende Daten: Die Schätzung der freien Cashflows der näheren Phase – sie werden jährlich nachschüssig zufließen – führt zu den folgenden

Ergebnissen: –1.900.000 € für das 1. Jahr, –800.000 € für das 2. Jahr, 700.000 € für das 3. Jahr, 1.400.000 € für das 4. Jahr und 2.100.000 € für das 5. Jahr. Das nicht betriebsnotwenige Vermögen soll am Ende des 1. und 2. Jahres jeweils mit einem Überschuss von 1.500.000 € verkauft werden.

Im 6. Jahr wird ein freier Cashflow in Höhe von 2.500.000 € erwartet. Es ist davon auszugehen, dass dieser freie Cashflow, konstant und unendlich häufig, jährlich nachschüssig zufließen wird.

Das Unternehmen strebt eine Eigenkapitalquote von 40 % und eine Fremdkapitalquote von 60 % an (Zielkapitalstruktur). Die für das Unternehmen relevante Zinsforderung der Fremdkapitalgeber beträgt 8 %, der Zinssatz für risikofreie Kapitalanlagen 4 %. Anleger, die in den Markt investieren, dem das Unternehmen zuzuordnen ist, fordern eine Marktrendite von 15 %. Die erwartete Wertänderung des Unternehmens in Abhängigkeit von Wertänderungen des Marktes, dem das Unternehmen zuzuordnen ist, wird durch ein Beta von 1,3 beschrieben. Der Marktwert des Fremdkapitals beträgt 10.000.000 €. Für das Unternehmen gilt ein Ertragsteuersatz von 25 %.

Bestimmen Sie den Unternehmenswert auf Basis des WACC-Verfahrens.

Aufgabe 14: Price Earning to Growth Ratio

Für die ABC AG gelten folgende Daten: Kurs je Aktie 16,2 €, Gewinn je Aktie 0,54 €, erwartete Gewinnsteigerung 30 % pro Jahr. Die Peer Group weist ein PEG von 0,8 auf.

a) Welches PEG errechnet sich für die Aktie der ABC AG?

b) Wie hoch sollte der Aktienkurs bei einem PEG von 0,8 sein?

Aufgabe 15: Preis einer Festzinsanleihe

Ein Investor hat vor 2 Jahren folgende Anleihe gekauft: Nominalbetrag 3 Mio. €, Kaufpreis 100 %, Laufzeit 5 Jahre, Zinskupon 3,5 %, Rückzahlung 100 %.

a) Nach Ablauf von 2 Jahren sei der Marktzins vergleichbarer Anleihen für die 3-jährige Restlaufzeit gestiegen auf konstant 5 % (horizontale Zinsstruktur). Wie hoch ist der heutige rechnerische Preis der Schuldverschreibung (in Euro und Prozent)?

b) Wie hoch ist gemäß a) der Kursverlust für den Anleger (in Euro)?

c) Angenommen, der Marktzins sei bis heute auf 2,5 % gefallen. Wie hoch sind jetzt der Anleihepreis (in Euro und Prozent) und der Kursgewinn (in Euro)?

Aufgabe 16: Effective Duration

Errechnen Sie die Effective Duration der folgenden Schuldverschreibung: Die Nominalverzinsung beträgt 5,5 %, die Restlaufzeit 3 Jahre und die Tilgung wird am Fälligkeitstag der Anleihe zu 100 % des Nominalwertes erfolgen. Die Zinssätze der Zinsstrukturkurve betragen für die Zeit von t_0 bis t_1 4,0 %, für die Zeit von t_0 bis t_2 4,5 % und für die Zeit von t_0 bis t_3 4,8 %.

Aufgabe 17: Portfoliotheorie

Ein Anleger möchte ein Portfolio aus zwei verschiedenen Aktien bilden. Die Aktien des Unternehmens 1 haben eine erwartete Rendite (μ) von 10 % und als Risiko eine Standardabweichung (σ) von 40 %. Die Aktie des Unternehmens 2 weisen eine erwartete Rendite von 8 % und eine Standardabweichung von 20 % auf.

a) Wie hoch ist die erwartete Rendite des Portfolios (μ_P), wenn es jeweils zur Hälfte aus Aktien des Unternehmens 1 und 2 besteht?

b) Wie hoch ist die erwartete Rendite des Portfolios, das zu 60 % aus den Aktien 1 und zu 40 % aus den Aktien 2 besteht?

c) Welche Anteile müssen die Aktien 1 und 2 in dem Portfolio aufweisen, wenn eine Rendite von 9,6 % erzielt werden soll?

d) Wie hoch ist das Risiko des Portfolios (σ_P), das jeweils zur Hälfte aus den Aktien 1 und 2 besteht, für die Situationen, in denen die Aktie 1 mit der Aktie 2 eine Korrelation von –1, 0, und +1 aufweist?

Aufgabe 18: Beteiligungsfinanzierung einer GmbH

Die Gesellschafter einer GmbH beschließen, einen neuen Gesellschafter aufzunehmen. Sein Geschäftsanteil beläuft sich auf 40.000 €. Zusätzlich muss er ein Agio von 10.000 € zahlen. Geschäftsanteil und Agio sind unverzüglich als Bareinlage zu leisten. Wie hoch (in Euro) ist die Beteiligungsfinanzierung? Wie wirken sich diese Beschlüsse zahlenmäßig in der Bilanz aus?

Aufgabe 19: IPO

Die FHM AG beschließt, erstmals Aktien öffentlich auszugeben und an die Börse zu gehen. Sie emittiert 50 Millionen auf den Namen lautende Stammaktien mit einem Nennwert von je 1 € aus einer Kapitalerhöhung gegen Bareinlagen. Zusätzlich sollen 5

Millionen derartige Aktien aus dem Eigentum abgebender Altaktionäre im Hinblick auf die dem Bankenkonsortium gewährte Mehrzuteilungsoption emittiert werden.

Interessierte Anleger haben die Möglichkeit, innerhalb von 4 Tagen bei dem beauftragten Bankenkonsortium Kaufangebote in einer Preisspanne von 15 bis 18 € abzugeben. Nach Zeichnungsschluss wird der Emissionspreis auf 18 € festgelegt. Die Banken üben ihre Mehrzuteilungsoption aus.

Erläutern Sie ausführlich dieses IPO, und gehen Sie dabei auch auf die bilanziellen Auswirkungen ein.

Aufgabe 20: Effektivverzinsung von Krediten

Ein Unternehmen erhält von seiner Bank einen 7-jährigen Kredit: Nominalbetrag 500.000 €, Auszahlung zu 97 %, Nominalzins 8 %. Wie hoch ist der näherungsweise Effektivzins (in % p.a.), wenn die Tilgung

a) in einer Summe am Ende der Laufzeit,

b) in jährlich gleichen Raten,

c) in jährlich gleichen Raten nach 2 tilgungsfreien Jahren erfolgt?

Aufgabe 21: Bankkredit oder Leasing

Ein Unternehmen benötigt für seine Außendienstmitarbeiter neue Geschäftswagen. Diskutieren Sie die Frage, ob die Finanzierung der Pkw durch Kauf und Aufnahme eines entsprechenden Bankkredits oder durch Leasing vorzuziehen ist. Legen Sie Ihrer Argumentation die finanzwirtschaftlichen Ziele Rentabilität, Liquidität, Sicherheit und Unabhängigkeit zugrunde.

Aufgabe 22: Wandelanleihe

Die FHM AG begibt eine Wandelanleihe mit folgender Ausstattung: Nominalvolumen 100 Mio. €, gestückelt in jederzeit wandelbare Teilschuldverschreibungen von je 1.000 €, Laufzeit 5 Jahre, Zinskupon 3 %, Wandlungsprämie 40 %. Der zugrunde liegende Aktienkurs beträgt am Emissionstag 15 €. Wie hoch sind Wandlungspreis und Wandlungsverhältnis?

Aufgabe 23: Selbst-, Beteiligungs- und Eigenfinanzierung

Für eine AG sind in einem Geschäftsjahr folgende Anfangsbestände gegeben: Grundkapital 50 Mio. €, Kapitalrücklage 182 Mio. €, Gewinnrücklagen 133 Mio. €. Während des Geschäftsjahres emittiert die AG junge Aktien: 10 Millionen Stück, Nennwert 5 €, Emissionspreis 9 €. In dem Geschäftsjahr wird ein Jahresüberschuss nach Steuern von 20 Mio. € erwirtschaftet, wovon 40 % einbehalten und 60 % als Dividende ausgeschüttet werden.

a) Welche Werte haben die genannten Bilanzpositionen nunmehr?

b) Wie hoch ist jeweils das Volumen der offenen Selbst-, Beteiligungs- und Eigenfinanzierung in dem Geschäftsjahr?

Aufgabe 24: Abschreibungsfinanzierung

Ein Unternehmen kauft 4 Maschinen im Wert von je 4.000 € (Nutzungsdauer 4 Jahre, lineare Abschreibung). Wie viele Maschinen hat das Unternehmen jeweils zu Beginn des 1. bis 8. Jahres im Bestand, wenn die Abschreibungsgegenwerte jeweils am Jahresende zum Kauf von neuen Maschinen (Wert je 4.000 €) verwendet werden und die Restbeträge angesammelt und für nachfolgende Käufe eingesetzt werden?

Aufgabe 25: Finanzierungseffekt von Pensionsrückstellungen

Der (Brutto-)Gewinn eines Unternehmens beträgt vor Abzug der Pensionsrückstellungen und Ertragsteuern 800.000 €. Der Ertragsteuersatz (Körperschaftsteuer und Gewerbeertragsteuer) sei 30 %. In dem betreffenden Jahr fallen keine Pensionsauszahlungen an.

a) Wie hoch ist der Finanzierungseffekt (zusätzliche Finanzmittel) durch die Rückstellungszuführung, wenn das Unternehmen Pensionsrückstellungen über 200.000 € bildet und den gesamten Jahresüberschuss (Gewinn nach Pensionsrückstellungen und Steuern) einbehält?

b) Wie hoch ist der Finanzierungseffekt durch die Rückstellungszuführung, wenn das Unternehmen Pensionsrückstellungen über 200.000 € bildet und den gesamten Jahresüberschuss als Dividende ausschüttet?

Aufgabe 26: Zinsswap-Zahlungen

Die Partner A und B vereinbaren folgenden Zinsswap: A zahlt 6-Monats-Euribor und erhält von B einen Festzins von 5,5 % p. a. Das Nominalvolumen beträgt 5 Mio. €, die Laufzeit 10 Jahre. Die Zinsberechnung wird wie folgt vorgenommen:

- Variabler Zins = actual/360 (d. h. die tatsächlichen Tage geteilt durch 360), Zahlung halbjährlich nachschüssig
- Festzins = 30/360, Zahlung jährlich nachschüssig

Angenommen, der 6-Monats-Euribor sei in der ersten 6 Monaten (182 Tage) 4,0 % und in den zweiten 6 Monaten (183 Tage) 4,5 %. Wer zahlt unter diesen Bedingungen an wen im ersten Jahr wann welchen Zinsbetrag?

Aufgabe 27: Forward Rate Agreement

Am 24. November beschließt die FHM AG, in 3 Monaten einen 6-Monatskredit über 5 Mio. € aufzunehmen; Zinsbasis ist der 6-M-Euribor. Die FHM AG erwartet steigende Geldmarktzinsen und will sich deshalb das derzeitige Zinsniveau sichern. Das Unternehmen kauft bei seinem Kreditinstitut ein FRA 3 x 9. Der festgelegte FRA-Satz gilt also, beginnend in 3 Monaten, für 6 Monate. Im Einzelnen ist vereinbart:

Kauf:	3 x 9 FRA
Nominalbetrag:	5 Mio. €
FRA-Satz:	4,2 %
Referenzzins:	6-M-Euribor
Abschlusstag:	24. November
Beginn Vorlaufperiode:	26. November
Fixingtag:	24. Februar
FRA-Periode:	26. Februar bis 25. August (181 Tage)

Der 6-M-Euribor ist am 24. Februar 4,7 %.

a) Wie hoch ist die Ausgleichszahlung (in €)?

b) Wer erhält von wem wann diesen Betrag?

c) Warum muss zur Ermittlung der Ausgleichszahlung eine Abzinsung vorgenommen werden?

d) Die FHM AG nimmt am 24. Februar für die Zeit vom 26. Februar bis zum 25. August einen Kredit zum 6-M-Euribor + 0,35 % auf: Wie hoch ist jeweils die gesamte Zinsbelastung (in Prozent p.a.) ohne FRA und mit FRA?

Aufgabe 28: Aktienoption

Am 2. Juli werden Eurex-Aktienoptionen (Call, Basispreis 55 €, Kontraktgröße 100 Aktien, Fälligkeit im Dezember) auf die SAP-Aktie (der Kurs sei 54 €) zu einem Optionspreis von 3,60 € notiert.

a) Erklären Sie anschaulich, was der Optionspreis von 3,60 € bedeutet.

b) Angenommen, ein Anleger kauft am 2. Juli 20 Kontrakte und und verkauft diese Kontrakte am letzten Handelstag im Dezember (er stellt seine Position glatt). Der Aktienkurs sei an diesem Tag 61,40 €. Welchen Optionspreis dürfte der Anleger beim Verkauf erzielt haben (und warum)?

c) Verdeutlichen Sie am Beispiel der Daten von b) die Hebelwirkung von Aktienoptionen.

d) Wie hoch ist im Fall von b) der Gewinn des Anlegers (in Euro)?

Aufgabe 29: Swaption

Ein Bauunternehmen beteiligt sich an einer Ausschreibung. Ob es den Zuschlag erhält, ist ungewiss. Der erwartete Zuschlagstermin ist in 6 Monaten. Im Fall des Zuschlags benötigt das Unternehmen einen 5-jährigen Kredit über 8 Mio. €. Da das Unternehmen wegen des erforderlichen Kredits zur Angebotsabgabe eine sichere Zinskalkulationsbasis benötigt – nämlich einen Festzinssatz für 5 Jahre – erwirbt es folgende Payerswaption: Gesamtlaufzeit 5 Jahre und 6 Monate, Swapsatz (auf Basis des 6-Monats-Euribors) 3 %, Prämie 1,10 %.

Welche Möglichkeiten hat das Unternehmen am Verfalltag, wenn der 5-jährige Zinssatz

a) gefallen ist (mit und ohne Zuschlag),

b) gestiegen ist (mit und ohne Zuschlag)?

2 Lösungen

2.1 Übersicht über die Lösungen

1. Rentabilitätskennzahlen
2. Cashflow-Ermittlung
3. Economic Value Added
4. Kostenvergleichsrechnung
5. Gewinnvergleichsrechnung
6. Rentabilitätsvergleichsrechnung
7. Kapitalwertmethode
8. Methode des internen Zinssatzes
9. Annuitätenmethode
10. Auswahlproblem
11. Dynamische Investitionsrechnungsverfahren
12. Ertragswertverfahren
13. WACC-Verfahren
14. Price Earning to Growth Ratio
15. Preis einer Festzinsanleihe
16. Effective Duration
17. Portfoliotheorie
18. Beteiligungsfinanzierung einer GmbH
19. IPO
20. Effektivverzinsung von Krediten
21. Bankkredit oder Leasing
22. Wandelanleihe
23. Selbst-, Beteiligungs- und Eigenfinanzierung
24. Abschreibungsfinanzierung
25. Finanzierungseffekt von Pensionsrückstellungen
26. Zinsswap-Zahlungen
27. Forward Rate Agreement
28. Aktienoption
29. Swaption

2.2 Lösungshinweise

Lösung 1: Rentabilitätskennzahlen

$$\text{Eigenkapitalrentabilität} = \frac{300.000}{2.500.000} = 0{,}12 = 12\,\%$$

$$\text{Gesamtkapitalrentabilität} = \frac{300.000 + 280.000}{6.000.000} = 0{,}0967 = 9{,}67\,\%$$

$$\text{Umsatzrentabilität} = \frac{300.000}{12.500.000} = 0{,}024 = 2{,}4\,\%$$

Lösung 2: Cashflow-Ermittlung

Die einzelnen Komponenten errechnen sich wie folgt (in Mio. €):

	Umsatzerlöse	11,3
–	Herstellungskosten des Umsatzes	4,2
=	**a) Bruttoergebnis vom Umsatz**	**7,1**
–	Vertriebskosten	1,2
–	Allgemeine Verwaltungskosten	2,3
–	Sonstige betriebliche Aufwendungen	1,1
+	Sonstige betriebliche Erträge	0,4
+	Ergebnis aus Beteiligungen und Wertpapieren	0,3
=	**a) EBITDA**	**3,2**
–	Abschreibungen	1,2
=	**a) EBIT**	**2,0**
–	Ertragsteuern auf EBIT	0,6
=	**a) NOPAT**	**1,4**
+	Abschreibungen	1,2
+	Erhöhung langfristiger Rückstellungen	0,5
=	**a) Brutto-Cashflow**	**3,1**
–	Investitionen in das Anlagevermögen	1,1
+/–	Veränderung des Nettoumlaufvermögens	0
=	**a) Freier Cashflow**	**2,0**
–	Schuldentilgungen	0,8
–	Zinszahlungen	0,7
=	**b) Gewinnausschüttungen**	**0,5**

Lösung 3: Economic Value Added

Die Geschäftsrendite beträgt 15 %. Daraus errechnet sich: EVA = (15 % – 12 %) · 300 Mio. € = 9 Mio. €. Das bedeutet, das Betriebsergebnis liegt um 9 Mio. € über den Kapitalkosten. Die Geschäftsrendite übersteigt den Kapitalkostensatz um 3 Prozentpunkte (Value Spread). Die Strategie des Unternehmens ist wertsteigernd.

Lösung 4: Kostenvergleichsrechnung

Den Investitionsmöglichkeiten A und B sind unterschiedliche Auslastungen zugeordnet. Dadurch ist ein Kostenvergleich je Leistungseinheit notwendig.

Kosten	Investition A	Investition B
Anschaffungskosten in €	140.000	100.000
Nutzungsdauer in Jahren	10	8
Auslastung in Leistungseinheiten je Jahr	8.000	6.000
Kalkulatorische Abschreibung	14.000	12.500
Kalkulatorischee Zinsen, i = 10 %	7.000	5.000
Sonstige fixe Kosten	7.000	10.000
Summe fixer Kosten	28.000	27.500
Variable Kosten	29.000	27.000
Gesamtkosten je Jahr	57.000	54.500
Gesamtkosten je Leistungseinheit	7,125	9,083

Die Kosten je Leistungseinheit sind bei Realisierung der Investition A geringer als bei B. Daher ist die Investition A der Investition B vorzuziehen.

Lösung 5: Gewinnvergleichsrechnung

Da unterschiedliche mengenmäßige Auslastungen vorliegen, ist zur Beurteilung der Vorteilhaftigkeit der Gewinn je Leistungseinheit zugrunde zu legen.

Kosten/Erlöse	Investition A	Investition B
Anschaffungskosten in €	80.000	80.000
Nutzungsdauer in Jahren	5	5
Auslastung in Leistungseinheiten je Jahr	8.000	10.000
Kalkulatorische Abschreibung	16.000	16.000
Kalkulatorischer Zins, i = 8 %	3.200	3.200
Sonstige fixe Kosten	10.800	15.800
Summe fixer Kosten	30.000	35.000
Variable Kosten	20.000	20.000
Gesamtkosten je Jahr	50.000	55.000
Erlös je Jahr	55.000	56.500
Gewinn je Jahr	5.000	1.500
Gewinn je Leistungseinheit	0,625	0,150

Der Gewinn je Leistungseinheit der Investition A beträgt 0,625 €, der der Investition B lediglich 0,15 €. Daher ist die Investition A gegenüber der Investition B vorteilhaft.

Lösung 6: Rentabilitätsvergleichsrechnung

Die Nettorendite (R_N) errechnet sich, indem man den Jahresgewinn der Investition in das Verhältnis zu dem durchschnittlich gebundenen Kapital setzt. Die Bruttorendite (R_B) ergibt sich, wenn zusätzlich die kalkulatorischen Zinsen im Zähler berücksichtigt werden.

Für die Investition A ermitteln sich die folgenden Renditen:

$$R_N = \frac{5.000}{40.000} = 0{,}125 \qquad R_B = \frac{8.200}{40.000} = 0{,}205$$

Die Renditen der Investition B betragen:

$$R_N = \frac{1.500}{40.000} = 0{,}0375 \qquad R_B = \frac{4.700}{40.000} = 0{,}1175$$

Die Bruttorendite liegt jeweils um den kalkulatorischen Zinssatz von 8 % über der Nettorendite. Somit ist auch nach Maßgabe der Rentabilitätsvergleichsrechnung die Investition A der Investition B vorzuziehen.

Lösung 7: Kapitalwertmethode

Der Kapitalwert der Investition errechnet sich wie folgt:

$$K_0 = -1.500.000 + \frac{400.00}{1,08} + \frac{700.00}{1,08^2} + \frac{800.000}{1,08^3}$$

$$= -1.500.000 + 370.370 + 600.137 + 635.066 = 105.573$$

Der Kapitalwert der Investition beträgt 105.573 €. Dieser Betrag entspricht der um die Anschaffungsauszahlung verminderten Summe der Barwerte der künftigen Einzahlungsüberschüsse. Da der Kapitalwert positiv ist, ist die Investition vorteilhaft. Die Einzahlungsüberschüsse betragen 1.900.000 €. Sie reichen aus, um die Anschaffungskosten von 1.500.000 € wiederzugewinnen und das gebundene Kapital jährlich mit mehr als 8 % zu verzinsen, sodass sich als Totalerfolg ein barwertiger Überschuss von 105.573 € ergibt. Der maximale Kaufpreis für die Produktionsanlage wäre 1.605.573 €.

Lösung 8: Methode des internen Zinssatzes

Zur Bestimmung des internen Zinssatzes werden 2 Versuchszinssätze angenommen. Ein Zinssatz, nämlich 6 %, soll dazu führen, dass die Zahlungsreihe einen positiven Kapitalwert K_{01} aufweist. Der weitere Zinssatz, er beträgt 8 %, soll dazu führen, dass der Kapitalwert K_{02} eine negative Ausprägung annimmt.

Bei einem Zinssatz von 6 % beträgt der Kapitalwert 1.835 €:

$$K_{01} = -114.000 + \frac{30.000}{1,06} + \frac{30.000}{1,06^2} + \frac{30.000}{1,06^3} + \frac{45.000}{1,06^4}$$

$$= -114.000 + 28.302 + 26.700 + 25.189 + 35.644 = 1.835$$

Bei einem Zinssatz von 8 % beträgt der Kapitalwert –3.611 €:

$$K_{02} = -114.000 + \frac{30.000}{1,08} + \frac{30.000}{1,08^2} + \frac{30.000}{1,08^3} + \frac{45.000}{1,08^4}$$

$$= -114.000 + 27.778 + 25.720 + 23.815 + 33.076 = -3.611$$

Die Näherungsformel der Methode des internen Zinssatzes lautet:

$$r = p_1 - K_{01} \frac{p_2 - p_1}{K_{02} - K_{01}}$$

Durch Einsetzen der Zinssätze p_1 und p_2 und der errechneten Kapitalwerte K_{01} und K_{02} kann nun der interne Zinssatz bestimmt werden:

$$r = 0,06 + 1.835 \frac{0,08 - 0,06}{-3.611 - 1.835} = 0,0667$$

Der interne Zinssatz der Investition beträgt näherungsweise 6,67 %.

Lösung 9: Annuitätenmethode

Der Kapitalwert des Objekts A beträgt 64.483 €:

$$K_{0A} = -300.000 + \frac{120.000}{1{,}12} + \frac{120.000}{1{,}12^2} + \frac{120.000}{1{,}12^3} + \frac{120.000}{1{,}12^4} = 64.483$$

Die Annuität des Objekts A beträgt 21.230 € pro Jahr:

$$a_A = 64.483 \frac{1{,}12^4(1{,}12-1)}{1{,}12^4 - 1} = 21.230$$

Der Kapitalwert des Objekts B beträgt 44.356 €:

$$K_{0B} = -150.000 + \frac{115.000}{1{,}12} + \frac{115.000}{1{,}12^2} = 44.356$$

Die Annuität des Objekts B beträgt 26.245 € pro Jahr:

$$a_B = 44.356 \frac{1{,}12^2(1{,}12-1)}{1{,}12^2 - 1} = 26.245$$

Nach der Annuitätenmethode ist das Objekt B gegenüber A vorteilhaft, nach der Kapitalwertmethode das Objekt A gegenüber B. Dies liegt daran, dass die Annuitätenmethode den Kapitalwert in gleich große Beträge über die Jahre der Nutzungsdauer zerlegt und dadurch die Auswirkung unterschiedlicher Nutzungsdauern zumindest teilweise mit einbezieht.

Jedoch werden auch im Rahmen der Annuitätenmethode Unterschiede der Investitionsmöglichkeiten in Bezug auf Kapitaleinsatz und Struktur der Zahlungsströme bei der Ermittlung der Vorteilhaftigkeit nicht bzw. nicht vollständig berücksichtigt. Daher verfügen diese Verfahren über eine nur eingeschränkte Aussagekraft, wenn nicht nur eine einzelne Investition zu beurteilen, sondern eine Auswahl aus mehreren Investitionsmöglichkeiten zu treffen ist.

Lösung 10: Auswahlproblem

Nach der Kapitalwertmethode ist das Objekt A im Vergleich zu B als vorteilhaft einzustufen. Dabei wurden jedoch der unterschiedlich hohe Kapitaleinsatz, die unterschiedlich großen Nutzungsdauern und die daraus resultierende unterschiedliche Struktur der Zahlungsströme nicht berücksichtigt. Dieses Problem lässt sich durch die Annahme von Differenzinvestitionen lösen.

Da offensichtlich 300.000 € zur Verfügung stehen, sonst könnte A nicht realisiert werden, können bei B in t_0 zusätzlich 150.000 € investiert werden. Dieser Betrag wird für den Kauf einen zweiten Maschine des Typs B verwendet, sodass in t_1 und in t_2 eine Einzahlung in Höhe von zweimal 115.000 € erwartet wird.

Da die Nutzungsdauer der Investition B nur 2 Jahre und die der Investition A 4 Jahre beträgt, ist bei Durchführung eines vollständigen Vorteilhaftigkeitsvergleichs im Zeitpunkt t_2 eine Anschlussinvestition notwendig. Im Zeitpunkt t_1 wird demnach eine Einzahlung in Höhe von 230.000 €, die für die Zeit von t_1 bis t_2 zum Diskontierungszinssatz von 12 % angelegt werden kann, gegeben sein, und in t_2 werden weitere 230.000 € zuzüglich dem Zinsertrag aus der Geldanlage in t_1 bis t_2 zufließen.

Daher stehen im Zeitpunkt t_2 487.600 € zur Verfügung, und es können 3 weitere Anlagen des Typs B beschafft werden. Unveränderte Anschaffungskosten vorausgesetzt, kann der 450.000 € übersteigende Betrag, nämlich 37.600 €, zum Diskontierungszins für die Zeit von t_2 bis t_3 angelegt werden. Aus den angeführten Maßnahmen folgen in t_3 Einzahlungen in Höhe von 345.000 € aufgrund der Investition in das Objekt B zusammen mit einem Zufluss in Höhe von 42.112 € aufgrund der in t_2 vorgenommenen Finanzinvestition. Die Summe beider Beträge, nämlich 387.112 €, wird wieder für die Dauer eines Jahres zum Diskontierungszins angelegt und bewirkt im Zeitpunkt t_4 einen Zahlungszufluss in Höhe von 433.565 €. Daneben fließen aufgrund der Investition im Zeitpunkt t_2 in 3 Maschinen des Typs B 345.000 € zu. Im Rahmen des vollständigen Vorteilhaftigkeitsvergleichs ergibt sich ein Endwert das Investitionsobjekt B in Höhe von 778.565 €. Der vollständige Vorteilhaftigkeitsvergleich für B sieht wie folgt aus (in Tsd. €):

Zeitpunkt	t_0	t_1	t_2	t_3	t_4
Auszahlung	–300	–230	–487,60	–387,11	
Einzahlung		+230	+230,00 +257,60	+345,00 +42,11	+345,00 +433,57
Einzahlungsüberschuss	–300	0	0	0	778,57

Da das Objekt A am Ende jeder Periode der Zeit von t_0 bis t_4 einen Zahlungszufluss bewirken wird, muss zur Vergleichbarkeit die Anlage der Zahlungszuflüsse und der aus der Anlage resultierenden Zinserträge zum Diskontierungszins angenommen werden. Für die Zahlungsströme des Objekts A ergibt sich dann das folgende Bild (in Tsd. €):

Zeitpunkt	t_0	t_1	t_2	t_3	t_4
Auszahlung	–300	–120	–254,40	–404,93	
Einzahlung		+120	+120,00 +134,40	+120,00 +284,93	+120,00 +453,52
Einzahlungsüberschuss	–300	0	0	0	573,52

Der Endwert der Investitionsmöglichkeit A beträgt 573.520 €. Die Investitionsmöglichkeit B ist daher im Rahmen eines vollständigen Vorteilhaftigkeitsvergleichs dem Objekt A überlegen.

Lösung 11: Dynamische Investitionsrechnungsverfahren

a) Der Kapitalwert der Investition beträgt 19.950 €:

$$K_0 = -280.000 + \frac{70.000}{1{,}12} + \frac{280.000}{1{,}12^2} + \frac{20.000}{1{,}12^3} = 19.950$$

b) Da der Kapitalwert bei einem Zinssatz von 12 % positiv ist, muss der interne Zinssatz größer als 12 % sein. Als 2. Zinssatz wird 18 % gewählt, für den sich dann ein Kapitalwert von –7.414 € errechnet:

$$K_{02} = -280.000 + \frac{70.000}{1{,}18} + \frac{280.000}{1{,}18^2} + \frac{20.000}{1{,}18^3} = -7.414$$

Setzt man die Werte p_1 = 12 %, K_{01} = 19.950, p_2 =18 % und K_{02} = –7.414 in die Näherungsformel zur Bestimmung des internen Zinssatzes ein, so ergibt sich für die Investition eine Rendite von 16,37 %:

$$r = 0{,}12 - 19.950 \frac{0{,}18 - 0{,}12}{-7.414 - 19.950} = 0{,}1637$$

c) Die Annuität beträgt 8.306 € pro Jahr:

$$a = 19.950 \cdot 1{,}12^3 \frac{1{,}12 - 1}{1{,}12^3 - 1} = 8.306$$

d) Vermögensendwert: Es errechnet sich ein positiver Vermögensendwert von 27.455 €, sodass die Investition vorteilhaft ist:

Jahr	$EZÜ_t$	Vermögenskonto des Vorjahres (V_{t-1})	1+i	Vermögenskonto des Jahres (V_t)	Vermögens-endwert (V_n)
0	–280.000			–280.000	
1	70.000	–280.000	1,12	–243.600	
2	280.000	–243.600	1,12	7.168	
3	20.000	7.168	1,04	27.455	27.455

Kritischer Sollzinssatz: Da der Vermögensendwert bei einem Sollzins von 12 % positiv ist, muss der kritische Sollzins höher sein. Als 2. Versuchszinssatz wird 18 % angenommen:

Jahr	$EZÜ_t$	Vermögenskonto des Vorjahres (V_{t-1})	1+i	Vermögenskonto des Jahres (V_t)	Vermögens-endwert (V_n)
0	–280.000			–280.000	
1	70.000	–280.000	1,18	–260.400	
2	280.000	–260.400	1,18	–27.272	
3	20.000	–27.272	1,18	–12.181	–12.181

Durch Einsetzen in die Näherungsformel errechnet sich ein kritischer Sollzinssatz von 16,16 %:

$$i_s^{krit} = 0{,}12 - 27.455 \frac{0{,}18 - 0{,}12}{-12.181 - 27.455} = 0{,}1616$$

Der interne Zinssatz und der kritische Sollzinssatz müssen gleich hoch sein. In diesem Beispiel ergibt sich eine kleine Differenz (16,37 % gegenüber 16,16 %), die auf die Ungenauigkeit der Näherungsformeln zurückzuführen ist. Der exaktere Wert ist 16,28 %.

Lösung 12: Ertragswertverfahren

Der heutige Unternehmenswert errechnet sich für den betrachteten Zeitraum folgendermaßen:

$$UW = \frac{5.000.000}{1{,}15^4} + \frac{10.000.000}{1{,}15^5} + \frac{100.000.000}{1{,}15^5} + \frac{1.200.000}{1{,}15^3} = 58.337.226$$

Es errechnet sich ein Unternehmenswert in Höhe von 58.337.226 €. Dieser Betrag könnte die Preisobergrenze für den Investor darstellen. Das bedeutet, er würde für den Kauf des Unternehmens maximal 58.337.226 € zahlen. Jeder niedrigere Kaufpreis erhöht seine Rendite über 15 % hinaus – vorausgesetzt, die künftigen Überschüsse treten wie geplant ein.

Lösung 13: WACC-Verfahren

Zunächst ist die Renditeforderung der Eigenkapitalgeber nach Maßgabe des CAPM zu bestimmen:

$$r_{EK} = 0{,}04 + (0{,}15 - 0{,}04) \cdot 1{,}3 = 18{,}3\,\%$$

Nun ist der WACC zu errechnen:

$$WACC = 0{,}183 \cdot \frac{40}{100} + 0{,}08 \cdot (1 - 0{,}25) \cdot \frac{60}{100} = 0{,}1092 = 10{,}92\,\%$$

Es folgen die Bestimmung des Residualwertes und danach die des Unternehmenswertes:

$$RW = \frac{2.500.000}{0{,}1092} = 22.893.773$$

$$UW = \frac{-1.900.000}{1{,}1092} + \frac{-800.000}{1{,}1092^2} + \frac{700.000}{1{,}1092^3} + \frac{1.400.000}{1{,}1092^4} + \frac{2.100.000}{1{,}1092^5} + \frac{22.893.773}{1{,}1092^5}$$
$$+ \frac{1.500.000}{1{,}1092} + \frac{1.500.000}{1{,}1092^2} - 10.000.000 = 6.532.356$$

Der Unternehmenswert (Marktwert des Eigenkapitals) beträgt 6.532.356 €. Er errechnet sich aus der Differenz zwischen dem Gesamtunternehmenswert von 16.532.356 € und dem Marktwert des Fremdkapitals von 10.000.000 €.

Lösung 14: Price Earning to Growth Ratio

a) Das PEG errechnet sich, indem man das Kurs-Gewinn-Verhältnis (KGV) durch die absolute Wachstumsrate des Gewinns dividiert:

$$KGV = \frac{16{,}2}{0{,}54} = 30$$

$$PEG = \frac{30}{30} = 1$$

Für die ABC AG ergibt sich ein PEG von 1, d.h. es ist höher als das der Peer Group. Dies könnte darauf hinweisen, dass die Aktie der ABC AG überbewertet ist.

b) Den Aktienkurs errechnet man, indem die PEG-Gleichung nach dem gesuchten Kurs aufgelöst wird:

$$0{,}8 = \frac{\frac{\text{Kurs}}{0{,}54}}{30} \qquad \text{Kurs} = 0{,}54 \cdot 0{,}8 \cdot 30 = 12{,}96$$

Bei einem PEG von 0,8 errechnet sich ein Kurs von 12,96 € pro Aktie.

Lösung 15: Preis einer Festzinsanleihe

a) Cashflows sind die jährlichen Zinsen von 105.000 € und die Rückzahlung von 3 Mio. € am Laufzeitende. Somit errechnet sich folgender Preis in Euro:

$$p = \frac{105.000}{1{,}05} + \frac{105.000}{1{,}05^2} + \frac{3.105.000}{1{,}05^3} = 2.877.453{,}84 \text{ €}$$

Der in a) errechnete Betrag entspricht 95,92 % von 3 Mio. €; dieser Preis kann auch wie folgt ermittelt werden:

$$p = \frac{3{,}5}{1{,}05} + \frac{3{,}5}{1{,}05^2} + \frac{103{,}5}{1{,}05^3} = 95{,}92 \text{ \%}$$

b) Kursverlust = 3.000.000 – 2.877.453,84 = 122.546,16 €

c) Preis in Euro:

$$p = \frac{105.000}{1{,}025} + \frac{105.000}{1{,}025^2} + \frac{3.105.000}{1{,}025^3} = 3.085.680{,}71 \text{ €}$$

Preis in Prozent:

$$p = \frac{3{,}5}{1{,}025} + \frac{3{,}5}{1{,}025^2} + \frac{103{,}5}{1{,}025^3} = 102{,}86 \text{ \%}$$

Kursgewinn = 3.085.680,71 – 3.000.000 = 85.680,71 €.

Die Rechnungen zeigen, dass der Preis einer Festzinsanleihe
- fällt, wenn der Marktzins steigt; in Aufgabe a) steigt der Marktzins von 3,5 % auf 5 %, wodurch der Preis der Anleihe von 100 % auf 95,92 % fällt, bzw.
- steigt, wenn der Marktzins fällt; in Aufgabe c) fällt der Marktzins von 3,5 % auf 2,5 %, wodurch der Preis der Anleihe von 100 % auf 102,86 % steigt.

Das bedeutet, dass der Käufer einer Anleihe während der Laufzeit Kursverluste bzw. Kursgewinne erwirtschaften kann; am Laufzeitende jedoch erhält er 100 % des Nominalbetrages zurück.

Lösung 16: Effective Duration

Zunächst sind die Forward Rates aus den Zinssätzen der Zinsstrukturkurve abzuleiten:

Für t_1 bis t_2	t_0	t_1	t_2	t_3
Zins		4,0	4,5	
2-jähriger Kredit	100,0	–4,5	–104,5	
1-jährige Geldanlage	–100,0	104,0		
Summe in t_1		99,5		
Forward Rate für t_1 bis t_2			5,0251	
Für t_2 bis t_3	t_0	t_1	t_2	t_3
Zins		4,0	4,5	4,8
3-jähriger Kredit	100,0	–4,8	–4,8	–104,8
2-jährige Geldanlage	–100,0	4,5	104,5	
Summe in t_1		–0,3		
Kredittilgung in t_2			–0,3151	
Summe in t_2			99,3849	
Forward Rate für t_2 bis t_3				5,4486

Jetzt lassen sich die Zerobondrenditen durch die geometrischen Mittel der Forward Rates bestimmen:

$$t_0 \text{ bis } t_1 = 1{,}04 - 1 = 4\ \%$$

$$t_0 \text{ bis } t_2 = \sqrt[2]{1{,}04 \cdot 1{,}050251} - 1 = 4{,}5113\ \%$$

$$t_0 \text{ bis } t_3 = \sqrt[3]{1{,}04 \cdot 1{,}050251 \cdot 1{,}054486} - 1 = 4{,}8228\ \%$$

Die Effective Duration D_{Eff} beträgt somit 2,8468 Jahre:

Zahlungszeitpunkt	Cashflow in %	Barwert in % $CF_t\,(1+i)^{-t}$	Mit Zahlungszeitpunkten gewichteter Barwert $t\,CF_t\,(1+i)^{-t}$
1	5,5	5,2885	5,2885
2	5,5	5,0354	10,0708
3	105,5	91,5978	274,7934
Summe		101,9217	290,1527

$$D_{Eff} = \frac{290{,}1527}{101{,}9217} = 2{,}8468 \text{ Jahre}$$

Lösung 17: Portfoliotheorie

a) $\mu_p = 0{,}5 \cdot 0{,}1 + 0{,}5 \cdot 0{,}08 = 0{,}09 = 9\,\%$

b) $\mu_p = 0{,}6 \cdot 0{,}1 + 0{,}4 \cdot 0{,}08 = 9{,}2\,\%$

c) Da $a_2 = 1 - a_1$, gilt:

$$\mu_p = 0{,}096 = a_1 \cdot 0{,}1 + (1 - a_1) \cdot 0{,}08$$

$$0{,}096 = 0{,}1a_1 + 0{,}08 - 0{,}08a_1$$

$$0{,}016 = 0{,}02a_1$$

$$a_1 = 0{,}8 = 80\,\%$$

$$a_2 = 1 - a_1 = 20\,\%$$

d) $k_{12} = -1: \sigma_p = \left| 0{,}5 \cdot 0{,}4 - 0{,}5 \cdot 0{,}2 \right| = 10\,\%$

$$k_{12} = 0: \ \sigma_p = \sqrt{0{,}5^2 \cdot 0{,}4^2 + 0{,}5^2 \cdot 0{,}2^2} = 22{,}36\,\%$$

$$k_{12} = +1: \sigma_p = 0{,}5 \cdot 0{,}4 + 0{,}5 \cdot 0{,}2 = 30\,\%$$

Man erkennt, dass das Risiko (die Standardabweichung) des Portfolios (σ_P) umso höher ist, je stärker die Korrelation ist.

Lösung 18: Beteiligungsfinanzierung einer GmbH

Die Beteiligungsfinanzierung beläuft sich auf 50.000 €. Auf der Aktivseite der GmbH erhöht sich das Bankguthaben um 50.000 €. Auf der Passivseite steigen folgende Eigenkapitalpositionen: Stammkapital um 40.000 € und Kapitalrücklage um 10.000 €.

Lösung 19: IPO

Folgende Sachverhalte sind zunächst zu erklären: Aktiengattung (Namensaktie, Stammaktie und Nennwertaktie), Kapitalerhöhung gegen Bareinlagen, abgebende Altaktionäre (z. B. eine Private-Equity-Gesellschaft, die sich von ihrer Beteiligung trennen will), Mehrzuteilungsoption, Bookbuildingverfahren und Emissionspreis.

Das IPO wirkt sich zahlenmäßig wie folgt aus: Das gesamte Emissionsvolumen beläuft sich auf 990 Mio. € (55 Millionen Aktien à 18 €). Davon erhalten die Altaktionäre 90 Mio. € (5 Millionen Aktien à 18 €). Auf die FHM AG entfällt der Großteil des Emissionsvolumens, nämlich 900 Mio. € (50 Millionen Aktien à 18 €), die als Bareinlagen das Bankguthaben auf der Aktivseite der FHM AG erhöhen. Auf der Passivseite steigt das Eigenkapital um diesen Betrag, wobei das Grundkapital um 50 Mio. € (50 Millionen Aktien à 1 € Nennwert) und die Kapitalrücklage um 850 Mio. € (50 Millionen Aktien à 17 € Agio) wachsen.

Lösung 20: Effektivverzinsung von Krediten

a) $r = \frac{0{,}08 + \frac{0{,}03}{7}}{0{,}97} = 0{,}0869 = 8{,}69\ \%$

b) $m = \frac{7+1}{2} = 4 \qquad r = \frac{0{,}08 + \frac{0{,}03}{4}}{0{,}97} = 0{,}0902 = 9{,}02\ \%$

c) $m = 2 + \frac{7-2+1}{2} = 5 \qquad r = \frac{0{,}08 + \frac{0{,}03}{5}}{0{,}97} = 0{,}0887 = 8{,}87\ \%$

Lösung 21: Bankkredit oder Leasing

Rentabilität:

Vorteile Bankkredit: Die Kosten des Kredits sind grundsätzlich niedriger als die des Leasing, weil die Leasingrate zusätzliche Komponenten decken muss (z.B. Entgelt für den Service). Darüber hinaus kann das Unternehmen durch die Aufnahme des Bankkredits gegebenenfalls den Leverage-Effekt nutzen.

Vorteile Leasing: Die Leasingrate kann helfen, die steuerliche Belastung (Einkommen-, Körperschaft- und Gewerbesteuer) stärker zu verringern, als dies durch den Kreditkauf möglich ist. Die Leasinggesellschaft erhält unter Umständen höhere Einkaufsrabatte, die sie an das Unternehmen weitergeben kann. Außerdem hat sie oft einen besseren Überblick über den Markt für gebrauchte Leasingobjekte, was sich positiv auf den Verkaufserlös am Ende der Mietzeit auswirken kann.

Liquidität:

Vorteil Bankkredit: Die Art der Tilgung des Kredits kann das Unternehmen mit seiner Bank individuell vereinbaren, wodurch eine bessere Liquiditätssteuerung möglich ist.

Vorteile Leasing: Leasing ermöglicht es dem Unternehmen, die Raten über die mit den Leasingobjekten erwirtschafteten Umsätze zu zahlen. Außerdem finanzieren Leasinggesellschaften die Objekte bis zu 100 %.

Sicherheit:

Vorteil Bankkredit: Durch Vereinbarung eines Tilgungsplans und eines festen Zinssatzes für die gesamte Kreditlaufzeit wird eine sichere Kalkulationsgrundlage geschaffen.

Vorteil Leasing: Auch das Leasing bietet eine sichere Kalkulationsbasis, wenn für die gesamte Mietzeit eine fixierte Leasingrate vereinbart wird.

Unabhängigkeit:

Vorteil Bankkredit: Das Unternehmen ist Eigentümer der Geschäftswagen und kann darüber frei disponieren; die Nutzungsrechte sind nicht eingeschränkt.

Vorteile Leasing: Leasing bietet dem Unternehmen bei entsprechender Gestaltung des Mietvertrags die Möglichkeit, die Leasingobjekte flexibel an den technischen Fortschritt und an geänderte Marktbedingungen anzupassen. Leasing erfordert meistens geringere Sicherheiten als ein Bankkredit. Der Leasingnehmer muss die Verbindlichkeiten nicht in seiner Bilanz ausweisen, sodass das Leasing im Vergleich zum Bankkredit eine bilanzschonende Wirkung hat.

Lösung 22: Wandelanleihe

Wandlungspreis = 15 € · 1,4 = 21 €

Wandlungsverhältnis = 1.000 : 21 = 47,6. Das Wandlungsverhältnis ist 1 : 47,6, d. h. eine Teilschuldverschreibung im Nominalwert von 1.000 € kann rechnerisch in 47,6 Aktien gewandelt werden.

Lösung 23: Selbst-, Beteiligungs- und Eigenfinanzierung

a) Grundkapital = 50 + 50 = 100 Mio. €
Kapitalrücklage = 182 + 40 = 222 Mio. €
Gewinnrücklagen = 133 + 8 = 141 Mio. €

b) Offene Selbstfinanzierung = 8 Mio. €
Beteiligungsfinanzierung = 50 + 40 = 90 Mio. €
Eigenfinanzierung = 8 + 90 = 98 Mio. €

Lösung 24: Abschreibungsfinanzierung

Jahr	Anfangsbestand (Maschinen)	Abschreibungen (€/Jahr))	Kauf am Jahresende (Maschinen)	Kumulierter Restbetrag (€)	Abgang am Jahresende (Maschinen)
1	4	4.000	1	0	0
2	5	5.000	1	1.000	0
3	6	6.000	1	3.000	0
4	7	7.000	2	2.000	4
5	5	5.000	1	3.000	1
6	5	5.000	2	0	1
7	6	6.000	1	2.000	1
8	6	6.000	2	0	2

Die Kapazität pendelt sich bei 6 Maschinen ein, da der Kapazitätsmultiplikator 1,6 ist (1,6 · 4 Maschinen = 6,4 Maschinen).

Lösung 25: Finanzierungseffekt von Pensionsrückstellungen

a) Gewinneinbehaltung	**Ohne Rückstellungen**	**Mit Rückstellungen**
Bruttogewinn	800.000	800.000
– Pensionsrückstellungen	0	200.000
Zu versteuernder Gewinn	800.000	600.000
– Ertragsteuern	240.000	180.000
Jahresüberschuss	560.000	420.000
Gewinneinbehaltung	560.000	420.000
Innenfinanzierung		
durch Gewinneinbehaltung	560.000	420.000
durch Rückstellungsfinanzierung	0	200.000
Innenfinanzierung gesamt	560.000	620.000
Finanzierungseffekt durch Pensionsrückstellungen	0	60.000

Im Fall a) stehen dem Unternehmen zusätzliche finanzielle Mittel in Höhe von 60.000 € zur Verfügung. Der Finanzierungseffekt entspricht somit der durch die Bildung der Pensionsrückstellungen in dem betrachteten Jahr gesparten Ertragsteuern (30 % von 200.000 €).

b) Gewinnausschüttung	**Ohne Rückstellungen**	**Mit Rückstellungen**
Bruttogewinn	800.000	800.000
– Pensionsrückstellungen	0	200.000
Zu versteuernder Gewinn	800.000	600.000
– Ertragsteuern	240.000	180.000
Jahresüberschuss	560.000	420.000
Gewinneinbehaltung	0	0
Innenfinanzierung		
durch Gewinneinbehaltung	0	0
durch Rückstellungsfinanzierung	0	200.000
Innenfinanzierung gesamt	0	200.000
Finanzierungseffekt durch Pensionsrückstellungen	0	200.000

Im Fall b) ist der Finanzierungseffekt stärker. Das Unternehmen erwirtschaftet zusätzliche finanzielle Mittel von 200.000 € und folglich in Höhe der gesamten Rückstellungszuführung. Dieses Finanzierungsvolumen kommt dadurch zustande, dass die Rückstellungsbildung in dem betrachteten Jahr zum einen 60.000 € Steuerzahlungen und zum anderen 140.000 € Dividendenzahlungen verhindert.

Lösung 26: Zinsswap-Zahlungen

Nach 6 Monaten: A zahlt an B = 0,04 · 5 Mio. € · (182/360) = 101.111,11 €

Nach 12 Monaten: A zahlt an B = 0,045 · 5 Mio. € · (183/360) = 114.375,00 €

B zahlt an A = 0,055 · 5 Mio. € · (360/360) = 275.000,00 €

Nach 12 Monaten erfolgt somit ein Netting: B zahlt an A 160.625,00 €

Lösung 27: Forward Rate Agreement

a) $$\text{Ausgleichszahlung} = \frac{\dfrac{(4{,}7-4{,}2)\cdot 5\,\text{Mio.}\,€\cdot 181}{36.000}}{1+\dfrac{4{,}7\cdot 181}{36.000}} = 12.279{,}28$$

b) Die FHM AG erhält den Betrag von 12.279,28 € vom Kreditinstitut am 26.Februar (falls der Betrag negativ wäre, müsste die FHM AG als FRA-Käufer zahlen).

c) Die Abzinsung ist erforderlich, weil die FHM AG den Betrag schon zu Beginn der FRA-Periode am 26. Februar erhält.

d) Ohne FRA: Zins = 4,7 % + 0,35 % = 5,05 %
Mit FRA: Zins = 4,2 % + 0,35 % = 4,55 %

Lösung 28: Aktienoption

a) Der Käufer der Option hat das Recht, bis Dezember 100 SAP-Aktien zum Preis von je 55 € zu kaufen. Dafür zahlt er heute eine Optionsprämie von 360 € (also nicht nur 3,60 €!).

b) Da die Option keinen Zeitwert mehr hat, sondern nur noch einen inneren Wert, wird der Optionspreis 6,40 € betragen (61,40 € – 55 €)

c) Die Aktie ist von 54 € auf 61,40 € gestiegen, d. h. um 13,7 %. Der Optionspreis ist von 3,60 € auf 6,40 € gestiegen, d. h. um 77,8 %. Der effektive Hebel beträgt somit 5,7.

d) Gewinn = (6,40 – 3,60) · 100 Aktien · 20 Kontrakte = 5.600 €

Lösung 29: Swaption

a) Zinssatz ist gefallen

Das Unternehmen erhält den Zuschlag: Es lässt die Option verfallen. Es übt also die Option nicht aus, sondern besorgt sich die Finanzmittel am Markt zum günstigeren Zinssatz.

Das Unternehmen erhält nicht den Zuschlag: Es lässt die Option verfallen.

In beiden Szenarien wäre die gezahlte Optionsprämie von 88.000 € im Nachhinein betrachtet nicht erforderlich gewesen.

b) Zinssatz ist gestiegen

Das Unternehmen erhält den Zuschlag: Das Unternehmen übt die Option aus. Je nachdem, ob eine Swap oder Cash Settlement vorliegt, ergeben sich unterschiedliche Handlungsalternativen:

- Swap Settlement. Das Unternehmen tritt in den Swap ein. Es erhält den 6-Monats-Euribor aus dem Swap und zahlt dafür den Festzins von 3 %. Außerdem nimmt es einen variabel verzinsten Kredit mit einer Laufzeit von 5 Jahren auf (z.B. zu 6-Monats-Euribor + 2 %). Somit zahlt es insgesamt einen Festzins von 5 % p.a.
- Cash Settlement: Das Unternehmen erhält eine Ausgleichszahlung. Dieser Betrag entspricht den Mehrkosten, die dem Unternehmen dadurch entstehen, dass es einen Kredit zu einem höheren 5-Jahreszins aufnehmen muss.

Das Unternehmen erhält nicht den Zuschlag: Auch in diesem Fall ist zwischen Swap und Cash Settlement zu differenzieren:

- Swap Settlement: Die Option hat einen inneren Wert, und zu diesem Wert verkauft das Unternehmen die Option.
- Cash Settlement: Das Unternehmen vereinnahmt die Ausgleichzahlung.

Literaturverzeichnis

BECKER, HANS PAUL/PEPPMEIER, ARNO: Bankbetriebslehre, 9. Aufl., Herne 2013

BEHRINGER, STEFAN: Cash-flow und Unternehmensbeurteilung, 10. Aufl., Berlin 2010

BIEG, HARTMUT/KUßMAUL, HEINZ: Finanzierung, 2. Aufl., München 2009

BITZ, MICHAEL: Finanzdienstleistungen, 8. Aufl., München 2008

BLEIS, CHRISTIAN: Grundlagen Investition und Finanzierung, 3. Aufl., München 2011

BLOHM, HANS/LÜDER, KLAUS/SCHAEFER, CHRISTINA: Investition. Schwachstellenanalyse des Investitionsbereichs und Investitionsrechnung, 10. Aufl., München 2012

BÖSCH, MARTIN: Derivate, München 2011

BÖTTCHER, JÖRG/BLATTNER, PETER: Projektfinanzierung, 3. Aufl., München 2012

BREUER, WOLFGANG: Finanzierung, 2. Aufl., Wiesbaden 2008

BREUER, WOLFGANG: Investition I, 4. Aufl., Wiesbaden 2011

BREUER, WOLFGANG/GÜRTLER, MARC/SCHUMACHER, FRANK: Portfoliomanagement I. Grundlagen, 3. Aufl., Wiesbaden 2010

BREUER, WOLFGANG/GÜRTLER, MARC/SCHUMACHER, FRANK: Portfoliomanagement II. Weiterführende Anlagestrategien, Wiesbaden 2006

BRUNS, CHRISTOPH/MEYER-BULLERDIEK, FRIEDER: Professionelles Portfoliomanagement, 4. Aufl., Stuttgart 2008

BURCHERT, HEIKO/VORFELD, MICHAEL/SCHNEIDER, JÜRGEN: Investition und Finanzierung, München 2012

BURGHOF, HANS-PETER U. A. (HRSG.): Kreditderivate – Handbuch für die Bank- und Anlagepraxis, 2. Aufl., Stuttgart 2005

COENENBERG, ADOLF G.: Jahresabschluss und Jahresabschlussanalyse, 22. Aufl., Stuttgart 2012

DÄUMLER, KLAUS-DIETER/GRABE, JÜRGEN: Betriebliche Finanzwirtschaft, 9. Aufl., Herne/Berlin 2008

DÄUMLER, KLAUS-DIETER/GRABE, JÜRGEN: Grundlagen der Investitions- und Wirtschaftlichkeitsrechnung, 12. Aufl., Herne/Berlin 2007

DECKER, ERNST: Das Depotgeschäft, Köln 2007

DEUTSCH, HANS-PETER: Derivate und Interne Modelle, 4. Aufl., Stuttgart 2008

DRUKARCZYK, JOCHEN: Finanzierung: 10. Aufl., Stuttgart 2008

EILENBERGER, GUIDO/ERNST, DIETMAR/TOEBE, MARC: Betriebliche Finanzwirtschaft, 8. Aufl., München 2012

ELLER, ROLAND U. A. (HRSG.): Handbuch derivativer Instrumente, 3. Aufl. Stuttgart 2005

ERMSCHEL, ULRICH/MÖBIUS, CHRISTIAN/WENGERT, HOLGER: Investition und Finanzierung, 3. Aufl., Berlin 2012

ERNST, DIETMAR/HÄCKER, JOACHIM: Applied International Corporate Finance, 2. Aufl., München 2011

FAHRHOLZ, BERND/RÖVER, JAN-HENDRIK, SCHULTE, JOHANNES: Neue Formen der Unternehmensfinanzierung, 2. Aufl., München 2011

FALTER, MANUEL (HRSG.): Die Praxis des Kreditgeschäfts, 19. Aufl., Stuttgart 2010

FRANKE, GÜNTER/HAX, HERBERT: Finanzwirtschaft des Unternehmens und Kapitalmarkt, 6. Auflage, Berlin u. a. 2009

GARZ, HENDRIK/GÜNTHER, STEFAN/MORIABADI, CYRUS: Portfolio-Management – Theorie und Anwendung, 5. Aufl., Frankfurt am Main 2012

GRÄFER, HORST/SCHILLER, BETTINA/RÖSNER, SABRINA: Finanzierung, 7. Aufl., Berlin 2010

GROB, HEIN L.: Einführung in die Investitionsrechnung, 5. Aufl., München 2006

GRUNOW, HANS-WERNER/FIGGENER, STEFANUS: Handbuch Moderne Unternehmensfinanzierung, Berlin 2006

GÜNTHER, STEFAN/MORIABADI, CYRUS/SCHULTE, JÖRN/GARZ, HENDRIK: Portfolio-Management: Theorie und Anwendung, 5. Aufl., Frankfurt 2012

HARTMANN-WENDELS, THOMAS/PFINGSTEN, ANDREAS/WEBER, MARTIN: Bankbetriebslehre, 5. Aufl., Berlin/Heidelberg 2010

HERMANN, JÜRGEN (HRSG.): Handbuch Factoring, Bonn 2006

HIRTH, HANS: Grundzüge der Finanzierung und Investition, 3. Aufl., München/Wien 2011

HOLZAPFEL, HANS-JOACHIM/PÖLLATH, REINHARD: Unternehmenskauf in Recht und Praxis, 14. Aufl., Köln 2010

HÖLSCHER, REINHOLD: Investition, Finanzierung und Steuern, München/Wien 2010,

HULL, JOHN C.: Optionen, Futures und andere Derivate, 8. Aufl., München 2012

INSTITUT DER WIRTSCHAFTSPRÜFER IDW (HRSG.): WP Handbuch 2008 – Wirtschaftsprüfung, Rechnungslegung, Beratung, Band II, 13. Aufl., Düsseldorf 2007

JAHRMANN, FRITZ-ULRICH: Außenhandel, 13. Aufl., Herne 2010

JAHRMANN, FRITZ-ULRICH: Finanzierung, 6. Aufl., Herne 2009

KAISER, DIRK: Treasury Management, 2. Aufl., Wiesbaden 2011

KESTEN, RALF: Investitionsrechnung in Fällen und Lösungen, Herne 2011

KIRCHHOFF, KLAUS RAINER/PIWINGER, MANFRED (HRSG.): Praxishandbuch Investor Relations, 2. Aufl., Wiesbaden 2009

KRUSCHWITZ, LUTZ/HUSMANN, SVEN: Finanzierung und Investition, 7. Aufl., München 2011

KRUSCHWITZ, LUTZ: Investitionsrechnung, 13. Aufl., München 2011

MARKOWITZ, HARRY M.: Portfolio Selection, München 2008

MATSCHKE, MANFRED JÜRGEN/BRÖSEL, GERRIT: Unternehmensbewertung, 3. Aufl., Wiesbaden 2007

OLFERT, KLAUS/REICHEL, CHRISTOPHER: Finanzierung, 15. Aufl., Herne 2011

OLFERT, KLAUS/REICHEL, CHRISTOPHER: Investition, 12. Aufl., Ludwigshafen 2012

PAPE, ULRICH: Grundlagen der Finanzierung und Investition, 2. Aufl., München 2011

PEEMÖLLER, VOLKER H. (HRSG.): Praxishandbuch der Unternehmensbewertung, 5. Aufl., Herne/Berlin 2012

PEPPMEIER, ARNO: Einführung in Kreditderivate, Aachen 2006

PERRIDON, LOUIS/STEINER, MANFRED/RATHGEBER, ANDREAS W.: Finanzwirtschaft der Unternehmung, 16. Aufl., München 2012

POGGENSEE, KAY: Investitionsrechnung, 2. Aufl., Wiesbaden 2011

PRÄTSCH, JOACHIM/SCHIKORRA, UWE/LUDWIG, EBERHARD: Finanzmanagement, 4. Aufl., Berlin 2012

RÖHRICH, MARTINA: Grundlagen der Investitionsrechnung. Eine Darstellung anhand einer Fallstudie, München 2007

RUDOLPH, BERND/SCHÄFER, KLAUS: Derivative Finanzmarktinstrumente, 2. Aufl., Berlin 2010

SCHÄFER, HENRY: Unternehmensfinanzen. Grundzüge in Theorie und Management, 2. Aufl., Heidelberg 2002

SCHIERENBECK, HENNER: Ertragsorientiertes Bankmanagement, Band II, 9. Aufl., Wiesbaden 2008

SCHMEISSER, WILHELM: Corporate Finance und Risk Management, München 2010

SCHMIDT, MARTIN: Derivative Finanzinstrumente, 3. Aufl., Stuttgart 2006

SCHULTE, CHRISTOF: Corporate Finance. Die aktuellen Konzepte und Instrumente im Finanzmanagement, München 2006

SCHULTE, GERD: Investition, 2. Aufl., München 2007

SPREMANN, KLAUS: Finance, 4. Aufl., München 2010

SPREMANN, KLAUS: Finanzanalyse, München 2010

SPREMANN, KLAUS/ERNST, DIETMAR: Unternehmensbewertung, 2. Aufl., München 2010

STEINER, MANFRED/BRUNS, CHRISTOPH: Wertpapiermanagement, 10. Aufl., Stuttgart 2012

STRUWE, JOCHEN: Finanzierung und Investition in KMU, München 2008

WALZ, HARTMUT/GRAMLICH, DIETER: Investitions- und Finanzplanung, 8. Aufl., Frankfurt am Main 2011

WERNER, HORST S.: Mezzanine-Kapital, 2. Aufl., Köln 2007

WIEDEMANN, ARND: Financial Engineering. Bewertung von Finanzinstrumenten, 5. Aufl., Frankfurt am Main 2009

WÖHE, GÜNTER/BILSTEIN, JÜRGEN/ERNST, DIETMAR/HÄCKER, JOACHIM: Grundzüge der Unternehmensfinanzierung, 10. Aufl., München 2009

WOLF, BIRGIT/HILL, MARK/PFAUE, MICHAEL: Strukturierte Finanzierungen, 2. Aufl., Stuttgart 2011

ZANTOW, ROGER/DINAUER, JOSEF: Finanzwirtschaft des Unternehmens, 3. Aufl., München u. a. 2011

Stichwortverzeichnis

Abrufrisiko 24
Abschreibung, kalkulatorische 42
Abschreibungsfinanzierung 247 ff.
Absicherung mit Derivaten 278 ff.
Abtretung 196 f.
Abzinsung 59 ff.
Abzinsungsanleihe 213
Adressrisiko 21 ff.
Akkreditiv 204, 262
Aktienanleihe 214
Aktienemission 173 ff.
Aktienfinanzierung 149 ff.
Aktiengattung 155 ff.
Aktienkursrisiko 22 ff.
Aktienoption 319 ff.
Aktienregister 160
Aktienrückkauf 166 ff.
Aktiensplit 165 f.
Aktienzeichnung 177
Aktienzuteilung 177
Akzeptkredit 203 f.
Amortisationsrechnung 55 ff.
Anleihe 97 ff., 209 ff.
Annuitätendarlehen 207 f.
Annuitätenmethode 65 f.
APV-Verfahren 94 f.
Arbitrage mit Derivaten 278
Asset Backed Commercial Paper (ABCP) 335 ff.
Asset Backed Securities (ABS) 261 ff., 334 ff.
Aufzinsung 58 ff.
Auktionsverfahren 170, 181
Ausfallrisiko 21
Ausgabe von Aktien 173 ff.
Außenfinanzierung 129 ff.
Außenhandelskredit 204 ff.
Auswahlproblem 45 ff., 67 ff.
Auszahlung 3
Avalkredit 204

Bankakzept 203 f.
Bankregel, goldene 14
Barwert 58 ff.
Basel II und III 188 ff.
Basisswap 281 f.
Basiszins 43, 89 ff., 93
Bayes-Regel 110 f.
Berichtigungsaktie 165 f.
Beta-Faktor
- DAX-Future 308 f.
- WACC-Verfahren 93
Beteiligungsfinanzierung
- AG 149 ff.
- Anlässe 133 ff
- Einzelfirma 139 f.
- Funktionen 132
- Genossenschaft 146 ff.
- GmbH 142 ff.
- KG 141 f.
- KGaA 153 ff.
- OHG 140 f.
- SE 154 ff.
- stille 223 ff.
- Wesen 131 ff.
Betriebsmittelkredit 201
Bezugsrecht auf Aktien 162 ff.
Börse
- Begriff 128
- Segment 176
Bondholder 4
Bonitätsrisiko 21
Bookbuildingverfahren 180 f.

Bridge-Finanzierung 239
Bruttokapitalisierung 87
Bruttorendite 54
Bürgschaft 191 f.
Bund-Future 302 ff.
Buy-back 239
Buy-out-Finanzierung 238

Call 311 ff.
Cap 325 ff.
Capital Asset Pricing Model 92 f.
Cashflow 16 ff., 91 ff.
Cheapest-to-Deliver-Anleihe 305 ff.
Collar 328 ff.
Commercial Paper 205 ff.
Contingent Convertible Bond 232
Convertible 231 f.
Corporate Governance 6 f.
Cost-of-Carry 307, 311
Covenant 221 f.
Credit Default Swap 332 f.
Credit Enhancement 264 f.
Credit Linked Note 333 f.

Darlehen
– nachrangiges 225 ff.
– partiarisches 226
– Wesen 183 ff.
DAX-Future 306 ff.
DAX-Option 323 ff.
Dean-Modell 80 ff.
Deckungsgrad 16
Deckungsstock 215
Delisting 181 f.
Delkrederefunktion 257 f.
Depotwechsel 194
Derivat 275 ff.
Devisen 127
Devisenoptionsanleihe 229
Devisentermingeschäft 296 f.
Differenzinvestition 67
Dirty Price 100
Discounted-Cashflow-Verfahren 91 ff.
Diskontierung 59 ff.
Diversifikation 25
Dividendenvorzugsaktie 158 f.
Doppelwährungsanleihe 214
Due Diligence 176
Duplikation von Derivaten 282
Duration 101 ff.

EBIT, EBITDA 18
Economic Value Added (EVA) 26 f.
Effektivverzinsung
– Festdarlehen 207 f.
– Festzinsanleihe 211
Eigenfinanzierung 129 f.
Eigenkapitalrentabilität 10 ff.
Eigenkapitalzins 89 ff.
Eigentumsvorbehalt 197
Einbehaltung von Gewinn 242 ff.
Eindeckungsrisiko 22
Einzahlung 3
Einzelbewertungsverfahren 85 f.
Emission von Aktien 173 ff.
Emissionskonsortium 175
Endwert 58 ff.
Endwertänderungsrisiko 101
Endwertverfahren 71 ff.
Entity-Verfahren 92 ff.
Equity Kicker 222
Equity Story 176
Equity-Verfahren 95
Ergänzungskapital 188 ff.
ERP-Mittel 209
Ersatzproblem 47 ff., 69 f.
Ersatzzeitpunkt, optimaler 69 f.
Ertragsteuer 118 ff.
Ertragswertverfahren 88 ff.
Erweiterungsproblem 39
Eurex 279
Euribor 212
Exchangeable 231 f.

Exitkanal 239
Exportvorschuss 205

Factoring 255 ff., 268
Festpreisverfahren 170, 179 f.
Festzinsanleihe 211
Finanzderivat 275 ff.
Finanzdisposition 3 f.
Finanzierung
- Arten 129 ff.
- Begriff 3, 125 f.
Finanzierungsregel, goldene 14
Finanzinstrument
- Arten 127
- derivatives 275 ff.
Finanzkrise 335 ff.
Finanzmarkt 126 ff.
Finanzplan, vollständiger 75 ff.
Finanzplanung 29 ff.
Finanzprognose 31 f.
Finanzswap 281 ff.
Finanzwirtschaft 3 ff.
Floater, reverse 214
Floating Rate Note (Floater) 211 ff.
Floor 328 ff.
Forfaitierung 260 f.
Forward 295 ff.
Forward Rate 97 ff.
Forward Rate Agreement (FRA) 297 ff.
Fremdemission 175
Fremdfinanzierung 129 ff.
Friends & Familiy-Programm 177
Fristenkongruenz 14
Fusion 135 f.
Future 301 ff.

Garantie 193
Gegenparteirisiko 21 ff.
Geldmarkt 128
Genussrechtskapital 226 f.
Gesamtbewertungsverfahren 87 ff.
Gesamtkapitalrentabilität 10 ff.
Geschäftsguthaben 147 f.
Gesellschaft, stille 223 ff.
Gewinnschuldverschreibung 214
Gewinnthesaurierung 242 ff.
Gewinnvergleichsrechnung 51 ff.
Globalurkunde 155
Going Private 181 f.
Going Public 173 ff.
Gratisaktie 165 f.
Greenshoe 180 f.
Grundkapital 150 ff.
Grundpfandrecht 195
Grundschuld 195

Handelskredit 198 ff.
Hebelwirkung
- von Derivaten 278 ff.
- von Optionen 229, 319 f.
- zunehmender Verschuldung 10 ff.
Hedge Ratio 304 ff.
Hedging (Hedge) 278 ff.
Hypothek 195

Importvorschuss 205
Indexanleihe 214
Informationsasymmetrie 5 f.
Inhaberaktie 159 f.
Inhouse Factoring 256
Initial Public Offering (IPO) 173 ff.
Innenfinanzierung 129 f., 241 ff.
Innovation 25
Insolvenz 225
Interessengruppe 4 ff.
Investition 38 ff.
Investitionsbegriff 3
Investitionsdarlehen 207 f.
Investitionsplanung 28 f.
Investitionsprogramm 78 ff.
Investitionsrechnung
- Arten und Zweck 39 f.

- dynamische Verfahren 58 ff.
- statische Verfahren 41 ff.
Investor Relations 6 ff.

Kapazitätserweiterungseffekt 248 ff.

Kapital, gebundenes 43 ff.
Kapitalbedarf 32 f.
Kapitalbeschaffung 125
Kapitalbeteiligungsgesellschaft 236
Kapitalerhöhung
- AG 162 ff.
- GmbH 144 f.
- Wesen 134
Kapitalfreisetzung, sonstige 268 ff.
Kapitalfreisetzungseffekt 247 f.
Kapitalherabsetzung
- AG 171 ff.
- GmbH 145
- Wesen 136 f.
Kapitalkosten 92 ff.
Kapitalmarkt 128
Kapitalreduzierung 126
Kapitalsicherung 126
Kapitalumschichtung 126
Kapitalwertmethode 60 ff.
Kapitalwertrate 79 f.
Kassamarkt 128
Kernkapital 188 ff.
Konsortialkredit 208 f.
Konsortium 175
Kontokorrentkredit 200 ff.
Kontrahent, zentraler 278
Konvexität 106
Kostenvergleichsrechnung 41 ff.
Kreditauftrag 194
Kreditderivat 331 ff.
Kreditfähigkeit 185
Kreditfinanzierung 183 ff.
Kreditleihe 203 f.
Kreditlinie (Kreditlimit) 201
Kreditrating 186 f.
Kreditrisiko 21
Kreditsicherheit 191 ff.
Kreditüberwachung 185 f.
Kreditversicherung 259
Kreditwürdigkeit 185 f.
Kundenanzahlung 200
Kuponswap 282 ff.
Kurs-Gewinn-Verhältnis (KGV) 96

Länderrisiko 21

Laufzeitrendite 97 f.
Leasing 217 ff.
Leveraged-Buy-out 238
Leverage-Effekt 10 ff.
Libor 212
Lieferantenkredit 198 f.
Liquidation 136 f.
Liquidationserlös 44, 61 ff.
Liquidationswertverfahren 85 f.
Liquidierbarkeit 13
Liquidität 12 ff.
Liquiditätsanalyse 13 ff.
Liquiditätsanspannungsrisiko 24
Liquiditätsbedingung 13
Liquiditätsgrad 15
Liquiditätsplanung 30 ff.
Liquiditätsrisiko 21 ff.
Lohmann-Ruchti-Effekt 248 ff.
Lombardkredit 202 f.

Management-Buy-out 238

Mandatory 232
Margin 279, 301
Marktdurchdringung 25
Marktpreisrisiko 21 ff.
Marktwertänderungsrisiko 101
Medium Term Note 207
Mehrstimmrechtsaktie 158
Mehrzuteilungsoption 180 f.
Methode des internen Zinssatzes 63 ff.
Mezzanine-Finanzierung
- Begriff und Arten 220 ff.
- Wesen 183 f.
Mitgliedschaftsrecht 157 ff.

Multiplikatorverfahren 95 f.

Nachrangdarlehen 225 f.
Nachschusspflicht 149
Namensaktie 159 ff.
Negativerklärung 194
Negoziationskredit 205
Nennwertaktie 156
Nettokapitalisierung 87
Nettorendite 54
Nominalanspruch 133
NOPAT 18
Nullkuponanleihe 213 f.

Obligation 97 ff., 209 ff.
Option 275 f., 311 ff.
Optionsanleihe 228 ff., 321
Optionspreis 315 ff.
Optionsschein 228, 321
Organe der AG 151 f.
Originator 261 ff.
OTC-Markt 128
Outrightgeschäft 296 f.

Patronatserklärung 194
Peer Group 95 f.
Pennystock 182
Pensionsrückstellung 252 ff.
Personensicherheit 191 ff.
Pfandrecht 195
Pflichtanleihe 232
Portfoliotheorie 113 ff.
Price Earning to Growth Ratio 96
Price Value of a Basis Point 106 f.
Primärmarkt 128, 173 f.
Principal-Agent-Theorie 5 f.
Private Equity 233 ff.
Programmierung, lineare 83
Projektfinanzierung 215 f.
Put 311 ff.

Quotenanspruch133

Rangrücktritt 225 f.
Rating 186 ff.
Rationalisierung 270
Referenzzins 212
Rembourskredit 205
Rendite-Risiko-Prinzip 111 ff.
Rentabilität 9 ff.
Rentabilitätsvergleichsrechnung 54
Rente, ewige 90 ff.
Rentenbarwert 59
Rentenschuld 195
Replacement-Finanzierung 238
Reserve, stille 243 ff.
Residualanspruch 133
Residualwert 90 ff.
Return-on-Investment 10
Risiko
- Arten 21 ff.
- Entscheidungen unter 109 ff.
Risikomanagement 20
Risikozuschlag 89 ff.
Roadshow 176
Rohstoffrisiko 23
Rückstellungsfinanzierung 250 ff.

Sachsicherheit 194 ff.
Saisonkredit 201
Sale and Lease Back 219, 270
Schuldbeitritt 194
Schuldscheindarlehen 214 f.
Schuldverschreibung 97 ff., 209 ff.
Secondary Purchase 239
Seed-Phase 237 f.
Sekundärmarkt 128, 173 f.
Selbstfinanzierung 242 ff.
Seller's Note 226
Sensitivitätskennzahl 318 f.

Shareholder 4
Shareholder Value 26 f.
Sicherheitsziel 19 ff.
Sicherungsabtretung 196 f.
Sicherungsübereignung 196
Skonto 199
Solawechsel 260
Sollzinssatzmethode 73 ff.
Special Purpose Vehicle 261 ff.
Spekulation mit Derivaten 278 ff.
Sperrminorität 132
Spin-off 174, 238
Stammaktie 157 ff.
Stammkapital 142 ff
Standardabweichung 111 ff.
Start-up-Phase 237 f.
Steuerparadoxon 121 f.
Structured Investment Vehicle 336
Stückaktie 156 f.
Subordinationsstruktur 264 f.
Subprime-Krise 335 ff.
Substanzwertverfahren 86 f.
Swap 281 ff.
Swaption 329 f.

Teilamortisationsvertrag 218
Teilschuldverschreibung 210
Termingeschäft 275 ff.
Terminmarkt 128
Terminrisiko 24
Tilgungsart 184, 208
Totalerfolg 61
Total Return Swap 331 f.
Trade Sale 239
Tratte 205
True-Sale-ABS 261 ff.
Turnaround-Finanzierung 239

Überschussfinanzierung 241 ff.
Überziehungskredit 201
Umsatzrentabilität 10
Umschichtungsfinanzierung 254 ff.
Umtauschanleihe 232
Umwandlung von Unternehmen 135 f.
Unabhängigkeitsziel 25 f.
Ungewissheit 101
Unsicherheit 109 ff.
Unternehmensbeteiligungsgesellschaft 236
Unternehmensbewertung 85 ff.
Unternehmergesellschaft (haftungsbeschränkt) 144

Value-at-Risk 23
Varianz 111 ff.
Venture Capital 233 ff.
Verität 258
Verkäuferdarlehen 226
Vermögensendwertmethode 71 ff.
Verpfändung 195
Verschmelzung 135 f.
Verschuldungsgrad, dynamischer 19
Volatilität 23 f.
Vollamortisationsvertrag 218
Vorleistungsrisiko 22
Vorzugsaktie 158 f.

WACC-Verfahren 91 ff.
Währungsrisiko 23
Währungsswap 289 ff.
Wagniskapitalbeteiligungsgesellschaft 236
Wandelanleihe 230 ff.
Warrant 228
Wechseldiskontkredit 203
Wert, innerer 229, 315 ff.
Wertsteigerungsreserve 244
Working Capital 18

Zahlungsfähigkeit 13 ff.
Zahlungsziel 198 f.
Zeitwert 58 ff., 229, 315 ff.
Zerobond 213

Zerobondrendite 97 ff.
Zero Cost Collar 329
Zession 196 f.
Ziele
– finanzwirtschaftliche 9 ff.
– wertorientierte 26 f.
Zins, kalkulatorischer 43 f.
Zinsänderungsrisiko 22, 101 ff.
Zinsoption 325 ff.
Zinsoptionsanleihe 229
Zinssatz, interner 63 ff.
Zinsstrukturkurve 97, 212 f.
Zinsswap 281 ff.
Zins-/Währungsswap 292 ff.
Zuwachsanleihe 213
Zweckgesellschaft 261 ff., 335 ff.
Zweiphasen-Modell 89 ff.
Zwischenkredit 201

Printed by Printforce, the Netherlands